普通高等学校计算机基础教育"十二五"规划教材·卓越系列

Java 程序设计及应用开发教程

主　编　虞益诚

副主编　张林刚　姚　怡　龚　辉
　　　　薛万奉　王建林　陈　威

U0316572

中国铁道出版社有限公司
CHINA RAILWAY PUBLISHING HOUSE CO., LTD.

内 容 简 介

Java 语言是目前最为流行和最具魅力的面向对象程序设计语言，广泛地受到高校与业界广大学者及专家的青睐。本书从语言基础、设计技术、程序设计、应用开发 4 个层面系统地介绍了 Java 语言的基本概念与方法、设计技术与应用、开发过程与实施、课程设计与实验等内容，旨在凸显"夯实基础、强化实践、提升能力、面向应用"的教材特色与教学理念。

本书兼顾基础理论、操作技能与应用开发，融理性与感性知识为一体，论述严谨、循序渐进，图文并茂，实例丰富，实验翔实，是诸多高校作者长期从事该分支教学与研究心得之集成。为便于学习、梳理思绪，每章后均附有小结、习题与部分参考答案，供读者领悟与自我测试之用。

本书适合作为高等学校 Java 程序设计语言的教程，也可作为从事该分支研究的研究生与广大工程技术人员的参考书。

图书在版编目（CIP）数据

Java 程序设计及应用开发教程 / 虞益诚主编. — 北京：
中国铁道出版社，2015.9 （2021.1 重印）
普通高等学校计算机基础教育"十二五"规划教材.
卓越系列
ISBN 978-7-113-20218-7

Ⅰ．①J… Ⅱ．①虞… Ⅲ．①JAVA 语言-程序设计-
高等学校-教材 Ⅳ．①TP312

中国版本图书馆 CIP 数据核字(2015)第 068454 号

书 名：	Java 程序设计及应用开发教程	
作 者：	虞益诚	
策 划：	刘丽丽	编辑部电话：（010）51873202
责任编辑：	周 欣 彭立辉	
封面设计：	一克米工作室	
责任校对：	汤淑梅	
责任印制：	樊启鹏	

出版发行：中国铁道出版社有限公司（100054，北京市西城区右安门西街 8 号）
网　　址：http://www.tdpress.com/51eds/
印　　刷：三河市航远印刷有限公司
版　　次：2015 年 9 月第 1 版　　　2021 年 1 月第 4 次印刷
开　　本：787 mm×1 092 mm　1/16　印张：24　字数：603 千
书　　号：ISBN 978-7-113-20218-7
定　　价：48.00 元

前言

FOREWORD

Java 是一种功能强大的程序设计语言，是当今发展最为迅速、应用最为广泛的跨平台软件，其强大的网络功能使其升华成最为流行和最具魅力的面向对象程序设计语言。Java 语言以其面向对象性、可重用性、平台无关性、多线程、安全可靠等特性成为网络程序设计中的佼佼者，它具有高移植性、健壮性、"一次编写，到处运行"等特点，备受众多程序设计人员的青睐。Java 在 Internet 上更有着广阔的用武之地。

Java 语言的开发与应用在经历多年的演进与洗礼后已有了长足的发展，而作为一门迅速崛起的高等院校语言类课程仍然在不断建设和完善中，亟需真正能表述其内涵、丰富其外延、展示其方法、体现其应用、发挥其技能的教程来不断充实和提升。本书依据普通高等学校教学大纲和基于提升学生（读者）开发技能的理念编写，注重理论的严谨性和完整性、技能的实用性与创新性、实践的应用性与发展性，力求使学生在掌握 Java 编程语言的同时，获得程序开发的基本思想、运作方法与实施技能，以培养学生（读者）独立开发较为复杂系统的能力。

本教程归结为四篇（语言基础篇、设计技术篇、程序设计篇、应用开发篇），系统地介绍了 Java 语言的基本概念与方法、设计技术与应用、开发过程与实施、课程设计与实验等内容，旨在凸显"夯实基础、强化实践、提升能力、面向应用"的教材特色与教学理念。

语言基础篇包括第 1 章～第 4 章，扼要地介绍了 Java 运作机制与开发过程、Java 编辑工具 JCreator 与 Eclipse 等、Java 开发与运行环境、数据类型、表达式与运算符、流程控制、数组与字符串等。

设计技术篇涵盖第 5 章、第 6 章，详细叙述了 Java 面向对象程序设计的基本概念：类、对象、接口、继承和多态接口以及包等内容。

程序设计篇包括第 7～11 章，介绍了异常处理机制和方法、try-catch-finally 语句与 throw/throws 异常抛出、AWT 图形化界面组件、事件处理机制、布局设计、菜单组件与 Swing 组件、多媒体、多线程和 Applet 应用程序等。

应用开发篇涉及第 12 章～第 15 章，具体地介绍了输入/输出流与文件处理、JDBC 和基于 JDBC 的数据库访问、URL 网络编程与 Socket 网络通信、URLConnection 类与 InetAdress 类、Java 应用开发与课程设计实例，以及具体的实验环节等。

本书兼顾基础理论、操作技能与具体应用，融理性知识与感性知识为一体，结构清晰，论述严谨、循序渐进，案例丰富、实验翔实，涉及的内容既有一定的深度，也兼顾覆盖面与前沿性，是诸多高校作者长期从事该分支教学与研究心得之集成。书中配备了大量通过实验验证的操作示例，并辅以通过运行的屏幕画面，可使读者有身临其境之感，易于阅读和理解。为便于学习、梳理思绪，每章后均附有小结和习题，供读者领悟与自我测试之用。

本书提供了与教材配套的教学课件、经过精心设计与调试的编程例题与实例的源代码，旨在为教师和学生的教与学提供帮助，具体可从中国铁道出版社资源网站（www.51eds.com）下载，或通过邮箱（yuyich@sina.com）获取。

本书由虞益诚任主编，张林刚、姚怡、龚辉、薛万奉、王建林、陈威任副主编。其中，第 1 章、第 2 章、第 3 章、第 5 章、第 6 章、第 8 章、第 9 章、第 13 章、第 14 章、第 15 章、附录 C

与附录 D 由虞益诚编写；第 4 章由姚怡编写；第 7 章由张林刚编写；第 10 章由王建林编写；第 11 章由薛万奉与虞益诚编写；第 12 章由龚辉编写；附录 B 由陈威编写；附录 A 由虞益诚与陈威编写，全书由虞益诚统稿校阅。

在本书的编写过程中，中国铁道出版社给予了很大的支持，在此向中国铁道出版社及编写中所参考大量相关资料的作者一并表示由衷的谢意。本书中所使用到的某些人名、电话号码、通信地址等均为虚构，如有雷同，实属巧合，烦请见谅！

由于时间仓促，编者水平有限，书中难免有纰漏和欠妥之处，敬请广大同仁与读者不吝赐教、拨冗指正。

编　者
2015 年 3 月

2

目录

CONTENTS

程序设计篇

应用开发篇

语言基础篇

第 1 章
Java 概述

【本章提要】Java 语言以其具有安全性、跨平台、面向对象、简单便捷等特点而著称，已成为 IT 业界的领先技术。本章主要讲述了 Java 的起源与发展、技术现状、特点与分类、Java 运作机制、JDK 的获取与安装、JDK 环境变量设置、Java 程序开发，同时介绍了 Java 编辑工具，侧重叙述了 JCreator Pro 4.5 和 Eclipse 编辑工具及 Java 与 C/C++的比较等。

1.1　Java 发展与特点

因特网（Internet）的出现、万维网（Web）的付诸应用、网格（Grid）技术的悄然兴起，使得计算机运作模式步入了网络计算时代。早期计算机同构运作态势发生了巨大的变更，网络计算模式可以应对异构的计算机系统、异构的网络平台，以发挥网络的潜能，据此实施系统与应用开发的编程语言也得到同步发展。

计算机程序设计语言经历了机器语言、汇编语言、高级语言（即算法语言、过程语言）与面向对象（非过程化或结构化程序设计语言）程序设计及智能型语言设计等多个阶段。尤其是面向对象程序设计语言，可直观地反映客观世界的本来面目，使软件开发人员能够运用人类认识事物所采用的一般思维方式来进行软件开发。它与自然语言间的差距最小，是当今软件开发与应用的主流技术。为了发挥 Internet 的巨大作用，需要一种能运行在网络中各种计算机上、具有高移植性和与所用平台无关的跨平台的编程语言。Java 语言以其面向对象、与平台无关、多线程、安全可靠等特性成为 Internet 时代程序设计语言中的佼佼者。

目前，基于 Java 的各项技术已经成为 IT 界的领先技术。在 Java 的应用过程中达到了如下的预期目标：

（1）创建了一种面向对象的程序设计语言语境。

（2）提供了一个程序代码独立于平台的解释执行程序的运行环境。

（3）吸收了 C 和 C++的优点，使程序员容易掌握；剔除 C 和 C++中影响程序健壮性的部分（例如，指针、内存申请和释放），使程序更安全。

（4）实现多线程，使得程序能够同时执行多个任务。

（5）提供代码校验机制以确保系统安全性；提供程序代码动态下载机制。

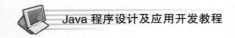

1.1.1 Java 起源与发展

1991 年 Sun 公司涉足消费电子产品市场，尝试异构平台语言机制。同年 4 月，Sun 成立了 Green 项目组，旨在开发一种面向家用电器市场的具有平台无关性特征的软件产品，C 语言无法胜任，因而拟定以 C++为基础开发新的程序语言。在为该程序语言取名时人们看到窗口的橡树，随即命名为 Oak。

1992 年 10 月，Green 小组组员在印尼爪哇岛度假喝咖啡时灵机一动，意欲将这种技术转移到 Web 上，并把 Oak 改名为 Java。

1993 年—1994 年，Web 在 Internet 上开始流行，Java 由此而悄然兴起。

1995 年 5 月 Sun 公司正式发表 Java 与 Hot Java 产品。1995 年 5 月 23 日，Java 语言诞生。同年 10 月网景（Netscape）公司与 Sun 公司合作，在 Netscape Nevigator 中支持 Java。该年 12 月，微软（Microsoft）Internet Explorer 浏览器加入支持 Java 的行列，同时出现了 Java Beta 测试版。

1996 年 2 月，Java Beta 测试版结束，Java 1.0 版正式诞生。同年 4 月，10 个最主要的操作系统供应商申明将在其产品中嵌入 Java 技术，至该年 9 月，约 8.3 万个网页应用了 Java 技术来制作。

1997 年 2 月，Java 急速发展至 1.1 版，分为 Personal Java 和 Embedded Java 两大派。1997 年 4 月 2 日，JavaOne 会议召开，参与者逾万人，创当时全球同类会议规模之纪录。同年 9 月，Java Developer Connection 社区成员逾十万人。

1998 年 12 月间，Java 2 企业平台 J2EE 发布。

1999 年 6 月，Sun 公司发布 Java 的 3 个版本：标准版（Java 2 Standard Edition，J2SE）、企业版（Java 2 Enterprise Edition，J2EE）和微型版（Java 2 Micro Edition，J2ME），同年 7 月，升级至 1.2 版。

2000 年 5 月 8 日，JDK 1.3 发布，同年 5 月 29 日，JDK 1.4 发布。

2002 年 2 月 26 日，J2SE 1.4 发布，自此 Java 的计算能力有了大幅提升。

2004 年 9 月 30 日 18:00PM，J2SE1.5 发布，成为 Java 语言发展史上的又一里程碑。为了表示该版本的重要性，J2SE1.5 更名为 Java SE 5.0。

2005 年 6 月，JavaOne 大会召开，Sun 公司发布 Java SE 6。此时，Java 的各种版本已经更名，以取消其中的数字"2"：J2EE 更名为 Java EE，J2SE 更名为 Java SE，J2ME 更名为 Java ME。

2006 年 12 月，Sun 公司发布 JRE 6.0。

2009 年 4 月 7 日，Google App Engine 开始支持 Java 5。

2009 年 04 月 20 日，甲骨文（Oracle）公司以 74 亿美元收购 Sun，取得 Java 的版权。

2010 年 11 月，由于甲骨文公司对于 Java 社区的不友善，因此 Apache 扬言将退出 JCP。

2011 年 7 月 28 日，甲骨文公司发布 Java 7.0 的正式版。

2014 年 3 月 19 日，甲骨文公司发布 Java 8.0 的正式版。

简而言之，1991 年迄今（尤其是 1995 年以来），美国 Sun 公司推出的 Java 语言，以其具有安全性、跨平台、面向对象、简单便捷、适用于网络平台等特点而著称。Java 语言的这些特点恰好符合 Internet 发展的要求，于是 Java 和 Internet 迅速融合并互相推动快速发展。Microsoft、IBM、Oracle、Netscape、Apple 等大公司纷纷与 Sun 公司签订合同，授权使用 Java 平台技术。微软公司总裁比尔·盖茨对 Java 语言也有很高的评价与赞誉，称其是长时间以来最卓越的程序设计语言。

1.1.2　Java 语言的特点

1. 面向对象性

面向对象是现代编程语言的重要特性之一，也是 Java 语言的特色所在。在现实世界中任何实体都可以表示为对象，而对象间通过消息来相互传递、作用。对于传统的面向过程编程语言而言，若其中心是过程，驱动是算法，那么对于面向对象的编程语言而言，则对象是它们的中心，消息是它们的驱动。用公式表示，前者可表示为：程序=算法+数据结构；后者可表示为：程序=对象+消息，两者的基点显而易见。

Java 语言和所有新一代的程序设计语言一样，也采用了面向对象技术，并据此而升华、完善，使得面向对象技术更趋简单。所有的 Java 程序和 Applet 程序均是对象，通过封装性、继承性、多态性进行开发。封装性实现了模块化和信息隐藏，继承性实现了代码的复用，用户可以建立运作自己的类库、构造方法重载等。

2. 简单便捷性

Java 语言的简单首先体现在精简的系统上，力图用最小的系统实现足够多的功能；对硬件的要求不高，在小型的计算机上可便捷地运行。其次，Java 基于面向对象技术，通过提供最基本的方法来完成指定的任务，只需了解一些基本的概念就可以编写出适合于各种情况的应用程序。Java 语言源于 C++语言（Java 语言采用了 C 语言中的大部分语法，熟悉 C 语言的程序员会发现 Java 语言在语法上与 C 语言极其相似），但剔除了 C++中复杂罕用的功能，略去了运算符重载、多继承的复杂概念，取用了单一继承、多线程、引用等机制，使程序设计更加简单，充分体现了系统的简单便捷性。

3. 平台无关性

网络上充满了各种不同类型的计算机和操作系统，为使 Java 程序能在网络的任何地方运行，Java 编译器编译生成了与体系结构无关的字节码结构文件格式，然后再由 Java 虚拟机（JVM）转换成某种处理器的专用代码，因而任何种类的计算机只要在其处理器和操作系统上有 Java 运行的环境，字节码文件就可以在该计算机上运行，从而实现了用 Java 语言编写的应用程序不用修改就可在不同的软硬件平台上运行，如 UNIX、Linux、Mac 或 Windows，使得"一次编写，到处运行（Write Only，Run Anywhere）"梦想成真，也体现了系统的平台无关性。图 1-1 表述了 Java 语言的平台无关性，该性能也是 Java 快速发展与普及的动因所在。

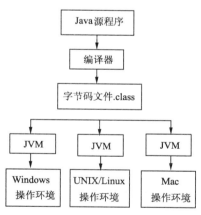

图 1-1　Java 平台无关性示意图

4. 语言健壮性

作为一种强制类型语言，Java 在编译和连接时都进行大量的类型检查，以防止不匹配问题的发生。若引用一个非法类型或执行一个非法类型操作，Java 将在解释时指出该错误。在 Java 程序中取消了指针计算，大大减少了该类错误发生的可能性；而且 Java 的数组并非用指针实现，这样就可以避免数组越界的发生。垃圾自动回收机制也增加了 Java 的健壮性。

5. 运作安全性

作为网络语言，Java 必须提供足够的安全保障，并且要防止病毒的侵袭。Java 在运行应用程序时，严格检查其访问数据的权限，例如，不允许网络上的应用程序修改本地的数据。下载到用户计算机中的字节代码在其被执行前要经过一个核实工具，一旦字节代码被核实，便由 Java 解释器来执行，该解释器通过阻止对内存的直接访问来进一步提高 Java 的安全性。同时，Java 语言健壮性、实现内存管理自动化的虚拟机、提供加密技术与支持多种安全网络协议也增强了 Java 的运作安全性。

6. 系统移植性

Java 语言的无关性，成为该类应用程序可方便地移植到网络上其他计算机上运行的良好基础，使得 Java 语言应用程序在已配备了 Java 语言解释及运行环境的任意一台计算机上运行成为可能，即使在不同的操作系统平台上。与此同时，Java 语言类库与不同平台的接口也得到了实现，这样类库具有的可移植性更深化了系统开发的可移植性。Java 运行时系统可以移植到不同的处理器，Java 的编译器是由 Java 语言实现的，解释器是由 Java 语言和标准 C 语言实现的，这就使得 Java 语言系统自身就已经实现了可移植性，因此 Java 系统可以较为方便地进行移植工作。

7. 动态扩展性

语言具有动态性，即可以在本地或网上动态地加载各种类库，在执行过程中可随意增加新方法、实例变量等，这一特点使其非常适合于网络运行，同时也非常有利于软件的开发。此种运行中的程序只在需要时才会加载相应模块的机制，可加快程序的运行效率与开销。Java 语言是基于 C++的一种编程语言，它们之间有许多相似性，便于扩展。Java 的动态扩展性体现在：Java 语言可以把内部的方法映射成软件库所定义的功能，可实现动态地与虚拟机链接。

8. 程序优化性

虽然 Java 语言程序是解释执行的，但程序仍然具有非常高的优化性，经过周详设计的 Java 字节码技术可快速地将编辑的 Java 语言转换成高性能的机器码来执行，相应的自动寄存器分配与编译器对字节码的一些优化可使其生成高质量的代码。随着 Java 虚拟机的改进和"即时编译"（Just in Time）技术的出现，Java 的执行速度有了更大的提高，Java 语言系统的高优化性使其即使在相当低档的 CPU 上仍能顺利运行。

9. 多线程机制

多线程机制使应用程序可以同时进行不同的操作，处理不同的事件。线程是一种特殊的进程，多个线程不仅可以共用同一块内存区域，而且可以共享同一组系统资源。线程间进行通信和切换时的系统开销要比进程机制小得多。Java 语言本身提供了一个 Thread 类和一组内置的方法，它负责生成线程、执行线程或者查看线程的执行状态。

在 Java 的多线程机制中，不同的线程处理不同的任务，互不干涉，不会由于某一任务处于等待状态而影响了其他任务的执行，使得各线程并发运作、独立执行，提高了系统的运行效率，这样就可容易地实现网络上的实时交互操作。

1.2　Java 程序的分类

基于实现环境的差异，Java 语言主要可划分为：Java Application、Java Applet、Java Servlet、JSP 与 JavaBean 五种程序类型。

1.2.1　Java Application

Java Application 是一个完整的程序，它需要独立的解释器来解释执行。Application 和其他 Windows 应用程序一样，可以基于窗体界面运行，也可以在命令行运行。Java Application 是本书研究的主体程序，可以用来开发命令行程序、窗体程序或服务器端程序，许多著名的软件产品都是用它来开发的，例如大型数据库 Oracle，如图 1-2 所示。

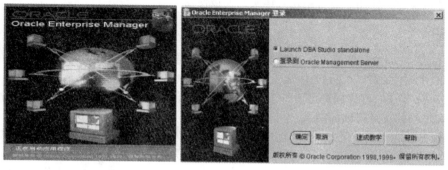

图 1-2　用 Java Application 开发的 Oracle 程序界面

1.2.2　Java Applet

Java Applet 也称为小应用程序，适合在网络中传输，安全可靠，功能强大，特别适合做 Web 的交互式界面。它是一种嵌入到 Web 页面的网络应用程序，由 Web 浏览器内部的 Java 解释器来解释运行，其主要功能是在浏览器端实现某些特殊效果。网络用户访问服务器的 Applet 时，这些浏览器先下载 Applet 程序，然后在浏览器端运行所下载的 Applet 程序。图 1-3 所示为一个 Applet 应用实例。

图 1-3　Java Applet 动画

1.2.3　Java Servlet

Servlet 是一种运行于 Web 服务器端的 Java 程序，又称服务器端小程序。它既可以与客户端的 Applet 进行交互，也可以直接与客户端的 HTML 页面交互，在许多大型的应用中可以作为现有的 Internet 技术和 Java 技术的中间桥梁或枢纽。

1.2.4　JavaBean

JavaBean 是一种可重用、独立于平台的 Java 程序组件。通常，可以将一些比较复杂的、需要重复使用的功能封装成一个 Bean 组件。通过 JavaBean 可以扩充 Java 程序的功能，可以快速地生成新的应用程序。一个 Bean 能被设计成在用户工作站上独立运行，也可以与其他一组分布式组件协同工作，其功能没有限制，可以完成一个简单的功能（如检查一个文件的语法拼写等），也可以完成复杂的功能（如预测一个股票或期货品种的业绩等）。JavaBean 组件具有如下特点：

（1）可以使用工具栏控制一个 Bean 的相关属性、事件和方法。

（2）一个 Bean 具有 Java "一次编程，随处可用" 的特性。

（3）Bean 的配置保存在永久存储区域中，使用时可以按需选择性地恢复。相关辅助软件可以帮助使用者配置 Bean。

（4）Bean 的注册可来自其他对象的事件，且能够再度产生事件送往其他对象。

人们通常使用 JavaBean 的 Bean 开发工具包（Bean Developer Kit:BDK）来付诸应用，可以配置 Bean 的应用程序开发工具（Application Builder Tool）生成一个可工作的应用程序。此工具软件可以从 Java 软件的相关站点（http://www.oracle.com/technetwork/java/index.html）下载，这是一个可以用来创建、配置与连接一组 Bean 的简单工具，其中尚且包括一些带有源代码的 Bean 示例。下载以后即可安装、使用，并可创建具体实例连接使用。

1.2.5 JSP

JSP（Java Server Page）是一种用于生成动态网页的技术，类似 ASP，它基于 Servlet 技术，在传统的网页 HTML 文件（*.htm）中加入 Java 程序片段（Scriptlet）和 JSP 标记（tag），就构成了 JSP 网页（*.jsp）。JSP 程序同样可运行于 Web 服务器端，实现程序与页面格式控制的分离，网络上传送给客户端的仅是得到的结果。

Web 服务器在遇到访问 JSP 网页的请求时，首先执行其中的程序片段，然后将执行结果以 HTML 格式返回给客户。程序片段可以操作数据库、重新定向网页以及发送 E-mail 等。JSP 被广泛应用于新闻网、电子商务网等系统用户界面的开发。图 1-4 所示为一个网上银行系统用户界面的 JSP 应用实例。

图 1-4 使用 JSP 开发的用户界面

1.3 Java 开发平台与运作机制

1.3.1 Java 技术体系

Java 技术体系分为 3 个：Java SE（Java2 Platform Standard Edition，Java 平台标准版）、Java EE（Java 2 Platform，Enterprise Edition，Java 平台企业版）、Java ME（Java 2 Platform Micro Edition，Java 平台微型版），可针对不同的市场目标和设备进行定位。

（1）Java SE：Java SE 允许开发和部署在桌面、服务器、嵌入式环境和实时环境中使用的 Java 应用程序，为台式机和工作站提供一个开发和运行的平台。Java SE 包含了支持 Java Web 服务开发的类，并为 Java EE 提供基础。

（2）Java ME：Java ME 为在移动设备和嵌入式设备（如手机、PDA、电视机顶盒和打印机）上运行的应用程序提供一个健壮且灵活的环境。Java ME 包括灵活的用户界面、健壮的安全模型、许多内置的网络协议以及对可以动态下载的联网和离线应用程序的丰富支持。

（3）Java EE：Java EE 可为企业计算提供一个应用服务器的运行和开发平台，也有助于开发和部署可移植、健壮、可伸缩且安全的服务器端 Java 应用程序。Java EE 提供 Web 服务、组件模型、管理和通信 API，可以用来实现企业级的面向服务体系结构（Service-Oriented Architecture，SOA）等。

Java EE 本身是个开放标准，软件厂商都可推出自己的符合该标准的产品，使用户可有多种选择。IBM、Oracle、BEA、HP 等近 30 家公司也已推出自己的产品，其中尤以 IBM 公司的 WebSphare 产品和 BEA 公司的 WebLogic 产品最为著名。Java 技术体系如图 1-5 所示。

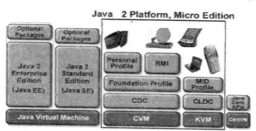

图 1-5　Java 技术体系示意图

1.3.2　Java 工作平台

Java 不仅是编程语言，还是一个开发平台，Java 系统给程序员提供了许多工具，包括：编译器、解释器、文档生成器和文件打包工具等。同时，Java 还是一个程序发布平台，有两种主要的发布环境：Java 运行时环境（Java Runtime Environment，JRE），它包含了完整的类文件包；许多主要的浏览器都提供的 Java 解释器和运行时的环境。

Java Development Kit（Java 开发工具集）简称 JDK，是 Sun 公司为全世界的 Java 程序员提供的一个免费的 Java 程序开发包和文档。它运行在 Windows 下的 MS-DOS 窗口状态下，用户需要在 DOS 提示符下输入命令。除此方法外，还可以在 JCreator、Eclipse、JBuilder 等集成环境中输入、编辑并运行源程序。本书介绍两种流行的编辑工具 JCreator、Eclipse。

JDK 由一个标准类库和一组建立程序与测试的 Java 实用程序组成。其核心 Java API 是一些预定义的类库，开发人员需要用这些类来访问 Java 语言。JDK 还包含 Java 运行环境以及可以供用户调用的 API（应用程序接口），Java API 包括一些重要的语言结构以及基本图形、网络和 I/O 等。JDK 包括了 Java 用于生成字节码编译器（命令）：Javac.exe 及 Java 程序用于执行命令的解释器：Java.exe，Java 解释器是面向 Java 程序的一个独立运行系统，它可以一种稳定、高性能方式运行那些独立于平台的 Java 字节码，以及帮助文档生成器命令 Javadoc.exe 等。所有这些命令都可以在命令行下运行。除了这些命令，JDK 和帮助文档可以从网站下载：http://www.oracle.com/technetwork/ java/ index.html。

1.3.3　Java 虚拟机

Java 程序是基于 Java 虚拟机（Java Virtual Machine，JVM）而运行的。JVM 是软件模拟的虚拟计算机，可以在任何处理器上（无论是在计算机中还是在其他电子设备中）安全、兼容地执行 Java 应用程序。JVM 可建立于不同的硬件系统、不同的操作系统平台，其在整个系统平台体系结构中的层次位置如图 1-6 所示。JVM 定义了指令集、寄存器集、类文件结构栈、垃圾收集堆、内存区域等，提供了跨平台能力的基础框架。Java 虚拟机的"机器码"保存在字节码文件（*.class）中，Java 程序的跨平台主要是指字节码文件可以在任何具有 Java 虚拟机的计算机或者电子设备上运行。

图 1-6　Java 虚拟机层次架构

1.3.4　JVM 执行过程

　　Java 中 JVM 执行过程体现了 Java 程序的运作过程。程序设计员通过编辑软件编写出 Java 源程序，Java 源程序需要通过编译器编译成为字节码文件（*.class），Java 虚拟机中的 Java 解释器负责将字节码文件解释成为特定的机器码运行。Java 程序的编译和执行过程如图 1-7 所示。其间经过加载代码、校验代码、代码执行 3 个步骤。Java Applet（小应用程序）将字节码嵌入超文本文件，在浏览器中运行。

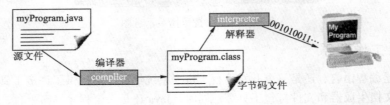

图 1-7　Java 程序编译执行过程

　　JVM 执行过程有如下 3 个典型特点：

　　（1）多线程：Java 虚拟机支持多个线程同时运行，这些线程可独立地执行 Java 代码，处理公共数据区和私有堆栈中的数据。

　　（2）动态连接：Java 虚拟机具有的动态连接使得 Java 程序适合在网上运行。

　　（3）异常处理：Java 虚拟机提供了可靠的异常处理。

1.4　JDK 安装与环境设置

1.4.1　JDK 系统安装

　　1. JDK 系统安装

　　在此仅以完善与兼容性相对较强的 JDK 1.7 版为例扼要介绍下载与安装过程。

　　（1）JDK 1.7 的获取。在 Windows 中启动 IE 浏览器, 登录网站（ http://www.oracle.com/ technetwork/ java/javase/downloads/index.html ）或其他网站乃至通过百度搜索下载。在如图 1-8 所示的 Java 资源下载网站窗口中，单击 DOWNLOAD 按钮可下载 Java JDK1.7。

　　（2）JDK 1.7 的安装。运行 jdk-7u67-windows-i586.exe 下载程序，系统开始解压安装包，出现如图 1-9、图 1-10 所示的画面。在此后的步骤中，选择接受 Oralce 公司的条约，按屏幕提示选择安装目录等诸多环节，直至完成安装。

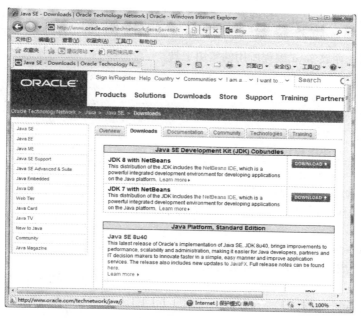

图 1-8　Java 资源下载网站

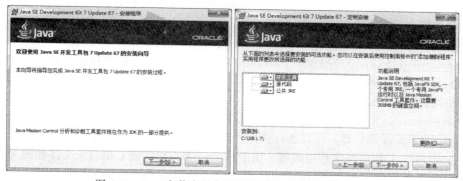

图 1-9　Java 安装向导与定制安装及安装文件夹设置

图 1-10　Java 安装进度与安装完成提示

2. 系统路径与主要文件

若 JDK 1.7 安装到 C:\JDK 1.7 目录下，则会生成如图 1-11 所示的目录结构及部分相关文档。

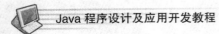Java 程序设计及应用开发教程

JDK 1.7 安装完毕后，其安装路径下会产生以下几个子目录：

（1）bin 目录：存放 Java 编程所用的实用工具程序。

（2）demo 目录：存放演示实例。

（3）include 目录：存放系统 C 语言的头文件等。

（4）jre 目录：存放运行时相关文件。

（5）lib 目录：存放供程序员调用的 Java 类库文件。

（6）sample 目录：分类存放 Java 程序的实例文件。

作为 JDK 实用程序，该目录的 ..bin\ 中包含了如下主要程序：

（1）javac.exe：Java 编译器，用于将 Java 源代码文件（.java）编译成能被 Java 解释器运行的类（字节码）文件（.class）。

图 1-11　Java 安装目录结构示意图

命令格式：`javac [选项] 源文件名`

例如：`javac test.java`

（2）java.exe：Java 字节码解释器：即 Java 虚拟机，用于 Java 程序的解释执行，直接从类（字节码）文件执行 Java 应用程序。

命令格式：`java [选项] 类名 [参数]`，如：`java test`

（3）appletviewer.exe：小应用程序（Java Applet）浏览器，是一种执行嵌入 HTML 文件中 Java Applet 的 Java 浏览器，可用于程序的调试。

命令格式：`appletviewer [选项] URL`

（4）javadoc.exe：文档生成器命令，可根据 Java 源码及说明生成 HTML 文档。

（5）jdb.exe：Java 调试器，可以逐行执行程序，设置断点和检查变量。

（6）javah.exe：C 语言头文件生成器。用于从 Java 字节码生成 C 语言头文件和源文件，这些文件用来在 Java 的类中融入 C 语言的原生方法，完成从 Java 类调用 C++ 代码。

命令格式：`Javah [选项] 类名`

（7）javap.exe：Java 反汇编器，用于显示编译类文件中的可访问功能和数据，同时显示字节代码含义。

（8）jar.exe：JAR 文件管理器，用于将 Java 程序打包成为一个文件（扩展名为.jar），JAR 文件比 Java 源程序（扩展名为.java）小，处理起来方便。

（9）javaw.exe：是与 Java 命令相对的。运行 Java 命令时，会出现并保持一个 console 窗口，程序中的信息可通过 System.out 在 console 内输出；而运行 javaw.exe，开始时会出现 console，当主程序调用后 console 就会消失。javaw.exe 大多用来运行 GUI 程序。

3. JRE 的选择安装

如果用户只想运行别人的 Java 程序可只安装 Java 运行环境 JRE，JRE 由 Java 虚拟机（JVM）、Java 的核心类，以及一些支持文件组成。读者可登录 Oracle 网站免费下载 Java 的 JRE。

1.4.2　JDK 环境变量设置

计算机在安装了 JDK 的同时（JDK 安装路径为 C:\JDK1.7），就安装上了 Java 运行环境与平台。

据此即可编写 Java 程序并进行编译、运行。但此时必须设置环境变量 Path 与类路径变量 ClassPath，JDK 才能正常运行。设置这两个变量的目的如下：

（1）Path 设置：SDK 平台提供的 Java 编译器（javac.exe）、Java 解释器（java.exe）等实用软件位于 Java 安装目录的 bin 文件夹中，为了能在任何目录中使用编译器、解释器等工具，应在系统特性中设置 Path。

（2）ClassPath 设置：指明 Java 虚拟机要装载类的路径。系统为了使编译程序能够找到用户定义的类和系统类所在的包，需要将用户类所在的目录和系统类所在的包放入到 ClassPath 变量中（若是当前目录也要将 "."加入到 ClassPath 中）。

对于 Windows XP、Windows 2000 等系统，用户可右击击桌面上的 "我的电脑" 图标，在弹出的快捷菜单中选择 "属性" 命令，在弹出的 "系统属性" 对话框中单击该对话框中的 "高级" 选项卡，然后单击如图 1-12 所示的 "环境变量" 按钮，编辑或新建系统变量 Path 与 ClassPath。

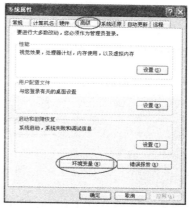

图 1-12　"系统属性" 对话框

Path 变量系统通常已有，可选择 "编辑"，设置相应参数；ClassPath 变量通常系统尚无，可选择 "新建"（如已经存在则只需单击 "编辑" 按钮）。如图 1-13 与图 1-14 所示，变量设置如下：

```
Path=C:\Jdk1.7\bin;
classpath=.;C:\Jdk1.7\jre\lib\rt.jar; C:\Jdk1.7\lib\tools.jar;
```

然后，重新启动计算机或启动 Autoexex.bat 文件，或在命令窗口输入上述命令即可。

图 1-13　设置系统环境变量 Path

图 1-14　设置系统环境变量 CLASSPATH

1.5　Java 程序开发实例

1.5.1　Java 程序开发步骤

通常，计算机高级语言开发都要经过源程序编辑、目标程序编译运行与可执行程序运行几个步骤。Java 编程也不例外，一般可分为如下 3 个步骤：

（1）编辑源程序：利用编辑工具产生 Java 源程序文件（.java）。

（2）编译源程序生成字节码文件：使用 Java 虚拟机（javac.exe）将源文件编译成字节码文件（.class）。

（3）运行程序：根据程序类型运行程序，Java Application 为解释运行；Java Applet 则需通过浏览器加载运行字节码，即建立嵌入 Java 字节码文件的 HTML 文档并运行。

传统程序设计语言与 Java 语言运行机制的差异如图 1-15 所示。Java 程序主体基于 Java Application（Java 应用程序）和 Java Applet（Java 小应用程序）两种进行设计开发。

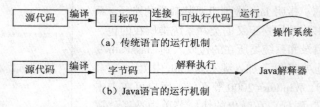

图 1-15 传统语言与 Java 的不同运行机制

1.5.2 Java Application 的开发

1. 编辑 Java 源程序

Java 源程序是以.java 为扩展名的简单的文本文件，可以用各种 Java 集成开发环境中的源代码编辑器来编写，也可以用其他文本编辑工具，如 JCreator、Windows 中的记事本或 DOS 中的 Edit 软件等来编写源文件。不可使用 Word 编辑器，因它含有不可见字符，会产生异常现象。下面以一个简单的 Java Application 程序作为本书编程实例的开始。

【例 1-1】 Java 程序举例：我的第一个 Java 程序。

```
//这是Java  Application,该程序保存在文件 FirstJava.Java 中
public class FirstJava{
    public static void main (String args[] ){
        System.out.println ("欢迎您，浏览我的第一个 Java 程序! ");
        System.out.println ("Hello  MyJava!!");  }
    }
```

这是一个基本的 Java 应用程序，仅仅包含一个类和一个方法（主方法 main()）。它能够利用来自 Java 标准库的 System 对象的多种方法输出与当前运行程序有关的资料。其中"//"代表一种注释方式，表示从这个符号开始到这行结束的所有内容都是注释。

用 JCreator 软件来编辑这个源文件（也可利用它来编译、运行，将在本章的后文进行介绍），并把它保存为 FirstJava.Java（假设在 C 盘根目录下）。

【程序解析】

（1）Java 语言是区分大小写的。初学者一定要严格关注程序中的大小写，尤其是文件名与类名。扼要表述如下：

- 源文件的命名规则：源文件的扩展名为.java，若在源程序中包含有公共类（至多只能有一个公共类）的定义，则该源文件名必须与该公共类的名字完全一致，字母的大小写都必须一样，否则在编译时就会出错。若源程序中不包含公共类的定义，那么源文件的名字只要和某个类的名字相同即可。如果在一个源程序中有多个类定义，则在编译时将为每个类生成一个.class 文件。

- 类名：首字母大写，通常由多个单词合成一个类名，要求每个单词的首字母也要大写，例如 class HelloWorldApp。

- 方法名：可由多个单词合成，若是则第一个单词全小写，中间的每个单词的首字母宜大写，例如：balanceAccount、isButtonPressed。
- 包名：包名为全小写的名词，中间可由点分隔开，例如 java.awt.event。
- 接口名：命名规则与类名相同，如 interface University。
- 变量名：变量名宜全小写，如 length。
- 常量名：基本数据类型的常量名为全大写，如果是由多个单词构成，可以用下画线隔开，例如：int YEAR、int WEEK_OF_MONTH；如果是对象类型的常量，则是大小写混合，由大写字母把单词隔开。

（2）在例中 public class FirstJava 表示要建立一个名为 FirstJava 的类，关键字 class 说明一个类定义的开始。类定义由类头部分（第 2 行）和类体部分（第 3 行至第 5 行）组成。类体部分的内容由一对大括号括起，在类体内部不能再定义其他的类。任何一个 Java 程序都是由若干个这样的类定义组成的，就好像任何一个 C 程序都是由若干个函数组成一样。

类的内容，即类的属性与方法在后面的一对花括号中列出。类的属性由变量描述，称为成员变量；相应类的方法称为成员方法。

（3）public static void main(String args[ ])建立一个名为 main 的主方法，一个应用程序可以有若干个方法，但必须有一个也只能有一个特殊的 main()方法。Java 应用程序必须有一个类含有 public static void main(String args[ ])方法，称这个类是应用程序的主类。args[]是 main()方法的一个参数，是一个字符串类型的数组（注意 String 的第一个字母是大写的），以后会学习怎样使用这个参数。

main()是所有的 Java Application 程序执行的入口点，当执行 Java Application 时，整个程序将从这个 main()方法的方法体的第一个语句开始执行。在上面的例子中，main()方法只有两条语句：

```
System.out.println ("欢迎您，浏览我的第一个 Java 程序！");
System.out.println ("Hello MyJava!!");
```

这两条语句将把字符串"欢迎您，浏览我的第一个 Java 程序！"与"Hello My Java!!"输出到系统屏幕上。其中，System 是系统内部类库中定义的一个类；out 是 System 类的对象；println 是 out 对象的一个方法，其作用是向系统的标准输出输出其形参指定的字符串。

说明：全书例题根据题目难易程度决定是否安排程序解析。

2. 编译 Java 源程序

如前所述，Java 程序的编译是通过 javac.exe。javac 命令将 Java 程序编译成字节码，然后用户可用 Java 解释器 Java 命令来解释执行这些 Java 字节码。当编辑完成之后即可进行编译。在 Windows 下打开命令提示符窗口（选择"开始"→"程序"→"附件"→"命令提示符"命令），进入源文件目录（此处为 C 盘根目录），输入如下编译命令：

```
C:\>Javac  FirstJava.java
```

或者在 JCreator 软件中编译。如果编译正确，就在当前目录下生成 FirstJava.class 字节码文件（字节码文件扩展名为".class"），如果程序有错误，Java 虚拟机会终止编译并给出错误信息。程序员可以根据系统给出的提示信息修改源代码，直到编译正确为止。

3. 运行 Java 应用程序

编译完成后，同样在 Windows 下打开命令提示符窗口，进入源文件目录，就可以输入如下命令来运行程序：

```
C:\>Java  FirstJava
```

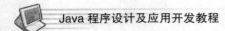

编译、运行 Java 应用程序及其结果如图 1-16 所示。至此，一个简单的 Java Application 程序开发、运行成功。

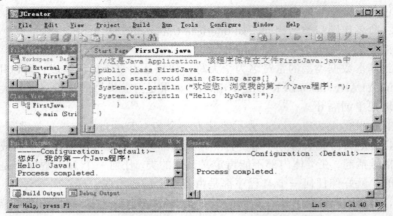

图 1-16　用 JCreator 软件编辑、编译与运行程序

1.5.3　Java Applet 开发

Java Applet 是另一类非常重要的 Java 程序。开发一个 Java Applet 程序需经过：编写源文件、编译源文件生成字节码、通过浏览器加载运行字节码 3 个步骤。

1. 编辑 Applet 源程序

Java Applet 程序的编写和编译与 Java Application 类似，两者的区别主要在于执行方式的不同。Java Application 是从其中的 main() 方法开始运行的；Java Applet 没有 main() 方法，不能独立运行，需在浏览器中运行。Applet 必须创建一个嵌入 Applet 的 HTML 文件，通过该代码段告诉浏览器载入何种 Applet 以及如何运行。

【例 1-2】建立 MyFirstApplet.Java，在览器中显示一行字符串。

```
//这是我们第一个 Java Applet，该程序保存在文件 MyFirstApplet.Java 中
import java.applet.*;                  //引入 applet 有关的包
import java.awt.*;                     //在进行显示输出时，需要用到该类的图像对象
public class MyFirstApplet extends Applet{
    public void paint(Graphics g) {     //用于画屏幕的方法
        g.drawString("Hello,this is my first Java Applet,Welcome to
        tour--JW!!",20,30); }
            //在测览器中坐标为（20，30）的位置显示字符串信息
}
```

【程序解析】该 Applet 程序用于显示 "Hello,this is my first Java Applet,Welcome to tour-- JW!!" 信息，功能是在方法 paint() 中实施的。paint() 方法是类 Applet 的一个成员方法，其参数是图形对象 GraPhics g，通过调用对象 g 的 drawStrinq() 方法就可以显示输出，该程序保存在文件 MyFirstApplet.Java 中。

2. 编译 Applet 源程序

Java Applet 程序也是一个类，其编译方式与 Application 完全一样，MyFirstApplet.Java 程序经过编译以后就生成了 MyFirstApplet.class 文件。在 Windows 下打开命令提示符窗口（选择 "开始" → "程序" → "附件" → "命令提示符" 命令），输入如下编译命令：

```
C:\＞Javac  MyFirstApplet.java
```

或者在 JCreator 软件中编译。如果编译正确，就在当前目录下生成 MyFirstApplet.class 字节码文件，

若源文件有多个类，将生成多个 class 文件，都和源文件在同一文件夹中；如果有错误则继续修正，直到编译正确为止。

3. 运行 Applet 源程序

Applet 的执行方式与 Application 完全不同，Applet 由浏览器或 apppletviewer.exe 来运行。Applet 程序的字节码文件必须嵌入到 HTML 文件中才能够浏览运行，因此必须编写相应的 HTML 文件：MyFirstApplet.html（该文件名不一定与相应的类名相同），具体内容如下：

```
<html>
    <applet code="MyFirstApplet.class" width=200
        height=200>    </applet>
</html>
```

然后，可以在"命令提示符"下通过输入 JDK 所提供的命令 Appletviewer 来执行。例如：

```
C:\>appletviewer  MyFirstApplet.html
```

Applet 还可以采用另外一种方式运行，那就是直接在浏览器中打开 MyFirstApplet.html 程序。支持 Java 虚拟机的浏览器都可以解释执行 Java Applet 程序。程序运行结果如图 1-17 所示。

图 1-17　通过 IE 浏览器运行的
Applet 程序结果

1.6　Java 典型编辑工具

1.6.1　Java 编辑工具简介

目前，除了最简单的写字板、记事本编辑工具之外，还有多种既可编辑又能辅助运行的 Java 编辑运行工具，如 JCreator、Eclipse、JBuilder、MyEclipse、NetBeans、Visual Age for Java、Java Workshop、FreeJava 等。

1. JCreator

JCreator 是一个 Java 程序集成开发环境（IDE），可为用户提供相当强大的功能，如项目管理功能，项目模板功能，可个性化设置的语法高亮属性、行数、类浏览器、标签文档、多功能编译器、向导功能，以及完全可自定义的用户界面。通过 JCreator，用户能不用激活主文档而直接编译或运行 Java 程序。JCreator 能自动找到包含主函数的文件或包含 Applet 的 HTML 文件，然后它会运行适当的工具。在 JCreator 中，可通过一个批处理同时编译多个项目。JCreator Pro 4.50 软件的下载网址为 http://www.jcreator.net/download/jcpro350.zip 及 http://www.jcreator.com 等。

2. Eclipse

Eclipse 是由 IBM 公司推出的免费的产品集成开发环境，是一款支持多种语言的集成开发软件，支持 Java 语言开发过程中的项目管理、程序编辑、编译、调试运行等多种开发操作，使用其所附带的 JDT（Java Developerment Toolkit）外挂程序，对于开发 Java 程序更是相得益彰。目前，Eclipse 比较常用的版本是 Eclipse 3.X 版，带有中文汉化包，读者可以免费下载，网址为 http://www.eclipse.org/downloads。

3. JBuilder

JBuilder 系列软件是 Java 开发环境的集成，它满足了多方面 Java 程序应用开发的需要，尤其是对于服务器方及 EJB 开发者。但是，可能是因为这个领域中竞争激烈，这款软件并没有完全占据集成开发环境的市场，但它仍为佼佼者。JBuilder 支持最新的 Java 技术，包括 Applets、JDK 5.x、EJB、RMI、JSP/Servlets、JavaBean、CORBA 应用。它能用 Servlet 和 JSP 开发和调试动态 Web 应用。JBuilder 支持各种应用服务器，JBuilder 有一个可扩展的源码编辑器，灵活开放的 IDE 架构，包括支持 EJB 1.1 和 EJB 2.0，可以快速开发 Java EE 的电子商务应用。

4. MyEclipse

MyEclipse 企业级工作平台（MyEclipse Enterprise Workbench ，简称 MyEclipse）是对 Eclipse IDE 的扩展，利用它可在数据库和 Java EE 的开发、发布及应用程序服务器的整合方面极大地提高工作效率。它是功能丰富的 Java EE 集成开发环境，包括完备的编码、调试、测试和发布功能。

MyEclipse 是一个功能强大而优秀的用于开发 Java 的 Eclipse 插件集合。MyEclipse 目前支持 Java Servlet、AJAX、JSP、JSF、Struts、Spring、Hibernate、EJB3、JDBC 数据库链接工具等多项功能。可以说 MyEclipse 是几乎囊括了目前所有主流开源产品的专属 Eclipse 开发工具，支持也十分广泛，尤其是对各种开源产品的支持十分不错。

5. NetBeans

NetBeans 集成开发环境是由 Java 语言的原创公司 Sun MicroSystems 提供的免费软件系统，它将 Java 项目管理、程序编辑、编译、调试运行等多种开发操作统一集成到一个界面的开发平台。它是一个开发源代码的 Java 集成开发环境。此外，Sun MicroSystems 还在网上提供了的 NetBeans 技术交流社区和免费技术支持，给开发人员带来了极大的方便。目前，NetBeans IDE 比较常用的版本是 5.x 中文版。下载网址为 http://www.gceclub.com.cn/download. html。安装之前宜先在计算机上安装好 Java 的 JDK，这样在 NetBeans 的安装中会自动运行 JDK 安装的文件夹。

6. Visual Age for Java

Visual Age for Java 是一个非常成熟的开发工具，其特性对于 IT 开发者和业余的 Java 编程人员来说都是非常有用的。它提供对可视化编程的广泛支持，支持 EJB 的开发应用，支持与 Websphere 的集成开发、方便的 Bean 创建、良好的快速应用开发和无文件式的文件处理。用户不编写任何代码就可以设计出一个典型的应用程序框架。Visual Age for Java 作为 IBM 电子商务解决方案其中产品之一，可以无缝地与其他 IBM 产品（如 WebSphere、DB2）等融合，迅速完成从设计开发到部署应用的整个过程。

7. Java Workshop

Sun MicroSystems 公司推出的 Java WorkShop 是业界第一个供 Internet 使用的多平台开发工具，它可以满足各公司开发 Internet 和 Intranet 应用软件的需要。Java WorkShop 开发环境完全用 Java 编写，可移植性极好，以至于多个平台都能支持，是当今市场上销售的第一个比较完整的 Java 开发环境。Java WorkShop 支持最新版 JDK 以及 JavaBeans 组件模型。最新的 API 和语言特征增加了编译 Java 应用程序的灵活性。目前，Java Workshop 支持 Solaris 操作环境 SPARC 及 Intel 版、Windows 软件平台以及 HP/UX。

1.6.2　JCreator Pro 编辑工具

JCreator（如 JCreator Pro X.0 汉化版）以其精巧便捷、功能完善、资源占用小而深受 Java 程序开发者的青睐。

1. JCreator 概述

JCreator 是一个小巧灵活的 Java 程序开发工具，由于 JCreator 集成了编辑源文件、编译、运行、调试为一体，也称为集成开发环境。在功能上较 JDK 等开发工具显得便捷易用，它可将 Java 程序的编写、编译、运行和调试集成进自身的环境中直接进行开发，且无须进行环境变量的设置。人们可直接在 JCreator 中编辑 Java 源文件，编译、运行开发程序，十分方便。其最大特的点是可与计算机所装的 JDK 完美结合。

　　JCreator 为用户提供了相当强大的功能，例如项目管理功能，项目模板功能，可个性化设置语法高亮属性、行数、类浏览器、标签文档、多功能编绎器，向导功能以及完全可自定义的用户界面。通过 JCreator，可不必激活主文档而直接编辑、编绎或运行 Java 程序。JCreator 是一款初学者很容易上手的 Java 开发工具，不足之处是适合进行简单的程序开发。

　　2．安装 JCreator

　　安装 JCreator 之前应当先安装好 JDK 软件系统，然后从网上下载 JCreator Pro 4.5，如网站 http://www.skycn.com/soft/24416.html，然后下载解压安装。该软件安装基于 step by step 方式，按提示选择，比较明了。图 1-18、图 1-19、图 1-20、图 1-21 所示为安装的主要步骤。

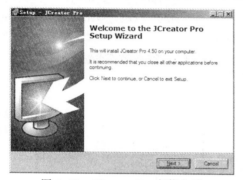

图 1-18　JCreator Pro 安装向导

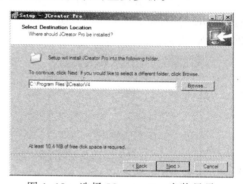

图 1-19　选择 JCreator Pro 安装目录

图 1-20　JCreator Pro 4.5 汉化版正在复制安装

图 1-21　JCreator Pro 4.5 安装完成

　　3．设置 JCreator

　　JCreator 全部安装结束前系统通常会提示 JDK 配置文件设置、文件关联等的设置，用户可按需进行设置。倘若未曾设置或在使用中要进行，改进可单击"配置"→"选项"命令，在弹出的"选项"对话框中完成设置，如图 1-22 所示。鉴于篇幅，在此仅对主要的设置进行解析。

　　（1）JDK 配置文件设置。JCreator 安装结束前系统会自动找到 JDK 已安装的目录路径，若原来指定的目录已经不复存在，JCreator 会以红色字体提示 JDK 无效，可以单击"删除"按钮将其删除，再单击"新建"按钮创建一个新的目录，也可以单击"编辑"按钮修改目录。

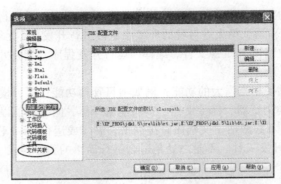

图 1-22　JCreator JDK 配置文件选项对话框

对于 JCreator 先行安装的文件，可选择"配置"→"选项"命令，在弹出的如图 1-22 所示对话框中单击左侧的"JDK 配置文件"选项，单击右侧的"新建"按钮，在弹出的"选择路径"对话框中选择 JDK1.7 安装的具体路径，如图 1-23 所示。单击对话框中的"确定"按钮，弹出如图 1-24 所示的"JDK 配置文件"对话框，单击"确定"按钮，即可完成 JDK 配置文件选项的设置。

图 1-23　"选择路径"对话框

图 1-24　"JDK 配置文件"对话框

（2）文件关联选项设置。选择"配置"→"选项"命令，在弹出的如图 1-25 所示的对话框中单击左侧的"文件关联"选项，然后在右侧设置具体的文件关联性，最后单击"确定"按钮即可。利用文件关联这一项，可以建立起与 JCreator 关联的文件类型。用户也可把不想与 JCreator 关联的文件类型删除（单击右侧的☒按钮即可），在此保留了 Java 源文件等 4 项文件关联。

（3）文件 Java 选项设置。选择"配置"→"选项"命令，在弹出的如图 1-26 所示对话框中选择左侧的"文档"→"Java"选项，在右侧设置扩展名等相关参数（也可按默认设置），最终在对话框中单击"确定"按钮即可。

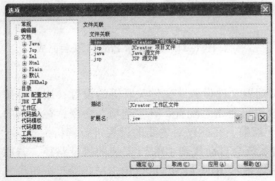

图 1-25　JCreator 文件关联选项设置

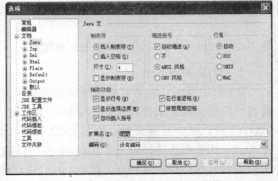

图 1-26　JCreator 文件 Java 选项设置

（4）其他 Java 选项设置。尚有其他诸多 Java 选项的设置，可选择"配置"→"选项"命令，在弹出的如图 1-22 所示的对话框中选择左侧的某一项，在右侧中设置相关参数，最后单击"确定"按钮，完成其他 Java 选项设置。

4．JCreator 使用

JCreator 使用简单明了，具体介绍如下：

（1）JCreator 的功能。JCreator Pro 4.5 汉化版全部功能如图 1-27 所示。其中，文件（新建、打开、关闭、最近的文件）、编辑、搜索（查找、替换）、查看（工具栏、文件视图、数据视图、包视图）、生成（编译文件、执行文件、编译项目、执行项目、调试）、配置与帮助（帮助主题、JDK 帮助）等使用最为广泛，包括部分工具栏图标。

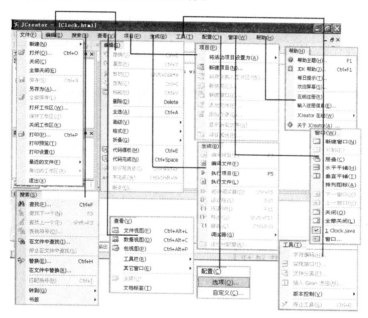

图 1-27　JCreator Pro 4.5 汉化版功能展示图

（2）JCreator 编辑界面的组成。JCreator 编辑界面主体由文件视图、代码视图、类视图（类.包.属性视图）、输出视图、菜单和工具栏视图组成。

- 文件视图：用来显示工程中的所有文件，且可以显示当前的工程名称和工程所在的工作空间的名称。一个工作空间可以包含多个工程，但只能有一个活动工程（是指当前起作用的工程）。双击工作空间中的一个工程名字将使得该工程成为活动工程，活动工程的名字显示为黑体，而非活动工程显示为普通字体。

- 代码视图：用来编辑工程文件的源代码。在文件视图中双击某个文件名称，即可在代码视图中对该文件进行编辑。JCreator 提供了代码帮助的功能，即如果输入相应的方法或变量，代码视图可提供该方法或变量的动态提示。如果代码提示不出现，可能的原因有：JDK 及相关类库文件没有正确设置，书写的代码有错误。

- 类视图：显示了当前显示在代码视图中 Java 源文件的类的层次和类中的方法。双击某一方法将直接在代码视图中定位到该方法的定义处，其中也可显示包或属性视图。

- 输出视图：主要用来输出编译相关的信息。如果有错误信息出现，双击错误信息的第一行即可在源代码中定位该错误。

- 菜单和工具栏视图：用于完成文件的新建、打开、关闭、最近使用文件的选择；编辑、查找、替换；查看文件视图、数据视图、包视图的内容；生成编译文件、执行文件、编译项目、执行项目；系统调试和配置及相关帮助。

（3）JCreator 的使用。在此将通过一个简单的实例来解析利用 JCreator 完成 Java 应用程序的编辑、编译、运行与保存的整个过程。

- 建立编辑 Java 源文件。选择"文件"→"新建"命令项（或利用工具栏中图标），在弹出的"文件类型"对话框中选择具体类型，单击"下一步"按钮，弹出如图 1-28 所示的对话框。在该对话框中设置具体的文件夹与文件名称，然后单击"完成"按钮，弹出如图 1-29 所示的对话框。在代码视图中编辑代码，完成后选择"文件"→"保存"命令项保存新建文件。

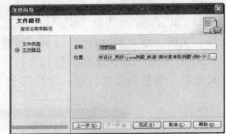

图 1-28　指定文件路径对话框

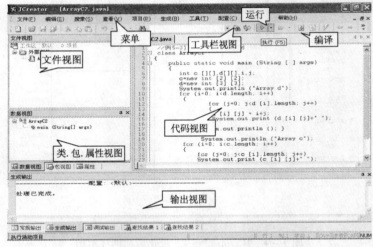

图 1-29　JCreator 编辑界面的组成

同样，对于已经存在的 Java 文件，可选择"文件"→"打开"命令（或利用工具栏中图标）将文件打开，进而进行修改、编辑，直至完成。

- 编译运行 Java 源文件。当对 Java 源文件修改编辑好后，可单击工具栏中的图标进行编译，正常时，会在输出视图中显示"处理已完成"信息；若有异常，则会出现相应的出错提示信息。当编译好后，可单击工具栏中的图标，即可运行，运行结果如图 1-30 所示。

（4）Applet 的编辑浏览。JCreator 下 Java Applet 程序编辑、编译与 Java Application 相同，但运行有所差异。JCreator 实现了网页文件（.html）直接驱动 Java Applet 在 JCreator 编辑窗口中予以显示，即 Java Applet 在 JCreator 中直接运行。

用 JCretor 编写保存的一个 HTML 源文件，会在 JCreator 窗口最左边的"文件视图"窗口中显示出相应的文件名，右击该文件，在弹出的快捷菜单中选择"在浏览器中查看"命令，用户所选的 HTML 文件即在 JCreator 中显示出来。用这种方法比用户用浏览器打开这个 HTML 文件更加方便。

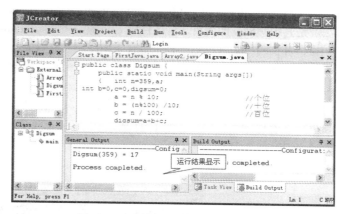

图 1-30 JCreator Java 程序运行结果

1.6.3 Eclipse 编辑工具

1. Eclipse 简述

Eclipse 是一个开放源代码的、基于 Java 的可扩展开发平台。就其本身而言，它只是一个框架和一组服务，用于通过插件组件构建开发环境。Eclipse 附带了一个标准的插件集，包括 Java 开发工具（Java Development Tools，JDT），虽然大多数用户很乐于将 Eclipse 当作 Java IDE 来使用，但 Eclipse 的目标不仅限于此。Eclipse 还包括插件开发环境（Plug-in Development Environment，PDE），这个组件主要针对希望扩展 Eclipse 的软件开发人员，因为它允许他们构建与 Eclipse 环境无缝集成的工具。尽管 Eclipse 是使用 Java 语言开发的，但它的用途并不限于 Java 语言，还支持诸如 C/C++、COBOL 和 Eiffel 等编程语言的插件。Eclipse 框架还可用来作为与软件开发无关的其他应用程序类型的基础，如内容管理系统。

公欲善其事，必先利其器，学习任何一种语言都要有一个好的开发环境。安装 Eclipse 之前，需要先安装 JDK，具体如前所述。

2. Eclipse 的安装

Eclipse 是最流行的功能强大的专门开发 Java 程序的 IDE 环境，同时 Eclipse 还是一个开放源代码的项目，有丰富的插件，任何人都可以下载 Eclipse 的源代码，并且在此基础上开发自己的功能插件。配合插件还可以扩展到其他语言的开发，如 C、C++、.NET 等的开发。需要说明，Eclipse 是一个 Java 开发的 IDE 工具，需要有 Java 运行环境的支持，这里假设已经安装了 JDK。

Eclipse 的下载安装非常简单，步骤如下：

（1）打开 http://www.eclipse.org，在首页上找下载栏目，下载最稳定的 eclipse-SDK-3.2.2-win32.zip 和中文语言包 NLpack1-eclipse-SDK-3.2.1-win32.zip。

（2）解压缩 eclipse-SDK-3.2.2-win32.zip 到一个目录，假如解压缩到 F:\目录，则会生成一个 F:\eclipse 文件夹。

（3）解压缩 NLpack1-eclipse-SDK-3.2.1-win32.zip 到一个目录，复制其中 plugins 目录下的所有文件和文件夹到 F:\eclipse\plugins，复制其中 features 目录下的所有文件和文件夹到 F:\eclipse\features。

（4）运行 F:\eclipse\eclipse.exe 即可启动一个中文版的 Eclipse。这是 Eclipse 最基本的安装配置方法，如果不安装中文版，可直接解压缩 eclipse-SDK-3.2.2-win32.zip 到任意一个目录，然后运行 eclipse.exe 即可。这里的语言包 NLpack1-eclipse-SDK-3.2.1-win32.zip 实际上一个 Eclipse 插件。

Eclipse 的插件实际上都有一个目录规范 eclipse、eclipse\features、eclipse\plugins，安装时也很简单，上面介绍的方法就是其中一种，即简单地将插件中 eclipse\features、eclipse\plugins 文件夹复制到 Eclipse 安装目录中的 eclipse\features、eclipse\plugins 下面即可。这种安装方式有个严重缺陷，就是安装后实际上是不可以卸载的，安装过程不可逆转，无法灵活配置管理所安装的插件。

3．Eclipse 界面介绍

双击 eclipse.exe，运行 Eclipse 集成开发环境。在首次运行时，Eclipse 会要求选择工作空间，用于存储工作内容（这里选择 H:\workspace），如图 1-31 所示。

选择工作空间后，Eclipse 打开工作台窗口，如图 1-32 所示。转至工作台窗口后提供了一个或多个透视图，透视图包含编辑器和视图（例如导航器），可同时打开多个工作台窗口。

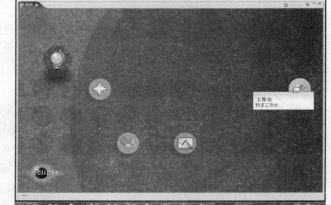

图 1-31　Eclipse 选择工作空间　　　　　图 1-32　Eclipse 工作空间

Eclipse 工作平台由几个称为视图（View）的窗格组成（见图 1-33），窗格的集合称为透视图（Perspective）。Java 透视图包含一组更适合于 Java 开发的视图，默认的透视图是 Resource 透视图，它是一个基本的通用视图集，用于管理项目以及查看和编辑项目中的文件。

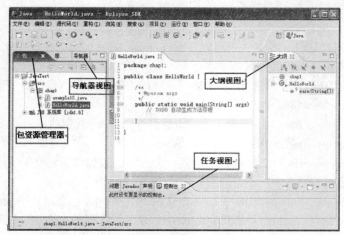

图 1-33　Eclipse 工作平台

（1）包资源管理器视图：左上角的包资源管理器视图是一个包含各种 Java 包、类、JAR 和其他文件的层次结构。

（2）导航器视图：允许创建、选择和删除项目。

（3）大纲视图：在编辑器中显示文档的大纲，这个大纲的准确性取决于编辑器和文档的类型；对于 Java 源文件，该大纲将显示所有已声明的类、属性和方法。

（4）任务视图：下方的任务视图收集关于正在操作的项目的信息；这可以是 Eclipse 生成的信息，比如编译错误，也可以是手动添加的任务。

该工作台有一个便利的特性就是不同透视图的快捷方式工具栏，显示在屏幕的左端；这些特性随上下文和历史的不同而有显著差别。

我们可以自定义工作台，方法是选择"窗口"→"复位透视图"命令，会将布置还原成程序初始状态。也可以从"窗口"菜单"显示视图"中选取一个视图来显示它。这只是可用来建立自定义工作环境的许多功能之一。

4. Eclipse 的使用

（1）创建一个项目。方法是：选择"文件"→"新建"→"项目"命令。在弹出的"新建项目"对话框中选择 Java 项目，单击"下一步"按钮，在弹出的"创建 Java 项目"对话框的"项目名"文本框中输入 Java_TEST，在"项目名""JRE""项目布局"中选择相关的选项，如图 1-34 所示。单击"配置缺省值"按钮会出现如图 1-34 右侧的设置内容，单击"完成"按钮即可。

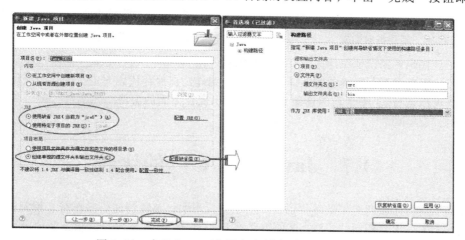

图 1-34　在 Eclipse 工作平台中创建项目过程对话框

（2）创建包。右击 Java_TEST 选项，选择"新建"→"包"命令，在弹出如图 1-35 所示的"创建 Java 包"对话框的"名称"文本框中输入 chap1，完成包的创建。按此法还可创建其子包（子文件夹）或其他包（文件夹）。

下面将通过创建并显示信息"Hello, world"的过程来叙述 Java 应用程序的步骤。

（3）创建文件类。右击要建类文件的包，选择"新建"→"类"命令，在弹出的如图 1-36 所示的对话框中，输入 Hello 作为类的名称。在"想要创建哪些方法存根？"下面选中 public static void main(String[] args)复选框，然后单击"完成"按钮。

（4）经上述 3 步将在编辑器区域创建一个包含 Hello 类和空的 main() 方法的 Java 文件，然后向该方法添加代码（见图 1-37）。在

图 1-35　创建包对话框

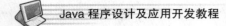

输入时会注意到 Eclipse 编辑器的一些特性，包括语法检查和代码自动完成。可以通过按
【Ctrl+Space】组合键来调用代码自动完成功能，代码自动完成提供了上下文敏感的建议列表，可
通过键盘或鼠标从列表中选择。这些建议可能是针对某个特定对象的方法列表，也可能是基于不
同的关键字（如 for 或 while）来展开的代码片断。

图 1-36　新建类对话框

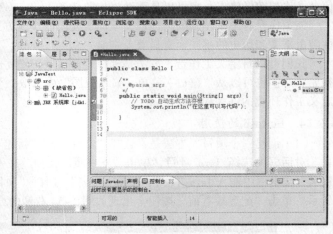

图 1-37　新建 Hello 类文件

（5）一旦代码无错误地编译完成，就能够选择"运行"→"运行方式"命令选择某种方式执
行该程序（注意这里不存在单独的编译步骤，因为编译是在保存代码时进行的。如果代码没有语
法错误，就可以运行）。一个新的选项卡式窗格将出现在下面的窗格（控制台）中，其中显示了
程序的输出。

1.7　Java 与 C/C++的比较

Java 和 C++都是面向对象的编程语言。对于变量声明、参数传递、操作符、控制流等，Java
使用了与 C 和 C++语言相同的语法，这使得熟悉 C 和 C++语言的程序员能很方便地进行编程。同
时，Java 语言也摒弃了 C 和 C++语言的诸多不合理的内容，使得 Java 语言更趋于简单性、健壮性、
安全性与平台无关性。

1. 全局变量

Java 语言不能在所用的类之外定义程序的全局变量，只能通过在一个类中定义公用、静态的
变量来实现一个全局变量。例如：

```
Class GlobalVar
{ public static  global_var;}
```

在类 GlobalVar 中定义变量 global_var 为 public static，使得其他类可以访问和修改该变量。Java
对全局变量进行了更为完善的包装，保证了系统的安全性。而在 C/C++语言中，由于依赖于不加
封装的全局变量，往往会由于使用不当而造成系统的崩溃。

2. goto 语句

C/C++语言中用 goto 语句实现无条件跳转，而 Java 语言没有 goto 语言，通过异常处理语句 try、
catch、finally 来替代，提高了程序的可读性，也增强了程序的健壮性。

3. 指针

指针是 C/C++语言中最灵活但也是最容易出错的数据类型，极易造成系统的崩溃。而 Java 对指针进行了完全的控制，程序员不能进行任何指针操作，同时 Java 中的数组是通过类来实现的，很好地解决了数组越界这一在 C/C++语言中不做检查的缺点。

4. 内存管理

在 C 语言中，程序员使用库函数 malloc()和 free()来分配和释放内存，C++语言中则用运算符 new 和 delete 来分配和释放内存。再次释放已经释放的内存块或者释放未被分配的内存块，会造成系统的崩溃，而忘记释放不再使用的内存块也会逐渐耗尽系统资源。

在 Java 中，所有的数据结构都是对象，通过运算符 new 分配内存并得到对象的处理权。无用内存回收机制保证了系统资源的完整，避免了内存管理不周而引起的系统崩溃。

5. 数据类型的一致性

在 C/C++语言中，不同的平台上，编译器对简单的数据类型如 int、float 等分别分配不同的字节数。例如：int 在 IBM PC 上为 16 位，在 VAX-11 上就为 32 位，导致了代码数据的不可移植。在 Java 中，不管在任何计算机平台上，对数据类型的位数分配总是固定的，因此保证了 Java 数据的平台无关性和可移植性。

6. 类型转换

在 C/C++语言中，可以通过指针进行任意的类型转换，不安全因素大大增加。而在 Java 语言中，系统要对对象的处理进行严格的相容性检查，防止不安全的转换。

7. 头文件

在 C/C++语言中使用头文件声明类的原型和全局变量及库函数等，在大的系统中，维护这些头文件是非常困难的。Java 不支持头文件，类成员的类型和访问权限都封装在一个类中，运行时系统对访问进行控制，防止非法的访问。同时，Java 中用 import 语句与其他类进行联系，以便访问其他类的对象。

8. 结构和联合

C/C++语言中用结构和联合来表示一定的数据结构，但是由于其成员均为公有的，这就带来了安全性问题。Java 不支持结构和联合，通过类把数据结构及对该数据的操作都封装在类里面。

9. 预处理

C/C++语言中用宏定义来实现的代码往往影响程序的可读性，而 Java 不支持宏定义，它通过关键字 final 来声明常量，以实现并替代宏定义中广泛使用的常量定义。

Java 语言和 C/C++语言的其他差异如表 1-1 所示。

表 1-1　Java 和 C/C++的差异

效　用	Java	C/C++
是否直译式	是	否，编译式
编译后是否产生机器码	否，产生具有跨平台特性的字节码	是
是否跨平台	是	否，须根据计算机平台改变程序
是否有指针类型	否，使用对象引用替代指针	是
是否具备继承性能	允许单一继承	允许多重继承
运行速度快慢	较 C/C++略慢	快

本 章 小 结

Java 语言的特点包括：面向对象性、简单便捷性、平台无关性、语言健壮性、运作安全性、系统移植性、动态扩展性、程序高性能与多线程机制。Java 可划分为：Java Application、Java Applet、Java Servlet、JSP 与 JavaBean 五种程序类型。

JVM 是软件模拟的虚拟计算机，可以在任何处理器上（无论是在计算机中还是在其他电子设备中）安全、兼容地执行 Java 应用程序。

Java 编程开发步骤包括：编辑源程序、编译源程序生成字节码文件、运行程序。

常见的 Java 语言编辑工具有：JCreator、Eclipse、JBuilder、MyEclipse、NetBeans、Visual Age for Java、Java Workshop、FreeJava 等，JCreator 与 Eclipse 以其精巧便捷、功能完善、资源占用小而深受 Java 程序开发者的青睐。

JCreator 编辑界面主体由文件视图、代码视图、类视图（类.包.属性视图）、输出视图菜单和工具栏视图组成。

本章主要讲述了 Java 的起源与发展、技术现状、特点与分类、Java 运作机制、JDK 的获取与安装、JDK 环境变量设置、Java 程序开发、Java 编辑工具及 Java 与 C/C++的比较等。

思考与练习

一、选择题

1. Java 语言的特点包括：面向对象性、简单便捷性、_____、运作安全性、系统移植性、动态扩展性、程序高性能与多线程机制。

A．平台无关性、语言健壮性与运作安全性

B．网络无关性、语言健壮性与运作安全性

C．平台无关性、语言健壮性与实施安全性

D．平台无关性、语言拓展性与运作安全性

2. Java 程序可划分为：Java Application、_____、JSP 与 JavaBean 五种序类型。

A．Java Applet 与 Java Server   B．Java Dialog 与 Java Servlet

C．Java Applet 与 Java Servlet   D．Java Applet 与 Java Button

3. 常见的 Java 语言编辑工具有：JCreator、MyEclipse、NetBeans、Visual Age for Java、Java Workshop、FreeJava 与_____等。

A．JBuilder 与 Java Shop   B．PowerBuilder 与 Java WorkShop

C．JBuilder 与 MouseListener   D．JBuilder 与 EClipse

4. Java 提供了许多工具，包括：编译器、_____、文档生成器和文件打包工具等。

A．生成器   B．解释器   C．向导器   D．半加器

5. 编译源程序文件将产生相应的扩展名为_____的字节码文件。

A．.java   B．.class   C．.html   D．.exe

6. Java 中 javac.exe 文件是指_____。

A．Java 文档生成器   B．Java 编译器

C．Java 解释器   D．Java 类分解器

7. Java 中 java.exe 文件是指_____。

    A. Java 文档生成器　　　　　　　　　　B. Java 编译器

    C. Java 解释器　　　　　　　　　　　　D. Java 类诊断器

8. Java 中源程序文件的扩展名为_____。

    A. .java　　　　　　B. .class　　　　　　C. .html　　　　　　D. .exe

9. Java Applet 程序设计需：编写源文件、编译源文件生成字节码、_____。

    A. 浏览器加载运行字节码文件　　　　　B. Java 编译器加载运行字节码文件

    C. Java 解释器加载运行字节码文件　　　D. Java 类诊断器运行字节码文件

二、是非题

1. JCreator 编辑界面由文件视图、代码视图、类视图、输出视图菜单和工具栏视图组成。

                                                  （　　　）

2. Java 开发步骤包括：编辑源程序、编译源程序生成字节码文件、转换程序。　　（　　　）

3. JVM 是软件模拟的虚拟计算机。　　　　　　　　　　　　　　　　　　　　　（　　　）

4. EClipse 是一个封闭源代码的、基于 Java 的可扩展开发平台。　　　　　　　　（　　　）

5. Servlet 是一种运行于 Web 服务器端的 Java 程序。　　　　　　　　　　　　　（　　　）

6. JSP（Java Server Page）是一种用于生成静态网页的技术。　　　　　　　　　　（　　　）

7. Java 编译源程序会生成字节码文件 .class。　　　　　　　　　　　　　　　　　（　　　）

8. Java 不仅是编程语言，还是一个开发平台。　　　　　　　　　　　　　　　　　（　　　）

三、思考与实验

1. 简述 Java 程序的特点与分类。

2. 何谓多线程机制？简述 Java 语言的发展过程。

3. 简述 JVM 执行过程的特点。

4. 试完成 JDK 1.6 获取与安装的实验过程，并完成环境变量的设置。

5. 何谓 JavaBean？简述 JavaBean 的功能与特点。

6. 利用网上资源了解并完成 Java 帮助文档的下载与安装实验。

7. 参照本章实例创建一个名为 HowisJava 的 Java Application 程序，在屏幕上简单地显示 "Hello，How in Java!" 信息。

8. 完成在 DOS 窗口中编辑、编译与运行题 7 所编程序的实验。

9. 参照本章实例创建一个名为 HowisJavalet 的 Java Applet 程序，在窗口中显示 "How is Java applet!" 同时需要编写 HowisJavalet.html 文件。

10. 安装 JCreator 软件，并完成利用其编辑、编译功能运行题 7 与题 9 所编写的程序。

第 2 章
Java 语言基础

【本章提要】Java 语言基础是程序设计与开发必须了解与掌握的基础知识。本章主要讲述了 Java 编程的基本语法知识，包括符号、基本数据类型，常量与变量，同时介绍了运算符和表达式、类型转换、数据的输入与输出等。

2.1 符 号

符号是构成 Java 语言程序的基本单位或基本语法元素，主要包括：标识符、关键字、分隔符、编码规范、注释几种形式。

2.1.1 标识符

在 Java 程序设计语言中的任何一个成分（如变量、常量、方法、对象、方法、关键字等）都需要一个名字来标识它的存在性与唯一性，这个名字泛称标识符，它是赋予变量、常量、类、对象、方法的名称。变量、函数、类和对象等的名称都是标识符，程序员可以为程序的每一个成分通过标识符冠以一个唯一的名字。

Java 语言采用 Unicode 字符集，由 16 位构成（含有 65 535 个字符），除了涵盖能够表示常用数字 0~9、大小写英文字母 A~Z 和 a~z，以及+、-、*、/、下画线（_）、美元（$）符号之外，还可有汉字、拉丁语等。Java 标识符定义使用时有如下规定：

（1）标识符可以由数字、字母、下画线（_）或美元符号（$）组成。

（2）标识符必须以一个字母、下画线（_）或美元符号（$）开头。

（3）标识符是区分大小写的，如 God 与 god 是不同的标识符。

（4）标识符不能与关键字同名，但标识符可包含关键字作为它的名字的一部分。例如，thisone 是一个有效标识符，但 this 却不是，因为 this 是一个 Java 关键字。

（5）标识符使用时长度不限，但不宜过长，最好有象征性含义，起到望文生意的作用。

2.1.2 关键字

关键字又称保留字，是 Java 语言中本身已经使用并赋予特定意义的字符号，均用小写字母来表示。系统提供的 Java 关键字如表 2-1 所示。

表 2-1　Java 关键字及其含义

关　键　字	含　　　　　义	关　键　字	含　　　　　义
abstract	修饰类型只能被继承而非定义具体内容	boolean	布尔型基本数据类型只能是 true/false
break	跳出当前循环	byte	字节型基本数据类型
case	条件转移，与 switch 命令联合使用	catch	异常时执行,与 try 和 finally 联合使用

关 键 字	含 义	关 键 字	含 义
char	字符型基本数据类型,定义一个字符	continue	重新开始下一个循环
do	确定条件循环程序块与 switch 命令联合使用	default	除给定条件外的其他转移与 switch 命令联合使用
class	定义一个类	double	定义一个双精度基本数据类型
else	条件转移,与 if 命令联合使用	extends	确定继承关系,与 class 类命令联合使用
false	布尔型基本数据类型的值:逻辑为"假"	final	用修饰的变量为常数,一旦给定不能修改
finally	有无异常都执行,与 try 和 finally 联合使用	float	定义一个单精度基本数据类型
for	循环语句关键字	if	条件语句关键字,可与 else 命令联合使用
import	告知编译软件如何寻找引用的 Java	implements	实现接口,与 class 命令联合使用
int	定义一个整型基本数据类型	interface	定义接口
long	定义一个长整型基本数据类型	instanceof	判断对象类型返回值为 true 或 falce
length	确定对象（如数组）长度值	native	集成其他语言的代码
new	用于产生对象分配内存存储空间	null	值为空
private	修饰为私有类型,被修饰者属于该类内	package	创建包,确定一组 Java 类的集合
public	修饰为公共类型,被修饰者属于整个类	protected	保护类型被修饰者使用范围扩至子类
return	由方法调用的返回语句	short	定义一个短整数型基本数据类型
static	静态类型,被修饰者属于整个类	super	调用父类对象成员
switch	条件转移,与 case 命令联合使用	synchronized	修饰、控制多个并发线程的访问
this	调用本类对象成员	throw	抛出异常
throws	声明抛出异常	transient	暂时性变量,用于对象存档
true	布尔型基本数据类型的值:逻辑为"真"	try	捕捉可能的异常与 finally.catch 联合使用
void	修饰定义无返回值的方法类型	volatile	共享变量,用于并发线程的共享
while	确定条件循环程序块与 do 命令联合使用		

如下几个变量名是合法的：groupa、peer388、richer、men_808。

而下面几个变量名是非法的：7max（变量名不能以数字开头）；room#（包含非法字符"#"）；true（"class"为类保留字）。

2.1.3　分隔符

分隔符用于将一条语句分成若干部分,便于系统识别,包括：空白分隔符与普通分隔符两种。

（1）空白分隔符：Java 语言中,空格、Tab 制表符、换行符与回车符都是典型的空白分隔符。其中,换行符与回车符均表示一行的结束。为了增加程序的可读性没,Java 语句的成分之间可以插入任意多个空白分隔符,在编译时,系统自动忽略多余的空白分隔符。

（2）普通分隔符：用于区分程序中的各种基本成分,但它在程序中有着确切的意义,不可忽略。Java 语言中包括 4 种普通分隔符：

- {}（大括号）：用来定义复合语句、类体、方法体,以及进行数组的初始化等。
- ;（分号）：表示一条语句的结束。
- ,（逗号）：用来分隔变量的说明和方法的参数等。
- :（冒号）：说明语句标号等。

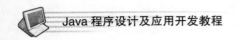

2.1.4　编码规范

在 Java 语言中，养成良好的编码风格，运用完善的编码规范是程序员应具备的基本素质，是提升编程能力的关键所在。编码规范主要涵盖如下内容：

（1）源文件命名：若在源程序中包含有公共类的定义，则该源文件名必须与该公共类的名字完全一致，字母的大小写都必须一样。因此，在一个 Java 源程序中至多只能有一个公共类的定义。若源程序中不包含公共类的定义，则该文件名可以任意取名。如果在一个源程序中有多个类定义，则在编译时将为每个类生成一个.class 文件。

（2）包（Pakage）：包名是全小写的名词，中间可以由点分隔开，例如：Java.awt.event。

（3）类（Class）：类名首字母大写，若由多个单词合成一个类名，要求每个单词的首字母也要大写，例如 class HelloWorldApp。

（4）接口（Interface）：接口名命名规则与类名相同，例如 interface Collection。

（5）方法（Function）：方法名往往由多个单词合成，第一个单词通常为动词，首字母小写，中间的每个单词的首字母都要大写，例如：balanceAccount、isButtonPressed。

（6）变量（Variable）：变量名全小写，一般为名词，例如：length。

（7）常量（Constant）：基本数据类型的常量名为全大写，如果是由多个单词构成，可以用下画线隔开，例如：final int YEAR、final int WEEK_OF_MONTH；如果是对象类型的常量，则是大小写混合，由大写字母把单词隔开。

（8）组件（Component）：使用完整的英文描述来说明组件的用途，尾部应该加上组件类型，如 okButton、userList 等。

（9）尽量使用完整的英文描述符，采用大小写混合使名字可读，尽量少用缩写，避免使用长的和类似的名字或仅是大小写不同的名字，除静态常量外，尽量少用下画线。

2.1.5　注释

注释是程序的非执行部分，用以表述程序中的说明性文字。注释语句的作用是为 Java 程序添加说明，增加程序的可读性，是程序开发中的一个良好管理机制与规范举措，易于他人在阅读程序代码时对程序的理解和修改。Java 语言提供了以下 3 种格式的注释语句：

1. 单行注释

单行注释格式为："//注释说明内容"，表示从"//"符号开始到此行的末尾都作为注释，该注释语句用于单行注释。

2. 多行注释

"/* 注释部分内容 */"，表示从"/*"开始，到"*/"止都为注释部分，此格式的注释语句用于多行注释。格式为：

```
/*
    注释说明内容
*/
```

3. 文档注释

"/** 注释部分内容 */"格式表示从"/**"起到"*/"结束都作为注释文档部分，此格式也广泛用于多行文档注释。格式为：

```
/**
    注释说明内容
*/
```

在 Java 程序中，可根据具体情况选择相应的注释格式。

2.2　基本数据类型

Java 语言的数据类型是相当丰富的，除了基本数据类型[布尔型（boolean）、字符型（char）、字节型（byte）、短整型（short）、整型（int）、长整型（long）、单精度（float）、双精度（double）]以外，还有面向对象特有的复合数据类型[数组（array）、接口（interface）与类（class）]，如图 2-1 所示。其中，复合数据类型由基本数据类型复合演变而来，具体应用于数组、类与接口之中。

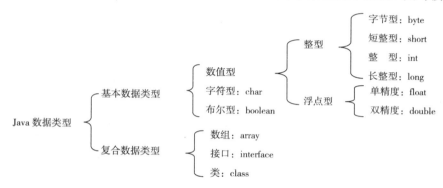

图 2-1　Java 语言数据类型

数据所占存储空间的大小是以字节为单位的。不同基本数据类型的关键字、所占的字节数及数据范围都有明显的差异，具体如表 2-2 所示。

表 2-2　Java 语言数据类型说明

数据类型	类型符号	所占字节	表 示 范 围	变量默认值
字节型	byte	1	−128 ~ 127	0
短整型	short	2	−32 768 ~ 32 767	0
整型	int	4	−2 147 483 648 ~ 2 147 483 647	0
长整型	long	8	−9 223 372 036 854 775 808 ~ 9 223 372 036 854 775 807	0L
单精度	float	4	−3.4E38 ~ 3.4 E38	0.0F
双精度	double	8	−1.7 E 308 ~ 1.7 E 308	0.0
字符号	char	2	0 ~ 65 535	'\000'空字符
布尔型	boolean	1	布尔值只能是 trueh 或 false	flase

2.2.1　整数类型

Java 定义了 4 个整数（不带小数点的数）类型：字节型（byte）、短整型（short）、整型（int）、长整型（long）。这些都是有符号的值，即正数或负数。Java 不支持仅仅是正的无符号的整数。

Java 虚拟机中，整数类型的长度实际上并不表示它占用的存储空间，而是该类变量所能表达的最大二进制位数。

Java 语言里，整型数的表达有 3 种形式：

（1）十进制整数：这是日常生活中使用最多的，如 12、−48、25 等。

（2）八进制整数：以 0（零）开头的数，如 0125 表示十进制数 85，−016 表示十进制数−14。

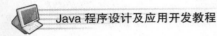

（3）十六进制整数：以 0x 或 0X 开头，如 0x 124 表示十进制数 292，–0X15 表示十进制数–21。

1. 字节型

最小的整数类型是字节型，它是有符号的 8 位类型，数值范围是–128 ~ 127。处理网络或文件数据流时，字节类型的变量特别有用。

使用 byte 这个关键字可定义字节变量。例如，下面定义了两个 byte 变量：a1 和 a2。

```
byte a1,a2;
```

2. 短整型

Short 是有符号的 16 位类型，数值范围是–32 768 ~ 32 767。因为它被定义为高字节优先，因而 Java 中较少使用。下面是声明 Short 变量的一些例子：

```
        short ml;          short s;
```

3. 整型

整型（int）是 Java 中最常用的整数类型，它是有符号的 32 位类型，数值范围是–2 147 483 648 ~ 2 147 483 647。int 类型的变量通常可被用来控制循环及做数组的下标。

4. 长整型

长整型（long）所表达的数值范围在所有的整型中最广，一般在超出整型的范围时使用长整型。但是，在给长整型变量赋以超出整型数值范围以外的数时，必须在值后加大写 L 或者小写的 l。例如：

```
{  long long1=147483634;
   long long2=21474836481;
   long long3=2547483648L;
   long long4=2547483657;  }
```

如前所述，整型所能表达的最大的数是 2 147 483 647，上例中，把整型数 147483634 赋给能表达更长的数的 long1 时是正确的。如果想把比 2 147 483 647 更大的数赋给一个 long 型的变量，必须在这个数后面加上字母 l 或者 L，所以 long2 和 long3 也赋值成功。Long4 行编译时会出错，是因为试图把一个比 2 147 483 647 更大的数赋给 long4，而后面没有加 L。

2.2.2 浮点型

浮点型的数用来表达带小数的数，且可满足对精度与准确性有一定要求的科学应用。浮点数的表达有两种形式：

（1）十进制数形式：由数字和小数点组成，如 0.8544、9.98、2.57 等。

（2）科学计数法或指数形式：如 1.23e3 或 1.23E3 表示 1.23×10^3。其中，e 或 E 之前必须是数字，且 e 或 E 后面的数必须为整数。又如：2.1894 e9 表示 2.1894×10^9。

1. 单精度浮点型

单精度浮点型（float）专指占用 32 位存储空间的单精度值。给单精度的变量赋以带小数的初值时必须在数值后加 f 或者 F。

单精度在一些处理器上比双精度快，且只占用双精度一半的空间。当需要小数部分且对精度的要求不高时，单精度浮点型数据是可行的。例如，当表示货币的元和分时，单精度浮点型是可行的。以下是声明单精度浮点型变量的例子：

```
float me_money,temperature1,f12;
```

2. 双精度浮点型

双精度型浮点数占用 64 位的存储空间，它可以充分满足人们对精度的要求，是科学计算中广为使用的。例如，数学函数 sin()、cos()和 Sqrt()均返回双精度的值。当需要保持多次反复迭代的计算的精确性时，或在操作值是很大的数字时，双精度型是最好的选择。给双精度浮点数赋值时可以在后面加上字母 d 或者 D。

2.2.3　字符型

在 Java 语言中，char 是用于存储单字符的数据类型。Java 使用 Unicode 编码代表字符，该编码由 16 位二进制构成，所以 Unicode 字符集比 ASCII 字符集大得多。Java 中每个字符 char 都占 16 位，即双字节。该编码定义的国际化字符集几乎能表示人类语言中所有的字符集。它是几十种字符集的统一，如简体中文、繁体中文、拉丁文、阿拉伯语、日文片假名、英文等。Java 中的字符表示形式有 4 种：

（1）包括在单引号之内的单个字符，如'A'、'n'等。

（2）用单引号括起来的八进制 Unicode 字符，形式为'\ddd'，其中 d 的范围是 0~7，如'\125'。

（3）用单引号括起来的十六进制 Unicode 字符，形式为'\uxxxx'，其中 4 位 x 的范围是 0~F。它可以表示全部 Unicode 字符内容如'\u283d'。

（4）Java 字符集中还包括一些不能显示的控制字符，可以通过转义字符来表示，如表 2-3 所示。

表 2-3　Java 控制字符

转义字符	功　能	Unicode 码
\b	退格	\u0008
\t	水平制表	\u0009
\n	换行	\u000a
\f	换页	\u000c
\r	回车	\u000d

char 又是一种特殊的整数类型，没有负数，其范围是 0~65 536，它们可以被转换为整数并可进行加、减之类的整数运算。

【例 2-1】字符型运算应用。

```
public class Char_C {
    public static void main(String args[]){
        char ch1='A';char ch2=68;
        System.out. println(ch1+6);
        System.out. println(ch2); }
}
```

【程序解析】程序第 4 行和第 5 行分别输出 71 和字母 D。ch1 在参与算术运算时被自动提升为 int 类型，同样表达式 ch1+6 的结果也是整型，其中字母 A 在 ASCII 字符集（Unicode 也一样）中编码为 65，所以 A 进行加法运算后得到 71。而 ch2 编码为 68，其对应的字母就是 D。此外，String 关键字可以用来说明字符串类型，将在后文中有所涉及。例如：

```
String sx1="my";
```

程序运行结果：

```
71
D
```

2.2.4　布尔型

布尔型（boolean）的数据只有两个值 true（逻辑真）和 false（逻辑假），分别表示两种逻辑

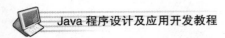

状态，和 C/C++不同的是，它们不与任何整数值对应。例如：

```
boolean bo1; boolean bo2= true; boolean b1,b2=false;
```

2.3　常量与变量

2.3.1　常量

常量是 Java 程序中不能被修改的固定值部分。常量也是有数据类型的，包括整数类型（如 byte、short、int、long）、浮点类型（如 float、double）、字符类型与布尔类型等。常量通过用关键字 final 来实现声明。通常，常量写在最前面。

Java 语言中约定常量标识符全部用大写字母表示。

常量声明的语法格式如下：　final 类型 常量名=常量值；

例如：`final int Num=100; final float S=25.2500f`

2.3.2　变量

Java 使用变量来存储所需的各种数据，变量的值还可以改变，可以通过各种算术运算来改变变量的值。

例如，某公司销售部门要计算商品销售金额，只要知道商品的单价和所售出的数量，即可用单价乘以数量来计算出总金额。而这些可变的量存放在某一个地方：即变量中，这样计算时，用户输入的值才能被程序使用，且随时间与销售量的变化而变化。

1. 变量的声明

变量是 Java 程序中的基本存储单元，它的定义包括变量名（变量标记符）、变量类型和作用域几部分。在使用一个变量之前，必须先声明。声明变量一方面是给该变量分配内存空间，另一方面，是为了防止在以后使用此变量时因错误输入而对不存在的变量进行操作。变量声明包含两部分，即数据类型和标记符，语法格式如下：

[修饰符] 类型名　变量名1[, 变量名2] [, …]；　或

[修饰符] 类型名　变量名1[=初值1][, 变量名2] [=初值2] [, …]；

这条语句告诉编译器以变量名为名建立的一个类型变量，分号表示声明语句的结束。方括号表示可选，即可以在一条语句中定义多个同类型的变量，中间用逗号隔开，后一种方式表示声明时同时赋值。

变量的修饰符或称为作用域指明作用域的类型。

数据类型决定了变量所包含的值的范围。可以对变量进行哪些操作以及如何定义这些操作是由数据类型决定的。例如，int 型变量可以处理所有的整数，而 double 型变量可以处理所有的浮点数。

在下面的例子中，声明了一个整型变量，将其命名为 counter，并且赋值为 254。

```
int counter=254;
```

又如：

```
int a=15,b=30,s;
staic int m;
```

方括号表示可选，就是说可在同一条语句中定义多个变量。在下面的例子中，有多个整型变

量被声明赋值，它们在同一行中。a、b、c、s、这 4 个变量都是整型。

```
int a=15,b=30,c=130,s;
```

当然也可以分开声明：

```
int a=15; int b=30;
int c=130;int s;
```

用所述的何种方法来声明变量完全取决于个人的爱好，但是大多数程序员都愿意选择第一种方法来声明变量。因为它的可读性好，不必将所有的变量都放到同一行中。

2. 变量的使用

变量的使用或称变量的初始化是简单的赋值使用。当在程序的语句中使用到该变量的名称时，编译器就会自动将当时变量中的值取来用之。例如，整型变量可以使用在数学表达式中：

```
int a=258,x;
x=x + a×12 + 20;
```

在上面的程序段中，当编译器看到 a 这个变量名称时，便会自动将当时这个变量数据的内容导入来计算。其他诸如逻辑语句等，也都可以通过变量的名称来使用变量，因此变量的使用可以说相当简单。

要注意的是：变量在使用前必须先初始化。下面的程序段在编译时出错。因为变量 a 没有初始化，所以并不能输出它的值。

```
int a;
System.out.println(a);
```

但是，作为类成员的变量例外，类的构造方法会自动初始化。

3. 变量的类型

变量的类型包括：布尔型、字符型、字节型、短整型、整型、长整型、单精度、双精度数组、接口与类。若变量未赋初值则为默认值（见表 2-2）。

4. 变量作用域

Java 中变量的作用域有一定的生存期和有效范围，变量的作用域指明可访问该变量的一段代码，声明一个变量的同时也就指明了变量的作用域。变量的作用域是一个程序的区域。

按作用域来分，变量可以有下面几种：全局变量、局部变量、类变量、方法参数和异常处理参数。在一个确定的域中，变量名应该是唯一的。

（1）全局变量可以在整个类中被访问。

（2）局部变量在方法或方法的一个块代码中声明，它的作用域为它所在的代码块（整个方法或方法中的某块代码）。

（3）类变量在类中声明，而不是在类的某个方法中声明，它的作用域是整个类。

（4）方法参数（变量）传递给方法，它的作用域就是这个方法。

（5）异常处理参数传递给异常处理代码，它的作用域就是异常处理部分。

【例 2-2】分析下列代码，给出结论并改进，运行体验作用域的内涵所在。

```
public class Scop{
    public static void main (String args[]){
        int i=15;
            { int j=58;                      //i,j 都可以引用
                System.out.println("i="+i);
                System.out.println("j="+j);  }
            j=i;                             //运行出错,只有 i 可用,j 超出作用域范围
            System.out.println("i="+i);
```

```
System.out.println("i="+i);   }
}
```

改变 j 变量的作用域，即可运行，如图 2-2 所示。

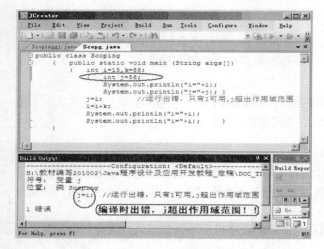

（a）运行时间 j 超出作用域范围　　　　　　　　　　（b）改变 j 作用域后运行正常

图 2-2　体验作用域应用运行示意图

2.4　表　达　式

在 Java 及其他语言中，表达式与运算符都是构成语句的基础，通过它们可以形成相关的语句，演绎出不同复杂程度的各类应用程序。

2.4.1　语句

表达式是包含运算符和操作数的算式，是数学上的计算概念，而语句则是针对程序而言的，程序是由一条条语句构成的，语句是构成程序的基本单元。它包含了众多表达式与运算符，进而可形成多种不同控制结构的程序。语句和表达式间既有联系，又有区别，具体如下：

（1）语句可作为程序的组成部分，可对计算机发出操作指令，而表达式则不能。

（2）表达式包含运算符和操作数，而语句则包含表达式。

（3）一条语句必须以分号 ";" 作为结束符，而表达式没有结束符。例如：

```
w=s+158;                  //这是一条将"s+158"赋给变量 w 的语句
```

2.4.2　表达式

表达式是由操作数和运算符按一定的语法形式组成的符号序列。每个表达式经过运算之后都会产生一个确定类型的值。它的操作对象是操作数，通过运算符来实现的。一个表达式可以同时包括多个操作。一个常量或一个变量名字是最简单的表达式，其值即该常量或变量的值；表达式的值还可以用作其他运算的操作数，形成更复杂的表达式。

表达式包括：算术表达式、关系表达式、逻辑表达式、条件表达式和赋值表达式等多种形式。例如：

```
a + b×(c-d)        //该式是算术表达式
x&y|z              //该式是布尔（逻辑）表达式
```

2.5　运　算　符

运算符指的是程序中用来处理数据、表示数据运算、赋值和比较的符号。例如，常见的＋、－、×、÷、符号等，这些都是数值数据的运算符。Java 语言与其他的程序语言一样，有许多内建运算符。

按照参与运算的操作数的数目来分，可以分为一元运算符、二元运算符和三元运算符。例如，用于乘法运算的"＊"就是个二元运算符。按照实施运算的功能可以分为如下几种形式：

（1）算术运算符：包括＋、－、*、/、%、＋＋、－－。

（2）比较运算符：又称关系运算符，包括>、<、>=、<=、= =、!=。

（3）逻辑（布尔）运算符：包括、!、&&、||、&、|、^。

（4）位运算符：包括>>、<<、>>>、&、|、^、~。

（5）赋值运算符：包括=，其扩展赋值运算符如＋=、—=、*=、/=等。

（6）条件运算符：包括? :。

2.5.1　算术运算符

算术运算是数学上最常用的一种运算。算术运算符的运算数必须是数字类型，算术运算符不能用在布尔类型上，但是可以用在 char 类型上，因为在 Java 中，char 类型实质上是 int 类型的一个子集。算术运算可以分为二元运算和一元运算，具体内容如表 2-4 所示。

表 2-4　Java 的算术运算符

算术运算	运 算 符	运算功能	操　作	范　例	结　果
一元运算	+	正号	+操作数	x=9; +x;	9
	–	负号	-操作数	x=3; -x;	–3
	++	自增(前)	++操作数	x=9; y=++x;	x=10;y=10
		自增(后)	操作数++	x=9; y=x++;	x=10;y=9
	––	自减(前)	––操作数	x=9; y=––x;	x=8;y=8
		自减(后)	操作数––	x=9; y=x––;	x=8;y=9
二元运算	+	数值加	操作数 1+操作数 2	x=9; y=6;x+y;	15
		字符连接	字符串 1+字符串 2	x="chin"; y="ess";x+y;	chiness
	–	减	操作数 1-操作数 2	x=9; y=6;x-y;	3
	*	乘	操作数 1*操作数 2	x=9; y=6;x*y;	54
	/	除	操作数 1/操作数 2	x=9; y=3;x/y;	3
	%	取模	操作数 1%操作数 2	x=17; y=6;x%y;	5

【说明】

（1）"+"除有字符串连接的功能外，还能将字符串与其他的数据类型相连组成一个新的字符串，条件是表达式中至少有一个字符串。例如，"m"+28;，结果是 m28。

（2）++x 是在变量参与运算之前自增 1，然后用新值参与运算；而 x++则是先用原来的值参与运算，然后再将自己加 1。––x 与 x––与上述相类似。

（3）除号 "/" 中，整数除和小数除有区别：整数之间做除法时，只保留整数部分而舍弃小数部分。例如：

```
int x=355;
x=x/100*100;
System.out.print(x);
```

程序运行结果：

```
300                  //结果为 300 而非 355
```

1. 二元运算符

二元运算符是指用于连接有 2 个操作数参与运算的运算符。

【例 2-3】字符型运算的分析与字符串运算输出。

```
public class  E_char_math {
    public static void main (String args[ ]){
        String sx1="my";
        String sx2=" god";
        char cx='s';
        String sx3=sx1+sx2;
        String sx4=sx2+cx;
        String sx5= sx1+ 5;
        System.out.println ("字符串运算1: "+ sx3);
        System.out.println ("字符串运算2: "+ sx4);
        System.out.println ("字符串运算3: "+ sx5);     //注意与例 2-2 的差异
        char c=98;
        System.out.println(c);
        System.out.println(c-2); }
    }
```

【程序解析】sx1 和 sx2 是字符串类型的变量。可看到 " + " 运算符在这里并不起到算术上加法的作用，而是作为连接运算符；" + " 运算符可以用于字符串与字符串的连接、字符串与字符的连接、字符串与数字的连接。另外，本例中的两个输出分别得到字母 c 和数字 96。当 char 型数据参与数学运算时，它自动转化成整型数。程序运行结果如图 2-3 所示。

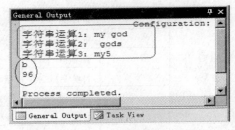

图 2-3　例 2-3 字符串运算示意图

Java 中与其他语言不太一样的是，当参与除法运算符 " / " 的除数和被除数都是整型数时，结果只取整数部分。

【例 2-4】整数除法的精度误差比较。

```
public class Scoping{
    public static void main (String args[])
        { int i1=5;                        //赋初值
          int i2=2;
          double d1=5;
          double d2=2;
            int i3 =i1/i2;                  //运算
            double d3=i1/i2;
            double d4=d1/i2;
            double d5=i1/d2;
            double d6=d1/d2;
```

```
System.out.println ("运算输出 1: "+ i3);
System.out.println ("运算输出 2: "+ d3);
System.out.println ("运算输出 3: "+ d4);
System.out.println ("运算输出 4: "+ d5);
System.out.println ("运算输出 5: "+ d6);  }
}
```

【程序解析】尽管 d3 和 d4 都是浮点型，但是因为 i1 和 i2 都是整数，所以除后的结果舍弃小数部分，只得到整数部分的 2。程序运行结果如图 2-4 所示。

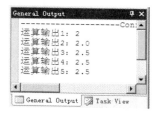

图 2-4 例 2-4 整除精度误差示意图

2. 一元运算符

一元运算符用于只有一个操作数的算术运算符。一元运算符"++"和"――"是两个独特的单目运算符，它们既可以用于变量之前，也可以用于变量之后。这两种用法的效果都是使变量增 1 或者减 1，但是用作前缀时，"++"和"――"先改变值的大小再返回值；而用做后缀时，"++"和"――"先返回变量值再把变量的值增 1 或者减 1。例如：

```
int  i=7; int   j1=++i;
int  j2=i++;int   k1=--i;
int  k2=i--;
System.out.println(j1);               //输出为: 8
System.out.println(j2);               //输出为: 7
System.out.println(k1);               //输出为: 6
System.out.println(k1);               //输出为: 7
```

在上述程序里，给变量 j1、j2、k1、k2 赋值用的是 i 的值，注意自增/自减前与后的差异。

2.5.2 比较运算符

比较运算符又称关系运算符，用于比较两个量，确定其是否相等。测试相等的运算符为"=="操作符，注意与单个等号的差异。

如果操作数是简单数据类型（算术数、字符或布尔数），则关系运算符返回逻辑值：true（操作数相等时）或 false（操作数不等时）。如果操作数是对象变量，则对象变量引用同一对象（或都为 null）时相等运算符返回 true。如果对象变量引用不同对象，或一个引用某对象而另一个为 null，则相等运算符返回 false。

比较运算符所涵盖的具体内容如表 2-5 所示。

表 2-5 Java 的比较运算符

运　算　符	运　算　功　能	范　例	结　果
==	等　于	x=3; y=++x;y==x;	false
!=	不　等　于	x=3; y=++x;y!=x;	true
>	大　于	x=3; y=--x;y>x;	true
>=	大于等于	x=15; y=x--; y>=x;	true
<	小　于	x=12; y=x++; y<x;	false
<=	小于等于	x=21; y=x++; y<x;	true
instanceof	测试某类对象	"Hello" instanceof String	true

注：instanceof 为类对象运算符，用来测试一个指定对象是否为某一指定类及其子类的对象，若是则返回 true,否则返回 false。

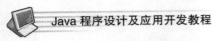

当操作数为简单数据类型时，相等比较运算符的返回值最为明显：

```
boolean x,y;
x=(5==5);          //x 取值 true
y=(8==3);          //y 取值 flase
```

【例 2-5】比较给定数的大小并且输出。

```
public class E_com{
    public static void main (String args[])
    { int x=25;                    //赋初值
      int y=12;
      boolean z=(x>y);             //运算比较
      boolean w=((float)x/y==(double)x/y);
          System.out.println ("比较输出 z: "+ z);
          System.out.println ("比较输出 w: "+w);  }
}
```

【程序解析】由于数据类型的不同，本例中(float)x/y==(double)x/y 不成立。

由本例可以归结出比较运算符的最后运算结果为布尔型值。

程序运行结果：

```
比较输出 z: true
比较输出 w: false
```

2.5.3　逻辑运算符

　　逻辑运算符又称布尔运算符，它用于对布尔型结果的表达式进行运算的操作数只能是布尔型。而且，逻辑运算的结果也是布尔类型，与比较运算符类似。但是，两者的不同之处是逻辑运算符的操作数与逻辑运算结果均为布尔型值。

　　逻辑运算符的意义及其结果如表 2-6 和表 2-7 所示。

表 2-6　Java 的逻辑运算符

运　算　符	运　算　功　能	范例（x= false ; y= true）	结　　果
&	与（And）	x&y;	false
|	或（Or）	x | y;	true
^	异或（Xor）	z=x^y;　　w=x ^ (!y);	z =true;w= false
!	非（Not）	!y;	false
&&	短路与（And）	x&&y;	false
||	短路或（Or）	x || y;	true

注：短路与又称条件与，短路或又称条件或。

表 2-7　Java 逻辑运算符的运算规则

A	B	A^B	A|B	A||B	A&B	A&&B	!A	! B
false	false	false	false	false	false	false	true	true
true	false	true	true	true	false	false	false	true
false	true	true	true	true	false	false	true	false
true	true	false	true	true	true	true	false	false

　　"&" 与 "&&" 的区别在于：若用前者连接，那么无论怎样 "&" 两边的表达式都会参与运

算；而用后者连接，当"&&"的左边为 false 时，将不会计算其右边的表达式。同样，在短路或"||"运算中，如果运算符左边的布尔值为 true，则不再计算运算符右边表达式的值。

在逻辑或运算过程中，只要操作数有一个为 true，结果必为 true；在逻辑与运算过程中，只要操作数有一个为 false，结果必为 false……因此，Java 语言提供了逻辑或和逻辑与的简化计算运算符。这两个可以简化计算过程的运算符是短路或运算符"||"和短路与运算符"&&"。

【例 2-6】条件或的运用。

```
public class E_log{
    public static void main(String args[ ] ){
        int  i=-1;        boolean x;
        i++;
        x=ture || (++i>0);
        System.out.println("x="+x);
        System.out.println("i="+i); }
}
```

程序运行结果：

```
x=true
i=1
```

2.5.4　位运算符

位运算符的作用是对二进制表示的整数数值每位进行测试、置位、移位处理，是对数据进行按位操作的手段。像二进制的 AND 与 OR 等运算，所得的结果肯定是整数。Java 语言提供的位运算符有>>、<<、>>>、&、|、^、~ 七种，其简单的意义与操作如表 2-8 所示。

表 2-8　Java 的位运算符

运　算　符	运算功能	范　　例	结　　果
~	位反	x =10000100; ~ x	01111011
&	位与	x=10000100; y=11001100; x&y;	10000100
|	位或	x=10000100; y=11001100; x|y;	11001100
^	位异或	x=10000100; y=11001100; x^y;	01001000
<<	位左移	x=00001111; x<<2;	00111100
>>	位右移	x=00110111; x>>2; y=11010011; y>>2;	x>>2=00001101 y>>2=11110100
>>>	无符号位右移	x=00110111; x>>2; y=11010011; y>>2;	x>>2=00001101 y>>2=00110100

【说明】Java 使用补码来表示二进制码。在补码表示中，最高位为符号位，正数的符号位为 0，负数的符号位为 1。例如：

x=-5

即 $(-0000101)_2$，则有：$[x]_{原码}= (10000101)$；$[x]_{反码}= (11111010)$ ；$[x]_{补码}= (11111011)$；

x=5

即 $(0000101)_2$，则有：$[x]_{原码}= (00000101)$；$[x]_{反码}= (00000101)$ ；$[x]_{补码}= (00000101)$；

即对于正数有：$[x]_{原码}=[x]_{反码}=[x]_{补码}$。

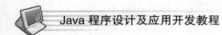

这些都是位运算的基础，以下逐一对这些运算符的所有方法扼要介绍。

1. 位反运算（~）

"~"是一元运算符，对数据的每位二进制数取反，即把 1 变成 0，把 0 变成 1。例如：

$\sim(00010101)2=(11101010)2$

2. 位与运算（&）

在两个整数的二进制表示中的每个位进行与运算。例如：整数 5 即$(00000101)_2$和整数 11 即$(00001011)_2$进行 & 运算后得到 1 即$(00000001)_2$。

3. 位或运算（|）

"|"将两个整数二进制表示中的每个位进行或运算，且是一个位对应一个位地进行。例如：整数 5 即（00000101）$_2$和 11 即（00001011）$_2$进行或运算后得到 15 即（00001111）$_2$。

4. 位异或运算（^）

"^"将两个整数的二进制表示中的每个位进行异或运算，例如：整数 5 即$(00000101)_2$，整数 11 即$(00001011)_2$。进行位异或运算后得到 14 即$(00001110)_2$。

5. 位左移（<<）

"<<"将整数的二进制表示向左移一定的位数，这个位数由运算符右方的操作数来决定。移位时右补 0。若高位左移后溢出，则舍弃溢出的数。例如，a=5 即$(00000101)_2$，则 a<<1 = $(00001010)_2$=10；a<<3 = $(00101000)_2$=40。

6. 位右移（>>）

">>"将整数的二进制表示向右移一定的位数，这个位数由运算符右方的操作数来决定。移到右端的低位被舍弃，高位移入原来最高位的值，以补码方式进行。例如：

正数：设 x= 5，即$(00000101)_2$，x>>1 = 2 即$(00000010)_2$；

负数：设 y=-9 写出负数的即补码，即[y]$_{原码}$=10001001；[y]$_{反码}$=11110110；[y]$_{补码}$=11110111 补码形式右移一位；

即新的 [y]$_{补码}$=11111011；[y]$_{反码}$=11111010；[y]$_{原码}$=10000101；

即[y]=（-0000101）$_2$=-5；得出：y>>l = -5。

7. 无符号位右移（>>>）

">>>"与按位右移运算符一样，将整数的二进制表示向右移一定的位数，这个位数由运算符右方的操作数来决定。移到右端的低位被舍弃，但不同的是最高位补 0。例如：

```
x=-1;  x >>>24 = 255; 二进制形式为（补码形式）：
11111111   11111111   11111111   11111111
x >>>24                                        //无符号右移24位
00000000   00000000   00000000   11111111      //即255
```

注：在对 byte 和 short 类型的值进行移位运算时，Java 在对表达式求值时，将自动把这些类型扩大为整型（int）而且表达式的值也是整型。下面通过表 2-9 对位运算符后 3 种形式运算进行比较。

表 2-9　Java 位运算符比较

十进制数: x	二进制补码表示	x << 2	x >> 2	x>>>2
31	00011111	01111100	00000111	00000111
-17	11101111	10111100	11111011	00111011

【例 2-7】试设计一位运算的应用实例。

```
public class BitEx{
public static void main(String args[]){
    int i=118;
    int j=36;
    BitOpOut("i ",i);        BitOpOut("~i ",~i);
    BitOpOut("-i ",-i);      BitOpOut("j ",j);
    BitOpOut("i&j ",i&j);BitOpOut("i|j ",i|j);BitOpOut("i^j",i^j);
    BitOpOut("i<<3",i<<3);   BitOpOut("i>>3",i>>3);
    }
    static void BitOpOut(String str,int i){
    System.out.print(str+",int: "+i+" ,binary:");
    System.out.print("    ");
    for(int k=23;k>=0;k--)
        if(((1<<k)&i)!=0) System.out.print("1");
        else System.out.print("0");
    System.out.println();}
}
```

程序运行结果如图 2-5 所示。

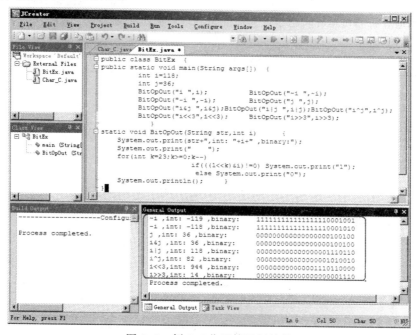

图 2-5　例 2-7 位运算运行结果

若程序代码中将 k=23 改成 k=15 或 k=31，则输出又有何变化？

2.5.5　条件运算符

条件运算符为 "? :"，这是个三元（目）运算符，其一般形式如下：

表达式? 语句 1: 语句 2

其中，表达式的值应为一个布尔值，如果该值为 true，则执行语句 1，否则执行语句 2，而且语句 1 和语句 2 需要返回相同的数据类型。例如：

```
int Condition=(x==5)?(x*=5):(x+=25);
```

在该例中，如果 x 等于 5，则 x 取表达式（x*=5）的值，否则 x 取表达式（x+=25）的值，然后把 x 的值赋给 Condition 整型变量。又如：

```
int  x=4,  y=9,  z=12 ;
int  k = x<3?y:z ;                    // x < 3 为假，所以 k 取 z 的值，结果为 12
int  y=x>0?x:-x ;                     // y 为 x 的绝对值
```

2.5.6 赋值运算符

1. 简单赋值运算符

最基本的赋值运算符是 "="，就是把运算符右边字面量的值或者表达式的值赋给左边的常量或变量。在一个赋值表达式内也可以连续赋值。

例如：int x=195；表示把整型数 195 赋给 int 型变量 x。又如：int x=y=z=258；表示 x、y 和 z 都等于 258，但是赋值顺序先给 z 赋值 258，然后再把 z 值赋给变量 y，最后，再把 y 的值赋给变量 x。再如：x=(y=7)+(z=3))；这个赋值表达式给变量 x、y、z 分别赋以 10、7、3。

2. 扩展赋值运算符

除了基本的赋值运算符，在之前加上其他运算符，可以形成扩展赋值运算符。它可以与二元运算符、布尔运算符和位运算符组合成简捷使用方式，从而可简化一些常用表达式，如表 2-10 所示。

表 2-10　Java 扩展赋值运算符

运　算　符	用　　法	等　价　使　用	说　　明
+=	s+=i	s= s+i	s、i 数值型
-=	s-=i	s= s-i	s、i 数值型
*=	s*=i	s= s*i	s、i 数值型
/=	s/=i	s= s/i	s、i 数值型
%=	s%=i	s= s%i	s、i 数值型
&=	s&=i	s=s&i	s、i 布尔型或整型
|=	s|=i	s=s丨i	s、i 布尔型或整型
^=	s^=i	s=s^i	s、i 布尔型或整型
<<=	s<<=i	s=s<<i	s、i 整型
>>=	s>>=i	s=s>>i	s、i 整型
>>>=	s>>>=i	s=s>>>i	s、i 整型

2.5.7 其他运算符

其他运算符如表 2-11 所示。

表 2-11　其他运算符

序号	运　算　符	功　　能
1	（ ）	表达式加括号优先执行
2	（参数表）	方法参数传递，多个参数时用逗号隔开

序号	运　算　符	功　　　能
3	（类型）	强制类型转换
4	.	分量运算符，用于对象属性或方法的引用
5	[ ]	下标运算符，应用于数组
6	new	对象实例化运算符，实例化一个对象，即为其分配内存

2.5.8　运算符优先级

一个表达式可以包含多种运算符，运算的次序并非从左到右，也不是从右至到左，而是要按运算符的优先级及其结合性进行，对于相同优先级的运算符，Java 语言采用由左至右的次序。Java 中运算符的优先级及其结合性如表 2-12 所示。

表 2-12　运算符优先级

优先级	运　算　符	描　　述	结　合　性
1	. [ ] ( )	域、数组、括号	从左至右：左⇒右
2	++ -- ! ~ instanceof	一元操作符	从右至左：右⇒左
3	new　(type)	新建对象、数组等	从右至左：左⇒右
4	*　/　%	乘、除、取余	从左至右：左⇒右
5	+　-	加、减	从左至右：左⇒右
6	>>　>>>　<<	位运算	从左至右：左⇒右
7	>　<　>=　<=	逻辑运算	从左至右：左⇒右
8	==　!=	逻辑运算	从左至右：左⇒右
9	&　~	按位与、按位反	从左至右：左⇒右
10	^	按位异或	从左至右：左⇒右
11			按位或	从左至右：左⇒右
12	&&	逻辑与	从左至右：左⇒右
13	||	逻辑或	从左至右：左⇒右
14	?:	条件运算符	从右至左：右⇒左
15	=　+=　-=　*=　/=　%=　^=	扩展赋值运算符	从右至左：右⇒左
16	&=　|=　<<=　>>=　>>>=	扩展赋值运算符	从右至左：右⇒左

【说明】优先级至上而下逐渐降低，即优先级值越小优先级越高。例如：[ ]、( )最高，&=、|= 等最低。例如：

```
int sum=2,num=6;
y=sum==0?1:num/sum;
```

该语句执行步骤如下：

```
first:   sum 与 num 赋值              ⇒ sum=2,num=6
second:  y=sum==0?1:(num/sum)        ⇒ y=sum==0?1:3
third:   y=(sum==0)?1:(num/sum)      ⇒ sum==0 为 false
fourth:  y=((sum==0)?1:(num/sum))    ⇒ y=3
```

又如：

```
y=a+b*c/d;
```

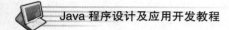

在 a+b*c/d 这个表达式里,"*"与"/"的优先级高于"+",但"*"与"/"是同等优先级,则按先后顺序执行。因此,这里先进行的是 b 和 c 的乘运算,然后,进行的是 b 与 c 的乘积再除 d 的运算,最后,将前面运算结果加上 a,赋值给 y 即可。

2.5.9 运算符的应用实例

【例 2-8】求解一个三位数数字之和。

```java
public class Digsum {
    public static void main(String args[])
    {   int n=359,a;
        int b=0,c=0,digsum=0;
        a=n % 10;                           //个位
        b=(n%100)/10;                       //十位
        c=n / 100;                          //百位
        digsum=a+b+c;
        System.out.println("Digsum("+n+")="+digsum);
    }
}
```

【程序解析】该例首先求解出这个三位数的个位、十位、百位上的数字,然后,将个位、十位、百位上的数字相加就是三位数数字之和。

程序运行结果如图 2-6 所示。

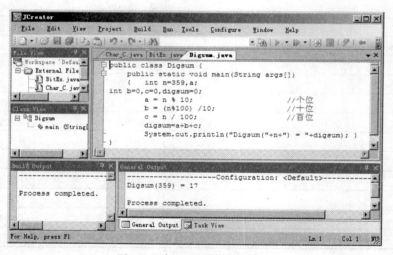

图 2-6 例 2-8 程序运行结果

【例 2-9】判断一个年份是否为闰年。

```java
public class Leap_year{
    public static void main(String args[]){
        int year=2014;
        boolean leap=false;
        leap=(year%400==0)|(year%100!=0)&(year%4==0);
        if (leap==true)
            System.out.println(year+"年是闰年!!!");
        else
            System.out.println(year+"年不是闰年!!!");    }
}
```

【程序解析】根据天文历法规定每 400 年中有 97 个闰年。凡能够被 400 整除或不能够被 100 整除但能够被 4 整除的年份就是闰年，其余是平年。本例演示逻辑型运算，对一个年份按上述条件进行判断，归结出结论。

程序运行结果如图 2-7 所示。

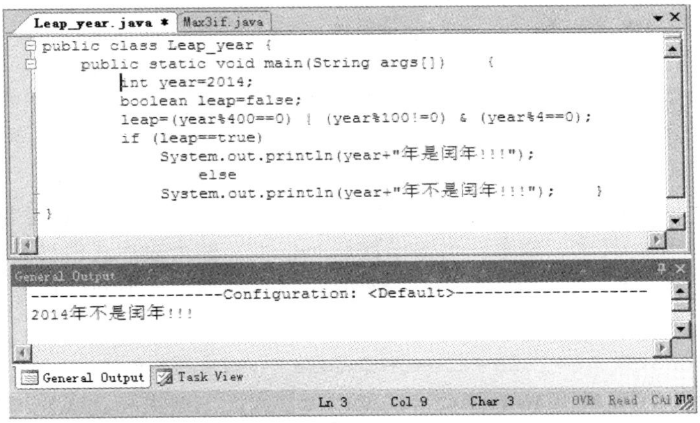

```
Leap_year.java *  Max3if.java
public class Leap_year {
    public static void main(String args[])    {
        int year=2014;
        boolean leap=false;
        leap=(year%400==0) | (year%100!=0) & (year%4==0);
        if (leap==true)
            System.out.println(year+"年是闰年!!!");
            else
            System.out.println(year+"年不是闰年!!!");    }
    }

General Output
-------------------Configuration: <Default>-------------------
2014年不是闰年!!!

General Output    Task View
Ln 3      Col 9      Char 3      OVR Read  CAP NU
```

图 2-7　例 2-9 程序运行结果

2.6　类　型　转　换

Java 程序中，将一种数据类型的常数或变量转换到另外的一种数据类型，称为类型转换。类型转换有两种：自动类型转换（或称隐含类型转换）和强制类型转换。

2.6.1　自动类型转化

在实际中常会将一种类型的值赋给另外一种变量类型。若要自动完成类型转换必须满足以下两个条件：

（1）两种类型是兼容的。

（2）数据转换后的数据类型比转换前的数据类型表示的范围大。简而言之，当把占用位数较短的数据转化成占用位数较长的数据时，Java 执行自动类型转换，不需要在程序中做特别说明。如下面的语句把 int 型数据赋值给 long 型数据，在编译时不会发生任何错误：

```
int  i=25;
long  j=i;
```

若对主数据类型执行任何算术运算或按位运算，"比 int 短"的数据（char、byte、short）在正式执行运算之前，那些值会自动转换成 int，这样，最终生成的值就是 int 类型。整型、实型、字符型数据可以混合运算。运算中，不同类型的数据先转化为同一类型，然后进行运算，转换从低级到高级。通常，表达式中最大的数据类型是决定了表达式最终结果大小的那个类型。

例如：若将一个 float 值与一个 double 值相乘，结果就是 double；而将一个 int 值和一个 long 值相加，则结果为 long。　又如：

```
byte x=7; short y=12;
int z=x+y;                    //运行正常
```

Java 在对含有 byte、short、char 类型的表达式求值时，会自动把它们转化为 int 整型数，然后再进行计算，因而该语句段能够正常编译与运行。

【例 2-10】 数据类型的约束。

```java
public class E_chan {
    public static void main(String args[])
        {   short  a=7,b=5;
            short  c=a+b; }     //编译错误
}
```

【程序解析】 上面的程序段在编译时出现错误，因为赋值表达式 c=a+b 的等式右端系统已经转换成整型数的运算（Java 会把所有的低于 int 的整型数自动提升为 int 整型，所得结果也是 int 整型，所以不能再赋给范围更小的 short 型的 c 了。

Java 定义了若干适用于表达式的类型提升规则。首先，如前所述所有的 byte 型和 short 型的值被系统提升到 int 型。其次，如果一个操作数是 long 型，整个表达式将被提升到 long 型；如果一个操作数是 float 型，整个表达式将被提升到 float 型；如果有一个操作数是 double 型，计算结果就是 double 型。规律如下：

byte/short/char⇨int⇨long⇨float⇨double   （由低到高自动转化）

例如，int 型的范围比所有 byte 型的合法范围大，因此不要求显式强制类型转换语句。数字类型包括整数和浮点类型，它们都是彼此兼容的。但是，数字类型和布尔类型是不兼容的。字符类型和布尔类型也是互相不兼容的。注意理解下列语句段的注释说明。

```java
int i=5;
float ff=i+2.5;              //相容
double dd=i+ff+12.8;         //相容
int i1=12.5+7;               //不相容强制转化: int i1=(int)(12.5+7);
int i2=dd+5.8;               //不相容强制转化: int i2=(int) (dd+5.8);
boolean  bb=true&i;          //不相容
```

以上程序在编译时将出现 3 个错误，都是因为数据不相容。第 4 行和第 5 行的表达式虽然不相容，但是它们的数据类型是兼容的，所以是可以强制转化的，第 6 行则不行。

2.6.2 强制类型转化

不是所有的数据类型都允许隐含性地自动转换。例如，下面的语句把 long 型数据赋值给 int 型数据，在编译时就会发生错误：

```java
long  i=45;
int  j=i;
```

自动类型转换是很有用的，但并不能满足所有的编程需要。这是因为当把占用位数较长的数据转化成占用位数较短的数据时，会出现信息丢失的情况，因而不能够自动转换。这时就需要利用强制类型转换，执行非兼容类型之间的类型转换。

完成两种兼容类型之间的转换，就必须进行强制类型转换。强制类型转换实际上是一种显式的类型变换。它的通用格式如下：

（数据类型）变量名

其中，"数据类型"指定了要将指定值转换成的类型。上面的语句写成下面的形式就不会发生错误：

```java
long  i=45;   int  j=(int)i;
```

经过强制类型转换，将得到一个在"（ ）"括号中声明的数据类型的数据，该数据是从指定变量所包含的数据转换而来的。值得注意的是，指定变量本身不会发生任何变化。

将占用位数较长的数据转化成占用位数较短的数据时，可能会造成数据超出较短数据类型的取值范围，造成"溢出"。例如：

```
long  i=10000000000; int  j=(int)i;
```

该例因转换的结果已经超出了 int 型数据所能表示的最大整数，造成溢出，产生了错误。

【例 2-11】强制数据类型的转换。

```
public class E_change
{ public static void main(String args[ ] ) {
    int x=29;  float  y=14;
    float z=x/y; float  u=(float)x/y;    //强制数据类型的转换
    int v=x/(int)z;                      //强制将变量 z 转换为 int 类型，进行除法运算
    System.out.println("z="+z+"u="+u+"v="+v);}
}
```

程序运行结果：

```
z=2.0714285   u=2.0714285  v=14
```

强制数据类型的转换就是在变量前加上括号的数据类型关键字，如 int v=x/(int)z。

复合数据类型也可以进行类型转换。

2.7　数据的输入与输出

数据的输入与输出是程序设计的基础，是相当重要的。输入是通过键盘等把需要加工的数据存放到计算机的内存中，以供 CPU 处理，而输出则是将结果通过多种输出设备（显示器、打印机、绘图仪等）呈现给用户。Java 中通过使用 System.in 与 System.out 对象分别和键盘与显示器产生关联而完成数据的输入与输出。

2.7.1　简单数据的输入

简单数据的输入有多种形式，包括：键盘扫描器类的数据输入、使用 JoptionPane 对话框输入数据和利用字节输入类等。

1. 键盘扫描器类的数据输入

Java 键盘数据输入可通过扫描器类（Scanner）从控制台中读取字符串数据。

【例 2-12】通过扫描器类对象[Scanner-next()方式]完成 Java 键盘简单数据的输入。

```
//package prog.task02;              //创建包 prog.task02
import Java.util.Scanner;
    //Java 键盘数据输入：扫描器类（Scanner）从控制台中读取字符串
public class TestScanner {
    public static void main(String[] args){
        String s="";
        Scanner sc=new Scanner(System.in);
    System.out.println("Java 键盘数据输入：扫描器类（Scanner）方式输入：");
        s=sc.next();
        System.out.println("Java 键盘输入的数据："+s);
    }
}
```

程序运行结果如图 2-8 所示。

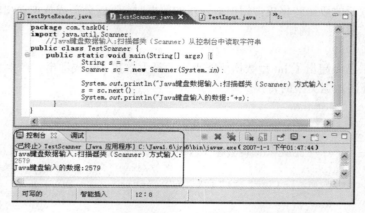

图 2-8 扫描器 Scanner-next()方式的数据输入

【例 2-13】通过扫描器类对象完成键盘不同类型数据的输入。

```
import Java.util.Scanner;
public class TestInput {
    public static void main(String[] args) {
    Scanner s=new Scanner(System.in);
        System.out.println("请输入你的姓名: ");  String name=s.nextLine();
        System.out.println("请输入你的年龄: ");  int age=s.nextInt();
        System.out.println("请输入你的工资: ");  float salary=s.nextFloat();
        System.out.println("你的信息如下: ");
        System.out.println("姓名: "+name+"\n"+"年龄: "+age+"\n"+"工资: "+salary);
        System.out.println("姓名: "+name+"\t"+"年龄: "+age+"\t"+"工资: "+salary);
    }
}
```

程序运行结果如图 2-9 所示。

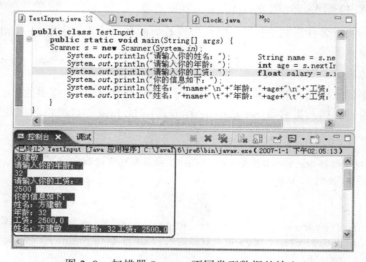

图 2-9 扫描器 Scanner 不同类型数据的输入

注：Scanner 对象方法 nextLine()接收字符和字符串类型的输入，nextInt()接收 int 类型数据的输入，nextFloat()接收 float 类型数据的输入。

2. JoptionPane 对话框的数据输入

Java 数据输入还可通过 JoptionPane 对话框输入数据。

【例 2-14】通过 JoptionPane 对话框编程完成输入数据。

```
import Javax.swing.*;
public class InputJOptionPane{          //JoptionPane 对话框键盘数据输入方式
    public static void main(String[] args){
        int s=0;
        double p=0,w=0,f;
        p=Double.parseDouble(JOptionPane.showInputDialog("请输入公司的运输单价: ",new
            Double(p)));
        w=Double.parseDouble(JOptionPane.showInputDialog("请输入客户货物的重量: ",new
            Double(w)));
        s=Integer.parseInt(JOptionPane.showInputDialog("请输入货物运输的距离: ",new
            Integer(s)));
        f=p*w*s;
        System.out.println("运输公司的运输单价为: "+p);
        System.out.println("该次运输的货物重量为: "+w);
        System.out.println("该次运输的运输距离为: "+s);
        System.out.println("该次运输的总运费为"+f);  }
}
```

程序运行结果如图 2-10 所示。

图 2-10　通过 JoptionPane 对话框完成数据输入

3. 利用字节输入类

另外，也可利用 System.in 标准输入流下的 read()方法来交互式输入数据。

【例 2-15】通过 read()方法完成交互式数据的输入。

```
public class TestByteReader{
    public static void main(String[] args){
        System.out.println("ByteReader 方式输入");
            byte[] readIn=new byte[50];          //字节输入类对象 readIn
```

51

```
                    int count=0;
          try{
                    System.out.println("请输入数据 System.in.read()方式输入: ");
                        count=System.in.read(readIn);          }
          catch(Exception e){          e.printStackTrace();          }
        System.out.println("您所输入的数据为: "+new String(readIn, 0, count));          }
  }
```

程序运行结果如图 2-11 所示。

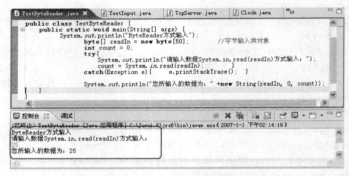

图 2-11　read()方法的数据输入

2.7.2　数据的显示输出

System.out 类对象可完成数据输出，形成标准输出流。通常，此方式可应用于显示器等的数据输出浏览等。System.out 最常用的方法如下：

（1）Print()方法：向标准输出设备（如显示器等）输出一行文本，但不换行。

（2）Println()方法：向标准输出设备（如显示器等）输出一行文本且换行。

【例 2-16】试分别用 Print()方法与 Println()方法输出数据信息，且比较 Print()与 Println()方法的输出差异。

```
public class Welcome {
    public static void main(String[] args) {
        System.out.println("Welcome to Beijing! ");
        System.out.print("欢迎您!");
        System.out.print("来中国!");
        System.out.println("");
        System.out.println("欢迎您, 来到祖国的首都北京!!!"); } }
```

程序运行结果如图 2-12 所示。

图 2-12　Print()与 Println()方法输出数据

本 章 小 结

符号是构成 Java 语言程序的基本单位或基本语法元素，主要包括：标识符、关键字、编码规范注释几种形式。Java 语言的数据类型包括：基本数据类型[布尔型（boolean）、字符型（char）、字节型（byte）、短整型（short）、整型（int）、长整型（long）、单精度（float）、双精度（double）]与复合数据类型[数组（array）、接口（interface）与类（class）]两种。

变量是 Java 程序中的基本存储单元，定义包括变量名（变量标记符）、变量类型和作用域几部分。变量的类型包括：布尔型、字符号、字节型、短整型、整型、长整型、单精度、双精度数组、接口与类。表达式是由操作数和运算符按一定的语法形式组成的符号序列。运算符指的是程序中用来处理数据、表示数据运算、赋值和比较的符号。按运算功能可分为：算术运算符、比较运算符、逻辑（布尔）运算符、位运算符、赋值运算符、条件运算符。

类型转换是将一种数据类型的常数或变量转换为另外的一种数据类型，包括两种：自动类型转换（或称隐含类型转换）和强制类型转换。

思考与练习

一、选择题

1. 下面_____是 Java 语言中的关键字。
   A. test   B. catch   C. NULL   D. inport
2. 复合数据类型包括：数组（array）、接口（interface）与_____。
   A. 类（class） B. 类（type）   C. 方法（method） D. 方法（maner）
3. 下列_____不是 Java 语言的关键字。
   A. case   B. length   C. else   D. foreever
4. 布尔型（boolean）数据只有两个值_____和 false。
   A. trueth   B. true   C. wise   D. course
5. 按变量的作用域可分为：全局变量、局部变量、_____和异常处理参数。
   A. 类变量、方法变量   B. 类参数、方法变量
   C. 类变量、对象参数   D. 类参数、方法参数
6. 运算符包括算术、_____、逻辑、位、_____与条件运算符。
   A. 比较、赋值   B. 比较、关系   C. 比较、布尔   D. 布尔、赋值
7. 下列标识符中合法的是_____。
   A. 5_ID   B. -hello   C. tester#   D. _try123
8. 下列选项中，_____不是 Java 的基本数据类型。
   A. int   B. float   C. Boolean   D. char
9. 在下面程序中，y 得到的值为_____。

```
Class Tom{
    Int x=98,y;
    Void f(){int x=3;Y=x;}
}
```
   A. 98   B. 3   C. 0   D. ture

二、是非题

1. 标识符必须以一个字母、下画线（_）或美元符号（$）开头。 （ ）
2. "{ }"用来定义复合语句、类体、方法体以及进行数组的初始化等。 （ ）
3. 常量是 Java 程序中不能被修改的固定值部分。 （ ）
4. 整数类型是字节型，它是有符号的 16 位类型。 （ ）
5. 00100101^ 00001011 按位运算后的值为 00100101。 （ ）
6. 运算符仅指程序中用来处理数据的符号。 （ ）
7. 将一种数据类型的常数或变量转换到另外的一种数据类型称为类型转换。 （ ）
8. 运算的顺一定是从左到右的。 （ ）
9. System.out 类对象不能完成数据输出。 （ ）

三、思考与实验

1. 简述分隔符的内涵及其类型。
2. 简述注释语句的内涵及其类型。
3. 试问 Java 标识符定义使用时有何规定？试述下列标识符的哪些是对的，哪些是错的。
test、5mim、groua、roor@201、rich911、abstract、desk203、wom777、import、ycase、139.18 、+highe、hsee-me、w_import、_sim33、$god
4. 何谓表达式？何谓运算符？语句又是什么？
5. 已知标识符为：false、-45、M、042、'%'、2L、0xAD，其中哪些是常量？并述其类型。
6. Java 语言中有哪些数据类型？写出 int 与 Short 所能表达的最大值与最小值。
7. 判断下列表达式的运行结果。
（1）5+8<10+6 （2）5*5+5%5+5/5 （3）3>0&&2*3<8 （4）32>5*(2+3)||8-2<7
8. 书写语句完成变量定义：（1）整型：x1；（2）布尔型：b1_t ；（3）字符型：c1；（4）双精度型：qd。
9. 若已知 x=3、y=8、f=true，计算所列 z 的值：（1）z=y*++x；（2）z=x>y&&f；（3）z=y/2+++x；（4）z=3*y+x+++y--；（5）z=x<y||!f；（6）x<<3；（7）y>>2；（8）z = x <y ? x :y。
10. 试编写一个语句或完整的 Java 程序，完成如下实验要求：
（1）先把整型变量 a 的只值加 1 后扩大 3 倍，然后把它放入 sum 中。
（2）求的 u 除以 v 的余数赋给 z，然后 z 自身加 1 后赋给 w。
（3）已知立方体的长为 12，宽为 8，高为 16，试计算其体积，并赋予 V。
（4）若给定一个整型数与一个双精度型数，试求二者的和、差、积、商与平均值。
（5）把 x 与 y 中较大的数赋予 z，然后自身扩大 5 倍加 1。
11. 试设计一例：通过扫描器类对象[Scanner-next()方式]完成 Java 键盘简单数据的输入。

第3章
流 程 控 制

【本章提要】Java 中体现操作的语句和展示执行顺序的语句控制结构是 Java 程序功效和智能的反映，它是应用程序开发优秀与否的关键。本章主要讲述了语句控制结构、分支语句与循环语句，同时介绍了跳转语句等。

3.1　语句控制结构

3.1.1　语句类型

Java 语言里的语句可分为以下 5 类：

（1）表达式语句：指在一个表达式的最后加上一个分号而构成的一个语句。分号是语句不可缺少的部分。例如：

```
x=23;
boolean z=((float)x/y)== (double)x/y);
```

（2）复合语句：指用"{"和"}"把一些语句括起来构成的语句，一个复合语句也称作一个代码块。例如：

```
{
    z=1798+x;
    System.out.println("hello, it's me!");
}
```

又如：

```
{   int a = 3,  b = 4;
    sum = a+3*b;
    system.out.println(sm);  }
```

（3）控制语句：通常，语言中的控制语句包括三大基本结构：顺序语句、分支语句和循环语句，但近来也有将跳转语句融入其中的说法。

（4）方法调用语句：泛指由调用方法而产生的语句，其中包括类、对象中调用类中方法所产生的行为等。例如：reader.nextInt(); 与 area(x,y,z);。

（5）package 语句和 import 语句：前者 package 为包语句，后者为类等的引用语句。

3.1.2　语句控制结构的类型

程序设计语言通过控制语句来决定各条语句执行的先后顺序和次数，不加任何控制语句，程序将按语句出现的顺序从上到下执行，这有悖于当今智能程序开发的理念。只有让程序有条件地执行或有条件地重复执行才能让程序受人控制、智能化，受人们青睐。

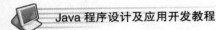

按程序的执行流程或程序控制流模式分类，Java 语言程序控制结构主要有：顺序结构、分支结构和循环结构 3 种形式，如图 3-1 所示。

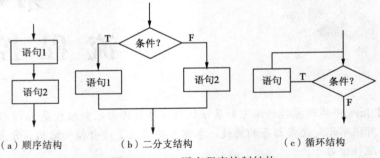

（a）顺序结构　　　　　　（b）二分支结构　　　　　（c）循环结构

图 3-1　Java 语言程序控制结构

1. 顺序结构

顺序结构是在程序执行时，根据程序中语句的书写顺序依次执行的命令序列。Java 语言中的大多数命令都可以作为顺序结构中的语句，它是编程语言的基础，是一种最简单的结构，如图 3-1（a）所示。

2. 分支结构

分支结构又称选择结构，是在程序执行时，根据不同的条件，选择执行不同的程序语句，用来解决有选择、有转移等诸多问题，完成应用程序中的智能判断功能，如图 3-1（b）所示。此外，还有多路分支结构。

3. 循环结构

循环结构则能够使某些语句或程序段按条件重复执行若干次。如果某些语句或程序段需要在某个特定条件下重复操作、执行，使用循环是最好的选择。直至该特定条件不满足为止，如图 3-1(c) 所示。它的特点是"先判断，后执行"。若在开始时，条件不满足就不执行。

这 3 种基本结构有以下共同特点：

（1）只有一个入口和出口。

（2）结构内的每一部分都有机会被执行。图 3-1（a）顺序结构中是必然的；图 3-1（b）二分支结构中，条件为真(T)执行语句（块语句）1，条件为假(F)执行语句（语句块）2；图 3-1（c）循环结构中，条件为真(T)执行语句（语句块），条件为假(F)结束循环。

（3）结构内没有"死循环"，即无终止循环或无限循环。

3.2　分　支　语　句

分支语句使得程序可以根据条件执行特定的语句，实施满足应用程序要求的智能判断功能。

3.2.1　if 条件语句

条件语句是程序设计语言中最基本的条件流程控制语句，几乎所有的程序设计语言都有类似的条件语句。条件语句可以分为简单条件语句和嵌套条件语句。简单条件语句是嵌套条件语句的基础。

1. 简单条件语句

简单条件语句（即二分支结构，其特例为单分支结构）的格式为：

```
if （条件表达式）
    {
        语句块 1；
    }
    [ else
        {
            语句块 2；
        }
    ]
```

它的执行过程为：如果满足"条件"，即条件为真（True），执行语句块（语句）1；不满足"条件"，即条件为假（False）执行语句块（语句）2。语句块 1 与语句块 2 可以是简单语句，也可以是复合语句。

简单条件语句说明如下：

（1）条件表达式是任意一个返回布尔型数据的表达式。

（2）简单语句可以省略前后的花括号。虽然单条语句外面不需要加上大括号，但也可以在简单语句外面加上大括号，实际上这是一种良好的编码习惯，有利于程序的扩展。

（3）方括号中 else 子句是可选项，也就是说条件语句的最简单的形式是：

```
if （条件表达式）
{
    语句块 1；
}
```

此时，若条件表达式的值为假（False），则绕过 if 分支直接执行 if 语句块后面的其他语句，即简单条件语句呈现为单分支选择结构。程序流程如图 3-2 所示。

【例 3-1】判断给定数，满足条件输出结果。

```
public class Condition {
    public static void main (String args []) {
        int x, serial, y;y=0;
        x=56;
        serial=20;
        if (x>45)
          {y=x*serial;
        System.out.println ("y="+y); } }
}
```

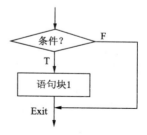

图 3-2　单分支选择结构

【程序解析】int x, serial, y;声明变量 x、serial、y 及其类型，并且通过其后 3 条语句赋值，然后判断 x，若 x 大于 45，就计算：x*serial,并将结果赋予 y，最后通过语句 System.out.println ("y="+y)输出 y 值，其中 System 是系统内部类库中定义的一个类；out 是 System 类的对象；println()是 out 对象的一个方法，其作用是输出 y=1120 的字符串。

程序运行结果如图 3-3 所示。

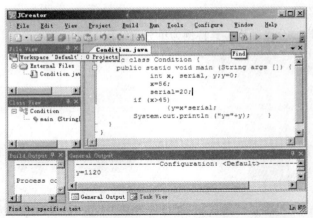

图 3-3　例 3-1 程序运行结果

【例 3-2】查找 3 个整数中的最大值与最小值。

```java
public class Max3if{
public static void main(String args[]){
    int a=5,b=12,c=60,max,min;
        if (a>b)
           max=a;
        else
           max=b;
    if (c>max)  max=c;
    System.out.println("max="+max);
    min=a<b ? a : b;min=c<min ? c : min;
    System.out.println("min="+min);  }
}
```

【程序解析】从两个方案选择一个可以使用 if...else 语句，也可以使用两个 if 语句。本例中使用了两个并列的 if 语句，其中第二个没有 else 语句。本例中使用了三元条件运算符（?:），实现了比较运算问题。本例的条件选择语句中无一句复合语句，都使用简单句。

程序运行结果如图 3-4 所示。

图 3-4　例 3-2 程序运行结果

【例 3-3】通过 JoptionPane 对话框输入数据，且判定键盘输入数据需分别大于 55 与 30 才输出结果。

```
import Java.io.*;   import Javax.swing.*;
public class ConditionKB {
    public static void main (String args[ ]){
        int x=0, s=1, y=0;                       //也可: x=65;  s=40;
        x=Integer.parseInt(JOptionPane.showInputDialog("请输入 X 的值: ",new
        Integer(x)));
        s=Integer.parseInt(JOptionPane.showInputDialog("请输入 s 的值: ",new
        Integer(s)));
        if ( (x>55) &&( s >30) )  { y=x*s;System.out.println("y="+y);  }
    }
}
```

【程序解析】该程序与【例 3-1】类似，但使用了通过 JOptionPane 对话框输入数据方法：
x=Integer.parseInt(JOptionPane.showInputDialog("请输入 X 的值:",new Integer(x));与复合条件: (x>55)
&&(s >30)，若 x 大于 55，且 s 大于 30 就计算:x*s，并将结果赋予 y，最后通过语句 System.out.println
("y="+y)输出 y 值。

程序运行结果如图 3-5 所示。

图 3-5　例 3-3 程序运行结果

注：若由多个简单条件经过逻辑运算而得到，则称复合条件。复合条件的布尔运算符是逻辑
与（&）、逻辑或（|）、逻辑非（!）、逻辑异或（∧）、条件与（&&）、条件或（||）。

2. 嵌套条件语句

在上面的例子中，只能判断 1 种、2 种选择分支条件，而 3 种选择分支条件就使用了简单并
列的 if 语句。实际应用中需要判断第 3 种、4 种以上选择分支，这需要多条件分支语句。Java 并
没有提供像 else...if 这样的关键字来进行多条件分支。但是，利用条件语句的嵌套，依然可以实
现多条件的分支。

嵌套是指 if...else 语句中又包含 if...else 语句或 if 语句。通常，嵌套层数为条件分支数减 1，
若条件分支数为 5，则嵌套层数为 5-1=4。此时嵌套的形式如下：

```
if (条件 1)
    语句块 1;
    else if (条件 2)
```

```
            语句块 2;
        else if (条件 3)
            语句块 3;
            else if (条件 4)
                语句块 4;
                else if (条件 5)
                    语句块 5;
```

【例 3-4】3 个整数按由小到大的排序输出。

```java
public class Max3xyz{
    public static void main(String args[]){
        int x=5,y=65,z=17;System.out.print("Order:  ");
        if (x<y)
            if (y<z)
                System.out.println(x+"  "+y+"  "+z);
            else if (x<z)
                    System.out.println(x+"  "+z+"  "+y);
                else
                    System.out.println(z+"  "+x+"  "+y);
        else if (x<z)
                System.out.println(y+"  "+x+"  "+z);
            else
                if (z<y)
                    System.out.println(z+"  "+y+"  "+x);
                else
                    System.out.println(y+"  "+z+"  "+x);}
}
```

【程序解析】该程序系是 if...else 语句的嵌套使用，读懂比较大数的方法，即可迎刃而解。if (x<y)...else 是大的 2 分支语句，其中再嵌入了 if...else 语句。

程序运行结果如图 3-6 所示。

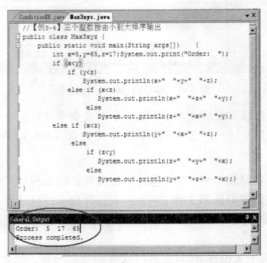

图 3-6   例 3-4 程序运行结果

【例 3-5】输入 3 个数，判断所构成的三角形特征。

```java
import Java.util.*;
public class Triangle3_3 {
```

```java
public static void main (String args[ ]){
    Scanner reader=new Scanner(System.in); //设置 Scanner 类对象 reader
        double x=0.00,y=0.00,z=0.00; //通过 reader 对象的 nextDouble()方法输入数据
    System.out.println("输入边 x:"); x=reader.nextDouble();
    System.out.println("输入边 y:");y=reader.nextDouble();
    System.out.println("输入边 z:");z=reader.nextDouble();
    if (x+y>z&&x+z>y&&y+z>x)
    if (x*x==y*y+z*z||y*y==x*x+z*z||z*z==x*x+y*y)
        System.out.printf("\n%-8.3f%-8.3f%-8.3f 构成是直角三角形",x,y,z);
        else if (x*x<y*y+z*z&&y*y<x*x+z*z&&z*z<x*x+y*y)
            System.out.printf("\n%-8.3f%-8.3f%-8.3f 构成锐角三角形",x,y,z);
                else
                System.out.printf("\n%-8.3f%-8.3f%-8.3f 构成钝角三角形",x,y,z);
            else
            System.out.printf("%f,%f,%f 不能构成三角形",x,y,z);    }
}
```

程序运行结果如图 3-7 所示。

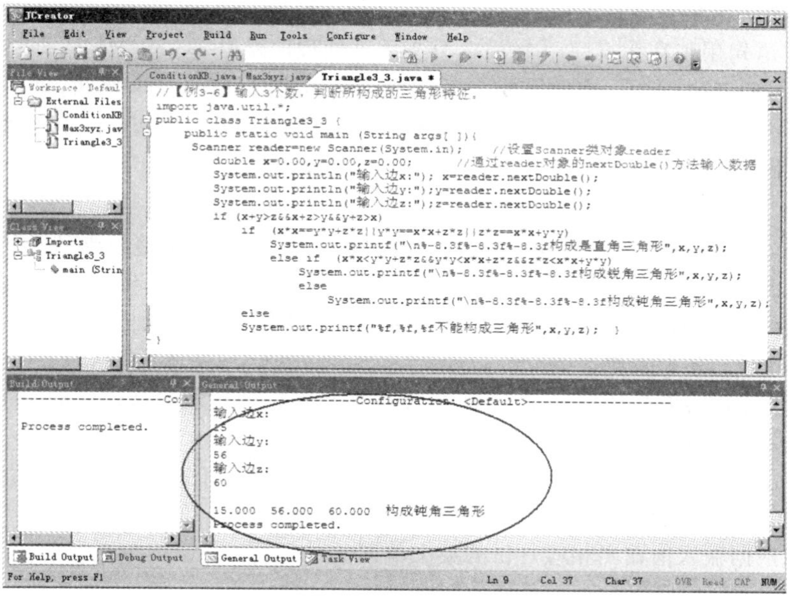

图 3-7　例 3-5 程序运行结果

3.2.2　switch 多分支语句

当程序逻辑需要多级分支时，可以嵌套使用条件语句来实现。但是如果分支很多，程序会显得太过烦琐，而且可读性很差，而 switch 多分支语句则显示出其直观、便捷的特点。其结构如图 3-8 所示。Java 语言中提供了一种处理多重条件的语句 switch，其基本语法结构如下：

```
switch (表达式){
    case 常量 1:
        语句块 1;
        break;
    case 常量 2:
```

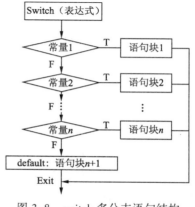

图 3-8　switch 多分支语句结构

```
                语句块 2；
                break；
                ...
            case 常量 n：
                语句块 n；
                break；
                [
                 default：
                 语句块 n+1；
                ]
        }
```

1．语法结构说明

（1）表达式的返回值类型只能是 int、byte、short、char 几种类型之一。

（2）case 子句中的值必须是常量，而非变量等，而且所有 case 子句中的值应是不同的。

（3）default 子句是可选的。若表达式的值与所有 case 子句中的值都不相等，且无 default 子句，则直接跳出 switch 语句。

（4）break 语句用来在执行完一个 case 分支后，使程序跳出 switch 语句，即终止 switch 语句的执行。但在一些特殊情况下，有时需要在多个 case 语句之间没有 break 语句，即多个不同的 case 值要执行一组相同的操作，这时可以不用 break。如果省略了 break 语句，程序将继续执行下一个 case 语句，效率降低，且易误操作。

2．switch 语句执行过程

（1）switch 语句在执行时，首先计算表达式的值，这个值必须是整型或字符型，同时应与各个 case 分支的判断值的类型相一致。计算出表达式的值之后，将它先与第一个 case 分支的判断值相比较，若相同，则程序的流程转入第一个 case 分支的语句块；否则，再将表达式的值与第二个 case 分支相比较，依此类推。

（2）如果表达式的值与任何一个 case 分支都不相同，则转而执行最后的 default 分支；在 default 分支不存在的情况下，则跳出整个 switch 语句。

（3）switch 语句的每一个 case 判断，都只负责指明流程分支的入口点，而不负责指定分支的出口点，分支的出口点需要编程人员用相应的跳转语句来标明。

【例 3-6】根据输入值输出相应月份的英文单词。

```java
import Javax.swing.*;
public class Month0 {
  public static void main (String args[ ]){
    int month,;
    month=8;                      //赋予 month 值
    switch (month) {
      case 1:
          System.out.println ("January");
          break;
      case 2: System.out.println ("February");break;
      case 3: System.out.println ("March");break;
      case 4: System.out.println ("April");break;
      case 5: System.out.println ("May");break;
      case 6: System.out.println ("June");break;
      case 7: System.out.println ("July");break;
      case 8: System.out.println ("August");break;
      case 9: System.out.println ("September");break;
      case 10: System.out.println ("October");break;
```

```
        case 11: System.out.println ("November");break;
        case 12:
            System.out.println ("December");
            break;    }
    }
}
```

【程序解析】switch 语句把表达式 Month 的值与每个 case 子句的常量表达式的值进行比较，如果相等就执行相应 case 子句中的语句（此处 Month 为 8 则运行结果为 August），遇到 break，跳出 switch 语句。

程序运行结果：

August

3.3 循 环 语 句

循环语句的作用是在一定条件下反复执行一段代码，直到满足终止循环的条件为止。Java 语言中提供的循环语句有：while 语句、do...while 语句和 for 语句。

3.3.1 while 语句

while 语句是 Java 最基本的循环语句。它的一般语法格式如下：

```
while  (条件表达式)
{
    循环体;
}
```

【说明】

（1）其中，while 是关键字，条件表达式可以是任意的布尔表达式。

（2）while 语句是"先判后执行"型，当它为真时，while 语句重复执行循环体中的语句或语句块。只要条件表达式为真，循环体就被执行。当条件为假时，程序控制就转移到紧跟循环体后面的语句行。

（3）循环体可以是单个语句，也可以是复合语句块。如果循环体为需要重复的单个语句，则可以省略大括号。

（4）while 语句循环体中应有循环条件变量的语句。否则，条件表达式永远为真，系统会陷入"死"循环。

while 循环语句的程序流程如图 3-9 示。

【例 3-7】计算 1 到 10 的累加和。

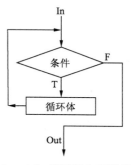

图 3-9 while 循环语句程序流程图

```
public class Sum10 {
    public static void main(String args[])
    {   int i=1;
        int s=0;
        while (i<=10)
        {   s=s+i;
            i++;  }
        System.out.println("I="+i);
        System.out.println("Sum="+s); }
}
```

【**程序解析**】上面这段代码计算从 1 到 10 的累加。根据 i 的值是否超过 10 来判断是否循环下去。每次循环都要把循环变量 i 增加 1 的值决定了循环的次数。

程序运行结果：

```
i=11
Sum=55
```

【**例 3-8**】计算 Fibonacci 数列。数列是指首 2 项为 0、1，以后各项是前 2 项之和，即 0、1、1、2、3、5、8、13、21……。

```java
public class Fib_while {
    public static void main(String args[]){
      final int MAX=10;int i=0,j=1,k=0;
        while (k<MAX) {
         System.out.print(" "+i+" "+j);
            i=i+j;    j=i+j;
            k=k+2;    }
        System.out.println(); }
}
```

程序运行结果：

```
0 1 1 2 3 5 8 13 21 33
```

3.3.2 do...while 语句

do...while 语句的一般语法结构如下：

```
do
{
    循环体;
}
while  (条件表达式);
```

【**说明**】

（1）结构中，do 和 while 是关键字，条件表达式可以是任意的布尔表达式。

（2）do...while 是"先执行后判"型，它与 while 语句不同的之处是它不像 while 语句是先计算条件表达式的值，而是无条件地先执行一遍循环体，再来判断条件表达式。若表达式的值为真，则再运行循环体，否则跳出 do...while 循环，执行下面的语句。

（3）循环体可以是单个语句，也可以是复合语句块。如果循环体为需要重复的单个语句，则可以省略大括号。

（4）while 语句循环体中应有循环条件变量的语句。否则，条件表达式永远为真，系统会陷入"死"循环。

（5）注意，while 语句的后面有个分号";"。可以看出两者的区别是：do...while 至少执行一次循环体，而 while 的循环体可能一次都不能执行。

do...while 循环语句的程序流程如图 3-10 所示。

【**例 3-9**】用 do...while 计算 1 到 10 的累加和（例 3-9 的等效形式）。

```java
public class Sum10_do {
    public static void main(String args[]){
        int i=1,s=0;
```

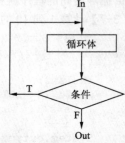

图 3-10　do...while 循环语句程序流程图

```
do { s=s + i;
     i++;}
while (i<=10) ;
System.out.println("I="+i);
System.out.println("Sum="+s); }
}
```

程序运行结果：

```
i=11
Sum=55
```

【思考】例 3-9 与例 3-7 结果相同，若(i<=10)项改为(i<=0)，两者相同否？

3.3.3　for 语句

for 循环语句是 3 种循环语句中功能较强、形式灵活、使用频繁的循环语句结构，尤其适合于循环次数清晰的场合。

1. for 语句语法格式

它的一般语法格式如下：

```
for  (表达式1;表达式 2;表达式 3 )
{
    循环体
}
```

【说明】

（1）结构中，for 是关键字，3 个表达式之间用分号隔开。

（2）表达式 1 完成初始化循环变量等工作；条件表达式 2 可以是任意的布尔表达式，用来判断循环是否继续；表达式 3 用来修整循环变量，改变循环条件，可以递增，也可以递减。

（3）循环体可以是单个语句，也可以是复合语句块。如果循环体为需要重复的单个语句，则可以省略大括号。

（4）for 语句的 3 个表达式都是可选的，即可以全为空，但 ";" 不能省略。但若表达式 2 也为空，则表示当前循环是一个无限循环，需要在循环体中书写另外的跳转语句方能终止循环，否则，系统会陷入"死"循环。

for 循环语句的程序流程如图 3-11 所示。

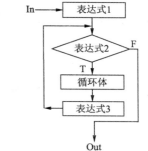

图 3-11　for 循环语句程序流程图

2. for 语句执行过程

for 循环的执行过程如下：

（1）当循环启动时，先执行其初始化部分，完成必要的初始化工作。通常，这是设置循环控制变量值的一个表达式，作为控制循环的计数器。要特别注意的是初始化表达式仅被执行一次。

（2）计算判断表达式 2 的布尔值。它通常将循环控制变量与目标值相比较，如果这个表达式为真，则执行循环体；如果为假，则循环终止，跳出整个 for 语句执行其后面的语句。

（3）返回计算表达式 3。通常这部分是增加或减少循环控制变量的一个表达式，例如 i++或 i--等。

（4）重复上述步骤：计算表达式 2 的值，然后执行循环体，接着修正表达式 3（又称迭代表达式）。这个过程不断重复直至表达式 2 变为假，结束循环。

3. for 语句应用实例

【例 3-10】计算 2+4+6+…+100 及 20+18+16+…+2。

```java
public class Sum_num {
    public static void main (String args[ ]){
        int i,sum=0;
        for(i=1; i<=100; i++)    {
        if(i%2==0)  sum+=i; }
            System.out.println ("Sum=2+4+6+…+100="+sum);
            sum=0;    System.out.print ("Sum=");
        for  (i=20; i>=1; i--)    {
        if(i%2==0)    {
            sum+=i;System.out.print (i+"+");}}
        System.out.println ("="+sum);}
}
```

【**程序解析**】上面这段代码计算从 1 到 100 中偶数的累加。根据 i 的值是否超过 100 来判断是否循环下去。每次循环都要判断是否为偶数（由(i%2==0)确定)），是则把循环变量 i 加到 sum，如此按条件循环，直至完成计算偶数的累加和，i<=100 决定了循环的次数。程序后半部分利用表达式 i--进行递减求和，计算 Sum=20+18+16+14+12+10+8+6+4+2=110。注意 print 与 println 的区别与使用方法。

程序运行结果如图 3-12 所示。

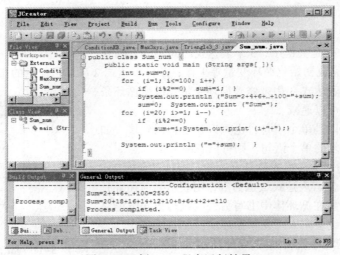

图 3-12　例 3-10 程序运行结果

【例 3-11】分别计算 1～20 间奇数与偶数的和。

```java
public class Sum00 {
    public static void main (String args[ ]){
        int sum1=0, sum2=0;
        for  (int i=1,j=2; i<20; i+=2,j+=2) {
            sum1+=i;sum2+=j;    }
        System.out.println ("奇数和为: "+sum1);
        System.out.println ("偶数和为: "+sum2);}
}
```

【**程序解析**】此例中，sum1 求的是 1～20 间的奇数累加和；suml 求的是 1～20 间的奇数累加和与偶数累加和。

程序运行结果如图 3-13 所示。

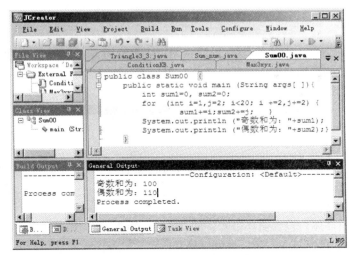

图 3-13 例 3-11 程序运行结果

【例 3-12】计算一个日期所对应的是星期几。

```java
public class Week{
public static void main(String args[]){
    int year=2014,month=5,day=16,total,week,i;boolean leap=false;
    leap=(year%400==0)| (year%100!=0) & (year%4==0);
    week=1;                            //起始日 1979-12-31 is Monday
    total=year-1980+(year-1980+3)/4;   //求平(闰)年累计的总天数
    for (i=1;i<=month-1;i++)           //当年的累计天数
        switch (i)
        {   case 1:
            case 3:
            case 5:
            case 7:
            case 8:
            case 10:
            case 12: total=total+31; break;
            case 4:
            case 6:
            case 9:
            case 11: total=total+30; break;
            case 2:  if (leap)
                        total=total+29;
                     else
                        total=total+28;
                     break;  }
    total=total+day;                        //当月的天数
    week=(week+total)%7;                //求得星期几
    System.out.print("date "+year+'-'+month+'-'+day+" is ");
    switch (week){
        case 0: System.out.println("Sunday");   break;
        case 1: System.out.println("Monday");   break;
        case 2: System.out.println("Tuesday");   break;
        case 3: System.out.println("Wednesday");break;
        case 4: System.out.println("Thursday"); break;
```

```
    case 5: System.out.println("Friday");  break;
    case 6: System.out.println("Saturday"); break;   }
    }
}
```

【**程序解析**】此例用 int year、int month、int day、int total 记载一个日期的年、月、日的整型值和总天数，且通过相关算法完成求解星期几，用于拓展读者思路。

程序运行结果如图 3-14 所示。

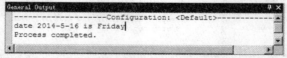

图 3-14　例 3-12 程序运行结果

3.3.4　循环嵌套

循环嵌套是指循环体内包含循环语句，可以多层。涵盖 while 循环语句、do...While 循环语句与 for 循环语句，它们可以自身嵌套，也可以相互嵌套，但需注意完整性，切忌相互交叉的现象。

【**例 3-13**】分别输出 1!、2!…、6!以及它们的和。

```
public class Factorial{
    public static void main (String args[ ]){
    long sum=0;
    for (int i=1; i<=6; i++)                // 外循环开始
    {  long m=1;                            // 外循环变量 m 和外循环控制变量 i
        for (int j=1; j<=i; j++) {          // 内循环开始
            m*=j;  }                        // 内循环变量 m 运算及内循环结束
        System.out.println (i+"!="+m);
        sum+=m;  }                          // 外循环变量 sum、外循环结束
    System.out.println ("1!+2!…+6!="+sum);  }
    }
```

【**程序解析**】内循环变量 j 控制内循环体，外循环变量 i 控制外循环体，通过 sum 的相关算法来求和。本例可否用单循环来完成，请读者思考。

程序运行结果：

```
1!=1
2!=2
3!=6
4!=24
5!=120
6!=720
1!+2!+3!+4!+5!+6!=873
```

【**例 3-14**】计算、输出九九乘法表。

```
public class Mul99 {
    public static void main(String args[]) {
        int i,j,n=9;System.out.print("   *   |");
        for (i=1;i<=n;i++)
            System.out.print("   "+i);
            System.out.print("\n-------|");
        for (i=1;i<=n;i++)
            System.out.print("----");
```

```
        System.out.println();
    for (i=1;i<=n;i++) {
        System.out.print("    "+i+"    |");
        for (j=1;j<=i;j++)
        System.out.print("    "+i*j);
        System.out.println(); } }
    }
```

程序运行结果如图 3-15 所示。

图 3-15 例 3-14 程序运行结果

3.4 跳 转 语 句

跳转语句用来实现程序执行过程中流程的转移。基于 goto 语句结构性、可靠性和可读性等原因，Java 语言取消了 goto 语句。为了提高程序的可靠性和可读性，Java 语言支持 3 种跳转语句：break 语句、continue 语句和 return 语句，通过这些语句，可把控制转移到程序的其他部分。下面对每一种语句进行介绍。

3.4.1 break 语句

break 语句的作用是使程序的流程从一个封闭语句块（如 switch、do、for、while）内部跳转出来。在介绍 switch 语句时，已经显示了 break 语句的用法。它可以从整个 switch 语句体跳出，去执行 switch 语句体的下一句。实际上，它还可以用来退出一个循环，另外还可以跳到相应的标记位。

break 语句同样分为不带标号和带标号两种形式。不带标号的 break 语句从它所在的 switch 分支或最内层的循环体中跳转出来，执行分支或循环体后面的语句。带标号的 break 语句使用特定格式，且待下文表述。

1. 不带标号

不带标号的 break 语句是用来终止循环、跳出循环或 switch 语句体的。在循环中遇到 break 语句时，循环被终止，程序执行循环后面的语句。

【例 3-15】求解 2 ~ 60 间的素数。

```
public class SSEx {
    public static void main (String args[ ]){
        int i, j, half, n;
        for (i=2; i<100; i++){
            n=i;half=n/2;
            for (j=2; j<=half; j++)
            if (n%j==0) break;    //非素数跳出循环
            if (j>half) System.out.println ("素数="+i);}
        }
    }
```

【程序解析】素数是指除了能被 1 和它本身整除外，不能被其他的数整除的数，判断 2–100 之间的一个自然数是否是素数，是将这个自然数用 2–n/2 之间的整数进行相除运算，如果能被其中一个数整除，表示这个自然数不是素数，循环自动中断执行，退出循环体，如果都不能被所有数整除，表示这个数是素数。本程序通过两重循环：for (i=2; i<100; i++)与 for (j=2; j<=half; j++)来完成。

程序运行结果如图 3–16 所示。

图 3–16　例 3–15 程序运行结果

2. 附带标号

break 语句除了在 switch 语句和循环中使用之外，它还可以跳到标记位。带标号的 break 语句的语法格式如下：

break 标号;

"标号"是程序中设置好的标记名。程序跳到标号所在的语句或者语句块的下一句开始执行。但是，break 语句必须在加标记的代码块的内部才可以跳到标记位。这个标号应该标志某一个语句块。执行 break 语句就从这个语句块中跳出来，流程进入该语句块后面的语句。

设置标记的语法是：

标号: 语句

可以把标记设置在任意的语句或者语句块之前。

3.4.2　continue 语句

continue 语句与 break 语句不同，continue 语句并不终止当前循环，而是不再执行跟在 continue 语句之后的语句，即跳过循环体中 continue 语句下面的语句，启动下一次循环。continue 语句必须用于循环结构中。

它有两种使用形式：一种是不代标号的 continue 语句，其作用是终止当前这一轮的循环，跳过本轮剩余的语句，直接进入当前循环的下一轮；另一种是带标号的 continue 语句，其格式是

continue 标号;

这个标号应该定义在程序中外层循环语句的前面，用来标志这个循环结构。标号的命名应该符合 Java 标识符的规定。带标号的 continue 语句使程序的流程直接转入标号标明的循环层次。

【例 3-16】 计算 n! 大于 100 而小于等于 6000 的 n 值。

```
public class Search {
    public static void main (String args[ ]) {
        int n=1, m=1;
        for (n=1; n<12; n++) {
        m*=n;
        if (m<=100) continue;
            else  if (m>6000) break;
            System.out.println (n);    }
    }
}
```

【程序解析】 此程序计算 n! 的值，若在 100～6 000 区域内即输出 n 的值（0<n<12）的序列。通过本程序可以熟悉 Java 语言中 break 语句与 continue 语句的使用及差异。

程序运行结果如图 3-17 所示。

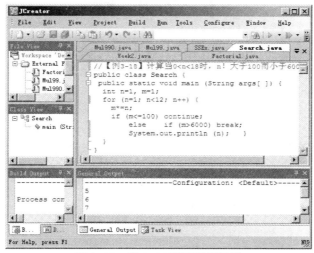

图 3-17　例 3-16 程序运行结果

3.4.3　return 语句

return 语句用来从当前方法中退出，可使正在执行的分支程序返回到调用它的方法的相应语句处，并从紧跟该语句的下一条语句继续执行。return 语句的一般语法格式如下：

```
return  表达式;
```

（1）其中，表达式的值就是调用方法的返回值。如果方法没有返回值，则 return 语句中的表达式可以省略。

（2）若方法中未出现 return 语句，则执行完方法中的最后一条语句后自动返回主方法。

【例 3-17】 return 语句简单实例。

```
public class Ereturn{
    public static void main (String args[ ]){
    int i=3;
        if (i==3)  { System.out.println ("系统尚未运行！！");  return; }
        System.out.println ("系统正在运行！！");    }
}
```

程序运行结果如图 3-18 所示。

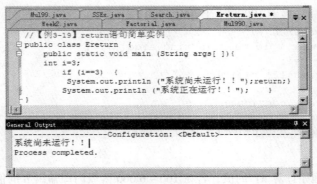

图 3-18　例 3-17 程序运行结果

本 章 小 结

本章主要阐述了语句控制结构、分支语句、循环语句、跳转语句等。

顺序结构是在程序执行时，根据程序中语句的书写顺序依次执行的命令序列。分支结构又称选择结构（如 if、switch），是在程序执行时，根据不同的条件，选择执行不同的程序语句。循环结构（如 while 语句、do...while 语句和 for 语句）则能够使某些语句或程序段按条件重复执行若干次。

return 语句可使正在执行的分支程序返回到调用它的方法的相应语句处。

思 考 与 练 习

一、选择题

1. 控制语句包括：顺序语句、_____和循环语句三大基本结构。

 A. goto 语句   B. 分支语句   C. 返回语句   D. 程序调用语句

2. switch 语句_____。

 A. 都可以用 if...else if 结构实现   B. 都不可以用 if...else if 结构实现

 C. 有的可以用 if...else if 结构实现   D. 大部分不可以用 if...else if 结构实现

3. Java 程序经常用到"递归"，"递归"的基本思想是_____。

 A. 让别人反复调用自己   B. 自己反复调用别人

 C. 自己反复调用自己   D. 以上说法都不对

4. break 用来使程序跳出_____。

 A. if...else 语句   B. goto 语句   C. 顺序语句   D. switch 语句

5. If 条件嵌套条件语句能判断_____选择分支条件。

 A. 1 种   B. 2 种   C. 多种   D. 以上都行

6. continue 语句不再执行跟在 continue 语句_____的语句，_____下一次循环。

 A. 之前，启动   B. 之前，停止   C. 之后，启动 D. 之后，停止

7. 下面程序片段输出的是_____。

```
int a=3;        int b=1;
```

```
if (a=b)    system.out.println("a="+a);
```

    A. a=1   B. a=3

    C. 编译错误，没有输出   D. 正常运行，但没有输出

8. 下列语句执行后，z 的值为 _____。

```
int x=3,y=4,z=0;
switch(x%y+2){
case 0:z=x+y ; break;
case 12:z=x/y;break;
default:z=x*y-x: }
```

    A. 9   B. 0   C. -1   D. 12

二、是非题

1. 控制语句包括三大基本结构：顺序语句、分支语句和发返回语句。   (   )

2. do...while 是"先执行后判"型，至少执行一遍循环体。   (   )

3. continue 语句是跳过循环体中 continue 语句下面的语句，跳出循环。   (   )

4. 循环嵌套是指循环体内包含条件语句。   (   )

5. break 语句可使程序的流程从 while 内部跳转出来。   (   )

6. 复合语句系指用"{"和"}"把一些表达式括起来构成的语句。   (   )

三、思考与实验

1. 简述 Java 语句的分类。

2. 试说明 while 语句与 do...while 语句间的差异，并举实例说明。

3. 试分别用 for 语句结构、while 语句结构、do...while 语句结构编程求和：S=4!+8!+12!+16!。

4. 试编程求和：S=3+6+9+12+…+33。

5. 试用 if 语句与 switch 语句将学生成绩分级：[90，100]，优；[80-90），良；[70-80），中；[60-70），及格；[0-60），不合格。

6. 试编程求 4 个数中的最大值、最小值及平均值。

7. 试编程输出 Fibonacci（Fibonacci 内涵与数列规则参照例题）数列前 15 项。

8. 编程求 80 以内的素数。

9. 设绳长 2 000 m，每天减半，请问多少天后绳长小于 2m？试完成此实验。

10. 写出 int max=x>y?x:y 的等价 if 语句。

11. 程序填空：完成两个数据的大小比较并输出提示信息和最终输出结果。

```
public class COM2xy {
    public static void main(String args[])
    {   int a=11,b=15;
        _____;
        system.out.println("a 大于 b");
            else
                _____; }
    }   //end
```

12. 编写一个闰年判断程序：输入一个年份，判断并输出是否为闰年。

13. 编程求解并且输出 0~500 以内所有的莲花数 n，所谓莲花数是指 n 正好等于此数各位立方之和，如 $153=1^3+5^3+3^3$，$370=3^3+7^3+0^3$。

14. 给出一个整数，试求其所有的因子（如 6 的所有的因子为 3、2、1）。

15. 百鸡问题，公鸡 4 元/只，母鸡 3 元/只，小鸡 3 只/元，问 100 元买 100 只鸡，公鸡、母

鸡、小鸡各多少只？

16. 程序填空：计算 15 的阶乘。

```
public class WhileOp{
public static void main(String args[]){
    int _____;
    long result=1;
    while(i<=15)  {
        _____;
        i=i+1;  }
    system.out.println("15!="+result);
}  //end
```

第4章
数组与字符串

【本章提要】数组是相同类型有序数据的集合，字符串是指字符组成的序列，是编程中常用的数据类型。本章主要讲述了一维数组、多维数组、字符串变量创建与操作等。

4.1 数　　组

数组是相同类型有序数据的集合；可以用一个统一的数组名和下标来唯一地确定数组中的元素；数组有一维数组和多维数组。Java 的数据类型可以分为基本数据类型和复合数据类型。相应的数组的类型也有基本数据类型的数组和复合数据类型的数组，数组也是一个对象。

4.1.1 一维数组

在 Java 中，一个一维数组乃至多维数组，其创建一般包括：数组的声明、分配数组空间与数组赋初值 3 个步骤。

1. 数组的声明

要创建一个数组，必须首先定义声明数组变量所需的类型。一维数组的声明格式如下：

类型　数组名[ ]　　　或　　　类型[ ] 数组名

其中，类型定义了数组的基本类型，数组名是数组的名称。基本类型决定了组成数组的每一个基本元素的数据类型。数组声明说明如下：

（1）数组名的命名方法同简单变量，可以是任何合法的标识符，取名最好符合"见名知义"的原则。

（2）类型标识符可以是任意的基本数据类型，如 long、float、double 等，也可以是类或接口。

（3）定义数组时，除了可以把"[ ]"放在数组名之后（第一种形式），还可以把"[ ]"放在类型名之后（第二种形式）。

例如，下面的例子定义了数据类型为 int、数组名为 Arrays 的数组：

```
int Arrays[ ];
```

又如：

```
float[ ] weight
```

2. 分配数组空间

Java 语言中，使用 new 关键字为分配数组存储空间。它只指定数组元素的个数，为数组分配存储空间，并不给数组元素赋初值。分配数组空间有两种方式：先声明数组再为数组分配空间；声明数组的同时分配数组存储空间。

（1）先声明数组再为数组分配空间。该方法先利用数组声明方法声明数组，然后利用 new 关键字完成为数组分配空间。

声明 数组格式为：类型 数组名[] 或 类型[] 数组名

为数组分配空间的格式为：数组名=new 类型[元素个数]

其中：

- 元素个数即数组长度，用整形常量来表示。
- 数组元素通过下标来区分，下标的最小值为 0，下标的最大值比元素少 1。
- 数组下标可以是变量，因而可以和循环语句结合使用，构成 2/3/多重循环程序。
- 数组分配空间是连续的，可以通过属性 length 获得该数组的元素个数。格式如下：

数组名.length;

例如：要用数组表示 7 个学生的成绩（整形），可先声明数组 score 的数据类型为整形的，再用 new 为数组分配空间。

```
int score[ ];
score=new int [7];
```

score 数组的 7 个元素分别为： score[0]、score[1]、 score[2]、score[3]、 score[4]、score[5]、score[6]，系统为 score 数组分配 7 个元素的存储空间，score.Length 为 7。各个元素的存储空间是连续的，如表 4-1 所示。

表 4-1　score 一维数组

数 组 元 素	score[0]	score[1]	score[2]	score[3]	score[4]	score[5]	score[6]
初 始 值	58	28	38	18	66	56	88

（2）声明数组的同时分配数组空间。一维数组时分配数组空间的语句格式为：

类型 数组名[]=new 类型[元素个数]; 或 类型[] 数组名=new 类型[元素个数];

创建一维数组 a 等价操作语句，如表 4-2 所示。

表 4-2　创建一维数组 a 等价操作语句

功　　能	创建 20 个学生的学号（整形）的数组 a		
等 价 语 句	int a[]= new int[20];	int []a=new int[20];	int a[ ]; a= new int[20];…

3. 数组赋初值

数组中的各元素是有先后次序的，每个数组元素用数组的名字和它在数组中的位置来表达。初始化数组就是要使数组中的各个元素有确定的数值。Java 语言可在声明数组的同时给数组赋初值，其格式如下：

类型 数组名[]={ 初值表 };

初值表是用逗号隔开的初始值。例如：完成建立如表 4-1 所示的数组及其初始值。

```
int score[ ]={ 58, 28, 38, 18, 66, 56, 88};
```

它在内存中的分布恰如表 4-1 所示。Java 系统对数组的检测机制如下：

（1）所有的数组都有一个属性 length，这个属性存储了数组元素的个数。

（2）Java 编程环境会自动检查数组下标是否越界，以提示告知。

【例 4-1】用一维数组求解 Fibonacci 前 15 个数列。

```
public class Fib_array {
    public static void main(String args[]){
        int fib[]=new int [15]; int i;
        fib[0]=0;    fib[1]=1;
        for (i=2;i<15;i++)
```

```
            fib[i]=fib[i-1] + fib[i-2];
        for (i=0;i<fib.length;i++)                    //输出一维数组
            System.out.print(" "+fib[i]);
        System.out.println();    }
}
```
程序运行结果:
```
0  1  1  2  3  5  8  13  21  34  55  89  144  233  377
```

4.1.2 多维数组

在日常工作中经常会涉及数据是由若干行、若干列所组成，如报表、行列式、矩阵等。为了描述、处理，常常会用到非一维数组的多维数组。下面以二维数组为例，说明具体的使用方法。

1. 二维数组的声明

二维数组的声明格式为:

类型 数组名[ ][ ] 或 类型[ ][ ] 数组名

其中，类型等的描述与一维数组类似。对于多维数组，只需在数组名或类型后面放置多对方括号即可。例如，二维数组 Arr: int Arr[ ][ ]; 又如，三维数组 height: float [ ][ ][ ] height。

2. 分配二维数组空间

Java 语言中，使用 new 关键字为数组分配数组存储空间，它可指定数组元素的个数，为数组分配存储空间，但不给数组元素赋初值。分配二维数组空间有两种方式: 先声明数组再为数组分配空间; 声明数组的同时分配数组存储空间。

(1) 先声明数组再为数组分配空间。该方法先声明数组，然后利用 new 关键字完成数组空间的申请与分配。

声明 数组格式为: 类型 数组名[ ][ ] 或 类型[ ][ ] 数组名

二维数组分配空间，其语句格式为: 数组名=new 类型[行数][列数];

其中，相关约定与一维数组类似，也可通过属性 length 获得该数组的元素个数，但对于多维数组宜注意微观原理。具体而言: 数组名.length，可求出多维数组中第一维的长度; 数组名[0].length，可求出多维数组中第二维的长度; 数组名[0][0].length，可求出多维数组中第三维的长度; 依此类推，可求出其余各维的长度。

【例 4-2】编程设计七维数组，并测试输出维长度。

```
class ArrayTest {
public static void main (String [ ] args)
{  int c[][][][][][][];
   c=new int[2][5][3][9][17][13][11];
   System.out.println ("Array C Test");
        System.out.println ("Array c[2][3][5][7]第一维: "+c.length);
        System.out.println ("Array c[2][3][5][7]第二维: "+c[0].length);
        System.out.println ("Array c[2][3][5][7]第三维: "+c[0][0].length);
        System.out.println ("Array c[2][3][5][7]第四维: "+c[0][0][0].length);
        System.out.println ("Array c[2][3][5][7]第五维: "+c[0][0][0][0].length);
        System.out.println ("Array c[2][3][5][7]第六维: "+c[0][0][0][0][0].length);
        System.out.println ("Array c[2][3][5][7]第七维: "+c[0][0][0][0][0][0].length); }
    }
```
程序运行结果如图 4-1 所示。

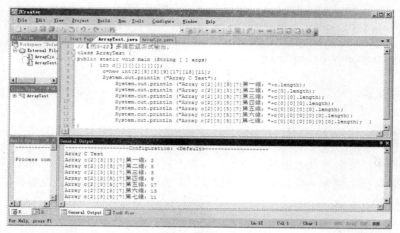

图 4-1　例 4-2 程序运行结果

（2）声明二维数组的同时分配数组空间

二维数组分配数组空间的语句格式为：

　　　　　　　类型　数组名 [ ] [ ]=new 类型 [行数][列数]；

或　　　　　　　类型 [ ] [ ]　数组名= new 类型 [行数][列数]；

创建二维数组 aa 等价操作语句如表 4-3 所示。

表 4-3　创建二维数组 a 等价操作语句

功　　能	表示创建 20 个学生的学号（整形）的四行五列数组 aa		
等 价 语 句	int aa [][]= new int[4][5]；	int [][]aa =new int[4][5]；	int aa[ ]; aa = new int[20];…

【说明】二维数组创建就是二维数组声明与分配二维数组的存储空间。

3．二维数组赋初值

Java 语言可在声明数组的同时给数组赋初值，二维数组赋初值与一维数组赋初值类似，每个初值表是用逗号隔开的初始值。其格式如下：

类型　数组名 [ ] [ ]={{初值表 1},{初值表 2}…{初值表 n}}；

例如：int grade[5][2]={{62, 28},{35, 49},{88, 49},{52,75},{25,55}}；

又如，试用语句描述二维数组 sco 表示 18 个学生成绩（整形）的过程及数组存储空间的分配形式。可先声明数组 sco 的数据类型为整形的，再用 new 为数组分配空间（int sco [ ] [ ];sco= new int [6][3];），也可以表的形式直接完成诸多过程，即

int sco [ ] [ ]= {{62,28,19},{35,49,22},{88,46,33},{52,75,13},{65,36,11},{15,27,39}}；

请问 sco[4][1]=？系统为 sco 数组分配 18 个元素的存储空间，该二维数组 sco 存储空间分配如表 4-4 所示。

表 4-4　sco 二维数组

数组元素	sco[0][0]	sco[0][1]	sco[0][2]	sco[1][0]	sco[1][1]	sco[1][2]	sco[2][0]	sco[2][1]	sco[2][2]
初始值	62	28	19	35	49	22	88	46	33
数组元素	sco[3][0]	sco[3][1]	sco[3][2]	sco[4][0]	sco[4][1]	sco[4][2]	sco[5][0]	sco[5][1]	sco[5][2]
初始值	52	75	13	65	36	11	15	27	39

4．多维数组的创建

多维数组创建与二维数组的整个过程类似，如三维数组分配数组空间的语句格式为：

　　类型　数组名[ ][ ][ ]=new 类型[下标1][下标2][下标3]；

或　类型[ ][ ][ ]　数组名=new 类型[下标1][下标2][下标3]；

依次类推可以得到 *n* 维数组分配数组空间的语句格式：

　　类型　数组名[ ][ ]…[ ]=new 类型[下标1][下标2]…[下标 *n*]；

或　类型[ ][ ]…[ ]　数组名=new 类型[下标1][下标2]…[下标 *n*]；

多维数组元素的下标也是最小值为 0，下标的最大值比元素少 1。

5．数组元素的引用与赋值

（1）引用：指数组元素的引用。格式为：　　数组名 [行数][列数]

三维数组的引用格式为：　　　　　　　　　数组名 [下标1][下标2][下标3]

依此类推，n 维数组的引用格式为：　数组名 [下标1][下标2]…[下标 *n*]

例如：写出表 4-4 中数组某个元素的值，aa[3][2]=13；

（2）赋值：可给某个元素赋值，也可采用和赋初值一样的方式。例如：

M[6][5][3]=259；

A[1][5]="I am a Woman! "

【例 4-3】显示螺旋方阵。

```
public class Pmat{
    public static void main(String args[]){
      final int SIZE=4;
      int mat[ ][ ]=new int [SIZE][SIZE];
      int i,j,k=0,n,m;
      n=SIZE;
      m=(n+1)/2;
      for (i=0;i<m;i++){
        for (j=i;j<=n-i-1;j++)          // 顶边，从左到右，行不变列变
            mat[i][j]=++k;
        for (j=i+1;j<=n-i-1;j++)        // 右边，从上到下，行变列不变
            mat[j][n-i-1]=++k;
        for (j=n-i-2;j>=i;j--)          // 底边，从右到左，行不变列变
            mat[n-i-1][j]=++k;
        for (j=n-i-2;j>=i+1;j--)        // 左边，从下到上，行变列不变
      mat[j][i]=++k; }
      for (i=0;i<n;i++){                // 输出二维数组
      for (j=0;j<n;j++)
        System.out.print(mat[i][j]+"\t");
        System.out.println();  }
    }
}
```

【程序解析】此程序计算螺旋方阵，将从 1 开始的自然数由外圈向内螺旋方式地顺序排列，输出为 4 阶的螺旋方阵形式。程序中 for…for 结构实现二重循环，将产生的 $1 \sim 4^2$ 的序列依次放入二维数组中。

程序运行结果如图 4-2 所示。

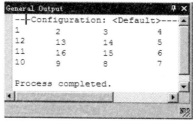

图 4-2　例 4-3 程序运行结果

4.2 数 组 应 用

数组是 Java 中的重要分支，是程序设计课程的重要组成部分。在此将枚举数例来说明具体应用。

【例 4-4】二维数组复制输出。

```java
class ArrayCopy{
public static void main (String [ ] args){
    int c [][],d[][],i,j;
        c=new int [2] [2];
        d=new int [3] [3];
        System.out.println ("Array d");
        for (i=0; i<d.length; i++){
            for (j=0; j<d [i].length; j++){
                d [i] [j] = i+j;
                System.out.print (d [i] [j]+" ");}
            System.out.println (); }
        c=d;
        System.out.println ("Array c");
        for (i=0; i<c.length; i++){
            for (j=0; j<c [i].length; j++)
            System.out.print (c [i] [j]+" ");
        System.out.println (); }
        }
}
```

图 4-3　例 4-4 程序
运行结果

【程序解析】这是一个二维数组复制输出程序。第一个大循环语句用来给数组 c 的 9 个元素赋值并输出。语句 c=d 表示将数组 d 赋给 c。

程序运行结果如图 4-3 所示。

【例 4-5】矩阵运算程序。

```java
class ArrayCjz{
    public static void main (String [ ] args) {
    int c[][]={{1, 2, 3}, {4, 5, 6}, {7, 8, 9}};
    int d[][]={{2, 2, 2}, {1, 1, 1}, {3, 3, 3}};
    int i, j, k;    int e[][]=new int [3][3];
    System.out.println ("Array c");
    for (i=0; i<c.length; i++)
        {for (j=0; j<c[i].length; j++)
            System.out.print (c [i] [j]+" ");
            System.out.println (); }
    System.out.println ("Array d");
    for (i=0; i<d.length; i++)
        {for (j=0; j<d[i].length; j++)
            System.out.print (d [i] [j]+" ");
            System.out.println (); }
    System.out.println ("Array c+d");
    for (i=0; i<e.length; i++)
        {for (j=0; j<e[i].length; j++)
            {e[i][j]=c[i][j]+d[i][j];
            System.out.print (e [i] [j]+" "); }
            System.out.println ();}
    System.out.println ("Array c*d");
    for (i=0; i<3; i++)
```

```
{for (j=0; j<3; j++)
    {e[i][j]=0;
    for (k=0; k<3; k++)
        e[i][j]=e[i][j]+c[i][k]+d[k][j];
    System.out.print (e[i] [j]+" "); }
    System.out.println ( );  }
    }
}
```

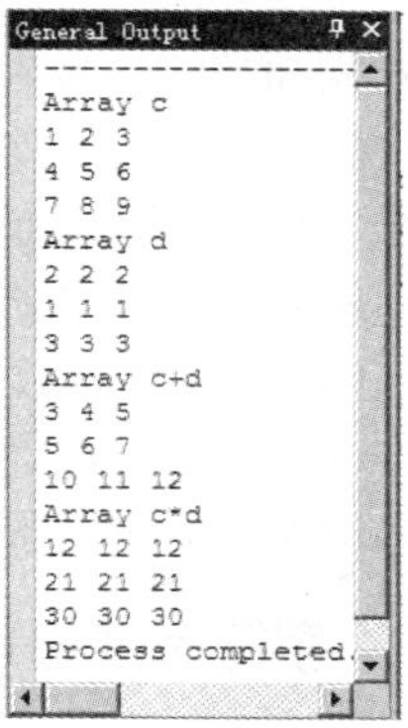

程序运行结果如图 4-4 所示。

【例 4-6】杨辉三角形输出。

```
public class Yanghui{
    public static void main(String args[])
        final int MAX=10;
        int mat[][] = new int [MAX][];    //指定第一维
        int i=0,j,n;   n=MAX;
        for (i=0;i<n;i++){
         mat[i]= new int [i+1];           //指定第二维，每次维数不同
            mat[i][0]=1;    mat[i][i]=1;
            for (j=1;j<i;j++)
                mat[i][j]=mat[i-1][j-1]+mat[i-1][j];  }
        for (i=0;i<n;i++){                 // 输出二维数组
            for (j=0;j<n-i;j++)
                System.out.print("  ");
            for (j=0;j<=i;j++)
                System.out.print("   "+mat[i][j]);
            System.out.println();  }
        System.out.println();  }
}
```

图 4-4　例 4-5 程序运行结果

程序运行结果如图 4-5 所示。

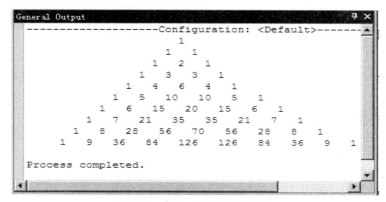

图 4-5　例 4-6 程序运行结果

4.3　字　符　串

字符串指字符组成的序列，是编程中常用的数据类型，可以用来表示信息提示、标题、名称、地址等。Java 语言中，把字符串作为对象来处理，java.lang 包中 String、StringBuffer 类等都可以用来表示一个字符串。

Java 语言中有两种类型的字符串：一种是创建后不需改变字符串常量，在 Java 中，String 类用于存储和处理那些值不会发生改变的字符串常量，是我们关注的重点；另外一种字符串是创建以后，需要对其进行改变的，称为字符串变量，在 Java 中，StringBuffer 类用于存储和操作那些可能发生变化的字符串变量。

在正式讲字符串前回顾一下字符，并引出字符数组这一概念。char 数据类型表示单个字符，而 char[ ] 则表示字符数组。例如：

```
char[ ] ch={"C", "h", "i", "n", "e", "s", "e",}; char[ ] mch=new char[60];
```

此时字符太多，很不方便，必须借助于 String、StringBuffer 类对象来完成。

4.3.1 字符串变量创建

1. 字符串变量的声明

要使用字符串变量，必须进行声明与初始化。其中，包括类 String、StringBuffer 的创建与引用。

（1）String 字符串变量的创建。String 字符串变量的创建格式为：

```
String 字符串变量名=new String();
```

或　`String 字符串变量名=new String("字符串");//该语句已包含了字符串变量赋值引用`

例如：`String s=new String();` 或 `String s1=new String("建设大上海");`

（2）StringBuffer 字符串变量的创建。StringBuffer 字符串变量的创建格式为：

```
StringBuffer 字符串变量名=new StringBuffer();
```

或　`StringBuffer 字符串变量名=new StringBuffer ("字符串");//已包含了赋值引用`

例如：`StringBuffer ss=new StringBuffer ();`

或　`StringBuffer ss1=new StringBuffer ("计算机网络");`

2. 字符串变量赋值引用

字符串变量声明以后，就可以为其赋值引用。赋值引用既可以为该变量赋予一个字符串常量，也可以将一个字符串变量或表达式的值赋给字符串变量。例如：

（1）`s="computer";` 与 `String s=new String("computer");` 语句等价。

（2）`ss1=" 数据库原理"` 与 `StringBuffer ss1=new StringBuffer ("数据库原理") ;`语句等价。

3. 字符串连接操作与输出

字符串简单连接是利用字符串 "+" 号来完成的，即 "+" 可实现字符串的连接。例如：

```
age="18" ;
String s="He is "+age+" years old.";   // 输出: He is  18 years old.
```

其他类型的数据与字符串进行 "+" 运算时，将自动转换成字符串。

当然，也可通过字符串方法 append()来完成连接操作。例如：

```
String s=new StringBuffer("he is").append(age).append("years old").toString();
```

字符串输出可以通过 print()或 println()语句完成。例如：System.out. println(ss1);。

4.3.2 字符串操作的常用方法

Java 中是通过 String 与 StringBuffer 类来使用字符串的，其中包含了很多方法，通过这些主要方法可以对字符串进行操作。字符串操作的主要方法如表 4-5 所示。

表 4-5 字符串操作的主要方法

方 法	主 要 功 能
1. String 方法	
public String()	创建一个空的 String 字符串常量
public String(String value)	创建一个已经存在的内容为 value 的 String 字符串常量
public String(char value[])	创建一个已经存在的内容为 value[]数组的 String 字符串常量
public String (StringBuffer buffer)	用一个已经存在的 StringBuffer 对象来创建一个新的字符串常量
int length()	返回字符串的长度（字符个数）
char charAt(int index)	返回字符串中某一位置的字符，注意字符串第一个字符的索引是 0
int compareTo(String anotherString)	当前字符串与 anotherString 字符串比较，相等返 0，大于为正，小于为负
boolean equals(Object anObject)	当前字符串与 anObject 字符串比较，相等返回 true，否则返回 false
boolean equalsIgnore(Object anObject)	忽略大小写与 anObject 字符串比较，相等返回 true，否则返回 false
String substring(int beginIn, int endIn)	截取 beginIn 与 endIn 之间一个子字符串,长度为(endIn-beginIn)
int indexOf(int ch)	从头向后查找当前字符串中某字符 ch 首次出现的位置，未找到返-1
int indexOf(String str)	从前向后查找当前字符串中某字符串 str 首次出现的位置，未找到返-1
String toLowerCase()	将字符串中换成小写,如 s1="USE",s1.toLowerCase()则输出 use
String toUpperCase()	将字符串中换成大写,如 s2="gold",s1.toUpperCase()则输出 GOLD
String trim()	去掉原字符串开头和结尾的空格，并返回新的字符串
String replace(char oldCh,char newCh)	用字符 newCh 替换当前字符串中所有的字符 oldCh 并返回新字符串
int parseInt(String str)	将数字格式字符串转换为 int 数据类型
int parselong(String str)	将数字格式字符串转换为 long 数据类型
String valueOf(int i)	将 int 数据类型转换为字符串
String concat(String str)	将参数中的字符串 str 连接到原来字符串的后面，返回新字符串
2. StringBuffer 方法	
public StringBuffer() ——构造方法	创建可容纳 16 字符的 StringBuffer 对象,大于 16 字符自动增长
public StringBuffer(int size) ——构造方法	创建可容纳 size 字符的 StringBuffer 对象，大于 size 字符自动增长
public StringBuffer(String str) ——构造方法	创建可容纳 str 长度的 StringBuffer 对象，大于则自动增长
StringBuffer append (Object obj)	在给定字符串末尾扩添加一个字符串 obj,类型为 int.char.String.double
StringBuffer insert (int offset, String str)	将指定数据转化为字符串后在给定字符串的 offset 位置插入字符串 str
insert (int beginIndex, int endIndex)	删除从 beginIndex 开始到 endIndex 结束之间的字符
public void setCharAt(int index,char ch)	将当前 StringBuffer 对象中的 index 位置字符替换为指定的字符 ch
int capacity()	返回当前 StringBuffer 类对象分配的字符空间的数量

【说明】concat()、replace()、substring()、toLowerCase()、toUpperCase()等方法，在 String 类和 StringBuffer 类都提供了相应的方法。已知:String ss="about clock"; String st="5879"; String su="about CLOck" ;int sv=157 ;则:ss. compareTo("boy")小于 0;ss. compareTo("abc")大于 0;ss. compareTo("about")等于 0。

```
ss.indexOf("o");              //值为 2
ss.indexOf("ut");             //值为 3
ss. length();                 //值为 11
ss. equals(su);               //值为 false
```

```
ss. parseInt(st)+121;                      //值为 6000
ss+st                                      //值为字符串 about clock5879
ss.indexOf("clock");                       //值为 6
ss. substring(3,7);                        //值为 ut c
ss. charAt(6);                             //值为 c
ss. equalsIgnore (su);                     //值为 true
ss. valueOf(sv)+"121";                     //值为字符串 157121
ss. valueOf(sv)+"121";                     //值为字符串 157121
"to". concat("get") .concat("her");        //值为字符串 together
```

4.4　字符串操作应用实例

以下将通过几个实例来叙述字符串常用方法的使用。

【例 4-7】字符串中字符的倒置。

```java
public class StringBufferVertEx{
public static void main(String args[]) {
    String s="9812look4365";      System.out.print("原来字符串 s="+s);
        int i=s.length();          StringBuffer vbuff = new StringBuffer(i);
        for(int j=i-1;j>=0;j--)        {vbuff.append(s.charAt(j));  }
        System.out.println("    倒置后字符串 s="+vbuff);      }
    }
```

程序运行结果如图 4-6 所示。

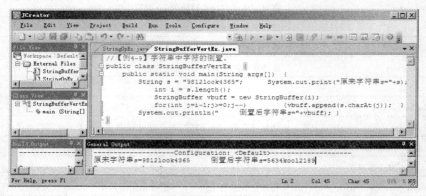

图 4-6　例 4-7 程序运行结果

【例 4-8】声明字符串变量的赋值、引用与显示。

```java
public class StringEx{
String SS1; String SS2=new String("这是计算机网络"); String SS3="那是数据库原理";
    void print(){
        System.out.println("声明的字符串变量 SS1 为: ="+SS1);
        System.out.println("声明的字符串变量 SS2 为: ="+SS2);
        System.out.println("声明的字符串变量 SS3 为: ="+SS3);    }
    public static void main(String arg[]){
        StringEx st=new StringEx();  st.print(); }
    }
```

程序运行结果如图 4-7 所示。

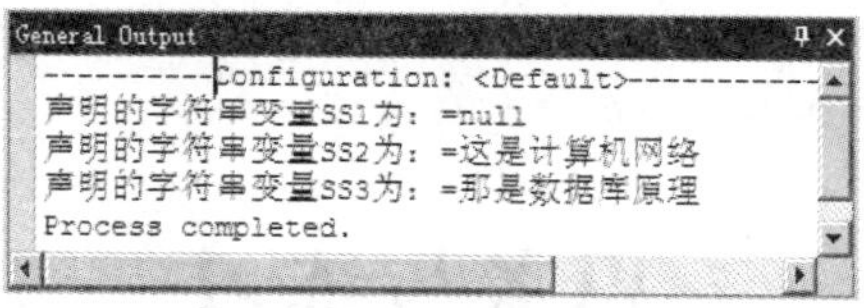

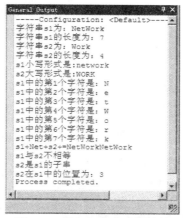

图 4-7 例 4-8 程序运行结果

【例 4-9】求字符串的长度、位置上的字符及大小写转换。

```
public class StringOpEx {
    public static void main(String args[]){
    String s1="NetWork";String s2="Work";  System.out.println("字符串 s1 为:"+s1);
    System.out.println("字符串 s1 的长度为: "+s1.length());
        System.out.println("字符串 s2 为: "+s2);
        System.out.println("字符串 s2 的长度为: "+s2.length());
        System.out.println("s1 小写形式是:"+s1.toLowerCase());
        System.out.println("s2 大写形式是:"+s2.toUpperCase());
        for (int i=0;i<s1.length();i++)
        {System.out.println("s1 中的第"+(i+1)+"个字符是: "+s1.charAt(i));}
    System.out.println("s1+Net+s2+="+s1+s1.substring(0,3)+s2);
        If  (s1.compareTo(s2)==0)   System.out.println("s1 与 s2 相等");
        else
            System.out.println("s1 与 s2 不相等");
        if  (s1.indexOf(s2)!=-1){
            System.out.println("s2 是 s1 的子串");
            System.out.println("s2 在 s1 中的位置为: "+s1.indexOf(s2));}
        else
            System.out.println("s2 不是 s1 的子串"); }
}
```

程序运行结果如图 4-8 所示。

图 4-8 例 4-9 程序运行结果

本 章 小 结

数组是相同类型有序数据的集合。数组的类型也有基本数据类型的数组和复合数据类型的数组。数组创建一般包括：数组的声明、分配数组空间与数组赋初值 3 个步骤。字符串指字符组成的序列，是编程中常用的数据类型，可以用来表示信息提示、标题、名称、地址等。本章主要阐述了一维数组、多维数组、字符串变量创建与操作等。

思考与练习

一、选择题

1. q="System out is print"，则 q.length(); 为_____。
   A. 16   B. 19   C. 20   D. System out is print

2. 已知语句为：int s[ ]={12, 15, 19, 27, 25, 66, 33, 34}，则 s[5]=_____。
   A. 25   B. 33   C. 66   D. none of above

3. 数组个元素通过下标来区分，下标的最小值为_____，下标的最大值比元素少 1。
   A. 1   B. 0   C. -1   D. 以上都不是

4. 若 String s1=="a Computer clock"; 则 s1.length(); 值为_____。
   A. 13   B. 14   C. 16   D. 以上都不是

5. String st="is about clock"; st.indexOf("o"); 为_____。
   A. 4   B. 6   C. 5   D. 以上都不是

二、是非题

1. 数组是相同类型有序数据的集合。   (　　)
2. Java 语言中，使用 create 关键字为数组分配数组存储空间。   (　　)
3. 字符串创建后可对其改变值的称为字符串变量。   (　　)
4. 要使用字符串常量就得先行声明与初始化。   (　　)

三、思考与实验

1. 已知数组数据为：5、56、4、67、9、32、12，试完成升序排列并输出的编程。
2. 编写一个将字母转换成小写字母并计算其长度的应用程序。
3. 程序填空：求字符串的长度及每个位置上的字符。

```java
public class charAtOp{
    public static void main(String args[]){
        String s="Networkman";
        int le=_____;
        System.out.println("字符串 s 的长度为: "+le);
        for _____ {
            char c=s.charAt( i );
            System.out.println(_____); }
    }
}
```

4. 编写程序：字符串逆向输出，并完成相应实验。
5. 使用 String 数据类型 s，使其内容为 "this is a stringtest"，试编程输出字符串及其长度。
6. 编程：录入用户的 18 位身份证号，从中提取用户的生日。
7. 编写一个 Java Application 程序，在程序中，把从 100 内的所有偶数序列的值依次赋给数组中的元素，并向控制台输出各元素。

设计技术篇

第5章
对象与类

【本章提要】面向对象设计方法代表了一种全新的程序设计理念和观察、表述、处理问题的方法，它是应用程序开发的价值取向。Java 程序设计的基本单位是类，类是用来创建对象的模板。本章主要讲述了对象及其特点、面向对象方法的开发过程、类的定义与构成，同时介绍了类的成员变量、方法、对象与构造方法等。

5.1　面向对象基础

5.1.1　面向对象概述

面向对象就是主张从客观世界固有的事物出发来构造系统，提倡用人类在现实生活中常用的思维方法来认识、理解和描述客观事物，强调最终建立的系统能映射问题域。面向对象涉及：对象、类与消息 3 种基本概念。

1. 基本术语

（1）对象：对象是世界万物在人脑中的映象，是系统中用来描述客观事物的一个实体，它是构成系统的一个基本单位，即要研究的任何事物。人们所见到任何一种客观存在的事物都可以说是一个对象。现实生活中的一辆汽车、一张桌子、一面镜子、一个人、一台计算机、航天飞机或从一本书到一家图书馆都可视作对象。对象常可划分成不同类，不同类的对象又是千差万别的。对象由数据（描述事物的属性）和作用于数据的操作（体现事物的行为）构成一个独立整体。

从程序设计者来看，对象是一个程序模块，从用户来看，对象为他们提供所希望的行为。通常，它的外在特征称为属性，行为操作称为方法。一个对象请求另一个对象为其服务的方式是通过发送消息。

（2）类：类是对象的模板，即类是对一组有相同数据（属性或成员变量）和相同操作的对象的定义，一个类所包含的方法和数据描述一组对象的共同属性和行为。

（3）消息：消息是对象之间进行通信的一种规格说明。一般它由三部分组成：接收消息的对象、消息名及实际变元。

2. 对象特点

对象有着以下几个共同特点：

（1）对象的状态属性。对象蕴含着许多信息，可以用一组状态来表征。例如，对于某个人来说，描述个人特征的属性有：身高、体重、年龄、性别、工资等。又如，电视机的造型、尺寸、颜色等都属于对象的状态属性。

（2）对象的行为操作。对象内部含有对数据的操作，即对象的行为操作。例如，某人张工资了、提拔了、购房了等这些因人而异的修改行为也是构成对象的要素之一，涨工资这个行为这即造成属性数据的改变。又如，电视机的开、关与转换频道等。

（3）某类事物的抽象。某类对象是对现实世界具有共同特性的某类事物的抽象。例如，对于能思考的灵长类（类人猿）动物，归为人类，是该类事物的抽象。所以，某个学生是"人类"的一个对象，另一个学生也是"人类"的一个对象。

（4）对象间的关联和作用。面向对象技术正是利用对现实世界中对象的抽象和对象之间相互关联和相互作用的描述来对现实世界进行模拟，并且使其映射到目标系统中。对象之间是存在相互关联和相互作用的。例如，学生对象和老师对象之间存在师生关系、两个学生对象之间存在同学关系等。

3．面向对象方法

面向对象技术代表了一种全新的程序设计思路和观察、表述、处理问题的方法，与传统的面向过程的开发方法不同，面向对象的程序设计和问题求解力求符合人们日常自然的思维习惯，降低、分解问题的难度和复杂性，将需要处理的问题视为一个完整的对象。对象包括功能和数据，是两者的有机统一体，且两者在系统的各个层次上都保持了这种完整性。

5.1.2　面向对象设计方法特性

Java 面向对象设计方法的特性主要包括：抽象性、封装性、继承性与多态性。

1．抽象性

抽象性（Abstraction）是具体事物一般化的过程，即对具有特定属性的对象进行概括，从中归纳出该类对象的共性，并从通用性的角度描述共有的属性和行为特征。抽象的特点使得系统能够抓住事物的实质特征，因而具有普遍性，可以使用在不同的问题中。抽象包括两方面的内容：其一是数据抽象，即描述某类对象的共同属性，其二为方法抽象，即描述某类对象的行为特征。抽象是 Java 面向对象程序设计中组织程序设计的主要原则。

Java 面向对象的问题求解就是基于抽象性机制，力图从实际问题中抽象出这些封装了数据和操作的对象，通过定义属性和行为来表述它们的特征和功能，通过定义接口来描述它们的地位及与其他对象的关系，最终形成一个广泛联系的可理解、可扩充、可维护、更接近于问题本来面目的动态对象模型系统。

2．封装性

封装性（Encapsulation）是指利用抽象数据类型将数据和基于数据的操作封装在一起，就是把对象的属性和行为结合成一个独立的相同单位，并尽可能隐蔽对象的内部细节。封装的特点是使某个类能够建立起严格的内部结构，保护好内部数据，减少外界的干扰和影响，以保证类保持自身的独立性，可工作在不同环境中。

面向对象的封装性是通过软件来实施与反映的，它要求使对象以外的部分不能随意存取对象的内部数据（属性），从而有效地避免了外部错误对它的"交叉感染"，使软件错误能够局部化，进而大大减少查错和排错的难度。

3. 继承性

继承性（Inheritance）是 Java 面向对象程序设计中最具魅力的特色，类继承就是子类继承父类的成员变量和方法作为自己的成员变量和方法，就好像它们是在子类中直接声明一样。Java 中通过继承实现代码复用，Java 中所有的类都是通过直接或间接地继承 Java.lang.Object 类得到的。继承而得到的类称为子类，被继承的类称为父类。子类从父类继承主要包括属性与方法两方面。若子类只从一个父类继承。则称为单继承；若子类能从一个以上父类继承，则称为多继承，Java 不支持多重继承，但它支持"接口"概念。继承的优点是使得程序结构清晰、降低编码和维护的工作量，提高了系统效率。

4. 多态性

对象的多态性（Ploymorphism）是指一个程序中同名的不同方法共存的情况下，Java 根据调用方法时传送参数的多少及传送参数的类型来调用具体不同的方法，即可采用同样的方法获得不同的行为特征。在运行时自动选择正确的方法进行调用称作动态绑定（Dynamic Binding）。多态性可以提高程序的抽象程度，使得一个类在使用其他类的功能、操作时，不必了解这个类内部的细节情况，而只需明确它所提供的外部接口即可，这种机制为类模块的重复使用和类间的相互调用、合作提供了有利条件。

面向对象的程序中多态的情况有多种，可以通过子类对父类方法的覆盖(Overload)实现多态，即子类对继承自父类的方法的重新定义，它是一种很重要的多态的形式；也可利用重载(Override)在同一个类中定义多个同名的不同方法。重载是指在同一类中定义同名方法，可根据传送参数的不同及传送参数的类型，调用具体同名而不同内涵的方法。多态提高了程序的抽象程度和简洁性，降低了类和程序模块之间的耦合性，提高了类模块的封闭性，使得它们不需了解对方的具体细节，就可很好地共同工作。

与传统的方法相比，面向对象程序设计方法尚具有：可重用性、可扩展性、可管理性、可自律性、可分离性、接口和消息机制等优点。

5.1.3 面向对象方法的开发过程

面向对象方法的程序开发过程可以大体划分为面向对象的分析（Object Oriented Analysis，OOA）、面向对象的设计（Object Oriented Design，OOD）、面向对象的实现（Object Oriented Programming，OOP）3 个阶段。

1. 面向对象的分析

面向对象的分析的主要作用是明确用户的需求，并用标准化的面向对象的模型规范地表述这一需求，最后将形成面向对象的分析模型，即 OOA 模型。分析阶段的工作应该由用户和开发人员共同协作完成。面向对象的分析首先应该明确用户的需求，然后再将这些需求以标准化模型的形式规范地表述出来，形成双方都认可的文件。人们通过对需要解决的实际问题建立模型来抽取、描述对象实体，最后形成 OOA 模型，将用户的需求准确地表达出来。

2. 面向对象的设计

如果说分析阶段应该明确所要开发的软件系统"干什么"，那么设计阶段将明确这个软件系统"怎么做"。面向对象的设计将对 OOA 模型加以扩展并得到面向对象的设计阶段的最终结果：OOD 模型。

面向对象的设计将在 OOA 模型的基础上引入界面管理、任务管理和数据管理三部分内容，进一步扩充 OOA 模型。面向对象的设计还需要对最初的 OOD 模型做进一步的细化分析、设计和验证。在使用详细设计明确各对象类的功能和组成时，充分利用已存在的、可获得的对象类或组件。在比较大型的开发项目中，可以设置专人专门负责管理所有的可重用资源，将这些资源组织成类库或其他的可重用结构。

3. 面向对象的实现

面向对象的实现就是具体的程序编码阶段，其主要任务包括：

（1）选择一种合适的面向对象的编程语言，如 C++、Object Pascal、Java 等。

（2）用选定的语言编码实现详细设计步骤所得的公式、图表、说明和规则等对软件系统各对象类的详尽描述。

（3）将编写好的各个类代码模块根据类的相互关系集成。

（4）利用开发人员提供的测试样例和用户提供的测试样例分别检验编码完成的各个模块和整个软件系统。在面向对象的开发过程中，测试工作可以随着整个实现阶段编码工作的深入同步完成。

实现、编程阶段完成后，即可步入面向对象的测试和维护及运行。面向对象的软件开发涵盖了如下过程：分析用户需求，从问题中分析抽取对象模型；将模型细化并设计类，包括类的属性和类间相互关系，运用可以直接引用的已有类或部件；选定一种面向对象的编程语言，具体编码实现上一阶段类的设计，并在开发过程中引入测试，完善整个解决方案。

5.2 类

5.2.1 类与对象的关系

当人们使用面向对象的 Java 语言解决客观世界中的问题时，就要用到前面所述的对象（Object），通过它可描述客观事物的一个实体，构成系统的一个基本单位；当对该对象进行抽象描述时就引出了类（Class），面向对象方法的抽象性、封装性、继承性与多态性特性都是基于类的描述与处理。

1. 类

类是对该类对象的抽象描述，是面向对象程序设计中的一个重要概念，是一种复杂的数据类型，它是将数据属性及其相关操作封装在一起的集合体，包括了对象的属性与方法或特征与行为，它是对象（事物）的模板或蓝图。图 5-1 所示为类与对象之间的形象描述。

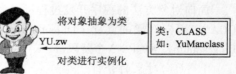

将对象抽象为类

YU.zw

对类进行实例化

类：CLASS
如：YuManclass

图 5-1　类与对象间的形象描述

面向对象的方法把所有的处理对象进行归类。具有相同性质的对象归为一类，例如，人作为人类是相同的，但作为种族（类）又未必相同。确切地说：汉人作为人类是相同的，但作为种族（类），它仅归属与汉族（类），具有讲汉语等共性。又如，学校里有很多学生，每个学生都是一个对象，而"学生"则是一个类，它包含了所有在校学习的人。

每一个对象都含有特征与行为（即属性与方法）。把具有相同属性与方法的对象进行抽象描述，就形成了类。而对某类实例化就可得到具有相同属性与方法的对象。

在此，先简单地定义描述"学生"这样一个类，类中包含有：

```
属性:      name          //姓名      ⎫
          sex           //性别      ⎬  表现为对象的状态特征
          age           //年龄      ⎪  显示为该类的静态属性
          homeplace     //家庭住址    ⎭
方法:      study()       //学习      ⎫
          eatfod()      //用餐      ⎬  表现为类的行为特征: 方法
          sleep()       //睡觉      ⎭
```

又如，人们面前的电视机与汽车是具体的事物，即对象。我们也可以定义一个"电视机"与"汽车"类，类名分别为 TV 与 Bus:

```
             ⎧ 属性: 尺寸、型号、生产厂家、用户
class TV     ⎨
             ⎩ 方法: 打开、关闭、选频
             ⎧ 属性: 型号、颜色、轮数、座位数
class Bus    ⎨
             ⎩ 方法: 点火、制动、转弯
```

在当人们确定了该类对象属性和方法后，即生成了一个类: 模板，别人就可以识别、确定该电视机或汽车了。以后就可以直接使用这个模板来生成一些实在的电视机或者靓丽的汽车了（把类比喻成模板，对象就应该是由这个模板生成的实例）。

Java 中，类是核心。类的属性或数据变量称为成员变量，对数据进行操作的方法称为成员方法。程序中可用标识符表示对象，并通过对象引用类中的成员变量与（成员）方法等完成程序的相关功能。

2. 类与对象的关系

在 Java 语言中，类是对一类对象的抽象描述，对象是类的实例化。类把对象的属性以及对这些属性进行操作的方法进行了封装。类与对象的关系如图 5-2 所示，它们就如同模具和铸件的关系。类与对象的关系又好比某类设计图纸与相应产品的关系。

图 5-2 类与对象的关系

人们也可将"类"想象为某类设计图纸，而对象就是由按设计图纸生产、制造出来的产品。类描述了对象的属性与行为方法，是生产对象的模板。例如，"宝马 780li"型汽车就是按照该类图纸生产出来的产品，前者是"类"，后者是对象。当然，类图纸改变则影响到产品对象。

5.2.2 类及定义过程

类是组成 Java 程序的关键所在，它封装了一类对象的状态和方法。类是用来定义对象的模板。根此，人们可用类创建一个对象，即导出该类的一个实例。

类体包括属性和方法两部分。属性是用于描述对象静结态特征的状态数据项，在程序设计中也称为成员变量。例如，TV 类的"尺寸、型号、生产厂家、用户"即为属性。方法是用于描述对象动态特征的行为，表示对象的具体操作，或具有的功能，因此，对象的行为也称为方法。例如，TV 类的"打开、关闭、选频"即为方法。

下面首先引出类的具体定义方法。

1. 类的定义

Java 语言中，类在语法的定义格式上由两部分构成: 类声明和类体。基本格式如下:

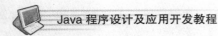

```
修饰符 class 类名 [extends 父类名] [ implements 接口名]
{
    类体内容（包括<成员变量的声明> 与<成员方法声明及实现> )
}
```

【说明】

（1）其中修饰符用来说明类的属性。可分为：访问控制符与非访问控制符两大类。访问控制包括 public 与 private，用来说明类的访问权限。

（2）class 是关键字，用来定义类。"class 类名"是类的声明部分。

- 类名不能是 Java 中的关键字，必须是合法的 Java 标识符，即名字可以由字母、下画线、数字或美元符号组成，并且第一个字符不能是数字。
- 类名首字母必须大写（如 Hello、E_bus、People 等），类名应容易识别、见名知意。
- 当类名由几个 "单词" 复合而成时，每个单词的首写字母使用大写，如 BeijingTime、AmericanGame、HelloChina 等。通常是该文件名。
- 两个大括号 "{" "}" 以及之间的内容称作类体。

（3）extends 关键字用来指明该类的父类，class 类名是子类，它要继承父类的某些功能，具体参阅后文。

（4）implements 关键字用来引出接口，以供本类中使用。

下面是 3 个类的声明实例，类主体内容略，形式类似。

```
public class Person {
…                            //Person 类主体内容
}
class  Dog {
    …   }                     // Dog 类主体内容
private  class Bus{ … }       //Bus 类主体内容
```

2．类体构成

类体内容是 Java 的主体部分，用以完成变量的说明以及方法的定义与实现。类体通常由变量和方法两部分组成，变量描述该类对象的属性，说明对象所处的状态；方法描述该类对象的行为或功能。

类中定义的方法通常起到两种作用：一是围绕着类的属性进行各种操作；二是与其他的类或对象进行数据交流、消息传递等操作。如前所述，变量与方法都是类的成员，通常，类的变量称为成员变量，方法称为成员方法。整个类的详细结构定义如下：

```
修饰符 class 类名 [extends 父类名] [ implements 接口名]
{
    修饰符 类型  成员变量[=初值];              //成员变量序列
        …
    修饰符 类型  成员方法[（参数列表)          //方法体
    {
        类型 局部变量[=初值];                  //变量序列
            语句序列;
    }
    …
}
```

3．类定义步骤

定义类分为 3 个步骤：定义类名、编写类的属性和编写类的方法。

（1）定义类名。类名是一个名词，采用大小写字母混合的方式，每个单词的首字母大写。类名尽量使用完整单词，避免自己定义缩写。选择的类名应简洁，准确描述定义的类。

（2）编写类的属性。属性部分的定义与基本数据类型变量的定义类似。

（3）编写类的方法。方法名是一个动词+名词或代词，采用大小写混合的方式，第一个单词的首字母小写，其后单词的首字母大写。

5.2.3　类的修饰符

修饰符提供了对类、成员变量与方法、接口的访问控制。Java 修饰符如表 5-1 所示。

表 5-1　Java 类、成员变量与方法修饰符

修　饰　符	类	变　量	方　法	接　口	说　明
default	✓	✓	✓	✓	默认修饰符，可被同一包中类、变量、方法、接口访问读/写
public	✓	✓	✓	✓	可被同一个包或不同包中的类、变量、方法、接口访问读/写
private	✓	✓	✓		只能在此类中被访问读/写
final	✓	✓	✓	✓	被修饰的类不能被其他类扩展，方法不能被重写，变量为常量
abstract	✓		✓		类必须被扩展，方法必须被覆盖
static		✓	✓		静态属性，属于整个类的方法或变量，可通过类名直接调用
protected		✓	✓		允许定义它的类、同一包中的其他类及同一包中（或其他包中）该类的子类访问读/写
synchronized			✓		某一时刻只允许一个此方法在执行

类修饰符说明如下：

（1）public：public 修饰符表示该类可以被任何对象或类来调用或引用，包括同一个包或不同包中的类访问。一个程序中只能有一个被修饰为 public 的类，若源文件有被 public 修饰的类则源文件名必须与其相同。

（2）private：private 修饰符表示只能被该类的方法访问和修改，而不能被任何其他类，包括该类的子类来获取和引用。

（3）private：private 修饰符 abstract 修饰符表示该类是无具体对象的抽象类（抽象类是一种比较特殊的类，它不能实例化，即不能用 new 关键字去产生对象，而只能由其派生子类，也无抽象方法，抽象方法的具体实现交由继承它的子类来完成。

（4）final：final 修饰符表示该类为最终类，意味着它不能再派生出新的子类，不能作为父类被继承。

非访问控制涵盖 abstract、final 等，用来说明类的访问权限，两者不能同时修饰一个类。

【例 5-1】创建一个 DKpoint 类，根据参数产生笛卡儿坐标。

```
class DKpoint{                            // 定义 Cpoint 类
    private int x,y;                      //类的成员变量（位于类内方法外）
    public void setPoint (int a, int b) { //类的成员方法
        x=a*10;y=b*10;    }               //方法变量（位于方法体内）
public int getx() {return x;}             //定义 getx()方法
public int gety() {return y;}             //定义 gety()方法
public String getString()  {             //定义 getString()方法
```

```
return "【x="+x+", y="+y+" 】"; }
    public static void main (String[ ] args){
    DKpoint cp=new DKpoint();
    System.out.println("笛卡儿坐标基础数据为:12,15");
    cp.setPoint(12,15);
    System.out.println("产生的笛卡儿坐标: X="+cp.getx());
    System.out.println("产生的笛卡儿坐标: Y="+cp.gety());
//System.out.println(" 复合坐标:【X="+cp.getx()*2+", y="+cp.gety()*4+" 】");}
    System.out.println("直接获取坐标: "+cp.getString());          }
        }
```

【程序解析】该例中 DKpoint 为类名，两个大括号"{""}"以及之间的内容称作类体。其中，x、y 为私有成员变量，setPoint、getx()、gety()、getString()都是类的公共成员方法。

程序运行结果如图 5-3 所示。

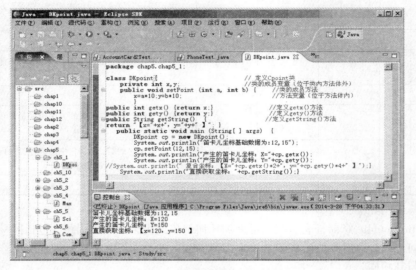

图 5-3　例 5-1 程序运行结果

【说明】本章文中的 Java 实例程序及编辑运行主要使用 Eclipse 编辑运行工具。

下面将叙述 Dkpoint.java 应用程序的开发过程。

（1）创建一个项目（若先前已建可略）。方法是：选择"文件"→"新建"→"项目"。在弹出的"新建项目"对话框中选择 Java 项目，单击"下一步"按钮，在弹出的"创建 Java 项目"对话框的"项目名"中输入 Java_TEST，在"项目、JRE、项目布局"中进行相应设置（见图 1-34），然后单击"完成"按钮。

（2）创建包。右击 Java_TEST 项目，选择"新建"→"包"命令，在弹出的"创建 Java 包"对话框的"名称"中输入 chap5.ch5_1，然后单击"完成"按钮。

（3）创建文件类。右击要建类文件的包，选择"新建"→"类"，在弹出对话框的类名称中输入 DKpoint。在"想要创建哪些方法存根?"下面选中 public static void main(String[] args)复选框，然后单击"完成"按钮。

（4）这样将在编辑器区创建一个 DKpoint 类和空 main() 方法的 Java 文件，然后向该方法添加代码，如图 5-3 所示。结束后右击 Eclipse 程序编辑区，在弹出的快捷菜单中选择 "运行方式"下的"Java 应用程序"命令，完成该程序的编译运行，如图 5-3 右下侧所示。

5.3　成　员　变　量

5.3.1　成员变量的定义

在 Java 的类设计中，类包括属性和方法两部分。属性是用于描述对象静态特征的数据项，这种静态特征指对象的结构特征，它表示了对象的状态，具体则是通过变量来表示的。例如，用来表示人特征的身高用变量 heigh 来表示、体重用变量 weigh 来表示、姓名用变量 name 来表示等。有时，属性在类设计中也称为成员变量。

这些属于类的变量称为类的成员变量，属于方法内的则为方法变量。类的成员变量是指位于类内与方法体外部所定义的变量，故属性和方法是描述对象的两个要素。

类成员变量定义的语法格式为：　　[修饰符]　类型　变量列表

其中：

（1）修饰符为可选项，可以是 public、protected 、private、static、final、transient、volatile 等，用以说明成员变量的访问权限。

（2）类型是成员变量的（数据）类型，可以是 Java 中任一合法的数据类型。

（3）变量列表是一组用 "," 隔开的显式定义的变量名。

例如：class　Student{
　　　　static long sum=0; String name="榔榆子"; String grade;static int score=89;}

注意：成员变量也可不进行显式初始化，以默认值的形式直接使用。

5.3.2　成员变量修饰符

成员变量修饰符是用来指定成员变量的访问权限与使用规则的关键字。这些修饰符包括 public、protected、private、static、final 以及默认 default 修饰符。成员变量修饰符访问权限如表 5-2 所示。

表 5-2　成员变量修饰符访问权限

修　饰　符	类	同一包中的子类	其他包中的子类	同一包中的其他类	其他包中的其他类
public	√	√	√	√	√
private	√	×	×	×	×
protected	√	√	√	√	×
default	√	√	×	√	×
pnvate protected	√	√	√	×	×

（1）public 修饰符：与类或方法中的 public（公共/全局）修饰符一样，被 public 修饰的变量可被自身所属的类及任何其他类对象访问，包括同一个包或不同包中的类访问。

（2）private 修饰符：若被 private 私有变量修饰的变量只能被定义它的类自身所访问，而不能被其他类，包括该类的子类所访问。性能特征与类或方法中的 private 修饰符类似，在 Java 程序开发中常常通过它实现数据的封装。

【例 5-2】定义私有变量半径与高度，利用对象方法计算圆柱体积。

```
//定义 Cylinder 类与构造方法、Cylinder 对象与 vol()方法。
import java.math.*;
```

```
class Cylinder  {
private  float r; private  float h; private double vs; // 定义私有变量
Cylinder (float x, float y) {
    r=x; h=y;  }
public double  vol()  {
    vs=Math.PI*r*r*h; return vs; }
public static void main (String args [ ] ) {
    Cylinder  com= new  Cylinder (12.6f,16.8f);
    System.out.println ("Volume="+ com.vol());  }
}
```

【程序解析】该例采用自建构造方法来实现初始化。当 new
创建对象时，自动调用与类名称相同的构造方法实现初始化，
包括构造方法 Cylinder ()与一般方法 vol()等的使用。

程序运行结果如图 5-4 所示。

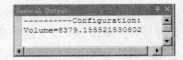

图 5-4　例 5-2 程序运行结果

（3）protected 修饰符：此类变量被称为保护变量，只允许
定义它的类自身、同一包中的其他类以及同一包中（或者其他包中）该类的子类所访问，常可通
过它允许存在其他包中该类的子类访问其父类的成员变量。

（4）default 默认修饰符：此种修饰规定只允许定义它的类自身以及在同一个包中的所有类所
访问，而不可被其他包中的类使用，这种访问特性又称为包访问性。

（5）static 修饰符：static 所修饰的是静态变量，该变量在类被载入时创建，由该类所创建的
各个对象所共享，可通过类名直接调用。具体可通过下列两种方式访问：

对象名.变量名　　或　　　类名.变量名

（6）final 修饰符：如果一个成员变量修饰为 final，则该变量就是最终变量，它实际上就是常
量。Final 修饰的成员变量必须显式赋值，而且只能一次赋值，在整个程序执行过程中不得再度
修改。final 修饰的成员变量不占用内存，这意味着在声明 final 成员变量时，必须要初始化。对
于 final 修饰的成员变量，对象可以操作使用，但不能做更改操作。

常量的名字习惯用大写字母，例如：

```
final int MAX;
```

【例 5-3】使用 static 与 final 修饰符创建一个学生档案信息。

```
public class Pupil{                                    //主类
    public static void main (String args []){
    final int N=3; double s;
    Student our=new Student();                         //创建一个 student 对象 our
    Student your=new Student();
    Student her=new Student();
    our.name="王鹭"; our.sex="男";our.gra=75;
    your.name="李霞"; your.sex="女";your.gra=85;
    her.name="荷花";  her.sex="女";her.gra=95;        //成员变量通过类对象赋值
    System.out.println("我是: "+our.name+" "+our.sex+" "+our.school+"成绩为: "+our.gra);
    Student.school="交通大学";
    System.out.println ("你是: "+your.name+" "+your.sex+" "+your.school+"成绩为: "+your.gra);
    Student.school="复旦大学";
    System.out.println ("她是:"+her.name+" "+her.sex+" "+her.school+"成绩为: "+her.gra);
    s=(our.gra+your.gra+her.gra)/N;
    System.out.println ("平均成绩为: "+s);  }
}
```

```
class Student {          //被调用的类
    String name;  String sex;double gra;          //成员变量及静态成员变量
    static String school="北京大学";
}
```

【程序解析】该例使用了类成员变量 name、sex、school、gra，注意其间不同的赋值方式：前 3 个为对象方式，而 school 为多种方式赋值。程序运行结果如图 5-5 所示。若 Student.school="复旦大学"语句删除，有何变化？

图 5-5　例 5-3 程序运行结果

（7）private protected 修饰符：即私有保护访问控制符，该修饰成员变量可被两种类访问和引用：一种是该类本身；另一种是该类的所有子类，不论这些子类是与该类在同一个包里，还是处于其他的包中。private protected 把同一包内的非子类排除在可访问的范围之外，使得成员变量专有于具有明确继承关系的类，而不是松散地组合在一起的包。

5.4 方　　法

5.4.1 方法声明

Java 程序是由多个类定义组成的，类涵盖成员变量和（成员）方法。成员变量描述该类对象的属性与所处的状态，方法描述该类对象动态特征的行为与功能。在一个类中，程序的作用体现在方法中，方法是 Java 语言的基本构件，利用方法可以组成结构良好的程序。（成员）方法类型包括：

（1）由 Java 类库提供的应用时调用的类库成员方法，如 length()、abs(x)等。

（2）用户根据需要自己编写定义的用户自定义成员方法。

1．方法声明

方法是类的主要组成部分。其中，程序的作用体现在附有名字的子程序即方法中。通常，一个类由一个主方法和若干个子方法构成。主方法调用其他方法，其他方法间也可互相调用，同一个方法可被一个或多个方法调用任意次。

类的成员方法用来规定类属性上的操作，改变对象的属性与产生行为，实现类的内部功能的机制，接收来自其他对象的信息以及向其他对象发送消息，同时也是类与外界进行交互的重要窗口。类是一组 Java 语句的集合。在 Java 面向对象的语言里，函数通过包含在类中方法来体现的，类仿佛类似于其他语言的函数。Java 语言中方法实现子任务处理时，可归结以下几个原则与规律：

（1）算法中需要细化的步骤、重复的代码以及重载父类方法都可以定义成类的方法。

（2）方法应界面清晰、大小适中。方法包括标准方法（Java API 提供了丰富的类和方法，以供程序员所需的许多功能）与用户自定义的方法（以解决用户专门需要）。

（3）Java 应用程序中，程序的执行从 main()方法开始，调用其他方法后又回到 main()方法，在 main()方法中结束整个程序的运行。

Java 中定义方法的一般形式如下：

```
[修饰符]   返回值类型   方法名([参数列表])
    {                                          //方法体：
        声明变量；
        语句序列；
    }
```

2. 规范说明

（1）方法声明包括方法头与方法体两部分，方法头定义了方法的性质，方法体则定义了方法的具体内容。其中方法头确定方法名、形式参数名字与类型、返回类型、方法修饰符。

（2）方法名可以是任何有效的标识符，命名规则与标识符命名规则相同。在给方法起名字时如果使用拉丁字母，首写字母使用小写；如果由多个单词组成，从第 2 个单词开始的其他单词的首字母使用大写。例如：

```
float getTrangleArea(), void getCircleRadius(int radius)
```

（3）修饰符可以包括 public、protected、private、static、final、abstract、synchronized、native。它们的含义说明如下：

- public：公共方法，该方法可被所有类访问，与类成员变量修饰符所述相仿。
- private：私有方法，只能被定义它的类、方法访问，与类成员变量修饰符所述相仿。
- protected：保护方法，与类成员变量修饰符所述相仿，旨在使其他包中的子类能够访问父类中的成员方法与变量。
- static：静态方法或类方法，属于整个类的方法，可通过类名直接调用。
- abstract：抽象方法，仅有方法头而没有具体方法体程序代码的方法。需要特别注意的是，所有的抽象方法，都必须存在于抽象类之中。
- final：最终方法，该方法不能被重写覆盖，不能被其他类变更该方法里的内容，即使是继承的子类也是如此，可防止子类覆盖。
- synchronized：可完成同步监控代理，被 synchronized 修饰的方法，一次只能被一个线程使用，进而可控制多个并发线程的访问。
- native：集成其他语言的代码。

（4）方法体为方法声明之后的一对大括号"{"、"}"以及之间的内容称作方法的方法体，包括声明变量和语句序列。方法体通常起到两种作用：一是围绕类的属性进行各种操作；二是与其他的类与对象进行数据交流、消息传递等操作。类中的方法必须要有方法体，如果方法的类型是 void 类型，方法体中也可以不书写任何语句。

（5）方法体的内容包括变量的定义和合法的 Java 语句，在方法体中声明的变量以及方法的参数称作局部变量，局部变量仅仅在该方法内有效。方法的参数在整个方法内有效，方法内定义的局部变量从它定义的位置之后开始有效。

（6）返回值类型说明符用来指定方法返回值的类型，用以反映所定义功能后返回的运算结果的数据类型，如 int、float 等。如果方法没有返回值，用关键字 void 指明。对于有返回值的方法，其方法体中至少有 return 一条语句，形式为：

```
return  （表达式）
```

当调用该方法时，方法的返回值即此表达式的值。

（7）参数列表是方法的输入接口，它列出了一系列（形式）参数的个数、类型和名称（类型 1 参数名 1，…类型 n 参数名 n），参数表中相邻项以逗号为分隔符，其中包含了方法被调用时传递给方法的参数说明，这里的参数在定义时未分配存储单元，只有在运行时分配，故称"形式参数"。

对于方法定义中的每一个参数必须合法，若作为数组来使用必须在其名后冠以方括号。方法调用时必须有一个实参量与之对应，而且该参量的个数、类型必须与对应形式参数的个数、类型相一致。方法可为无参量形式，即无参方法。不管有无参量，其后的圆括号不能省略，且方法参数表的右括号后不能带分号。

（8）方法不能嵌套定义，即不能在方法中再声明其他方法。

3. 常用方法

在 Java 中，Java API（Application Program Interface，也称为 Java 类库）提供了丰富的类和方法，可以执行常见的算术运算、字符串操作、字符操作、输入/输出、错误检查等操作。其中，部分常见方法如表 5-3 所示。

表 5-3　Java 部分常用方法

方　法	说　　　　明	方　法	说　　　　明
abs(x)	求解 x 的绝对值(该方法有 float,int, long 和 double 型版本)	max(x,y)	求解 x 和 y 中较大者,类型如 abs(x)
length()	返回字符串长度	random()	返回一个 0.0～1.0 之间的随即数
floor(x)	求解不大于 x 的最大整数	min (x,y)	求解 x 和 y 中较小者
sqrt (x)	求解 x 的平方根	pow (x,y)	求解 x 的 y 次幂
log(x)	求解 x 的自然对数	sin (x)	x 的正弦函数值(x 以弧度为单位)
exp(x)	求解指数 e 的 x 次幂	cos(x)	求解 x 的余弦函数值(弧度单位)

【例 5-4】利用 max(x,y) 求输入的两个数中的大数。

```java
public class Max_e{
    public static void main (String args []){
        int x=15, y=25;
        System.out.println ("最大值是: "+Math.max(x,y));  }
}
```

【程序解析】该例调用了系统提供的函数 max(x,y) 求输入的两个数中的大数。

程序运行结果如图 5-6 所示。

5.4.2　方法调用

图 5-6　例 5-4 程序运行结果

方法的调用即该方法的调用运行。Java 语言中调用方法有两类：一类是需要程序书写专门的调用命令来调用的方法，称为程序调用方法，例如 isPfime ()；另一类是运行过程中不需书写专门的调用方法的命令系统自动调用的方法，称为系统方法。在程序中，我们大量使用的是前者。

调用方法的语法格式如下：

[对象引用名.]方法名 ([实际参数表])

【说明】

（1）实际参数表是传递给方法的参数，可以是常量、变量或表达式。参数的个数、类型和顺序和形式参数要一一对应，参数表中相邻项以逗号为分隔符。

（2）在类中调用类自身的方法，可以直接使用这个方法的名称；调用其他类对象的方法，则需要使用该对象或类为前缀。例如，利用 isSameDept( )方法比较当前对象与 d 对象的部门编号是否相等，相等则执行输出语句：

if　(getDeptNo( ) = d.getDeptNo( )){　System.out.println("相等！"); }

（3）调用方法的执行过程：首先将实际参数传递给形式参数，然后执行方法体，执行结束后，从调用方法语句的下一条语句处继续执行。

【例 5-5】调用已定义的方法 ScircleArea，计算面积。

```java
public class ScircleArea{
static double scircle(int w){
```

```
        double ss;  ss=3.14*w*w;                    //圆面积
        return (ss); }
    static void Area(int a,int b){          //无返回值方法
        int s;  s=a*b;                      //矩形面积
        System.out.println ("S="+s); }
    public static void main (String[] args) {
        int x=5;  int y=4; double result=scircle(x);
        System.out.println ("result="+result); Area(x,y);
        System.out.println ("扩充面积为: "+20*scircle(x));     }
    }
```

【程序解析】该例是个典型的方法调用程序，它演示了方法调用中所包括的 3 种形式。

（1）方法语句调用。如果方法没有返回值（通过 void 说明的 Area(x,y)），可以直接用方法语句调用，其语法格式为：

方法名（[实际参数表]）;

例如，本实例中语句：Area(x,y);。

（2）方法表达式调用。如果方法有返回结果，可以用方法表达式调用或方法语句调用（本例中采用方法表达式调用），其语法格式为：

变量=方法名（[实际参数表]）;

例如，本实例中的语句：double result = scircle(x);。

（3）输出语句调用。如果方法有返回结果，可以用 System.out.println 输出语句直接调用。例如，本实例中语句：System. out.println ("扩充面积为: "+20*scircle(x));。

程序运行结果如图 5-7 所示。

图 5-7　例 5-5 程序运行结果

【例 5-6】类 parameter 中无参方法调用的运用。

```
package chap5.ch5_6;
public class No_parameter{
    static void  No_para_Sum(){
        int i, j, s; i=25;j=45;
        s=i+j;System.out.println ("和值为: "+s); }
        public static void main (String[] args) {
            No_para_Sum ();}
    }
```

【程序解析】该例是个无参方法调用，它不需要实际参数，但声明方法与调用方法时，方法名后的一对括号不能省略。

程序运行结果如图 5-8 所示。

图 5-8　例 5-6 程序运行结果

【例 5-7】通过类名调用类方法。

```
class N_transfer {
    public static void main(String args[])
    { double max=Com.max(10,25);  //类名调用类方法。
        System.out.println("max="+max);  }
}
class Com {  double x,y;
    static double max(double a,double b)
    {  return a>b?(a*b):(a+b);      }
}
```

程序运行结果如图 5-9 所示。

图 5-9　例 5-7 程序运行结果

Java 语言中方法的引用和面向过程语言中的函数的用法是一样的。但是，在 Java 语言里，没有独立于类之外的方法，所有的方法都在类里面，所以一般通过对象名来调用方法。有些静态（static）方法则可以用类名来调用。

5.4.3 参数传递

参数传递是指在 Java 语言中调用一个带有形式参数（形参）的方法时，完成所提供的实际参数（实参）与形式参数的传输结合过程。

Java 语言中，参数的传递方式有传值与传地址两种。若方法的参数为简单数据类型，则传值，即将实参的值传递给形参（方法接收实参的值，但不能改变）；若方法的参数为复合数据类型（对象），则传地址，即将实参的地址传递给形参（由于传递给方法的是数据在内存中的地址，方法中对数据的操作可以改变数据的值）。

【例 5-8】参数传递与变化。

```java
package chap5.ch5_8;
public class Swap{
    static void  swapp (int x, int y){
    int temp;System.out.print("交换前: ");System.out.println("x= "+x+"  y= "+y);
    temp=x;x=y;y= temp;
    System.out.print("交换后: ");System.out.println("x="+x+"  y="+y);    }
    public static void main (String[ ] args){
        int u=30, v=50;
        System.out.print("调用前: ");System.out.println("u="+u+"  v="+v);
        swapp(u,v);
        System.out.print("调用后: ");System.out.println("u="+u+"v="+v);  }
}
```

程序运行结果如图 5-10 所示。

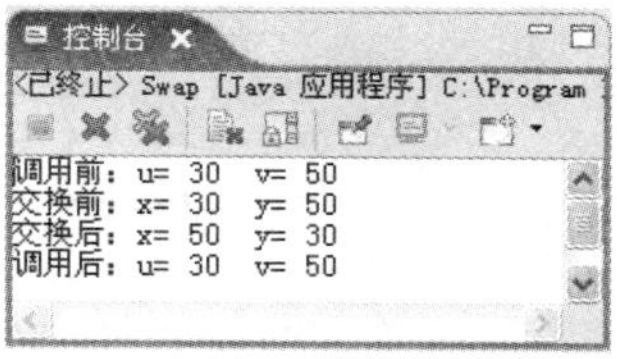

【思考】由结果理解 x、y 等值的变化过程。

【例 5-9】不同类间的参数传递。

```java
public class DiferTest{
    public static void main(String args[])
    { int x=12; double y=18.80;
        Difer dif=new Difer();                //创建对象 dif
        dif.value(x,y);                       //不同类间方法的调用
            System.out.printf("main 方法中 x 和 y 的值仍然分别是:%d,%f\n",x,y);  }
}
class Difer {
    void  value(int x,double y){
    x=2*x+1;   y=y+x+1;
        System.out.printf("value 方法中参数 x 和 y 的值分别是:%d,%f\n",x,y);  }
}
```

图 5-10　例 5-8 程序运行结果

【程序解析】该例是不同类：DiferTest 与 Difer 类间方法的调用，格式上要兼顾对象，如 dif.value(x,y);，"dif." 不能省略。

程序运行结果如图 5-11 所示。

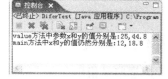

图 5-11　例 5-9 程序运行结果

5.4.4 构造方法

Java 的类中包含有成员变量与方法。其中除了一般方法外，尚有一种方法称作构造方法，类创建对象时需使用构造方法，以便在 new 运算符完成操作前对类所创建的对象进行合理的初始

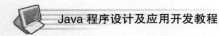

化。构造方法分为：无参与有参两种。构造方法包括如下特点：

（1）构造方法是一种特殊的方法，它的名字必须与它所在的类的名字完全相同，且不返回任何数据类型，即它是省略 void 关键字的 void 型，构造方法允许多态性。

（2）类一般都有构造方法，若无系统则自动添加无参构造方法，系统自动地将所有的实例变量初始化为零。接口不允许被实例化，所以接口中没有构造方法。

（3）重载经常用于构造方法。构造方法可以继承，即子类可以继承父类的构造方法。

总之，构造方法是对一种对类对象进行初始化的特殊的方法，没有它将用其他方法对类对象进行初始化。构造方法简化了此操作，提高了系统的效率。

【例 5-10】采用构造方法来实现初始化、信息输出等程序功能。

```
class Student{
    static long sum=0;    String name;
    String address;   String grade;
    static int score;
    public static long  addscore(){
        sum+=score;       return sum;}
    Student (String x1, String x2, String x3, int y)    //定义构造方法
    { name=x1;
        address=x2; grade=x3;
        score=y;    }
    public static void main (String args [ ]) {
        Student zhang=new Student ("吴炳  ","上海市兴国路18号","2006级国际贸易3班",95);
        zhang.addscore();
        Student wang =new Student("王挚  ","南京市中山路86号","2005级电子商务1班",88);
        wang.addscore ( );
        Student li =new Student("黎洪  ","北京市长安路28号","2004级网络技术2班",91);
        li.addscore ( );
        System.out.println (zhang.name+zhang.address+zhang.grade);
        System.out.println (wang.name+wang.address+wang.grade);
        System.out.println (li.name+ li.address+ li.grade);
        System.out.println ("     部分成绩和: "+sum);
        Student fling=new Student("房霖  ","大连市胜利路36号","2006级会计管理1班",96);
        fling.addscore ( );
        System.out.println (fling.name+ fling.address+ fling.grade);
        System.out.println ("     成绩总和是: "+sum);   }
    }
```

【程序解析】该例采用构造方法来实现初始化。当 new 创建对象时，自动调用与类名称相同的构造方法实现初始化，包括构造方法 Student ()与一般方法 addscore ()等的使用。

程序运行结果如图 5-12 所示。

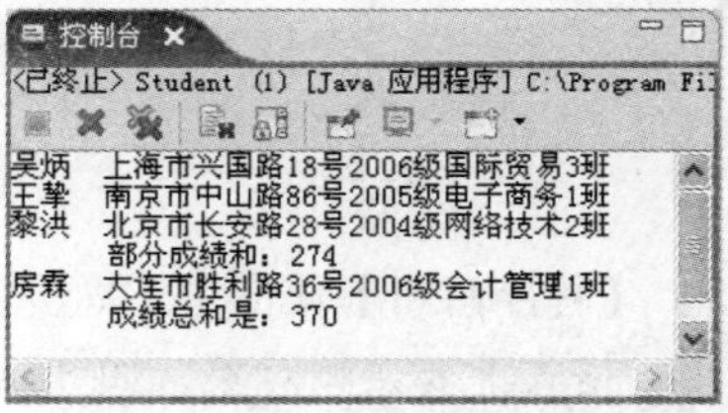

图 5-12 例 5-10 程序运行结果

5.4.5 递归

递归是指用自身结构来描述自己，循环调用。较为典型的是阶乘运算，它就是用阶乘本身来定义、调用阶乘。它的数学模型如下：

$$\begin{cases} n!=n \times (n-1)! \\ (n-1)!= (n-1) \times (n-2)! \end{cases}$$

但要完成运算，要写出阶乘运算的算法及中止条件，阶乘运算的递归定义如下：

$$\begin{cases} \text{fac}(n)=1 & n=1 \\ n \times \text{fac}(n-1) & n>1 \end{cases}$$

【例 5-11】采用递归算法求 $n!$ （ $n=10$ ）。

```java
package chap5.ch5_11;
public class Factorial11 {
    static long fac (int n) {
        if (n==1) return 1;
        else return n*fac (n-1); }
public static void main(String args[])
    { int k;  long f;   k=10; f=fac(k);
        System.out.println("Factorial="+f); } }
```

【程序解析】该例是在方法 fac()的定义中，当 n>1 连续调用自身共 n-1 次，直到 n=1 为止。程序中，当 k=10 时要求 9 次：求 10*fac(9)→求 9*fac(8)→求 8*fac(7)→求 7*fac(6)→求 6*fac(5)→求 5*fac(4)→求 4*fac(3)→求 3*fac(2)→求 2*fac(1)；当 n=1 时递归调用结束，fac(1)=1；代入各式返回，执行结果为 10*9*8*7*6*5*4*3*2*1，即 10!=3628800。若将第一次调用方法 fac 称为 0 级调用，整个过程如下：

递归级别	执行操作	返回值	递归级别	执行操作	返回值
0	fac(10)	递推调用	9	fac(1)	1
1	fac(9)	递推调用	8	fac(2)	2
2	fac(8)	递推调用	7	fac(3)	6
3	fac(7)	递推调用	6	fac(4)	24
4	fac(6)	递推调用	5	fac(5)	120
5	fac(5)	递推调用	4	fac(6)	720
6	fac(4)	递推调用	3	fac(7)	5040
7	fac(3)	递推调用	2	fac(8)	40320
8	fac(2)	递推调用	1	fac(9)	362880
			0	fac(10)	3628800

通过分析，递归可以分为递推与回推两个阶段。递推阶段即将求 n!分解为求（n-1）!，而（n-1）!未知，递推求（n-2）!，依此类推，直到求 1!=1 为已知，进入第二阶段：回推阶段，由 1!=1 求出 2!=2，再回推出 3!=6，依此类推，直到求 10!=3628800 为止。可见，要经过多步运算才能求出最后结果。其中，关键是必须提供递归结束条件 fac(1)=1，它是回推的基础条件。

程序运行结果如图 5-13 所示。

图 5-13　例 5-11 程序运行结果

5.5　实　例　对　象

5.5.1　对象的创建

用户定义、声明使用类，旨在通过创建对象而使用于应用程序之中。对象与类是既不同但又

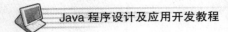

紧密相联的概念。Java 中类是一组对象的抽象描述，对象是类的实例化，即实例对象。类是模板，对象是类的实例。

1. 对象创建

类与对象的关系仿佛是铸造车间里模具与产品的关系，且一个模具决定了浇铸产品的外形，它可以浇铸出多个成型产品。同样一个类模板可以创建多个实例对象。对象的生成包括声明、实例化和初始化。对象的生命周期为：创建→使用→销毁回收。

在 Java 语言里用 new 关键字来创建对象，其语法格式为：

```
类名 对象名；                              //用两句语句完成
对象名=new 类名（［参数列表］）；
类名 对象名=new 类名（［参数表］）；        //一句语句直接完成:
```

这里的对象名可以是任意合法的 Java 标识符。new 关键字后带小括号的类名称为构造方法（函数）。默认的、也是最简单的构造方法是不带参数的，也可以自定义不同形式的构造方法以供不同需求。

2. 执行操作

使用 new 后，Java 实际上完成了如下操作：

（1）在指定类上创建了一个对象。

（2）为该对象分配了引用内存空间（类似于数组分配内存空间）。

（3）执行由指定类所定义的构造方法（根据参数不同调用相应的构造方法），完成一系列初始化工作。

使用 new 运算符和类的构造方法为声明的对象分配对象名：成员变量，若类中没有构造方法，系统会调用默认的构造方法。默认的构造方法是无参数的，但构造方法名必须和类名相同。Java 允许一个类中有若干个构造方法，但这些构造方法的参数必须不同，即或者是参数的个数不同，或者是参数的类型不同。

例如，系统已创建了 Person 类，利用它可生成两个对象 Mali 和 John：

```
Person  Mali;                              // Mali 对象两条语句完成
Mali＝new Person();
Person  John＝new Person();                // John 对象一条语句完成
```

new Person()创建一个对象时，不仅为对象分配了内存空间（一个类的不同对象分别占据不同的内存空间）并进行了一些初始化的工作，所包含的不仅只是各个属性名，而是属性的具体值。如果没有给属性赋值，虚拟机会自动给它们赋予相应数据类型默认的初值。Person()是无参构造方法。生成一个对象的过程也称为实例化，所以一个对象就是一个实例。Mali 和 John 是用来引用对象的对象名，对象里的变量和方法可以通过对象名来引用，所以对象名也称为引用。

5.5.2 对象的引用

Java 语言中，当用类创建一个对象后，该对象就拥有了自己的成员变量和方法，不仅可以操作自己的变量改变状态，而且还拥有了使用创建它的那个类中的方法的能力，对象通过使用这些方法可以产生一定的行为，即可以达到通过引用对象成员变量和方法的形式来引用对象。通过运算符"."可以实现对变量的访问和方法的调用。变量和方法可以通过设定访问权限来限制其他对象对它的访问。

1. 引用成员变量

定义、创建及初始化一个对象后，就可引用对象的成员变量等。引用方法如下：

对象名.成员变量名

此方式使用于类对象已创建的情况下（Person　John = new Person();已完成）。

例如：John.name　　　　　　　　　//引用 John 对象的成员变量 name

又如：John.x=150;

new 构造方法名([参数列表]).成员变量名

此方式适用于在创建对象与引用成员变量同时进行的情形下。

例如：在未执行创建、初始化 Person 类对象时，new Person().name 语句同时引用匿名对象的成员变量 name。又如：tx=new Person().x;。

2. 引用成员方法

同样，与引用对象的成员变量类似，在定义、创建及初始化一个对象后，就可以引用对象的成员方法。引用成员方法的方式有如下两种：

对象名.方法名([参数列表])

此方式使用于类对象已创建的情况下（类 Person 与对象 John 已建，且包含 pay(int a)）。

例如：John.pay(25)　　　　　　　//引用 John 对象的成员方法 pay()

又如：John.move(30,20);

new 构造方法名([参数列表]). 方法名([参数列表])

此方式适用于在创建对象与引用成员方法同时进行的情形下。

例如：在未执行创建、初始化 Person 类对象时，new Person().pay()语句同时引用匿名对象的成员方法 pay()。又如：new Point().move(30,20);。

3. 对象的清除

当不存在对一个对象的引用时，该对象成为一个无用对象，就应该清除回收对象。Java 对象的清除包括自动与手动两种清除方式。

Java 具有"垃圾收集"机制，Java 的运行环境周期地检测某个实体是否已不再被任何对象所引用，如果发现这样的实体，就自动收集并释放实体占有的内存，完成无用对象的自动清除。因此，Java 编程人员不必像 C++程序员那样，要时刻检查哪些对象应该释放内存。

当然，手动清除方式就是为对象赋予空值 Null。例如：

```
Worker worker=new Worker();      worker=Null;
```

【例 5-12】建立职工信息类，用于对职工信息进行管理。职工信息包括工号、姓名、出生年月、家庭住址、联系电话。请对职工进行类描述并编程实现。假设有一个职工，工号=2301，姓名="欧阳子丹"，出生年月=1992-12-18，家庭住址="中国上海市浦东新区浦东大道×××号"，联系电话="021-5252×××"。

【Worker 独立类文件】

```
import Java.util.Date;      //导入程序中用到的系统类
public class Worker {//职工信息类描述: 工号、姓名、出生年月、家庭住址、联系电话
long lngh;  String name;  Date birthday; String address; String tel;  }
```

【WorkerTest 独立类文件】

```
package com.task04;
import Java.text.DateFormat;                    //导入程序中用到的系统类
import Java.text.ParseException;import Java.text.SimpleDateFormat;
    // WorkerTest.Java 测试类，Worker 被测试类
public class WorkerTest {                    //定义测试类
    public static void main(String[] args) {    //入口方法
```

```
Worker worker=new Worker();                  //定义类 Worker 的对象
worker.Ingh=2301L; worker.name="欧阳子丹";
DateFormat dateFormat=new SimpleDateFormat("yyyy-MM-dd"); // String 转 Date
    try {                                    // try/catch 异常处理语句块
        worker.birthday=dateFormat.parse("2012-12-18"); }
    catch (ParseException e) {   e.printStackTrace(); }
worker.address="中国上海市浦东新区浦东大道××××号";
worker.tel="021-5252××××";
System.out.println("工号: " + worker.Ingh);  System.out.println("姓名: " +
worker.name);
    System.out.println("出生年月: " + dateFormat.format(worker.birthday));
//Date 转 String
    System.out.println("家庭住址: " + worker.address);
    System.out.println("联系电话: " + worker.tel);       }
}
```

程序运行结果如图 5-14 所示。

图 5-14　例 5-12 程序运行结果

注：该例显示了 WorkerTest 与 Worker 两个独立类文件间的成员变量与方法引用关系。

5.6　类的应用实例

类的应用实例主要通过类间引用交互测试来体现类的关联性。下面通过两个类的应用实例叙述类的应用方法与过程。

【例 5-13】编写一个音乐类，属性包括音乐名称、音乐类型音乐信息，并编写测试类；编写一个手机类，属性包括手机品牌、手机型号和手机信息，并编写测试类。创建 Music_MobileTest 类，完成类与类间的调用测试关系。程序代码如下：

【Mobile 类文件】

```
public class Mobile {  //Mobile 类属性: 品牌、型号、手机信息
    String brand; String type; String XXMobile; public String toString() {
        return brand + "\t" + type+ "\t" + XXMobile;       }
}
```

【Music 类文件】

```
public class Music{ //Music 类属性：音乐名称、音乐类型、音乐信息
    String name;          String type;          String XXMusic;
    public String toString(){
    return name + "\t" + type+ "\t" + XXMusic;  }
}
```

【Music_MobileTest 类文件】

```
package com.task06;
public class Music_MobileTest {
    public static void main(String[] args) {     //音乐类调用测试
        Music music=new Music(); music.name = "首都北京: ";
        music.type="流行音乐! ";        music.XXMusic= "欢迎君的光临! ";
        System.out.println(music);
        Mobile mobile=new  Mobile();              //手机类调用测试
        mobile.brand="NOKIA 手机: ";  mobile.type="NOKIA: N98! ";
        mobile.XXMobile="恭候您的使用! ";  System.out.println(mobile); }
}
```

程序运行结果如图 5-15 所示。

图 5-15　例 5-13 程序运行结果

【例 5-14】编写学生类，输出学生相关信息。学生类属性：姓名、年龄、兴趣、班级编号。方法：显示学生个人信息。编写教师类，输出教师相关信息。教师类属性：姓名、教授课程、专业方向、教龄。方法：显示教师个人信息。创建 StudentTeacherTestEx 类，完成类与类间的调用关系。程序代码如下：

【StudentEx 类文件】

```
public class StudentEx{ //StudentEx 类属性设置：姓名、年龄、兴趣、班级编号
    String name;     int age; String hobby;  String classNo;
    public String toString() {
    return name + "\n 年龄: " + age + "\n 爱好: " + hobby + " \n 就读于" + classNo; }
}
```

【TeacherEx 类文件】

```
public class TeacherEx {  //TeacherEx 类属性设置：姓名、教授课程、专业方向、教龄
    String name; String course; String dep; int teaYear; public String toString() {
    return name+"\n 教授课程: "+course+"\n 专业方向: "+dep+"\n 教龄: "+teaYear;      }
}
```

【StudentTeacherTestEx 类文件】

```
public class StudentTeacherTestEx {                   //测试
    public static void main(String[] args) {
        StudentEx student=new StudentEx();            //创建一个学生对象
        student.name="宋林冠完成 StudentTeacherTestEx 类与 StudentEx 类间的调用关系! ";
        student.age=18; student.hobby="教学与科研活动! ";
        student.classNo="计算机 2012";          System.out.println(student);
```

```
TeacherEx teacher=new TeacherEx();              //创建一个教师对象 */
teacher.name="袁子恒完成StudentTeacherTestEx 类与 TeacherEx 类间的调用关系!";
teacher.course="未来云计算理论"; teacher.dep="太空科技实验站! ";
teacher.teaYear=32; System.out.println("\n"+teacher); }
    }
```

程序运行结果如图 5-16 所示。

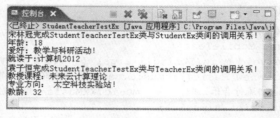

图 5-16　例 5-14 程序运行结果

本 章 小 结

　　面向对象方法的程序开发过程分为 OOA、OOD、OOP 三个阶段，特性主要包括：抽象性、封装性、继承性与多态性。类是对该类对象的抽象描述，是一种复杂的数据类型，它是将数据属性及其相关操作封装在一起的集合体，包括了对象的属性与方法或特征与行为，它是对象（事物）的模板或蓝图。类是对一类对象的抽象描述，对象是类的实例化。

　　类体通常由变量和方法两部分组成。一个类由一个主方法和若干个子方法构成。方法修饰符可以包括 public、protected、private、static、final、abstract、synchronized、native。类的成员变量是指在位于类的内部与方法定义外部所定义的变量，其作用域是整个类，方法体中定义的变量称为方法变量。成员变量修饰符是用来指定成员变量的访问权限与使用规则的关键字。这些修饰符包括 public、protected 、private、static、final 以及默认修饰符。

　　本章主要阐述了对象及其特点、面向对象软件的开发过程、类的定义与构成，方法、对象、构造方法、类的成员变量、方法变量等。

思 考 与 练 习

一、选择题

1. 面向对象方法的程序开发过程分为 OOA、_____、OOP 三个阶段。
   A. OOD　　　　　　　　　B. ODD　　　　　　　　C. OOR　　　　　　　　D. OOC
2. 对象方法的特性主要包括：抽象性、封装性、继承性与_____。
   A. 反馈性　　　　　　　　B. 多态性　　　　　　　C. 覆盖性　　　　　　　D. 维护性
3. 方法修饰符可以包括_____、static、final、abstract、synchronized、native。
   A. public、protected、searched　　　　　　B. public、invested、private
   C. tested、protected、private　　　　　　　D. public、protected、private
4. 已知 Parent 类，创建该类对象的语句为_____。
   A. Parent　zhang=create Parent ();　　　　B. Parent zhang=news Parent ();

C.　Parent　zhang=new Parent ();　　　　　D.　none of　above

5.　下列类名正确的是_____。

　　A.　Middle School　　　　B.　myBike　　　　C.　_Link　　　　D.　Employee

6.　下列关键字中，_____将方法定义为静态方法。

　　A.　public　　　　　　B.　protected　　　　C.private　　　　D.　static

7.　方法组成分为_____。

　　A.　声明部分和方法体部分　　　　　　B.　类和对象部分

　　C.　参数列表部分和修饰符部分　　　　D.　静态部分和动态部分

8.　包相关的关键字是_____。

　　A.　public 和 private　　　　　　　B.　java.lang

　　C.　圆点 "."　　　　　　　　　　　D.　import 和 package

9.　注释有_____注释。

　　A.　单行、多行　　　　　　　　　　B.　单行、Javadoc

　　C.　单行、多行、Javadoc　　　　　　D.　多行、Javadoc

10.　在一个 Java 文件中，使用 import\class 和 package 的正确顺序是_____。

　　A.　package\import\class　　　　　　B.　import\package\class

　　C.　class\import\package　　　　　　D.　package\class\import

二、是非题

1.　类是对一组有相同数据和相同操作的对象的定义。　　　　　　　　　（　　　）

2.　封装性是指利用抽象数据类型将数据和相应操作独立封装起来。　　（　　　）

3.　类必然包括属性、方法和事件三部分。　　　　　　　　　　　　　（　　　）

4.　被 final 修饰得类为最终类，意味着它不再派生出新的子类。　　　（　　　）

5.　递归是指用自身结构来描述自己，不可循环调用。　　　　　　　　（　　　）

6.　每一个类对象都含有特征与行为，或属性与方法。　　　　　　　　（　　　）

7.　private 修饰符表示只能被该类的方法访问和修改，而他类则不能访问。（　　　）

8.　public 修饰的方法仅能被该类及其子类访问。　　　　　　　　　　（　　　）

9.　对象的手动清除方式就是为对象赋予空值 Null。　　　　　　　　　（　　　）

10.　实际参数表是所建方法的参数，可是常量、变量或表达式。　　　（　　　）

三、思考与实验

1.　何谓类？简述类与对象的关系。

2.　何谓对象？如何创建一个对象？

3.　给定圆的半径，试利用引用对象方法形式完成计算圆的体积并实验调试验证。

4.　何谓构造方法？构造有哪些特点？

5.　程序填空：利用 this 将点坐标值扩大。

```
class Point {
  private int x=20,y=30;
  public void setPoint(int a,int b) {
    x=x+2*a; y=y+2*b;  }
  public int getX() { return x; }
  public int getY() {_____;  }
  public String toString()
  { return "["+this.getX()+","+_____+"]"; }  //引用类的方法
```

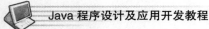

```
public static void main(String args[]) {
    int i=15,j=25;
    Point dot=new Point();
    dot. _____;
    System.out.println(dot.toString()); }
}   // End
```

6. 分析并简述方法调用的 3 种形式。

7. 说明程序的功能并写出下列程序的输出结果及完成相应实验。

```
public class Count{
    static void count(int  n){              //递归方法
     if (n<10)  count(n+1);
        System.out.print(" "+n); }
    public static void main(String args[]){
        count(1); System.out.println(); }
    }    // End
```

8. 简述各种成员变量修饰符的作用。

9. 编写动物类，含动物基本属性（如名称、大小、重量），并设计相应动作（如跑、跳、走）。

10. 编写一个数码照相机（计算机）类，属性包括数码照相机（计算机）品牌、型号，方法显示数码相机（计算机）信息，并编写测试类，然后实验验证。

11. 说明以下程序的功能并写出输出结果。

```
class Sta_method{
  int width,height;
  public static double area (int width,int height) {
  return width*height;  }
  public static void main (String args []) {
     int i,j;
     double f;
     i=40; j=50;
     f=Sta_method.area (i, j);
     System.out.println ("Area="+i+"*"+j+"="+f); }
}   // End
```

12. 编写一个电影（音乐）类，属性包括电影（音乐）名称、类型，方法显示电影（音乐）信息，并编写测试类，然后实验验证。

第6章
继承与多态

【本章提要】 封装是将代码及其处理的数据绑定私密化的一种编程机制。继承是一个类对象获得另一个类对象的属性变量与行为方法的过程。多态性是指同名的不同方法在类程序中共存，封装、继承与多态性是类的重要内容与特性。本章的主要内容就是介绍类的封装、类的继承和与继承有关的多态性、接口及包等重要概念。

6.1 类 的 封 装

Java 语言中，对象就是对一组变量和相关方法的封装，其中变量表明了对象的状态，方法表明了对象具有的行为。通过对象的封装，实现了模块化和信息隐藏。通过对类的成员施以一定的访问权限，实现了类中成员的信息隐藏封装。

6.1.1 类的封装概述

封装（Encapsulation）是将代码及其处理的数据绑定私密化的一种编程机制，Java 中通过 private 关键字限制对类的成员变量或成员方法的访问，形成封装特性。它可保证程序和数据都不受外部干扰且不易被误用。具体而言，封装就是利用抽象数据类型及访问权限将数据和基于数据的操作结合在一起，数据被保护在抽象数据类型的内部，系统的其他部分只有通过包在数据之外被授权的操作，才能够与这个抽象数据类型进行交互。

封装旨在限制对类的成员的访问，隐藏类的实现细节。类的设计者和使用者考虑的角度不同：设计者考虑如何定义类的属性和方法，如何设置其访问权限等；而类的使用者只需知道类有哪些功能，可访问哪些属性和方法。只要使用者使用的界面不变，即使类的内部实现细节发生变化，使用者的代码也不需要改变，增强了程序的可维护性。

另外，封装性还可以使类或模块的可重用性大为提高。类中的每个方法或变量的访问权限都可以被标记为私有（private）或公有（public）。类的公共接口代表类的外部用户需要知道或可以知道的事情；私有方法和数据仅能被一个类的成员代码所访问，其他任何不是类成员的代码都不能访问私有的方法或变量。

6.1.2 封装方法与过程

1. 封装方法

Java 中封装方法是通过设置类及其成员的访问权限修饰符 private 关键字来限制对类及其成员的访问，形成封装特性，其他类只能通过公共方法访问私有属性。

2. 封装的实现过程

要限制类外部对类成员的访问，完成封装的过程如下：

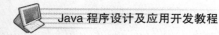

（1）设置成员的访问修饰符为 private 来限制对属性变量等的访问。例如，BookEx 类中，属性变量 bookName、bookISBN、author、publisher、publishedDate 等都设置为 private。

```
private String bookName;              //属性 bookName 设为 private
private String bookISBN               //属性 bookISBN 设为 private
```

（2）通过调用方法来访问成员变量。每个私有属性变量创建一对赋值方法 setxxxxx()和取值方法 getxxxx()，用于对属性的访问。例如，BookEx 类对属性 bookName 等提供公共的 setBookName()和 getBookName()方法。

（3）在赋值方法 setxxxxx()和取值方法 getxxxx()中可根据具体情况决定是否对属性变量加入存取限制。例如，对 BookName 的 setxxxxx()方法不加存取限制：

```
public void setBookName(String bookName) { this.bookName = bookName;  }
```

而对 pageNum 通过方法 setPageNum()的页码数加入限制，页码数小于 280 时则报错并强制设置 280 等。

```
if  (pageNum<280){
    System.out.println("页数不能少于 280 页！");  this.pageNum = 280; }
```

【例 6-1】编写两个封装呼应类实例（独立类文件）：BookEx 与 BookExTest 类。前者封装类 BookEx，要求类具有属性书名、书号、主编、出版社、出版时间、页数、价格，其中页数不能少于 280 页，否则报错并强制设置 280；为各属性设置封装下的赋值和取值方法及用于输出每本书信息的方法 item()；后者测试类 BookExTest，为 book 对象的属性赋予初始值，然后调用 book 对象的 item()方法显示信息。

```java
package chap6.ch6_1;
import java.util.Date;
public class BookEx {
    private String bookName;
    private String bookISBN;        private String author;
    private String publisher;       private Date publishedDate;
    private int pageNum;    private double price;
    public String getBookName(){return bookName }
    public void setBookName(String bookName){
        this.bookName=bookName; }
    public String getbookISBN(){return bookISBN;}
    public void setbookISBN(String isbn) { bookISBN=isbn;}
    public String getAuthor(){  return author;}
    public void setAuthor(String author) { this.author = author;}
    public String getPublisher() {return publisher;}
    public void setPublisher(String publisher){
        this.publisher=publisher;}
    public Date getPublishedDate() {return publishedDate;  }
    public void setPublishedDate(Date publishedDate){
        this.publishedDate=publishedDate;}
    public int getPageNum(){
        return pageNum; }
    public void setPageNum(int pageNum) {
        if  (pageNum<280){
            System.out.println("页数不能少于 280 页！");
            this.pageNum=280;}
        else {
```

```
        this.pageNum=pageNum;}
    }
    public double getPrice(){    return price;    }
    public void setPrice(double price){ this.price=price; }
    public void item(){
    System.out.println("书名: "+bookName); System.out.println("书号:
    "+bookISBN);
        System.out.println("主编: "+author);
        System.out.println("出版社: "+publisher);
        System.out.println("出版时间: "+publishedDate.getYear()+"年
        "+publishedDate.getMonth()+"月"+publishedDate.getDate()+"日");
        System.out.println("页数: "+pageNum);
        System.out.println("价格: "+price+"元");}
    }
package chap6.ch6_1;
import java.util.Date;
public class BookExTest {
public static void main(String[] args) {
    BookEx textbook=new BookEx();         //书名书号主编出版社出版时间页数价格
    textbook.setBookName("Java程序设计及应用开发教程");
    textbook.setbookISBN("978-7-03019234-9");
    textbook.setAuthor("申沪人、巾帼与须眉"); textbook.setPublisher("科学出版社");
    textbook.setPublishedDate(new Date(2007,9,1));
    textbook.setPageNum(450);    textbook.setPrice(39);
    textbook.item(); }
}
```

程序运行结果如图 6-1 所示。

图 6-1　例 6-1 程序运行结果

6.2　类　的　继　承

　　继承是面向对象编程技术的一块基石，它允许创建分等级层次的类。运用继承，能够创建一个通用类，它定义了一系列相关项目的一般特性。该类可以被更具体的类继承，每个具体的类都

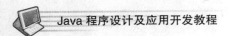

增加一些自己特有的东西。Java 中，所有的类都是通过直接或间接地继承 Java.lang.Object 得到的。

6.2.1 继承机制

继承（Inheritance）是一个类对象获得另一个类对象的属性变量与行为方法的过程。继承得到的类称为子类，被继承的类称为父类（超类），父类包括所有直接或间接被继承的类。例如，若在声明类 B 时，指明类 B 继承了已定义了的类 A，则类 B 通常就拥有了类 A 的成员变量和方法。此时，类 A 称为类 B 的父类（Superclass），父类也称为超类或基类，父类包括所有直接或间接被继承的类；类 B 称为类 A 的子类（Subclass），子类也称为派生类。

继承机制是软件复用的一种形式，子类由已存在的父类生成，子类继承父类的状态和行为，同时也可以修改父类的状态或重载父类的行为，并添加新的状态和行为。继承支持按层分类的概念。例如，猎狗是狗的一部分，狗又是哺乳动物类的一部分，哺乳动物类又是动物类的一部分。如果不使用层级的概念，就不得不分别定义每个动物的所有属性。

通常而言，类的继承性就是新的子类可以从另一个父类派生出来，并自动拥有父类的全部属性和方法。子类不仅可以继承父类的状态和行为（即变量和方法），同时也可以修改父类的状态或重写父类的行为，将它们改成自己的特征，同时也可以添加新的状态和行为。也就是说，子类更具特殊性。子类继承父类的成员变量与方法，而作为子类中的一个成员变量与方法，就像在子类中直接声明的一样，可以被子类中自己声明的任何实例方法调用。

Java 是单继承机制，不支持多重继承，即一个父类可以有多个子类，一个子类只能有一个父类。这种单继承使代码更加可靠，不会出现因多个父类有相同的方法或属性所带来的麻烦。接口可用来实现类间多重继承机制。

6.2.2 子类创建及继承运用

1. 创建子类

通过在类的声明中加入 extends 子句来创建一个类的子类，其格式如下：

```
class 子类名 extends 父类名{
    ...
}
```

子类可以重写父类的方法，增加父类中没有的而属于子类的成员变量和方法，子类继承父类是通过关键字 extends 来实现的。子类创建与继承规则说明如下：

（1）子类能够继承父类中 Public 和 Protected 成员变量和方法。

（2）子类能够继承父类中默认修饰符的成员，只要子类和父类在同一个包内。

（3）子类不能继承父类隐藏的成员变量和方法及父类中的构造方法。

（4）子类不能继承父类中的 Private 成员变量和方法。

（5）若子类声明了一个与父类中的变量同名的成员，则子类不继承父类中的同名成员。

（6）若省略 extends 子句，则该类为 Java.lang.Object 的子类。

在 Java 中所有类都是 Java.lang.Object 的子类或子孙类。即 Object 类是 Java 中所有类的父类，也就是说，Java 中的类都直接或间接由 Object 类派生而来。定义在 Object 中的方法，如 toString()，可被所有子类所使用。Java 中，可使用 super 关键字来代表当前类的父类，用来引用父类中的方法。通常，子类可以继承父类的那些未被隐藏或重写的父类成员。

2. 子类与父类的关系

定义子类之后，父类与子类间就会产生影响系统的如下一些特殊关系：

（1）子类自动继承父类的属性和方法，但不继承访问权限为 private 的成员变量和方法。

（2）子类中可定义特定的属性和方法，以实施子类的具体发展性功能。

（3）子类中可进行方法重写。方法重写就是子类定义的方法和父类的方法具有相同的名称、参数列表、返回类型和访问修饰符。子类与父类属性相同时会出现隐藏覆盖的现象。

3. 继承运用

继承的实现分为：定义父类与子类两个步骤。下面通过 2 个实例来体现继承的具体应用。

【例 6-2】试通过编程完成同一包中祖孙三代类的继承性。

```
class Father{
    int moneyUS=200;  int moneyRMB=400;
    int add(int x,int y) { return x+y; } }
class Son extends Father { int moneyRMB=100;
    public void changMoneyUS(int x) { moneyUS=x;     }
    int divi(int x,int y){  return x/y; } }
class GrandSon extends Son{
     public void changMoneyRMB(int x) { moneyRMB=x; }
     int multi(int x,int y){ return x*y;  } }
public class InheritanceTest  {
    public static void main(String args[]){
    int i=48,j=16;  Son son=new Son();
    GrandSon sunzi=new GrandSon();  son.changMoneyUS(60);
System.out.println("儿子有美元:"+son.moneyUS+"是继承的;人民币:"+son.moneyRMB+"
    元,是新增的的属性!!");
System.out.println("儿子会加法,是继承的功能:如 "+i+"+"+j+"等于"+son.add(i,j));
System.out.println("儿子还会除法,是儿子新增的功能:如 "+i+"/"+j+"等于
    "+son.divi(i,j));
System.out.println("");sunzi.changMoneyUS(80);  sunzi.changMoneyRMB(40);
System.out.println("孙子有美元:"+sunzi.moneyUS+",人民币:"+sunzi.moneyRMB+"元
    是继承的!!");
System.out.println("孙子会加法,是继承爷爷的功能: 如 "+i+"+"+j+"等于"+sunzi.add(i,j));
System.out.println("孙子会除法,是继承父亲的功能: 如 "+i+"/"+j+"等于"+sunzi.divi
    (i,j));
System.out.println("孙子还会乘法,是孙子自身新增的功能: 如 "+i+"*"+j+"等于
    "+sunzi.multi(i,j));  }  }
```

【程序解析】该程序创建了 Father、Son、GrandSon 及主类 InheritanceExam。其中，通过 class Son extends Father 语句完成了 Son 继承 Father 类；通过 class GrandSon extends Son 语句完成了 GrandSon 继承 Son 与 Father 类[包括成员变量和方法：add()、divi()]，sunzi.moneyRMB、son.divi(i,j) 等实施了变量与方法的调用。主类 InheritanceExam 通过 GrandSon sunzi=new GrandSon()等语句完成对象创建和变量与方法的引用。

程序运行结果如图 6-2 所示。

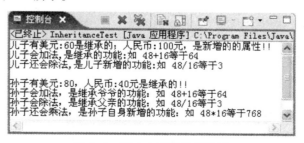

图 6-2 例 6-2 程序运行结果

【例6-3】基于类的继承性进行设计。需求如下：球（Ball）分为足球（Football）、排球（Volleyball）和篮球 Basketball（独立类文件），各种球的运动（play）方法信息各不相同，试编写一个 BallTest 测试类。要求：编写 testPlay()方法，对各种皮球进行运动测试，且依据皮球不同，在 main()方法中进行相应运动的测试。

```java
class Ball        {
    public void play(){ } }
class Football extends Ball{
    public void play() {
    System.out.println("人们正在使用足球运动，进而强身健体！"); }
}
class Basketball extends Ball{
    public void play(){
    System.out.println("人们正在使用篮球Basketball运动，进而强身健体！"); }
}
class Volleyball extends Ball{
    public void play(){
    System.out.println("人们正在使用排球运动，进而强身健体！！"); }
}
public class BallTest {
    public void testPlay(Ball  ball){                //形参类型为 Ball 类
        ball.play();           }
    public static void main(String[] args){
        BallTest ballTest=new BallTest();
            ballTest.testPlay(new Football());          //实参为子类的实例
            ballTest.testPlay(new Volleyball());        //实参为子类的实例
            ballTest.testPlay(new Basketball()); }
}
```

程序运行结果如图 6-3 所示。

图 6-3　例 6-3 程序运行结果

6.2.3　super 与 this

子类与父类成员属性、方法相同时会出现隐藏覆盖现象，为规避之，系统引入了 super 与 this 关键字以进行区分。若需使用父类的成员属性和方法，可通过使用 super 关键字；而当前类对象则为 this 关键字。

1. super

Java 中通过 super 来实现对父类成员的访问，super 用来引用父类中的方法和变量，主要是用于继承被覆盖了的变量或方法，super 符号不可省略。

Super 的使用有 3 种情况：

（1）若访问父类被隐藏覆盖的成员变量，其引用方法为 super.variable;。

（2）若调用父类中被隐藏覆盖的方法，其引用方法为 super.Method([参数表]);。

（3）调用父类的构造函数，其引用方法为 super([paramlist]);。

2. this

在 Java 程序中,当方法体内定义的变量与类成员变量名字相同或方法的入口参数与成员变量名字相同时,若要访问对象本身的成员变量,就需要使用 this 关键字作前缀来指明并引用当前对象的成员变量或当前对象的方法。其中:

（1）若访问当前对象的成员变量,其引用方法为 this.variable。

（2）若调用当前对象的成员方法,其引用方法为 this.Method([参数表]);。

（3）若构造方法间的相互调用,其引用方法为 this([参数表]);。

【例 6-4】试设计 3 个类，SuperClass、SubClass、SuperThisXY，体现 Super、This 的应用性。

```
class SuperClass{
    public int x=10;int y=18;
    SuperClass(){ System.out.println("输出父类中的变量: x="+x);  }
    void doSomething(){
        System.out.println("运行父类中的:doSomething(),y="+y);  }
    }
class SubClass extends SuperClass{
    public int x=50;int y=90;   int sum;
    SubClass(){ super();        //运行父类构造方法
        System.out.println("输出子类中的变量: x="+x);
        sum=this.x+super.x;
        System.out.println("父子类 X 变量组合运算: this.x+super.x="+sum);
        sum=this.y+super.y;
        System.out.println("父子类 Y 变量组合运算: this.y+super.y="+sum);
        super.doSomething(); }
    void doSomething(){
        System.out.println("运行子类中的:doSomething(),y="+y);
        System.out.println("super.x="+super.x+" sub.x="+x); }
    }
public class SuperThisXY{
    public static void main(String args[]){
        SubClass subC=new SubClass();    subC.doSomething(); }
}
```

程序运行结果如图 6-4 所示。

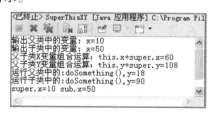

图 6-4 例 6-4 程序运行结果

【例 6-5】应用 Super、This 设计学生信息显示。

```
class Teacher{
    static int count=0;        protected String name="张海豚";
    protected int age=18;      protected String dp="不变学院";
public Teacher(String name,int age,String dp) {    //构造方法
```

117

```
        System.out.print(this.getClass().getName()+", Counter="+this.count);
        System.out.println("  "+this.name+", "+this.age+", "+this.dp);
        this.name=name; this.age=age;
        this.dp=dp;
        this.count++; }
            public void oput(){
            System.out.print("  "+this.getClass().getName()+", Counter="+this.count);
            System.out.println("  "+this.name+", "+this.age+", "+this.dp);       }
    }
    class Student extends  Teacher{
        Student(String name,int age,String dp,String x1){ //不能继承超类的构造方法
        super(name,age,dp);          //调用父类的构造方法
        }
    }
    public class SuperThis {
        public static void main (String args []){
            Teacher t1=new Teacher("江四海",25,"信息学院");     t1.oput();
            Student s1=new Student("李小瑞",28,"计算机学院","基础系"); s1.oput();
            Student s2=new Student("吴 幂",32,"商学院","管理系"); s2.oput();
        }
    }
```

【程序解析】该程序中静态变量 count 用于统计记录条数，子类 Student 继承了父类的计数变量 count。this.name=name 是将方法形参赋予当前对象成员变量，程序在此赋予前后分别显示信息的差异。super(name,age,dp) 调用父类构造方法。该例既显示了 Super、This 关键字的效用，又体现了类的继承性。

程序运行结果如图 6-5 所示。

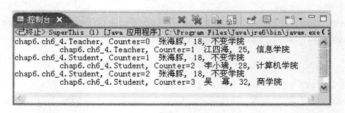

图 6-5　例 6-5 程序运行结果

6.3　多 态 机 制

多态性（Polymorphism）是指同名的不同方法在类程序中共存，即一个类中可有多个同名方法，系统会根据调用方法时传递参数个数的不同与参数类型的不同来决定调用相应不同的方法，这样就可采用同样的方法获得不同的行为结果。多态又被称为"一个方法名字，多个行为结果"，Java 通过方法重载和方法重写来实现多态。

6.3.1　多态基础

多态分为静态多态和动态多态。静态多态是指通过同一个类中方法重载实现的多态，静态多态是编译时多态，系统会根据参数的不同来调用相应的方法，具体由编译器在编译阶段静态决定。

动态多态是运行时多态，是指通过类间的方法重写实现的多态，在运行时根据调用该方法的实例的类型来决定调用哪个重写方法。静态多态具有高效性，动态多态更具有灵活性。

通过方法重载（Overload），一个类中可以有多个具有相同名字的方法，由传递给它们的不同个数和类型的参数来决定使用哪种方法。例如，对于一个作图的类，它有一个 draw()方法用来画图或输出文字，人们可传递给它一个字符串、一个矩形、一个圆形，甚至还可再指定作图的初始位置、图形的颜色等，对于每一种实现，只需实现一个新的 draw()方法即可，而不需要新起一个名字，这样大大简化了方法的实现和调用，程序员和用户都不需要记住很多方法名，只需要传入相应的参数即可。

通过方法覆盖（Override），子类可以重新实现父类的某些方法，使其具有自己的特征。例如，对于汽车类的加速方法，其子类（如赛车）中可能增加了一些新的部件来改善和提高加速性能，这时可以在赛车类中覆盖父类的加速方法。覆盖隐藏了父类的方法，使子类拥有自己的具体实现，更进一步表明了与父类相比，子类所具有的特殊性。

6.3.2　方法重载

如前所述，通过方法重载是 Java 实现多态的一种方式。方法重载是指在同一类中，同一个方法名可被同名定义多次，但这些方法必须采用不同的参数列表，包括形参的个数、类型、顺序的不同。通过重载可定义多种同类的操作方法，调用方法时，系统是通过方法名和参数确定所调用的具体方法与操作，这种现象叫作方法的重载机制。方法的返回类型和参数的名字不参与比较。

对象的功能是通过类中的方法来体现，那么方法的重载就是功能多态性的体现。所谓功能多态性，是指可以向功能传递不同的消息，以便让对象根据相应的消息来产生一定的行为。

重载方法必须满足以下条件：

（1）方法名相同。

（2）方法的参数类型、个数、顺序至少有一项不相同。

（3）方法的返回类型可以不相同，方法的修饰符也可以不相同。

例如，Java.lang.Math 类的 max()方法能够从两个数字中取出最大值，它有多种实现方式。

```
public static int max(int a,int b)//若参数均为 int 型,则执行此语句,如:math.max(1,2)
public static int max(float a,float b)  //若参数均为 float 型，则执行此语句，如:
                                        //Math.max(1.0F, 2.0F)
public static int max(double a,double b)//若参数为 double 型，则执行 max(double a,
                                        //double b)方法
```

其中，只要有一个参数是 double 型，系统自动会把另一个参数转换为 double 类型。例如：Math.max(1.0,2); 隐含为 double 型，执行此方法。在一个类中不允许定义两个方法同名同参数，若如此，Java 虚拟机在运行时就无法决定到底执行哪个方法。

【例 6-6】试通过方法重载编程完成分别接收一个或多个不同类型的数据。

```
class MethodOverloading {
    void receive( int i ){
        System.out.println("Receive one int data i="+i); }
    void receive( int x, int y ){
        System.out.println("Receive two int datas x="+x+" y="+y);    }
    void receive( double d ){
        System.out.println("Receive one double data:d="+d); }
    void receive( String s ){
        System.out.println("Receive a string ");
```

```
        System.out.println("s="+s);}
}
public class MethodOverloadingTest{
    public static void main( String args[ ] ){
        MethodOverloading mo=new MethodOverloading( );
        mo.receive(1); mo.receive(2,3);mo.receive(12.56);
        mo.receive( "very interesting, isn't it?" );
    }
}
```

程序运行结果如图 6-6 所示。

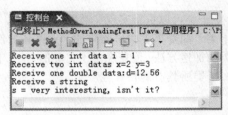

图 6-6　例 6-6 程序运行结果

注：在类中有多个方法同名时，只要参数列表不同（个数和类型不同），就构成方法重载。但仅返回类型不同，不足以构成方法的重载。Java 中不允许在一个类中声明同名同列表的方法。

例如：test(int x,int y);　　与　　　test(int i,int k);
这两种方法的识别标记是相同的，虽然形参变量名不同，但还是不足以构成方法重载。

6.3.3　构造方法重载

除了重载一般方法外，构造方法也能够重载。构造方法的重载是指同一个类中定义不同参数的多个构造方法，以完成不同情况下对象的初始化。实际上，对于大多数所创建实现的类，重载构造方法是很常见的，一个类的若干个构造方法间可相互调用。当类中一个构造方法需要调用另一个构造方法时，可使用关键字 this，同时这个调用语句应该是该构造函数的第一个可执行语句。

【例 6-7】构造方法重载的应用。

```
class Addclass{
    public int x=0,y=0,z=0,s=0;       //以下是多个同名不同参数的构造方法
    Addclass(int x)              {       //可重载的构造方法1
        this.x=x;
        System.out.println("Addclass(int x)结果: x="+x); }
    Addclass(int x,int y){             //可重载的构造方法2
        this.x=x;
        this.y=y;
        s=this.x+this.y;
        System.out.println("Addclass(int x,int y)结果: x+y="+s); }
    Addclass(int x,int y,int z){  //可重载的构造方法3
        this(x,y);                      // 当前构造方法调用可重载的构造方法2
        this.x=x;
        this.y=y;
        this.z=z;
        s=this.x+this.y+this.z;
        System.out.println("Addclass(int x,int y,int z)结果: x+y+z="+s);  }
}
public class GzffOverload{
    public static void main(String args[]){
```

```
Addclass p1=new Addclass(2,3,5);        Addclass p2=new Addclass(10,20);
Addclass p3=new Addclass(1); }
}
```
程序运行结果如图 6-7 所示。

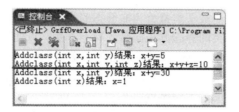

图 6-7　例 6-7 程序运行结果

6.3.4　方法覆盖

方法覆盖是指子类对继承自父类的同名方法（且这个方法的名字、返回类型、参数个数和类型与从父类继承的方法完全相同）进行重新定义,把父类的状态和行为改变为自己的状态和行为。若父类的方法可以被子类继承,Java 允许子类有权重新改写该方法,从而也就隐藏了该方法的继承,此时子类对象调用时一定是重写的方法。由于父类与子类有同名方法,所以在引用方法时需要指明引用的是父类的方法还是子类的方法。

简言之,方法的覆盖就是子类重新定义从父类继承而来的一个同名方法,此时子类将清除父类方法的影响。子类可以通过重新定义与父类同名的方法,实现自身的行为。

注：方法覆盖只存在于子类和父类（包括直接父类和间接父类）间,在同一个类中方法只能被重载,不能被覆盖。

【例 6-8】方法覆盖程序实例。

```
class Father {
    protected double x=10,y=12;
    public void speak(){ System.out.println("父类 speak()方法: hello!" ) ;}
    public void cry(){ y=x+y;   System.out.println("输出结果: x+y="+y);   }
}
class Son extends Father{
    int y=100, z;
    public void speak() {  z=2*y;
        System.out.print("How are you!!");
        System.out.println("子类 speak()方法覆盖输出结果: y="+y+",z="+z);  }
}
class FffgTest {
    public static void main(String args[ ]){
    Son son=new Son(); son.cry(); son.speak();  }
}
```
程序运行结果如图 6-8 所示。

图 6-8　例 6-8 程序运行结果

在方法的覆盖中，需要注意的问题：子类重新定义父类已有的方法时，应保持与父类完全相同的方法头声明，即应与父类有完全相同的方法名、返回类型和参数列表，否则就不是方法的覆盖。

在实现方法覆盖时，Java 不允许子类方法缩小父类中被覆盖方法的访问权限。另外，还需要注意以下几方面的问题：

（1）父类的静态方法不能被子类覆盖为非静态的，非静态的不能被覆盖为静态方法。

（2）子类可以定义与父类的静态方法同名的静态方法，以便在子类中隐藏父类的静态方法。在编译时，子类定义的静态方法也必须满足与方法覆盖类似的约束条件：方法的参数个数及类型一致，返回类型一致，不能缩小父类方法的访问权限，不能抛出更多的异常。

（3）父类的私有方法不能被子类覆盖。

（4）父类的抽象方法可以被子类通过两种途径覆盖：一是子类实现父类的抽象方法；二是子类重新声明父类的抽象方法。

6.3.5 覆盖终止

继承与覆盖给 Java 程序的复用带来了便捷，但是有时出于安全考虑，为了防止父类被覆盖，人们引出了终止覆盖的理念，即 final 修饰符外延性的使用。

Java 中，若一个类被 final 修饰符所修饰和限定，那么这个类就不能有子类，也就无覆盖可言。只要用 final 修饰父类中的特定方法，就可以避免子类来覆盖此方法，达到终止覆盖的效用。

【例 6-9】终止覆盖程序。

```
class Parent { int x=100, y=20;
    public final void sum(){
       int s;    s=x+y;  System.out.println ("s="+s);              }
    }
    public class Terminate_Coverer extends Parent { int m=20, n=30;
    public void sum(){int f; f=m+n; System.out.println ("f="+f); }
    public static void main (String args []){
    Terminate_Coverer cov=new Terminate_Coverer ();cov.sum (); }
    }
```

【程序解析】该程序用 final 定义了父类的 public sum ()方法，使得系统运行出错，防止了用子类 sum ()方法覆盖父类所定义的 sum()方法。

程序运行结果如图 6-9 所示。

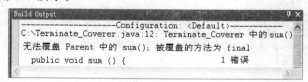

图 6-9　例 6-9 程序运行结果

6.3.6 继承与多态应用实例

【例 6-10】轮船是水路的常用交通工具，具有船型、速度、颜色等属性，能够发动、加速、刹车、停车等功能。常见的轮船有渔船、汽艇、军舰等。渔船具有最大载鱼量、鱼名属性，广播等方法。汽艇具有最大载客量、自重类型属性，以及广播等方法。军舰具有最大射程属性，远程射击的方法。请编写轮船 Ship 类、渔船 Fishingboat 类、汽艇 Launch 类、军舰 Warships 类和轮船测试 ShipTest 类 5 个独立类文件。

```java
public class Ship {                     //具有船型、速度、颜色
    String type; int speed;  String color;
    public Ship(){
        this("父类--通用轮船",25,"银灰色"); //调用当前类另一构造方法实现初始化
    }
    public Ship(String type,int speed, String color) {
        super(); this.type=type;
        this.speed=speed;      this.color=color;        }
    public void start(){                           //发动、加速、刹车、停车
        System.out.println(type+", "+speed+"码, "+color+", 正在发动! ");    }

    public void accelerate(){
        System.out.println(type+", "+speed+"码, "+color+", 正在加速! ");    }

    public void brake(){
        System.out.println(type+", "+speed+"码, "+color+", 正在刹车! ");    }
    public void stop(){
        System.out.println(type+", "+speed+"码, "+color+", 正在停车! ");    }
}
public class ShipTest{
    public static void main(String[] args) {
        Ship ship=new Ship();                       //父类
        ship.start(); ship.accelerate(); ship.brake();    ship.stop();
        System.out.println();
        Warships warships=new Warships("   巡洋军舰",120,"白色",2000); //子类
        warships.start(); warships.accelerate(); warships.brake(); warships.stop();
        warships.Shooting();                   //军舰射击
        Launch launch=new Launch("旅游观光汽艇",75, "红色","轻型游览汽艇",40);//子类
          launch.start(); launch.accelerate(); launch.brake(); launch.stop();
        launch.broadcast();                    //宣讲广播
        Fishingboat fishingboat=new Fishingboat(" 舟山捕鱼500吨",45,"蓝色",6000,"
        大白沙鱼");                              //子类
     fishingboat.start(); fishingboat.accelerate();    fishingboat.start();
        fishingboat.accelerate(); fishingboat.brake(); fishingboat.stop();
        fishingboat.announceFish(); }        //说明鱼型
}
public class Fishingboat extends Ship{
    //渔船具有自己的最大载鱼量、鱼名属性
    int maxLoad;     String fishName;
    public Fishingboat() {
        this(3000,"青鱼");    }                 //默认 40 座位
    public Fishingboat(String type,int speed, String color,int maxLoad,String
        fishName) {
    super(type,speed, color); this.maxLoad = maxLoad; this.fishName=fishName;  }
    public Fishingboat(int maxLoad,String fishName) {
        super(); this.maxLoad=maxLoad; this.fishName=fishName;  }
    public void announceFish(){                //说明鱼型
        System.out.println("子类--渔船报道: 佐饭食用鱼: "+fishName+"最大载鱼量:
            "+this.maxLoad+" 枚! ");              }
}
public class Launch  extends Ship{              //汽艇具有最大载客量、自重类型
    String ow;   int maxLoad;
    public Launch() {
        this("轻型游览汽艇",10); }              //构造方法、默认最大载客 10 人
    public Launch(String type,int speed, String color,String ow, int maxLoad){
```

123

```
        super(type,speed, color); this.ow=ow; this.maxLoad=maxLoad; }
    public Launch(String ow, int maxLoad){
        super(); this.ow=ow; this.maxLoad = maxLoad;      }
    public void broadcast(){                  //宣讲广播
        System.out.println("子类--汽艇广播: 观光旅游开始了! "+this.ow+"最大载客量:
            "+this.maxLoad+" 人! "); }
        }
public class Warships  extends Ship{               //军舰具有最大射程
    int maxRange;
    public Warships() { this(8); }                //构造方法* 默认最大载重量8吨
    public Warships(String type,int speed, String color,int maxRange) {
    super(type,speed,color);                 this.maxRange=maxRange; }
    public Warships(int maxRange){
        super(); this.maxRange = maxRange; }
    public void Shooting(){                            //能够射击
System.out.println("子类--军舰射击报道: 军舰远程射击中的! "+this.maxRange+"海里! "); }
    }
```

程序运行结果如图 6-10 所示。

图 6-10　例 6-10 程序运行结果

【例 6-11】 从类的继承性与多态出发编码实现球类的继承覆盖理念。需求如下:

编写动物世界的继承关系代码。动物(Animal)包括山羊 Goat、狼 Wolf、老虎 Tiger 和梅花鹿 Deer。动物们吃(eat)的行为不同,山羊和梅花鹿吃草,老虎和狼吃肉,但走路(walk)的行为是一致的。通过继承实现以上需求并体现覆盖,且编写 AnimalTest 测试类进行测试。

```
public class Animal{
    public void walk(){
        System.out.println("多种动物正漫步在西部草原上呢! ");}
    public void eat(){
        System.out.println("         动物 Animal 正在吃东西呢! ");}
        System.out.println();}
public class Deer extends Animal {
    public void eat(){                   //方法重写-覆盖
        System.out.println("    梅花鹿 Deer 正边寻觅、边吃着小草! "); }
    public void walk(){
        System.out.println("梅花鹿 Deer 正欢快地奔跑在西部草原上! "); }
}
public class Goat extends Animal {
    public void eat(){                   //方法重写-覆盖
        System.out.println("    山羊 Goat 正在吃着嫩草! "); }
}
```

```
public class Wolf extends Animal {
    public void eat(){                     //方法重写-覆盖
        System.out.println("     狼Wolf,正在大口地吃着羊肉...! ");    }
    public void walk(){
        System.out.println("狼Wolf正在蚕食着羊群呢, 从速猎捕之! ");    }
}
public class Tiger extends Animal {
    public void eat(){                     //方法重写-覆盖
        System.out.println("     Tiger正虎视耽耽地瞧着、吃着梅花鹿肉! ");    }
    public void walk(){
        System.out.println("老虎Tiger正在追捕着梅花鹿Deer呢! ");    }
}
public class AnimalTest {
    public static void main(String[] args){
        Animal  animal=new Animal();
            animal.walk();          animal.eat();          animal=new Wolf();
            animal.walk();          animal.eat();          animal=new Goat();
            animal.walk();          animal.eat();          animal=new Tiger();
            animal.walk();          animal.eat();          animal=new Deer();
            animal.walk();          animal.eat();  }
}
```

程序运行结果如图 6-11 所示。

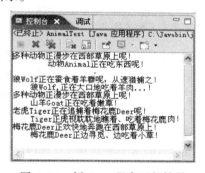

图 6-11　例 6-11 程序运行结果

6.4　接　　口

与 C++不同，Java 语言只支持单继承，即一个子类只能有一个父类（超类），无法实现多重继承，而接口则可弥补这一不足。

6.4.1　接口及特点

接口是用来实现类间多重继承功能的一种结构，如图 6-12 所示。利用接口可获得多个父类，即实现了多重继承。通过接口使得处于不同层次，甚至互不相关的类可具有相同的行为。接口中定义的方法都是抽象方法，即只有方法的声明，没有方法的实现，实现接口的

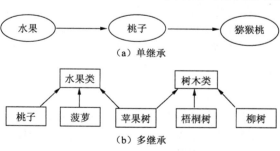

图 6-12　单继承与接口多继承示意图

类要实现接口中的所有方法。

接口具有如下特点：

（1）接口与类比较有其特殊性，可通过使用 extends 后面的多个父接口来定义多继承。

（2）接口允许没有父接口而无须最高层，即省略 extends 子句，间接地支持多重继承。

（3）接口中的方法只能被声明为 public 和 abstract，若不声明则默认为 public abstract。

（4）接口中定义的变量都是静态变量，即常量，其只能用 public、static 和 final 来定义，若不声明则默认为 public static final。

例如：double PI=3.14159; 系统默认为 public static final double PI=3.14159;。

（5）接口中的方法都是使用 abstract 修饰的抽象方法，即在接口中只给出方法名、返回值和参数表，而不能定义方法体。

一个类只能有一个父类，但可同时实现若干个接口。接口则把方法的定义和类的层次区分开，通过它可在运行时动态地定位所调用的方法。接口提供了比多重继承更简单灵活的功能。

6.4.2　接口定义及实现

接口的实现与使用分为 3 个步骤：先声明定义接口，再通过类实现接口，最后使用接口。

1. 接口的定义

用关键字 interface 来定义一个接口，接口的定义和类的定义很相似，分为接口的声明和接口体两部分，其格式如下：

```
[public] interface 接口名  [extends  父接口名列表]{
    ...  //接口体程序（包括常量定义和方法定义）
}
```

（1）接口声明：包括了接口的访问权限 public、接口名及它继承的父接口名列表。其中，interface 是接口关键字，表明其后紧跟的是接口名，extends 后面的父接口名列表，可列出多个父接口。实际上也可将接口理解为特殊的类，与类声明中的 extends 子句类似，差异是一个接口可以有多个父接口，由 extends 引出用逗号隔开。子接口继承父接口中所有的常量和方法。

（2）接口体：包含常量定义和方法定义两部分。

接口中定义的常量可被实现该接口的多个类共享。在接口中定义的常量默认为 public、final、static，其值必须以常量值初始化。

接口中只进行声明的方法是个抽象方法，而不提供方法的实现，即是没有方法体的方法，可直接以 ";" 结尾。定义在接口中的方法默认为 public 和 abstract，通常无须修饰，效果一样。另外，若在子接口中定义了和父接口同名的常量或相同的方法，则父接口中的常量被隐藏，方法被重载。

2. 接口的实现

在定义好接口后，相关类就可以实现这个接口。可在类的声明中用 implements 子句来表示一个类使用某个接口，而对于一个类而言，可以实现多个接口。实现接口的语法格式如下：

```
[类修饰符] class 类名 [extends 父类名] implements 接口名列表{
    ...     // 类体
}
```

语法说明：

（1）类修饰符要么是 public 的，要么是没有修饰符的。

（2）若一个类实现多个接口，则接口间用逗号分隔。

（3）若实现某个接口的类不是 abstract 抽象类或者是该抽象类的子类，都必须实现指定接口的所有抽象方法,抽象方法在实现时要修饰为 public,且还要求方法的参数列表、名字和返回类型必须与接口中定义的完全一致。

3. 接口的使用

Java 中常可通过实现接口的类来创建具体类对象来付诸应用。

【例 6-12】本例是以接口 Shape2D 及其实现,体现了接口的多重继承机制。

```
interface Shape2D{                                    //①定义接口
    final double pi=3.14;  abstract void area();      //接口抽象方法 area()
}
class CRectangle implements Shape2D{     // ②-1 实现接口 Shape2D 的类 CRectangle
    int width,height;
    public CRectangle(int w,int h)  {width=w;height=h; }
    public void area(){             // 定义 area()的处理方式
    System.out.println("通过接口及其实现 CRectangle 类的方法计算面积"+width*height); }
}
class CCircle implements Shape2D{   //②-2 实现接口 Shape2D 的类 CCircle
    double radius;
    public CCircle(double r){radius=r; }
    public void area(){                        // 定义 area()的处理方式
    System.out.println("通过接口及其实现CCircle类的方法计算面积="+pi*radius*radius);  }
}
public class  InterfaceTest{//③接口的运用
    public static void main(String args[])  {
        System.out.println("      接口 Shape2D 应用实例: "); System.out.println("");
        CRectangle rect=new CRectangle(5,10); rect.area();
        //通过对象 rect 调用 CRectangle 类中的 area()方法
        CCircle cir=new CCircle(2.0); cir.area();}
        //通过对象 cir 调用 CCircl 类中的 area()方法
    }
```

【程序解析】由本范例程序代码可以看出,通过接口及接口的实现可编写出更简洁的程序代码。首先,定义接口 Shape2D;其次,实现接口,通过 Crectangle 与 CCircle 分别实现接口 Shape2D;最后,接口的使用,通过 rect 与 cir 对象分别实现接口的使用:分别计算面积。

程序运行结果如图 6-13 所示。

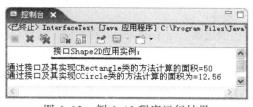

图 6-13　例 6-12 程序运行结果

6.5　包

由于 Java 编译器为每个类生成一个字节码文件,且文件名与类名相同,因此同名的类有可能发生冲突。为了解决这一问题,Java 提供包来管理类名空间。包实际上提供了一种命名机制和可见性限制机制。它对应于资源管理器中的文件夹,包中尚可再含子包(子文件夹)。

在 Java 中,包的概念和目的与其他语言的函数库非常类似,所不同的只是其中封装的是一组类。为了开发和重用方便,可将写好的类程序整理成一个个程序包,以供应用开发使用。

6.5.1　包的定义

包（Package）是一组相关类和接口的集合，即类和接口的容器。它提供了访问权限（控制类间的访问）和命名的管理机制（划分类名空间）。Java 中的包主要有 3 个作用：

（1）可使得功能相关的类易于查找和使用，同一包中的类和接口通常是功能相关的。

（2）可避免命名的冲突，不同包中的不同类可以同名。

（3）可提供一种访问权限的控制机制，一些访问权限以包为访问范围。

包定义语句的格式为：　　　　package 包名 1[.包名 2[.包名 3…]];

【说明】

（1）定义创建一个包，只需在定义类和接口的源文件的第一行使用 package 语句，即作为 Java 源文件的第一条语句，指明该文件定义类所在的包。若缺省该语句，则指定为无名包。

（2）任何一个源文件最多只能有一个包定义语句，通常包名全部用小写。

（3）包可带路径，形成与 Java 开发系统文件结构相同的层次关系，各层次间以点分隔。

不同程序文件内的类也可同属于一个包，只要在这些程序文件前加上同一个包的说明即可。例如：

```
package  chap6.ch6_12;        //chap6 包下的子包 ch6_12
   class Father {    ... }     //类 Father 放入包 chap6\ch6_12
   class Son{    ... }         //类 Son 放入包 chap6\ch6_12
   class Daughter{    ... }    //类 Daughter 放入包 chap6\ch6_12
```

Java 编译器把包管理对应于文件系统的目录管理，一个包类似于一个文件夹。

Java 的 JDK 提供的包包括：java.applet、java.awt、java.awt.image、java.awt.peer、java.io、java.lang、java.net、java.util、sun.tools.debug 等。包层次的根目录是由环境变量 CLASSPATH 来确定的。每个包中都包含了许多有用的类和接口。人们在应用中可定义包来实现应用程序分门别类的管理。

6.5.2　类与包的引用

将类和接口组织成包的目的是能够更有效地使用包中的类。为了能使用 Java 中已提供的类，需要用 import 语句来引用所需要的类。import 语句的格式为：

```
import 包 1[.包 2…]. (类名|*);
```

其中，包 1[.包 2…]表明包的层次，与 package 语句相同，它对应于文件目录，类名则指明所要引入的类，如果要从一个包中引入多个类，则可以用星号"*"来代替。例如：

```
import java.awt.*;   import java.util.Date;
```

Java 编译器为所有程序自动引入包 java.lang，因此不必用 import 语句引入它包含的所有的类，但是若需要使用其他包中的类，必须用 import 语句引入。

例如，类 Date 包含在包 java.util 中，可用 import 语句引入它以实现它的子类 myDate：

```
import java.util.*;
class myDate extends Date{  …  }
```

也可直接引入该类：class myDate extends java.util.Date{ … } //两者是等价的

在 Java 中为了装载使用已编译好的包，通常可使如下 3 种方法：

（1）在要引用的类名前带上包名作为修饰符，例如：Animals.Cat cat=new Animals.Cat();，其中 Animals 是包名，Cat 是包中的类，cat 是类的对象。

（2）在文件开头使用 import 引用包中的类，例如：

```
import Animals.Cat;
```

```
class Check      {    Cat cat=new Cat();    }
```

（3）在文件前使用 import 引用整个包：Dog 为包中类，dog 为类对象，其余同上。

```
import Animals.*;
class Check{   Cat cat=new Cat();      Dog dog=new Dog();      …   }
```

以上未用到 package 语句，实际上是把所有类都放在默认的无名包：当前工作目录中，使用包时要特别注意系统 classpath 路径的设置情况。

【例 6-13】将 MultiEx 与 PackMultiEx 类放入定义的 bag 包中，通过 PackMultiEx 类来引用。

```
package bag;                              // 创建包 bag，将 MultiEx 类放入 bag 中
public class MultiEx{                     //创建 MultiEx 类，自动对应放入 bag 包中
    int m, n;
    public MultiEx(int i, int j){
        this.m=i;this.n=j;   System.out.println ("乘积 (m*n) ="+m*n);}
    public void show(){
        System.out.println ("您好，这是 bag 包下 MultiEx 类的具体应用！");} }
import bag.MultiEx;                        //对 bag 包下 MultiEx 类的引用
public class PackMultiEx{
public static void main (String args[ ] ){
    MultiEx YU=new MultiEx(4,5);        //使用 bag 包下 MultiEx 类
    YU.show();}}
```

【程序解析】本程序先建立了 bag 包及放入其中的 MultiEx 类，然后通过 PackMultiEx 类引用 bag 包中 MultiEx 类，完成运算。

程序运行结果如图 6-14 所示。

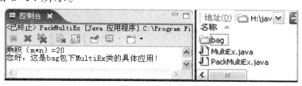

图 6-14   例 6-13 程序运行结果

6.5.3   常用包介绍

Java 提供了大量预先设定好和供应用开发使用的包，在此仅介绍常用的几种以供参考。

（1）java.lang 包：它是 Java 语言的核心包，包括 Java 语言基础类，提供基本数据类型及操作，如基本数据类型、基本数值函数、字符串处理、线程、异常处理等。其中的类 Object 是 Java 中所有类的基础类，不需要用 import 语句引入，也就是说，每个程序运行时，系统都会自动引入 java.lang 包。

（2）java.io 包：该包融合用于数据输入/输出的类，提供输入/输出流控制，主要用于支持与设备有关的数据输入输出，即数据流输入/输出、文件输入/输出、缓冲区流及其他设备的输入/输出。凡需要完成与操作系统相关的较低层的操作，都应在程序的首部引入 java.io 包。

（3）java.applet 包：它提供了创建用于浏览器的 Applet 小程序所需要的类，包括以下几个类：AppletContext、AppletStub、AudioClip、Applet 等。开发 Applet 小程序时，必须引入 java.applet 包，并由于次序主类定义为 Applet 的子类。

（4）java.awt 包：awt 抽象窗口工具集提供了图形用户界面设计、传略操作、布局管理和用户交互控制、事件响应的类。开发相应程序时，必须引入 java.awt 包。

（5）java.swing 包：swing 抽象窗口工具集提供了高级图形用户界面设计等，开发相应程序时，必须引入 java. swing 包。

（6）java.math 包：Java 语言数学包，包括数学运算类和小数运算类，提供完善的数学运算方法，如数值运算方法、求最大值最小值、数据比较、类型转换等类。

（7）java.util 包：Java 实用程序包，提供了许多实用工具，如日期时间类（Date）、堆栈类（Stack）、哈希表类（Hash）、向量类（Vector）、随机数类、系统属性类。

（8）java.security 包：Java 安全包，提供了网络安全架构所需的类和接口，可以有效地管理和控制程序的安全性。

（9）java.SQL 包：Java 数据库包，提供了 Java 语言访问处理数据库的接口和类，它是实现 JDBC（Java DataBase Connect，Java 数据库连接）的核心类库。

（10）java.rmi 包：Java 远程方法调用包，Java.rmi 包提供了实现远程方法调用（remote method invocation）所需的类，用户远程方法调用是指用户程序基于 JVM 在远程计算机上创建对象，并要本地计算机上使用这个对象。

（11）java.text 包：Java 文本包，提供了一种独立于自然语言的方式处理文本、日期、数字、消息的类和接口，实现日期、数字、消息的格式化、字符串搜索排序的功能。

（12）java.net 包：Java 网络包，提供了网络应用的支持。它包括 3 种类型的类：用于访问 Internet 资源及调用 CGI 通用网关接口的类，如 URL；用于实现套接字接口 Socket 网络应用的类。

6.6 内 部 类

内部类（Inner Class）是嵌套定义在其他类中的类（又称嵌套类），包含内部类的类称为外部类。内部类的主要作用是将逻辑上相关联的类放在一起。在解决一个复杂问题时，可能希望创建一个类，用来辅助自己的程序方案，但同时又不愿意它公开，内部类则可以实现这一点。内部类经常用于 GUI 事件处理，不能与外部类同名。内部类与类中的成员变量和方法一样是外部类的成员，所以它可以不受限制地访问外部类的成员变量和方法，即使这些成员是 private 的。因此，这也是内部类所带来的一个好处，它可以更好地为外部类服务。内部类使用注意事项如下：

（1）内部类是个独立的个体，与外部类无关。

（2）内部类可操作外部类中所有的成员方法和成员变量，包括 private 修饰过的。

（3）生成内部类的字节码文件，格式是：外部类名$内部类名

（4）当外部类、内部类、内部类方法中都包含同一字段或方法时，调用类中的字段，用"this.字段名"；调用外部类中的字段，可以用"outer.this.字段名"。

（5）如果需要声明内部类，可在外部类定义一个返回内部类对象的方法或在新类中先 new()一个外部类对象，然后再通过 uter.inner()去实现声明外部类变量。切勿直接用 new 去声明内部类，也不能在外部类中直接定义内部类对象。

（6）不管内部类嵌套多深，都可访问外部类的对象（变量和方法）。

【例 6-14】内部类定义和使用。

```
public class InnerClassTest{
    public static void main(String[] args){
        MOutClass.InnerClass oi=new MOutClass().new InnerClass();
        oi.calculinner();    MOutClass o=new MOutClass();
        MOutClass.InnerClass inner=o.new InnerClass();
            o.i=1;    inner.j=2;  inner.calculinner();}
    }
    class MOutClass{
```

```
int i;int k=5;    private String name="!此乃内部类应用!";
    class InnerClass{
        int j;
        public void calculinner(){
        System.out.println("InnerClass 类 calculinner 方法的计算结果: "+
        (i*100+j*10+k)+name);
        calculout();   }
    }
    public void calculout(){
        int s=0;s=i*30-k;
        System.out.println("MOutClass 类 calculout 方法的计算结果: "+s+name);
    }
}
```

程序运行结果如图 6-15 所示。

图 6-15　例 6-14 程序运行结果

注：嵌套类的类名仅可作用于定义范围中，必须与包装它的外部类有区别。方法中定义类，其类名只能出现在方法中，只能使用定义为 final 的局部变量，不可以使用方法中的非静态变量。嵌套类可以使用的变量种类包括：类变量、实例变量、final 局部变量。

此外，嵌套类同样具有所有的访问控制权限。嵌套类可以是 abstract 类、接口等。定义为 static 的内部类将成为顶级类，不依赖于外部类的对象而生成，但不可以访问外部类的对象成员；非 static 内部类不能定义 static 成员。当外部类编译时，内部类也会编译，生成的类文件格式为：OuterClass$InnerClass，如 Outer$Inner.class。

本 章 小 结

本章讨论了面向对象程序设计的两个最为重要的特点：继承和多态。

封装（Encapsulation）是将代码及其处理的数据绑定在一起的一种编程机制。继承是面向对象程序设计方法中的一种重要手段，通过继承可以更有效地组织程序结构，明确类间关系，并充分利用已有的类来创建新类，以完成更复杂的设计、开发。多态则可以统一多个相关类对外的接口，并在运行时根据不同的情况执行不同的操作，提高类的抽象度和灵活性。

接口（Interface）可看成一个空的抽象的类，只声明了一组类的若干同名变量和方法，而不考虑方法的具体实现。Java 的包（Package）中包含一系列相关的类，同一个包中的类可直接互相使用，对包外的类则有一定的使用限制。Java 的包近似于其他语言的函数库，可以重用。内部类（Inner Class）是定义在其他类中的类，主要作用是将逻辑上相关联的类放在一起。在解决一个复杂问题时，可能希望创建一个类，用来辅助自己的程序方案，但同时又不愿意它公开，内部类则可以实现这一点。内部类经常用于 GUI 事件处理。

思考与练习

一、选择题

1. 关于继承的说法正确的是_____。
   - A. 子类将继承父类所有的属性和方法
   - B. 子类可以继承父类的非私有属性和方法
   - C. 子类只继承父类 public 方法和属性
   - D. 子类只继承父类的方法，而不继承属性

2. 下列说法_____正确。
   - A. Java 中允许一个子类有多个父类
   - B. 某个类是一个类的子类，它仍有可能成为另一个类的父类
   - C. 一个父类只能有一个子类
   - D. 继承关系最多不能超过 4 层

3. 关于构造函数的说法_____正确。
   - A. 一个类只能有一个构造函数
   - B. 一个类可以有多个不同名的构造函数
   - C. 构造函数与类同名
   - D. 构造函数必须自己定义，不能使用父类的构造函数

4. 在调用构造函数时_____。
   - A. 子类可以不加定义就使用父类的所有构造函数
   - B. 不管类中是否定义了何种构造函数，创建对象时都可以使用默认构造函数
   - C. 先调用父类的构造函数
   - D. 先调用形参多的构造函数

5. 下列_____说法正确。
   - A. 子类只能覆盖父类的方法，而不能重载
   - B. 子类只能重载父类的方法，而不能覆盖
   - C. 子类不能定义和父类同名同形参的方法，否则，系统将不知道使用哪个方法
   - D. 重载就是一个类中有多个同名但有不同形参和方法体的方法

6. this 和 super_____。
   - A. 都可以用在 main()方法中
   - B. 都是指一个内存地址
   - C. 不能用在 main()方法中
   - D. 意义相同

7. 关于接口_____正确。
   - A. 实现一个接口必须实现接口的所有方法
   - B. 一个类可以实现多个接口
   - C. 接口间不能有继承关系
   - D. 接口和抽象类是同一回事

8. 关于抽象类_____正确。
   - A. 抽象类中不可以有非抽象方法
   - B. 某个非抽象类的父类是抽象类，则这个子类必须重载父类的所有抽象方法
   - C. 绝对不能用抽象类去创建对象
   - D. 接口和抽象类是同一回事

9. 下列_____说法是正确的。
   - A. Java 语言只允许单一继承
   - B. Java 语言只允许实现一个接口

C. Java 不允许同时继承一个类并实现一个接口

D. Java 允许多重继承使得代码更加可靠

10. 下列语句中，_____可用来访问父类被隐藏的成员变量。

A. this.variable   B. super.variable   C. super.Method   D. super()

11. 下列关于构造方法说法正确的是_____。

A. 不能重写可重载   B. 不能重载可重写

C. 不能重写可重载   D. 可重写也可重载

12. 下列定义 Java 的常量，不正确的是_____。

A. public static final double PI = 3.14   B. public final static double PI = 3.14

C. finalpublic static double PI = 3.14   D. static public double PI = 3.14

二、是非题

1. 封装是将代码及其处理的数据绑定私密化的一种编程机制。　　　　　（　　　）

2. Java 是多继承机制，即一个子类可以有多个父类。　　　　　　　　（　　　）

3. 继承是一个类对象获得另一个类对象的属性变量的过程。　　　　　　（　　　）

4. Java 中通过 super 来实现对子类成员的访问。　　　　　　　　　　（　　　）

5. 多态体现了 "一个方法名字，多个行为结果" 的特性。　　　　　　　（　　　）

6. 重载方法必须满足方法名相同这一基本条件。　　　　　　　　　　　（　　　）

7. Java 中被 final 所修饰的类，那么这个类就不能有子类。　　　　　（　　　）

8. 一个类只能有一个父类，但可有若干个接口。　　　　　　　　　　　（　　　）

9. 包是一组相关类和接口的集合，即类和接口的容器。　　　　　　　　（　　　）

10. 包语句可在文件的任何位置。　　　　　　　　　　　　　　　　　（　　　）

三、思考与实验

1. 何谓继承？何谓子类?何谓父类？

2. 何谓单继承？何谓多重继承？通过继承，子类可获得哪些好处？

3. 简述子类的创建与继承规则。

4. 简述关键字 super 的用法，子类在什么情况下可以继承父类的友好成员？

5. 简述 Java 接口及其实现使用步骤。

6. 包的作用是什么？如何引用包？

7. 程序如下：（1）写出程序运行结果，并实验验证程序的正确性。

（2）若标记①处 Child()改成 Father()，写出结果并完成实验验证。

（3）若标记②处 putlesson()改成 getlesson()），写出结果并完成实验验证。

```
public class Testih{
    public static void main (String [] args){
        Father  fch=new Child(); //① Child()改成 Father()父辈演义系列集!
        fch.putlesson(); //②putlesson();语句改成 getlesson() --网络数据库技术!

    }
}
class Child extends Father{
    public void putlesson()  {
    System.out.println("子承父业系列集!"); }
}
class Father {
```

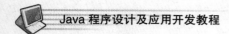

```
        public void putlesson(){
        System.out.println("父辈演义系列集!"); }
        public void getlesson(){
        System.out.println("网络数据库技术!"); }
    }
```

8. 编写动物世界的继承关系程序。动物（Animal）包括鸡（Chicken）和黄鼠狼（Weasel），它们吃（eat）的行为不同，鸡吃米粒，黄鼠狼吃鸡肉，但走路（walk）的行为是一致的。通过继承实现以上需求，并编写 AnimalTest 测试类进行测试，而后实验验证。

9. 编程实现如下需求：（1）皮球（Ball）分为篮球（Basketball）和乒乓球（TableTennis），各种皮球的运动（play）方法各不相同。（2）编写一个 BallTest 测试类。要求：编写 testPlay()方法，对各种皮球进行测试显示，在 main()方法中予以测试，各文件独立编编译。

10. 采用方法重载技术编写长方形 Rectangle（圆 Circle）类。该类提供计算长方形（圆）的面积，然后编写 RectangleTest（CircleTest）类进行测试。

程序设计篇

第7章
异 常 处 理

【本章提要】人们在编写程序时难免会出现错误，如何谨慎规避、妥善处理这些错误或异常是保证系统正常运行、程序高效高质的关键。本章主要讲述 Java 语言中的异常及异常捕获处理方法，包括：Java 语言的异常处理机制，对 Java 的异常类层次进行了描述，对常见的异常类型做了解释；对捕获异常以及异常处理方法的常用语句进行了解释和分析；对自定义异常的方法进行了讲解。

7.1　异常处理机制

异常（Exception）就是 Java 程序在运行过程中所发生的非正常事件。例如，除数为零、数组下标越界、需访问的文件找不到等都属非正常事件，程序都会出现异常。

Java 语言提供的异常处理机制主要是用来处理程序执行过程中产生的各种错误（如除数为 0 等），使用异常对程序给出一个统一和相对简单的异常处理和抛出机制。当所调用的方法出现异常时，调用者可以捕获异常使之得到处理；也可以回避抛出异常。

1. 异常层次结构

Java 将异常看作一个类，且按照层次结构来区别不同的异常。异常类的根结点为 Throwable，它分为两大类：Error（错误）和 Exception（异常），都定义在 java.lang 包中。子类 Error 代表错误类，由系统直接处理；Exception 及子类是在程序中可捕捉到的异常，由应用程序处理或抛出。异常的层次结构如图 7-1 所示，系统定义的常见异常如表 7-1 所示。

系统常见的执行异常举例：

（1）Object obj=new Object();int a[]=(int[])(obj);　　　//ClassCastException 对象转换异常

（2）int x=0,y;y=20/x;　　　　　　　　　　　　// ArithmeticException 算术错误异常

（3）int a[]=new int[100];a[100]=0;　　　　//ArrayIndexOutOfBoundsException 数组元素下标越界

（4）int a[]=new int[20];Boolean b[]=new Boolean[20]; System.arraycopy(a,5,b,9,4);

　　/*ArrayStoreException 异常，即 a,b 数组类型不兼容。其中，arraycopy 方法的含义是：将数组 a 中从下标为 5 的元素开始，复制 4 个元素到开始位置为 9 数组的 b 中。*/

（5）char ch="ABCD".charAt(60);　　//IndexOutOfBoundsException 异常，字符串的长度是 4，没

　　　　　　　　　　　　　　　　　　　　　//有下标为 60 的字符

（6）int a[]=new int[-2];　　　　　　　// NegativeArraySizeException 类异常，数组的大小参数为负数

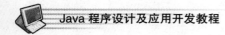

（7）int a[]=null;System.out.print(a.length);   // NullPointerException 异常，引用空对象的实例
变量或方法

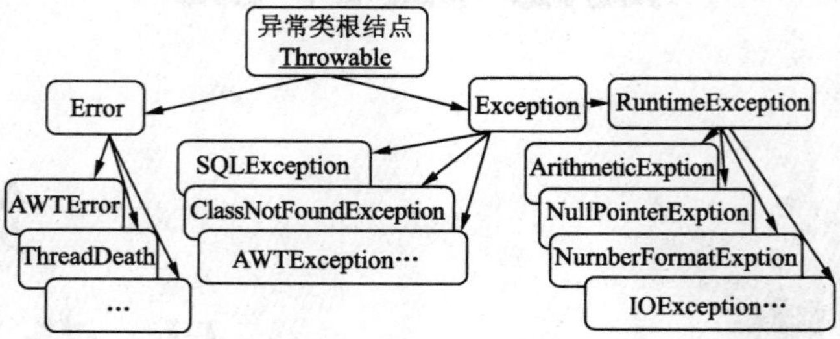

```
              异常类根结点
              Throwable

   Error          Exception      RuntimeException

AWTError    SQLException       ArithmeticExption
            ClassNotFoundException  NullPointerException
ThreadDeath  AWTException…     NurnberFormatExption
  …                              IOException…
```

图 7-1　异常的层次结构

表 7-1　系统常见的异常

异　常　类　名	说　　明
ClassNotFoundException	没有找到要装载使用的类
ClassCastException	类强制转换异常。非同类对象转换产生的异常
IllegalAccessException	非法访问错误异常
InstantiationException	实例化异常，如抽象类实例化产生的异常
IndexOutOfBoundsException	索引越界异常
MalformedURLException	URL 格式错误异常
NoSuchMethodException	没有找到要调用的方法
RuntimeException	运行时出现的异常
ArithmeticException	算术错误异常，如除数为 0
ArrayStoreException	数组存储空间不足异常或类型不兼容
IOException	输入/输出异常
ArrayIndexOutOfBoundsException	访问数组元素下标越界异常
StringIndexOutOfBoundsException	字符串序号越界异常
FileNotFoundException	未找到指定的文件或目录异常
NegativeArraySizeException	负数数组异常，如数组长度为负
NullPointerException	访问空对象的方法或变量时产生的异常
SecurityException	安全性异常，如访问了不该访问的指针等

2．异常的分类

由图 7-1 异常的结构图及其外延的用户自定义异常可知：Java 异常分为三类：

（1）虚拟机内部异常：此类是 Java 虚拟机由于某些内部错误产生的异常，这类异常不在用户
程序的控制范畴而由系统的异常类处理，用户无须处理此类异常。

（2）标准异常：该类是标准异常，通常由程序代码中的错误所产生，例如被 0 除、数组下标
越界等，此类为需要由用户程序处理的异常。

（3）自定义异常：该类用户根据需要在程序中自定义的异常，是异常结构的外延。

注：系统中原已定义好的异常类称为内置异常类，程序员只对产生了这些异常后如何进行处
理来编程，不能指定怎样的异常属于内置异常类。

异常处理就是在程序中预先设置好对异常的处理方法，当出现异常时，程序对异常进行处理，
处理完毕后程序继续运行。异常处理机制，则把异常看作一种类，每当发生此类事件时，Java 即

自动创建一个异常对象，并执行相应的代码去处理该事件。异常处理机制可以简化程序员的负担，使程序更加清晰，增强程序的健壮性和容错性。

对于异常的处理，若程序员不指定产生某种类型异常后如何处理（即编写 try-catch 程序），则系统会在程序运行过程中，产生异常时自动抛出异常，执行系统默认的程序。因此，异常产生时可由系统自动处理，当程序员需要在异常产生时进行相应的动作或者有特定的要求，则可以编写相应的代码，对异常进行处理。

7.2　异常处理方法

Java 提供的异常方法有两种：一是使用 try…catch…finally 结构语句对异常进行捕捉和处理；二是通过 throw 和 throws 抛出异常。

7.2.1　异常的捕获与处理

异常处理的语法结构形式如下：

```
try  {
    可能出现异常的程序执行体}
catch(异常类型 1    异常对象 1)
    {   异常类型 1 对应异常处理程序体 1   }
catch(异常类型 2    异常对象 2)
    {   异常类型 1 对应异常处理程序体 2   }
…
Finally {   异常处理结束前的执行程序体   }
```

【说明】

（1）try 语句用于指明可能产生异常的程序代码段，其中所写的为被监视的代码段，一旦发生异常，则由 catch 代码进行处理。

（2）catch 为等待处理的异常事件及其处理代码，在 try 语句之后。一个 try 语句可有若干个 catch 语句与之相匹配，用于捕捉异常。每个要捕捉的异常类型对应一个 catch 语句，该语句包含着异常处理的代码。

（3）finallly 为最终处理的代码段，是个可选项，如果包含有 finally 块，无论异常是否发生，finally 块的代码必定执行。

程序正常运行过程中，try 后面的各 catch 块不起任何作用。但如果该块内的代码出现了异常，系统将终止 try 块代码的执行，自动跳转到所发生的异常类对应的 catch 块中，执行该块中的代码。在异常处理以后，程序从 try 语句代码后继续执行。

另外，若在 try 语句前已产生异常，那么后面的 try 和 catch 语句本身将不被执行，而是采用默认的异常处理机制进行处理。所以，一定要把可能产生异常的语句包含在 try 语句内。例如：

```
a=20;b=0;c=a/b;
try{a=2/b;      }          //由于c=a/b处已产生异常，try起以后所有语句都不执行
catch(ArithmeticException e){System.out.println("除数为 0");}
System.out.println("\t a="+a);
```

使用 catch 语句捕捉异常时，若找不到匹配的 catch，则系统将执行默认的异常处理。当有多个 catch 语句时，系统将依照先后顺序逐个对其进行检查。由于代表各异常的类间具有继承关系，所以处理子类异常的 catch 语句必须位于父类异常 catch 语句之前。如果有多个 catch 语句与异常

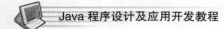

对象相匹配，则仅执行第一个匹配的 catch 语句，其余的 catch 语句将不再执行。因此，当有多个
catch 语句时，需要注意类型之间的层次关系。

【例 7-1】使用异常捕获与处理方法，处理除数为零的异常事件。

```java
import java.util.Scanner;                //实现 Try-Catchs-Finally-Exception.java
public class TryCatchFinallyExcept {
    public static void main(String[] args) {
    int op1=0;                           //除数
    int op2=0;                           //被除数
    Scanner in=new Scanner(System.in);
    try {
    System.out.print("请输入被除数:"); op2=Integer.parseInt(in.nextLine());
    System.out.print("请输入除数:");    op1=Integer.parseInt(in.nextLine());
    System.out.println("运算结果:"+op2/op1); }
    catch (NumberFormatException nex) {         //捕获字符串转数字异常
        System.out.println("捕获异常:输入不为数字!");    }
    catch (ArithmeticException aex) {        //捕获算术异常,除数为零
        if (op2>0)        {System.out.println("异常! 除数为零,结果:正无穷");  }
        else if (op2<0) {System.out.println("异常!除数为零,结果:负无穷");  }
        else   {System.out.println("异常!分子/母都为零, 结果不定!"); }    }
    catch (Exception ex){System.out.println("出现无法处理的异常!");        }
    finally {System.out.println("异常处理结束，欢迎参与异常捕获与处理!");  } }
    }
```

【程序解析】从执行结果看，程序在 op2/op1 这一行产生了异常，该行称为异常的抛出点。由
于产生的异常是 ArithmeticException 类型，因此流程转到相应的 catch 语句中，处理结束后转到
try...catch 语句的外部。

程序运行结果如图 7-2 所示。从程序结果可见，由于包含有 finally 块，无论异常是否发生，
finally 块的代码必定执行。

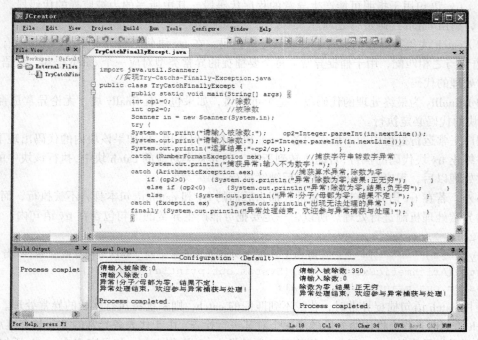

图 7-2　例 7-1 程序运行结果

7.2.2　异常的抛出

通常情况下，异常是由系统自动捕获的，但程序员也可以自己通过 throw 语句抛出异常。在有些情况下，一个方法并不需要处理它所生成的异常，而是向上传递，由调用该方法的其他方法来捕获该异常，这时就要用到 throws 子句。该子句用于指出程序当前行存在异常，当程序执行到 throw 语句时，流程就转向相匹配的异常处理语句，其下的代码不再执行，所在的方法也不再返回值。throw 的执行点也称为异常抛出点。

throw 语句的格式为：

```
throw  new 异常类名("信息")
```

throws 语句的格式相对复杂点，格式如下：

```
[返值类型] 方法名(形式参数列表) throws 异常列表 {  //方法体 }
```

【说明】

throws 语句格式中异常类名为系统异常类名或用户自定义的异常类名，"信息"是可选信息。如果提供了该信息，toString()方法的返回值中将增加该信息内容。

格式 throws 声明的异常必须是 Throwable 类或其子类，用 throws 关键字声明的异常类还可以是实际抛出的异常类的父类。例如，某方法可能产生 yuexcep1、yuexcep2 和 yuexcep3 三种异常，它们都是 parent-exception 类的子类，那么除了可以声明抛出 yuexcep1、yuexcep2 和 yuexcep3 类之外，还可简单地声明抛出 parent-exception。

在一个方法的 try...catch 语句中所编写的异常处理代码，可能对异常进仅做了一些不完善的处理，或者是处理不了该异常，这时可通过 throw 语句，将该异常对象提交给调用当前方法的方法，以待再次进行处理。

注：throw 和 throws 不同，前者是一个独立的语句，而后者总与方法定义结合使用。

【例 7-2】throws 语句完成异常抛出的使用。

```
public class ThrowsExceptionEx{
    public static int Sum() throws NegativeArraySizeException  {
        int s=0;  int x[]=new int[-6];
        for (int i=0;i<4; i++){
            x[i]=2*i;  s=s+x[i]; }
        return s; }
    public static void main (String args[]){
    try  { System.out.println (Sum()); }
    catch (NegativeArraySizeException e)   {
    System.out.println ("异常信息:"+e.toString()+": 数组负下标异常!");   }
    }
}
```

【程序解析】程序的 Sum()方法中引用触发了 NegativeArraySizeException：数组负下标异常，int x[] =new int[-6]语句为定义数组负下标，产生了异常，程序通过 throws 语句来完成了异常的抛出。

程序运行结果如图 7-3 所示。

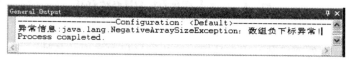

图 7-3　例 7-2 程序运行结果

7.3 自定义异常

在 Java 程序的应用设计中，往往会遇到各式各样的问题，或用户有个性需求，尽管 Java 类库已经提供很多可直接处理异常的类，但总需要开发者自定义具体的异常类，以解决具体问题。自定义异常类可通过继承 Exception 类或它的子类实现。自定义异常类的语法格式为：

```
class 自定义异常类名 extends  Exception{
    异常类体;  }
```

创建自定义异常类首先需创建自定义异常类，而后可在方法中通过关键字 throw 抛出异常对象，若是在当前抛出异常的方法中处理异常，可用 try...catch 语句捕获并处理；若非则可在方法的声明处理中通过关键字 throws 指明要抛出的异常。在出现异常方法的调用中捕获并处理异常。现通过枚举实例深化理解。

【例 7-3】使用 Throws、Throw 及 try...catch 语句设计自定义异常应用示例。

```
class YUException extends Exception{          //继承 Exception 类
    String delail;
    public YUException(){                     //异常构造函数 0
        this.delail="";}
    public YUException(String s){             //异常构造函数 1
    this.delail=s;}
    String ShowExceptiondelail(){             //返回接收到的异常信息
        return this.delail;  }
    }
public class Throws_ThrowExceptionEx{         // 主类 Throws_ThrowExceptionEx
    public static void main(String[] args) {
        try  {Test();}                         //try-catch 语句
        catch (YUException e){
            System.out.print("我的 YU 异常类: ");
            System.out.println("抛出的异常对象已被捕捉! ");
            System.out.println("异常对象信息为: "+e.ShowExceptiondelail());}
        }
        static void Test()  throws YUException    {
throw new YUException("Test()暂且处理不了这个异常,交调用者处理!"); } //抛出语句
    }
```

【程序解析】程序中自定义了 YUException 类，通过主类方法 public static void main(String[] args) 调用 Test()方法的 throw 产生 YUException 异常类，从而完成异常抛出功能。

注意：需以 Throws_ThrowExceptionEx 为 Java 保存文件据此编译运行。

程序运行结果如图 7-4 所示。

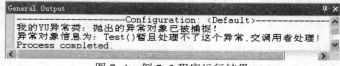

图 7-4 例 7-3 程序运行结果

7.4 异常处理实例

Java 中提供的异常处理机制可用来处理程序执行过程中产生的各种引起系统错误的异常。异常处理应用相当广泛，现举例说明异常处理的运用。

【**例 7-4**】试编写异常处理中异常的捕获与处理的应用程序。要求：在除法运算时，当除数为零或输入除数与被除数中有非数字时均产生异常，使用数组编程，用于存放计算结果，当数组角标（索引）越界时，也应会产生异常。

```java
import java.util.InputMismatchException;     import java.util.Scanner;
public class CalculateException{              //实现try_catch
    public static void main(String[] args){
        int result[]={0,1,2};     int operand1=0;
        int operand2=0;           Scanner sr = new Scanner(System.in);
        try  { System.out.print("请输入除数:");
            operand1=sr.nextInt();     System.out.print("请输入被除数:");
            operand2=sr.nextInt();     result[2]=operand2/operand1;
        System.out.println("计算结果: "+result[2]); }  //将result[2]改成result[3]?
        catch (InputMismatchException ie) {
            System.out.println("异常:输入不为数字!");    }
        catch (ArithmeticException ae) {
            System.out.println("异常:除数不能为零!");     }
        catch (ArrayIndexOutOfBoundsException aie){
            System.out.println("异常:数组索引越界!");
            System.out.println("将 result[2]改成 result[3]引起异常!");    }
        catch (Exception e) { System.out.println("其他异常:"+e.getMessage()); }
        finally{System.out.println("欢迎学习异常的捕获与处理! ");}}
    }
```

注：该程序运行时，当输入除数为 0 时产生的异常捕获与处理如图 7-5 所示；当输入除数与被除数中有非数字时产生异常捕获与处理如图 7-6 所示；当将 result[2]改成 result[3]时，由于数组索引越界引起的异常捕获与处理如图 7-7 所示。

图 7-5　除数为 0 异常

图 7-6　输入非数字异常

图 7-7　数组索引越界异常

【**例 7-5**】试编写异常处理中异常抛出处理的应用程序。要求：给定类的属性学生证号码 id 设置值，判断长度：当给定的值长度为 10 时，赋值给 id；当值长度不为 10 时，抛出 Throw_StudID_IllegalArgumentException 异常，然后捕获和处理异常。

```java
public class Throw_StudID_IllegalArgumentException {
    private String id;                          // 学生证号码的长度应为10
    public void setId(String id){
        if (id.length()==10){                   //判断学生证号码的长度是否为10
            this.id=id;
            System.out.println("学生证号码长度为10，正常!");
        } else {
throw new IllegalArgumentException("证号异常，参数长度应为10! "); //抛出异常
        }
    }
    public static void main(String[] args){
```

141

```
        Throw_StudID_IllegalArgumentException st = new Throw_StudID_Illegal
ArgumentException();
try { st.setId("0123456789")};              //被判定的数据长度?
catch (IllegalArgumentException ie)    {     //捕获和处理异常
        System.out.println(ie.getMessage()); }
Finally {
        System.out.println("异常抛出处理结束!!");   }
    }
}
```

程序运行结果如图 7-8、图 7-9 所示。

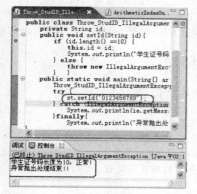

图 7-8　证号 id 长度为 10 时异常抛出

图 7-9　证号 id 长度不为 10 时异常抛出

本 章 小 结

本章主要讲述了 Java 的异常处理机制，主要由 try、catch、finally、throw 和 throws 几个语句构成。异常处理是 Java 的一个亮点，可使程序员方便地进行异常处理，不至于因发生异常导致系统崩溃，从而使系统更加健壮和友好。

思考与练习

一、选择题

1. 异常类分为两大类：Error 和_____，都定义在 java.lang 包中。
   A. Except   B. Acception   C. Exception   D. Accept
2. Java 提供两种异常方法：其一是异常捕捉处理；其二是_____。
   A. 抛出异常   B. 消除异常   C. 构造异常   D. 处理异常
3. 在 Java 中，异常通常分为_____种类型。
   A. 2   B. 3   C. 5   D. 8

二、是非题

1. 异常（Exception）就是 Java 程序在运行过程中所发生的非正常事件。　　　　　　（　　）
2. 异常类的根结点为 Exception_Throwable。　　　　　　　　　　　　　　　　　（　　）
3. catch 为等待处理的异常事件及其处理代码。　　　　　　　　　　　　　　　　（　　）

4. 无论异常是否发生，finally 块的代码都可选择执行。   (   )

三、思考与实验

1. 用 try/catch/finally 结构编写程序。程序运行结果依次显示 ArithmeticException 异常、ArrayIndexOutOfBoundsException 异常和 Exception 异常的信息。

2. 何谓异常？Java 是怎样处理异常的？何谓抛出异常？如何完成抛出异常？

3. 使用 try/catch/finally 编写程序。把输入的字符串转换成 double 类型的数值，若产生异常，请捕获并处理异常。

4. 定义一个 circle 类，包含计算圆周长和面积方法，若输入半径小于 0，抛出自定义异常。

5. 编写异常处理程序：输入的字符串转换成 double 类型的数值。

6. 定义一个对象类型的引用，并将其初始化为 null，然后通过这个引用调用某个方法，并通过 try...catch 语句捕捉出现的异常。

7. 编写程序，能完成捕获和处理 NullPointerException 异常和 ClassCastException 异常。

8. 编写程序，能完成捕获处理 ArithmeticException 和 IndexOutOfBoundsException 异常。

第8章
图形用户界面编程

【本章提要】图形用户界面是为应用程序提供一个图形化的界面，通过它用户和程序之间可以方便地进行交互，完成应用程序使用中的数据输入与输出等操作任务。本章主要讲述了容器AWT组件（包括：Frame、Panel、Button、Label、文本框与文本域、复选框与单选按钮、下拉列表与列表、Dialog与Canvas画布等），同时介绍了事件处理机制及其诸多事件。

8.1 组 件 概 述

Java语言提供了大量支持GUI设计的类，如按钮、菜单、列表、性质框、文本框等组件类，同时它还包含窗口、面板等容器类。Java的抽象工具集AWT（Abstract Window Toolkit）和 Swing中包含了很多类来支持GUI（Graphics User Interface）的设计。

设计和实现图形用户界面的设计主要任务包括如下两个层次：

（1）创建组成界面的各成分和元素，指定它们的属性和位置关系，根据具体需要布局排列，从而构成完整的图形用户界面的外观表象。

（2）定义图形用户界面的事件和各界面元素所对不同事件的响应，从而实现图形用户界面与用户间的交互功能。

8.1.1 组件

Java图形用户界面最基本的组成部分是组件，组件是一个可以以图形化方式显示于屏幕上与用户进行交互的对象，如按钮（Button）、标签（Label）、滚动条（Scrollbar）、列表（List）、复选框（CheckBox）等。

在Java语言中，在进行图形用户界面设计时，通常要用到两类组件：一类是AWT类的组件；另一类是Swing组件。AWT和Swing都是Java设计GUI用户界面的基础。

Java 1.0的出现带来了AWT组件，设计目标是希望构建一个通用的GUI，使得利用它编写的程序能够运行在所有的平台上，以实现"一次编写，随处运行"。而在Java 1.2中及其后的高版本中均推出和使用了新的用户界面库：Swing组件。相对AWT来说，Swing功能更强大、使用更方便，它的出现使得Java的图形用户界面上了一个台阶。但是，Swing并没有代替AWT，迄今，Swing使用的仍然是Java 1.1的事件处理模型。AWT提供了各种用于GUI设计的标准类。Swing也是一个包，提供了完全的GUI组件集合，是在AWT组件基础上的扩展。

Java语言中包含了多类用来制作Java图形用户界面的功能完善的不同组件，这将在后文中逐渐引出、分层阐述、递进剖析、实例展示。

8.1.2 容器

容器（Container）实际上是ComPonent的子类，由Container类的子类和间接子类创建的对象均称为容器，可以通过 add()等方法向容器添加组件，容器本身也是组件，因此可以把一个容器添加到另一个容器中实现容器的嵌套，它具有组件的所有性质。例如：计算机的机箱，它本身就是"组件"，可以被装入仓库这种"容器"中，但机箱也是容器，因为还可以把其他组件如主板、电源等装入其中。

Java 中 AWT 与 Swing 组件各含有多类常用的容器，前者为 Frame、Panel 和 Applet，后者为 JFrame、JPanel、JApplet、JScrollPane（滚动窗格）、JSplitPane（拆分窗格）和 JLayeredPane（分层窗格）。

8.1.3 AWT 组件

AWT 是 API 为 Java 程序提供的建立图形用户界面(GUI)工具集，AWT 可用于 Java 的 Applet 和 Applications 中。它支持图形用户界面编程的功能，包括：用户界面组件；事件处理模型；图形和图像工具，包括形状、颜色和字体类；布局管理器，可以进行灵活的窗口布局而与特定窗口的尺寸和屏幕分辨率无关；数据传送类，可以通过本地平台的剪贴板来进行剪切和粘贴。

java.awt 包中提供了 GUI 设计所使用的类和接口。java.awt 包提供了基本的 Java 程序的 GUI 设计工具，主要包括：组件（Component）、容器（Container）与布局管理器（LayoutManager）等。java.awt 包中一些常用类及其类间的继承关系如图 8-1 所示。

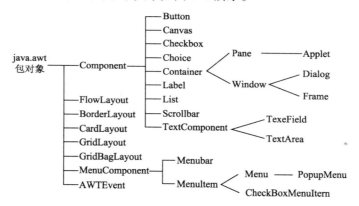

图 8-1 java.awt 包中常用类及其类间继承关系

如前文所述，Java 早期进行用户界面设计时，使用 java.awt 包中提供的类，如 Button（按钮）、TextField（文本框）、List（列表）等组件类。JDK 1.7 中包括一个 javax.swing 包，该包提供了功能更为强大的用来设计 GUI 界面的类。

由 java.awt 包中的类创建的组件习惯上称为重组件。例如，当用 java.awt 包中的 Button 类创建一个按钮组件时，都有一个相应的本地组件在为它工作（称为它的同位体）。AWT 组件的设计原理是把与显示组件有关的许多工作和处理组件事件的工作交给相应的本地组件，因此把有同位体的组件称为重组件。

8.1.4 Swing 组件

Swing 是使用 AWT 作为基础构建起来的，Swing 改进了 AWT 耗费系统资源的不足，在视觉上也比 AWT 更为美观。Javax.swing 包提供了功能强大的 Swing 组件，其中大部分组件是轻组件，没有同位体，故称之为轻组件。

1. Swing 组件

Swing 的大多数组件都是 AWT 组件名前面加一个"J"，Swing 的用法与 AWT 基本相同，也使用相关事件处理机制，只是组件的风格、名字、所包含的包（Swing 的组件主要包含在 javax.swing 包中）不同而已，同时还增加了一些原来没有的特性。例如，一个按钮可有与之相关联的图像和字符串，这幅图像还可以根据按钮状态的变化而更换。Swing API 被封装成许多包，这些包相应地支持各种功能，例如组件、插入式外观、事件等。

Swing 所提供组件的数目远超过 AWT 的组件，且每个 AWT 的组件几乎都有 Swing 组件与其对应。目前，已经不再扩充 AWT，而致力发展 Swing。AWT 是 Swing 的基础，而且目前 AWT 的使用仍相当普及，许多 Java 相关的应用程序均是以 AWT 来开发的，所以要了解 Java 的窗口程序设计，首先要熟悉 AWT。

Javax.swing 包中 JComponent（轻组件）类是 java.awt 包中 Container 类的一个直接子类、Componenet 类的一个间接子类。Javax.swing 包中的 JFame 类和 JDialog 类分别是 java.awt 包中 Frame 类和 Dialog 类的直接子类、Window 类的间接子类。图 8-2 所示为 javax.swing 包中 JComlaonent 类和它的部分子类，以及 JFrame 类和 JDialog 类。

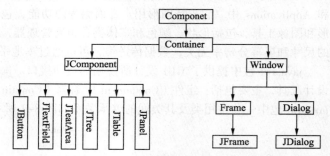

图 8-2　JComponent 类和它的部分子类

在 Java 中经常涉及容器和组件，必须理解容器和组件两个基本概念：

（1）Java 把由 Component 类的子类或间接子类创建的对象称为一个组件。

（2）Java 把由 Container 的子类或间接子类创建的对象称为一个容器。

（3）可以向容器添加组件。Container 类提供了一个 public 方法 add()，一个容器可以调用这个方法将组件添加到该容器中。

（4）调用 removeAl()方法可以移掉容器中的全部组件，调用 remove(Componentc)方法可以移掉容器中参数指定的组件。

（5）每当容器添加新的组件或移掉组件时，应该让容器调用 validate()方法，以保证容器中的组件能正确显示出来。

容器本身也是一个组件，因此可以把一个容器添加到另一个容器中实现容器的嵌套。

Javax.swing 包中有 4 个最重要的类：JApplet、JFrame、JDialog 和 JComponent。

JComponent 类的子类都是轻组件。JFrame、JApplet、JDialog 都是重组件，即有同位体的组件，这样窗口（JFrame）、对话框（JDialog）、小应用程序（Java.Applet）可和操作系统交互信息。轻组件须在这些容器中绘制自己，习惯上称这些容器为 Swing 的底层容器。

2. Swing 与 AWT 的区别

（1）Swing 所有组件都以 J 开头，如 Jbutton、Jpanel 等，而 AWT 组件为 Button、Panel。

（2）Swing 使用的包是 Javax.Swing；AWT 使用的包是 Java.awt。

（3）Swing 组件全部是由纯 Java 编写的，功能强大（允许定义用户的界面风格，按钮和标签可显示图像或图片，组件不一定是长方形）；可改变组件的外观、行为或组件的边界，可通过调用其方法或创建其子类付诸应用。

8.1.5　组件常用方法

组件方法是 GUI 设计的基础，在此扼要介绍一下 Jcomponent/Component 类的常用方法，包括：组件的颜色、字体、边框、透明、大小与位置、组件激活与可见性等以便理解和使用。

1.　组件的颜色

组件颜色设置的常用方法如下：

（1）组件背景色的设置方法：public void setBackground(Color c);

（2）组件前景色的设置方法：public void setForeground(Color c);

（3）组件背景色的获取方法：public Color getBackground(Color c);

（4）组件前景色的获取方法：public Color getForeground(Color c);

上述方法中都涉及 Color 类。Color 类是 java.awt 包中的类，该类创建的对象称为颜色对象。用 Color 类的构造方法 public Color(int red,int green,ing blue)可以创建一个颜色对象，其中 red、green、blue 的取值可调：在 0～255 之间。另外，Color 类中还有 red、blue、green、orange、cyan、yellow、pink 等静态常量的颜色对象。

2.　组件的字体

组件字体设置的常用方法如下：

（1）组件字体的设置方法：public void setFont(Font f);

（2）组件字体的获取方法：public Font getFont(Font f);

文本组件调用该方法可以设置文本组件中的字体。

上述方法中用到了 java.awt 包中的 Font 类，该类创建的对象称为字体对象。Font 类的构造方法是：public Font(String name,int style,int size); 该构造方法可以创建字体对象。其中：

- name 是字体的名字，如果系统不支持字体的名字，将取默认名字创建字体对象。
- style 为字体的样式，有效取值是 Font.BOLD、Font.PLAIN、Font.ITALIC、Font.ROMAN_BASELINE、Font.CENTER_BASELINE、Font.HANGING_BASELINE 或 Font.TRUETYPE_FONT。当取值是 Font.BOLD 时，字体的样式是粗体。
- size 是字体的大小，单位是磅，如取值 12，就是我们熟悉的五号大小。

在创建字体对象时，应当给出一个合理的系统存在的字体名称，否则，该字体取用特定平台的字体系统的默认名称。若想知道系统中有哪些字体名字可使用，可使用 GraphicsEnvironment 对象调用：String[]getAvailableFontFamilyNames()方法，以获取可用的字体名称，并存放到字符串数组中。GraphicsEnviroment 类是 java.awt 包中的抽象类，不能用构造方法创建对象，Java 运行环境提供这个对象，只需让 GraphicsEnvironment 类调用它的类方法:public GraphicsEnvironment static getLocalGraphicsEnvironment()来获取这个对象（如：ge 对象）的引用，如下所示：

```
GraphicsEnvironment ge=GraphicsEnvironment.getLocalGraphicsEnvironment();
String fontName[]=ge.getAvailableFontFamilyNames();
```

3.　组件的边框

组件默认边框是一个黑边的矩形，组件边框设置的常用方法如下：

（1）组件边框的设置方法：public void setBorder(Border border);

（2）组件边框的获取方法：public Border getBorder();

组件调用 setBorder()方法来设置边框，该方法的参数是一个接口，因此必须向该参数传递一个实现接口 Border 类的实例，如果传递一个 null，组件将取消边框。可以使用 BorderFactory 类的方法实现，例如：createBevelBorder(int type,Color highlight,Color shadow); 将会得到一个具有"斜

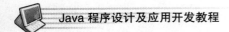

Java 程序设计及应用开发教程

角”的边框，参数 type 取值为 BevelBorder.LOWERED 或 BevelBorder.RAISED。

4. 组件的透明

组件默认是不透明的，组件透明的设置方法如下：

（1）public void setOpaque(boolean isOpaque)：设置组件的透明性，当参数 isOpaque 取 false 时组件被设置为透明，取 true 时组件被设置为不透明。

（2）public boolean isOpaque()：获取组件的透明性，当组件透明时返回 false，否则返回 true。

5. 组件的大小与位置

组件边框设置的常用方法如下：

（1）public void setSize(int width,int height)：设置组件的大小，参数 width 指定组件的宽度，height 指定组件的高度。

（2）public void setLocation(int x,int y)：设置组件在容器中的位置，包含该组件的容器都有默认的坐标系，容器坐标系的左上角的坐标是(0,0)，参数 x 和 y 指定该组件的左上角在容器的坐标系中距容器的左边界 x 个像素，距容器上边界 y 个像素。

（3）public Dimension getSize()：返回一个 Dimension 对象下组件的宽度 width 值、组件的高度 height 值。

（4）public Point getLocation(int x,int x)：返回一个含有成员变量 x 和 y 的 Point 对象的引用，x 和 y 的值就是组件的左上角在容器坐标系中的 x 坐标和 y 坐标。

（5）public void setBounds(int x,int x int width,int height)：设置组件在容器中的位置和组件的大小，该方法相当于 setsize() 和 setLocation() 方法的组合。

（6）public Rectangle getBounds ()：返回一个含有成员变量 x、y、width 和 height 的 Rectangle 对象的引用，其中 x 和 y 值就是当前组件左上角在容器坐标系中的 x 和 y 坐标，width 和 height 的值就是当前组件的宽度和高度。

6. 组件激活与可见性

组件激活与可见的常用方法如下：

（1）Public void setEnabled(boolean b)：设置组件是否可被激活。当参数 b 取值 true（默认）时组件可被激活，否则参数 b 为 false 时组件不可激活。

（2）Public void setVisible(boolean)：设置组件在该容器中的可见性。当参数 b 取值 true（默认）时组件在容器中可见，否则参数 b 为 false 时组件在容器中不可见。

【例 8-1】Swing 组件常用方法实例。

```java
import java.awt.event.*;         import javax.swing.*;   import java.awt.*;
class YU_Win extends JFrame implements ItemListener{
    JComboBox list;  JTextArea text;
    YU_Win(String s) {
      super(s);
      setSize(260,270);  setLocation(120,120); setVisible(true);
      setDefaultCloseOperation(JFrame.DISPOSE_ON_CLOSE);
      text=new JTextArea(12,12); list=new JComboBox();
      list.setBackground(Color.yellow);      //设置背景颜色
      text.setForeground(Color.blue);        //设置前景颜色
      GraphicsEnvironment ge=GraphicsEnvironment.getLocalGraphicsEnvironment();
      String fontName[]=ge.getAvailableFontFamilyNames();
      for(int i=0;i<fontName.length;i++){
          list.addItem(fontName[i]);}
```

```
      Container con=getContentPane(); con.add(list,BorderLayout.NORTH);
      con.add(text,BorderLayout.CENTER); list.addItemListener(this); setVisible(true);
      setBounds(100,120,300,200); validate();}
    public void itemStateChanged(ItemEvent e){
     String name=(String)list.getSelectedItem();
     Font f=new Font(name,Font.BOLD,24);              text.setFont(f);
     text.setText("\n   2014 年第 20 届巴西世界杯足球赛欢迎您！");}
  }
  public class ZjcyMethod{
  public static void main(String args[]){
    YU_Win win=new YU_Win("Java 组件常用方法应用实例！"); }
  }
```

【**程序解析**】本程序涉及了组件的颜色、字体、大小与位置等。Font f=new Font(name, Font.BOLD,24)、text.setFont(f);为字体设置语句。在下拉列表中列出全部可用字体名字，然后在下拉列表中选择字体名字，文本区用这种字体显示特定的文本 "2014 年第 20 届巴西世界杯足球赛欢迎您！"。

程序运行结果如图 8-3 所示。

图 8-3 Java 组件常用方法应用实例运行结果

8.2 AWT 图形化界面基础

AWT 组件类提供事件响应的各种事件类和监听接口，Java 中使用组件的方法为：

（1）引入 java.awt 包，使用语句 import java.awt.*;。

（2）利用 java.awt 包中提供的组件类来定义某种组件。

（3）定义一个放置组件的容器。

（4）如果使用布局管理器控制组件的布局，对容器设置某种类型的布局管理器，并把此组件添加到某个容器中。

（5）为了让组件能对某个事件做出响应，还要注册组件对应的事件监听器并实现相应的监听器接口。

8.2.1 框架

由图 8-1 可见，框架（Frame）是 Window 类的子类，因而 Frame 是种是顶级窗口。Frame 组件在 Java 的顶层窗口中可以独立使用，它融含标题、边框，并可加入菜单重置大小等。当 Frame 被关闭时，将产生 WindowEvent 事件，Frame 无法直接监听键盘输入事件。Frame 类包括构造方法与一般常用类方法，如表 8-1 所示。

Frame 类的构造方法为 Frame()与 Frame(String title)，该方法将生成一个对象，因而参数 title

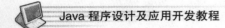

为指定 Frame 的标题。Frame 的外观就像平常在 Windows 系统下见到的窗口，有标题、边框、菜单、大小等。每个 Frame 的对象实例化后，都是没有大小和不可见的，因此必须调用 setSize() 来设置大小，调用 setVisible(true) 来设置该窗口为可见的。

表 8-1　Frame 类的主要方法

	方　　法	主　要　功　能
构造方法	Frame()	建立一个没有标题的新 Frame 类对象
	Frame(String title)	建立一个标题为字符串 title 的 Frame 类对象
一般类的方法	setSize(int width, int height)	设置 Frame 对象的宽为 width 高为 height
	setBackground(Color c)	设置 Frame 对象的背景色
	setVisible(boolean b)	设置 Frame 对象的可见性，b 为 ture 时为可见的
	String getTitle()	获得 Frame 窗口的标题
	Void setTitle(String title)	设置 Frame 窗口的标题
	Boolean isResizable()	测试窗口是否可以改变大小
	Image getIconImage()	返回窗口的最小化图标
	VoidsetIconImage(Image img)	设置 Frame 窗口的最小化图标为 img
	setBounds(int x, int y, int width, int height)	设置窗口坐标的大小和位置

此外，还可使用 setBackground(Color c) 设置组件的背景色。SetBounds(int x, int y, int width, int height) 可设置组件在容器中的坐标(x ,y)，组件的宽度为 width，高度为 height。这些方法可设置 Frame 对象的属性。

【例 8-2】创建一个带窗口图标的 Frame 类框架。

```
import java.awt.*;  import javax.swing.ImageIcon;
class Windowyu{    // 这是个带窗口图标且背景为红色的框架程序
    static Frame f=new Frame ("这是个带窗口图标且背景为 cyan 色的框架程序！");
static ImageIcon icon=new ImageIcon ("BOOK1.JPG");  //创建 icon 对象为 BOOK1.JPG
    public static void main (String args[])     {
        f.setBounds (0, 0, 200, 100); //设置窗口大小并将窗口放置在屏幕的某个位置
        f.setBackground(Color.cyan); //框架背景颜色
        f.setState (f.NORMAL);        //设置窗口为标准状态
        f.setResizable (true);        //设置窗口尺寸可以改变
        f.setIconImage (icon.getImage());    //将 icon 对象设置为窗口图标
        f.show();  }                  //显示窗口
    }
```

【程序解析】该程序代码中用于设置框架位置与大小的 setBounds(int x,int y,int width,int height) 方法也可以用 setLocation(int x ,int y) 和 setSize(int width ,int hneight) 方法实现。图中框架窗口标题的框架程序由语句 static Frame f=new Frame ("这是个带窗口图标且背景 cyan 色的框架程序!");定义完成，f.show()语句表示在屏幕上显示窗口。

程序运行结果如图 8-4 所示。

图 8-4　　例 8-2 程序运行结果

8.2.2　面板

面板（Panel）类为 Container 类的子类。它也是一种容器，可容纳其他组件（使用 add()方法可将其他容器添加到 Panel 容器），但不是顶层窗口，因而不能独立存在，必须被添加到其他容器中。故创建一个 Panel 对象后，需将该对象放入 Window 和 Frame 中，这样才可使 Panel 中的内容可见。Panel 类的主要方法如表 8-2 所示。

表 8-2　Panel 类的主要方法

方　　法	主　要　功　能
Panel()	创建一个 Panel 类对象，布局管理器为默认的 FlowLayout
Panel(LayoutManager layout)	创建一个 Panel 类对象，将 Layout 设置为默认的布局管理器

【例 8-3】创建一个 Panel 面板。

```
import java.awt.*;
class WinPanel {
    public static void main (String args[])
    {   Frame ff=new Frame("Panel 面板程序");
        Panel pp=new Panel();          ff.setSize(180, 180);
        ff.setBackground(Color.pink);          //框架背景颜色
        ff.setLayout (null);                   //取消默认布局管理器 BorderLayout
        pp.setSize(90, 90);  pp.setBackground(Color.blue);  // Panel 背景颜色
        ff.add(pp);pp.setLocation(45,45);     ff.setVisible(true); }// 显示窗口
}
```

【程序解析】此程序中 Panel 对象 pp 被作为组件加入到 Frame 类型容器 ff 中，并取消了类 ff 的默认管理器，采用人工方式设置 pp 的背景、大小及在 ff 中的位置。其结果是容器正为位于坐标原点的标题为 Panel 的顶层窗口，而组件 pp 的位置正位于容器 ff 中间。

程序运行结果如图 8-5 所示。

图 8-5　例 8-3 运行结果

8.2.3　按钮

按钮（Button）是 Java 程序图形界面设计中最常用的一个组件，是可提供用户快速启动某一动作的类。按钮本身不显示信息，它一般对应一个事先定义好的功能操作，并对应一段程序。当用户点击按钮时，系统自动执行与该按钮相联系的程序，从而完成预先指定的功能。

按钮的创建方法举例如下：

```
Button Nbutton=new Button("按钮标签");
```

Button 类包括构造方法与一般常用类方法，如表 8-3 所示。按钮可以引发动作事件，当用户单击一个按钮时就引发了一个动作事件。

表 8-3　Button 类的主要方法

方　　法		主　要　功　能
构造方法	Button()	构造一个没有标题的按钮
	Button(String str)	创建一个以 str 为标题的按钮
一般方法	String getLabel()	返回一个按钮的标题字符串
	setLabel(String s)	将按钮的标签设置为字符串 s

续表

	方　法	主　要　功　能
一般 方法	getActionCommand( )	返回所引用的 Button 对象产生的动作事件关联的命令名称
	setActionCommand(String c)	设置所引用 Button 对象产生的与动作事件关联的命令名称为 c，（默认的命令名称为按钮的标签）

【例 8-4】创建按钮实例。

```java
import java.awt.*;
class Butt1{
    public static void main (String args[ ]){
        Frame fra=new Frame ("创建按钮程序");
            Button but=new Button ("Push Me_按钮");     //创建一个按钮
            fra.setBounds (0, 0, 300, 200); fra.setLayout (null); // 关闭页面设置
            but.setBounds (80, 70, 120, 80);          //设置按钮的大小
            fra.add (but);                            //将按钮添加到窗口中
            fra.setVisible (true); }                  //显示窗口
    }
```

【程序解析】此程序用于创建一个按钮对象，窗口大小和位置由 setBounds(0, 0, 300, 200)方法来设置，左上角位于显示器的左上角(0,0)，右下角位于显示器的(300,200)点，依此类推，but.setBounds (80, 70, 120, 80)为设置按钮的大小。fra.setLayout (null) 关闭页面。

程序运行结果如图 8-6 所示。

图 8-6　例 8-4 程序运行结果

8.2.4　标签

标签（Label）被称为标签组件，是一种用来显示说明性的静态文本的组件。标签是用户只能查看而不能简单地修改其内容的文本显示区域，它起到信息说明的作用，每个标签用一个 Label 类的对象表示。用户不能直接编辑它，但可以在应用程序中，通过调用 Label 提供的成员方法更换文本的内容。标签的创建方法举例如下：

```java
Label prompt=new Label("请输入标签说明信息：");
```

Label 类包括构造方法与一般常用类方法，如表 8-4 所示。

表 8-4　Label 类的主要方法

	方　法	主　要　功　能
构造 方法	Label()	创建一个没有名字的标签对象
	Label(String str)	创建一个名字为 str 的标签对象
	Label(String str,int align)	创建一个 str 文字的标签，对齐方式为 align。其中，Label.LEFT、Label.CENTER、Label. RIGHT 分别为居左、居中、居右
一般 方法	getText( )	返回一个包含所引用 Label 对象文本的 String 对象
	setText(String str)	设置标签对象内的 String 型文字
	setalign ment(int align)	设置标签对象内的文字对齐方式

如表所述，如果希望修改标签上显示的文本，则可使用 Label 对象的方法 setText(String str)，同样对于一个未知的标签，可通过调用 Label 对象的 getText()方法来获得它的文本内容。例如下面的程序片断将修改标签中的文本内容：

```java
if(Lprompt.getText()=="确定")    Lprompt.setText("取消");
```

```
Else  if(Lprompt.getText()== "取消")
        Lprompt.setText("确定");
```

8.2.5　文本框与文本域

Java 中用于文本处理的基本组件有两种：单行的文本框（TextField）和多行的文本域（TextArea），它们都是 TextComponent 的子类。文本框又称单行文本输入域，多用于单行显示，当按下【Enter】时，会发生事件（ActionEvent），可以通过 ActionListener 中的 actionPerformed()方法对事件进行相应处理，可以使用 setEditable(boolean)方法设置为只读属性。而文本域 TextArea 是多行文本组件，用于显示程序中的多行文本信息。

文本框的创建方法举例如下：

```
TextField tf=new TextField("Hello!",30);
```

该式创建了初始文本信息"Hello!"，显示区域为 30 列（可省略）。

TextField 类包括构造方法与一般常用类方法，如表 8-5 所示。

表 8-5　TextField 类的主要方法

	方　　法	主　　要　　功　　能
构造方法	TextField( )	创建一个初始文本串为空的 TextField 文本框对象
	TextField(String str)	创建一个初始文本串为 str 的 TextField 文本框对象
	TextField(String str,int columns)	创建一个初始文本为 str，列数为 columns 长度的文本框对象
一般方法	setText(String str)	将 TextField 文本框对象的文本信息设置为 str
	getText( )	返回 TextField 文本框对象的文本信息
	getSelectedText( )	返回 TextField 对象被选的文本串信息内容
	setEchoChar(char ch)	将 TextField 对象的回显字符设置为 ch，常用于密码接收场合

文本域的创建方法举例如下：

```
TextArea textArea1=new TextArea("编辑文本",10,45);
```

该式在创建文本域组件的同时可以指出其中的初始文本字符串，上例语句创建了一个初始文本字符串为"编辑文本"的 10 行 45 列的多行文本区域。

TextArea 类构造方法功能说明如表 8-6 所示。

表 8-6　TextArea 类的主要方法

	方　　法	主　　要　　功　　能
构造方法	TextArea(String str)	创建初始文本串为 str 串的 TextArea 文本域对象
	TextArea(int numLines,int numChars)	创建 numLines 行、numChars 列的 TextArea 对象
	TextArea(String str,int numLines,int numChars)	创建初始文本串为 strnumLines 行、numChars 列的 TextArea 文本域对象
一般方法	setText(String str)	将 TextArea 文本域对象的文本信息设置为 str
	getText( )	返回 TextArea 文本域对象的文本信息

用户可以在已创建好的文本区域中自由输入和编辑文本信息，对于用户输入的信息，可以调用 TextComponent 的 getText( )方法来获得，这个方法的返回值为一个字符串。如果希望在程序中对文本区域显示的内容赋值，可以调用 TextComponent 的另一个方法 setText( )。

例如，下面的语句将文本区域的内容置为"欢迎您！"。

```
textArea1.setText("欢迎您! ");
```

【例 8-5】结合运用 Label 标签，创建文本框与文本域信息。

```java
import java.awt.*;
public class Login{
    public static void main(String arg[]){
      Frame f=new Frame("User Login");
        f.setBounds (0, 0, 400, 300); //f.setSize(280,150);
        f.setBackground(Color.lightGray);
        //f.setLocation(300,240);                          //定位
        //f.setLayout(new FlowLayout());                   //布局
        Label l1=new Label("用户: ");                      //创建标签
        TextField te1=new TextField("user1",20);           //创建文本行
        Label l2=new Label("口令: ");
        TextField te2=new TextField(20);                   //创建 20 列的文本行
        Button b1=new Button("确认");                      //创建按钮
        Button b2=new Button("取消");
        TextArea ta=new TextArea("编辑工资管理程序的文本信息",5,20); //创建文本域
        f.setLayout(null);                 //关闭布局设置
        l1.setBounds (50, 50, 50, 20); te1.setBounds (100, 50, 180, 20);
        l2.setBounds (50, 80, 50, 20); te2.setBounds (100, 80, 180, 20);
        b1.setBounds (70, 110, 50, 20); b2.setBounds (200, 110, 50, 20);
        ta.setBounds (50, 140, 230, 80);
        f.add(l1);        //在窗口框架中添加文本框、文本域等一系列对象
        f.add(te1); f.add(l2); f.add(te2);
        f.add(b1); f.add(b2); f.add(ta);
        f.setVisible(true);     }
}
```

【程序解析】此程序用于创建一个文本框与文本域对象，TextField te1=new TextField("user1",20) 与 TextArea ta=new TextArea("编辑工资管理程序的文本信息",5,20)语句用于创建文本框和文本域。f.add(l1) 语句用于在窗口框架中添加文本框、文本域等一系列对象，f.setVisible(true)使得窗口框架可见，窗口及其对象的大小和位置由 setBounds ()方法来设置。setLayout (null) 关闭页面设置。

程序运行结果如图 8-7 所示。

图 8-7　例 8-5 程序运行结果

8.2.6　复选框与单选按钮

复选框又称检测盒，用 Checkbox 类的对象表示，Checkbox 由一个方形的选择区和一个标签组成，它有选中和未选中两种状态：被用户选中的为 check 状态，未被用户选中的为 uncheck 状态，任何时刻复选按钮都只能处于这两种状态之一。可以调用 Checkbox 的方法 getState( )，这个方法的返回值为布尔量。若复选按钮被选中，则返回 true，否则返回 false。

单独的 Checkbox 实现的是复选框的功能，当多个 Checkbox 添加到 CheckboxGroup 组件内时，选择区变成圆形的，组件内的 Checkbox 只有一个能被选中，此时实现的是单选按钮的功能。

创建复选框对象时可以同时指明其文本说明标签，用以简要地说明复选框的意义和作用。复选框的创建方法举例如下：

Checkbox chbox=new Checkbox("个人爱好");

复选框 Checkbox 类包括构造方法与一般常用类方法，如表 8-7 所示。

表 8-7　Checkbox 类的主要方法

	方　　法	主　要　功　能
构造方法	Checkbox(String str)	创建一个标签为 str 的复选框
	Checkbox(String str, CheckboxGroup g ,boolean state)	创建一个标签为 str 的单选按钮，g 指明所属的 CheckboxGroup
一般方法	getState( )	返回 Checkbox 对象的状态是否被选中
	getStateChange()	获取 Checkbox 对象的当前状态
	setState(boolean state)	设置 Checkbox 对象的状态

调用 Checkbox 的另一个方法 setState()可以用程序设置是否选中复选按钮。例如：chbox.setState(true);语句将使 Checkbox 处于选中状态。复选框用 ItemListener 来监听 ItemEvent 事件，当复选框状态改变时用 getStateChange()获取当前状态。

Java 中单选按钮和复选框很类似，所不同的是：单独使用复选框（Checkbox）类实现多项选择，而放入一个复选框组（CheckboxGroup）中时，就构成一组单选按钮，实现单项选择。单选按钮和复选框一样，也触发 ItemEvent 事件。

【例 8-6】创建复选框与单选按钮。

```
import java.awt.*;
public class Chebox
{   public static void main(String arg[])
    {   Frame f=new Frame("单复选实例");
        Checkbox cb1=new Checkbox("系统管理员",true);          //创建复选框
        Checkbox cb2=new Checkbox("管理员",false);
        CheckboxGroup chg=new CheckboxGroup();
          Checkbox cb3=new Checkbox("系统用户",chg,true);
          Checkbox cb4=new Checkbox("普通用户",chg,false);
        //创建 CheckboxGroup chg 的 Checkbox 下两个 cb3、cb4 对象构成单选按钮
        f.setLayout(null);                                   //关闭布局设置
        cb1.setBounds(50,40,140,20);                         //复选框定位
        cb2.setBounds(50,60,140,20); cb3.setBounds (50, 80, 140, 20);
        //单选按钮定位
        cb4.setBounds(50,100,140,20);
        f.add(cb1);                                          //标签添加到面板上
        f.add(cb2);        f.add(cb3);        f.add(cb4);
        f.setSize(200,150);                                  //设置大小尺寸
        f.setVisible(true);  }
    }
}
```

【程序解析】此程序用于创建一个融合复选框与单选按钮对象的窗口，Checkbox cb1=new Checkbox("系统管理员",true) 用于在窗口框架中添加复选框，CheckboxGroup chg=new CheckboxGroup()用于创建单选按钮对象，f.add(cb1)语句用于在窗口框架中添加复选框等对象，f.setVisible(true)使得窗口框架可见，cb1.setBounds (50, 40, 140, 20) 方法等用于设置对象的大小和位置，f.setSize(200,150) 设置窗口框架尺寸。

程序运行结果如图 8-8 所示。

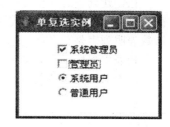

图 8-8　例 8-6 程序运行结果

8.2.7　下拉列表

下拉列表（Choice）提供一个弹出式的菜单让用户选择，下拉列表也是"多选一"的输入界面，与单选按钮组利用单选按钮把所有选项列出的方法不同，下拉列表的所有选项被折叠收藏起来，在这个菜单折叠时只显示最前面的或者用户所选择的那一项，它能够节省显示空间，适用于大量选项。如果希望看到其他的选项，只需单击下拉列表右边的下三角按钮就可以列出一个罗列了所有选项的长方形列表区域，Choice 用 ItemListener 接口来进行监听。

下拉列表的创建方法举例如下：

```
Choice yuchoice=new Choice();          //创建下拉列表
yuchoice.add("计 算 机");               //为下拉列表添加选项
yuchoice.add("数 据 库");
yuchoice.add ("网格技术");
```

下拉列表 Choice 类包括构造方法与一般常用类方法，如表 8-8 所示。

表 8-8　Choice 类的主要方法

	方　　法	主　要　功　能
构造方法	Chioce( )	创建一个空白的下拉列表
一般方法	addItem(String item)	添加一个 item 字符串到 Chioce 对象中
	add(String item)	将新选项 item 加在当前下拉列表的最后
	getSelectedIndex()	返回被选中的选项的序号（表中第一项为 0，第二项为 1，依此类推）
	getItem(int index)	返回 Chioce 对象 intdex 索引项目的字符串
	getSelectedItem()	返回 Chioce 对象所选项目的字符串
	removeAll( )	将把下拉列表中的所有选项删除
	remove(String item)	把指定标签文本的选项从下拉列表中删除

8.2.8　列表

列表（List）是把所有供用户选择的项都显示出来以供选择，可以实现"多选多"，即允许复选。列表支持滚动条，可以同时浏览多项。

列表的创建方法举例如下：

```
List MyList=new List(4,true);
    MyList.add("北京");
    MyList.add("上海");
    MyList.add("天津");
```

在创建列表时同样应该将它的各项选择项加入到列表中，并可创建一个包括两个地址选项的列表，List 对象的构造函数的第一个参数表明列表的高度，可以一次同时显示几个选项，第二个参数表明列表是否允许复选，即同时选中多个选项。

列表中提供了多个文本选项，列表支持滚动条，可以浏览多项。

列表 List 类包括构造方法与一般常用类方法，如表 8-9 所示。

表 8-9　List 类的主要方法

	方　　法	主　要　功　能
构造方法	List(int rows,boolean b)	建立行数为 rows 的 List 对象，参数 b 为 true 时，List 对象是否同时选择多个项目，其值为 false 时只可以选择一个项目

续表

方　　法		主　　要　　功　　能
一般方法	getSelectedIndex()	返回被选中的选项的序号（表中第一项为 0，第二项为 1，依此类推）。getSelectedIndexs( )返回由所有被选项的序号组成的整型数组
	getSelectedItem()	返回 List 对象所选项目的字符串文本。列表中可以有多选，getSelectedItems( )方法，返回一个 String 类型的被选的选择项数组
	addItem(Strign item,int index)	加入 item 项目到列表索引 index 处
	delItem(int position)	删除 List 对象 position 处的项目
	add(String item)	将新选项 item 加在当前列表的最后
	remove(String item)	把指定标签文本的选项从列表中删除

列表可以产生两种事件：当用户单击列表中的某一个选项并选中它时，将产生 ItemEvent 类的选择事件；当用户双击列表中的某个选项时，将产生 ActionEvent 类的动作事件。若程序希望对这两种事件都做出响应，就需要把列表分别注册给 ItemEvent 的监听者 ItemListener 和 ActionEvent 的监听者 ActionListener。例如：

```
MyList.addItemListener(this);
MyList.addActionListener(this);
```

【例 8-7】下拉列表与列表的创建和使用。

```
import java.awt.*;import java.awt.event.*;
public class ChoiceList{
    private ChoiceList(){
    Frame f=new Frame("下拉列表与列表的创建和使用");
        f.setLayout(new  GridLayout(2,3,25,25));
        Choice ch=new Choice();            //创建下拉列表
            ch.addItem("计算机");          //添加对象
            ch.addItem("数据库"); ch.addItem("二叉树");
        f.add(ch);                         //添加下拉列表对象
        List lt=new List(5);               //创建列表
            lt.addItem("工人");            //添加对象
            lt.addItem("农民"); lt.addItem("军人");
            lt.addItem("画家");
        f.add(lt);                         //添加列表对象
        f.setSize(250,150);                //设置大小尺寸
        f.setVisible(true);  }
    public static void main(String arg[]){
        ChoiceList cl = new ChoiceList();}
    }
```

【程序解析】

该程序用于创建一个融合复选框与单选按钮对象的窗口，Choice ch = new Choice();用于在窗口框架中创建下拉列表，f.setLayout(new GridLayout(2,3,25,25)); 用于布局设计，ch.addItem("计算机")完成添加对象，f.add(ch)可添加下拉列表对象。f.setSize(250,150)设置窗口框架尺寸。

程序运行结果如图 8-9 所示。

图 8-9　例 8-7 程序运行结果

8.2.9 对话框

对话框（Dialog）与 Frame 类似，是有边框、有标题而独立存在的容器，但是 Dialog 不能作为程序的最外层容器，也不能包含菜单栏。Dialog 必须隶属于一个 Frame 并由这个 Frame 负责弹出。Dialog 可以被设置为模式窗口，它总是在激活窗口的最前面，即若其不关闭，则不能对其他窗口进行操作。通常，Dialog 又可起到与用户交互的对话窗口作用，例如向用户报告消息并要求确认的消息对话框，接受用户输入的一般对话框等。

列表 Dialog 类包括构造方法与一般常用类方法，如表 8-10 所示。

表 8-10　Dialog 类的主要方法

	方　　　法	主　要　功　能
构造 方法	Dialog(Frame owner)	构建没有标题的对话框，Owner 表示所有者
	Dialog(Frame owner,String title)	构建有指定标题 title 的对话框
	Dialog(Frame owner,String title, boolean model)	构建指定标题的对话框，并指明是否为模式出口
一般 方法	getTitle()	返回对话框标题
	setTitle()	设置对话框标题
	Setvisible(boolean f)	设置框标题显示与否：true——显示、false——隐藏
	Setmodel()	设置对话框模式

【例 8-8】对话框的创建与运行。

```
import java.awt.*;        import java.awt.event.*;
public class Dlog extends Frame implements ActionListener
{   Frame f=new Frame("工资对话窗口");
    Dialog d=new Dialog(f,"确认对话框,OK",false);        //创建对话框
    Button b=new Button("确认");                          //创建按钮
    Label l=new Label("工资对话框欢迎您！");
    public void go()
    {   f.setBounds(50,50,230,180);
        f.setLayout(null);
        f.add(b);                   //添加按钮到框架中    //或 f.add("Center",b);
        b.setBounds(100,70,50,20);
        d.setBounds(50,100,250,150);
        d.add(l);                   //添加标签到对话框中  //或 add("Center",l);
        d.setLayout(null);
        l.setBounds(90,70,150,20);
        b.addActionListener(this);
        f.setVisible(true); }
    public void actionPerformed(ActionEvent e)        //按下 f 上的按钮时
    { d.setVisible(true); }
    public static void main(String[] args)
    { Dlog e=new Dlog();
        e.go(); }
}
```

【程序解析】

该程序用于创建一个对话框，Dialog d = new Dialog(f,"确认对话框,OK",false) 用于创建对话框并在其中添加按钮，由 Button b=new Button("确认")与 f.add(b)语句完成，按下按钮时触发 ActionListener

事件 b.addActionListener(this)，调用 actionPerformed(ActionEvent e)，执行 d.setVisible(true)以显示确认对话框。主方法通过运行 e.go()方法来启动工资窗口。

程序运行结果如图 8-10 所示。

（a）工资对话窗口

（b）确认对话框

图 8-10　例 8-8 程序运行结果

8.2.10　画布

画布（Canvas）代表屏幕上一块空白的矩形区域，它不是容器，而是一个可以在这里绘画，也可捕获用户操作，产生相应事件，要在程序中实现 KeyListener、MouseListener、MouseMotionListener 等接口，从而让程序对用户操作做出响应。

用户创建自己的画布对象的常用方法是继承 Canvas 类，并且覆盖 Canvas 类的 paint()方法来绘制画布的图形。画布 Canvas 类构造方法的语句格式为：

```
public Canvas();
```

【例 8-9】画布程序设计实例。

```
import java.awt.*;import java.awt.event.*;    import java.util.*;
public class CanvasExample implements KeyListener,MouseListener{
Canvas c;   String s="";     TextField t;
public static void main(String args[]){
    Frame f=new Frame("画布:Canvas 程序设计实例");
    CanvasExample mc=new CanvasExample(); mc.c=new Canvas();mc.t=new TextField();
    f.add("South",mc.t);     f.add("Center",mc.c);
    f.setSize(300,200);      f.setBackground(Color.pink);
    f.setForeground(Color.blue);     mc.c.addMouseListener(mc);
    mc.c.addKeyListener(mc);     f.setVisible(true);   }  //以下实现各个接口
public void keyTyped(KeyEvent ev){
    t.setText("keyTyped:键盘按下");        s+=ev.getKeyChar();
    c.getGraphics().drawString(s,0,20);}
public void keyPressed(KeyEvent ev){    }
public void keyReleased(KeyEvent ev){
    t.setText("keyReleased:键盘释放");}
public void mouseClicked(MouseEvent ev){
    t.setText("mouseClicked:鼠标点击");c.requestFocus();}
public void mousePressed(MouseEvent ev){
    t.setText("mousePressed:鼠标按下");}
public void mouseReleased(MouseEvent ev){
    t.setText("mouseReleased:鼠标释放");}
public void mouseEntered(MouseEvent ev){
    t.setText("mouseEntered:鼠标画布内移动");}
public void mouseExited(MouseEvent ev){
    t.setText("mouseExited:鼠标画布外移动");}}
```

程序运行结果如图 8-11 所示。

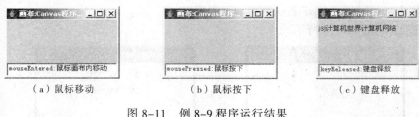

　（a）鼠标移动　　　　　　　　（b）鼠标按下　　　　　　　　（c）键盘释放

图 8-11　例 8-9 程序运行结果

8.3　事件处理机制

8.3.1　事件处理基础

1．事件及其处理机制

通常而言，在设计和实现图形用户界面的交互过程中，主要是完成两大任务：其一是创建窗口并在窗口中添加各种组件，规划组件在窗口中的位置和相关属性，构成图形用户界面的外观效果；其二是设置各类组件对不同事件的响应，从而执行用户在用户界面所实施的交互行为。如果用户在用户界面执行了一个动作，这将导致一个事件的发生。

事件是描述用户所执行的一个操作，进而所产生的一个行为。在 Java 中，定义了各种不同类型的事件类，用来描述各种类型的用户操作。在事件过程中将涉及如下 3 个要素：

（1）事件（Event）：用来描述在用户界面的用户交互行为所产生的一种效果。

（2）事件源（Event Source）：产生事件的组件对象。例如，在 Button 组件上单击鼠标会产生以这个 Button 为源的一个事件：ActionEvent。

（3）事件处理方法（Event handler）：负责解析处理事件的类对象，用以实现和用户交互的方法。

事件源拥有自己的方法，通过它可向其注册事件监听器。事件监听器是一个类的实例，当事件源产生了一个事件后，事件源就会通知相应的事件监听器根据事件对象内封装的信息，决定如何响应这个事件。

Java 事件的类层次如图 8-12 所示，事件处理方法主要基于"事件授权模型"（Event Delegation Model，EDM）的处理机制，事先定义多种事件类型（即用户对组件进行的操作），当用户对某个事件源进行操作时，触发相应的事件。如果该组件注册了事件监听器（例如，例 8-8 中通过 b.addActionListener()方法的注册），事件被传送给已注册的监听器，事件监听器负责处理事件的过程。一个事件源（组件）可以注册一个或多个监听器，一个监听器也可以被注册到多个事件源。

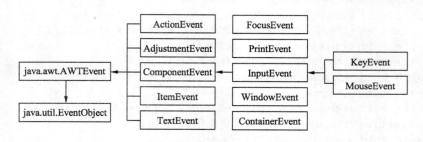

图 8-12　Java 事件类层次

2．事件的接口及方法

事件监听器（或谓监视器或处理者）通常是一个类，每一个事件类都有一个对应的事件处理接口。例如，处理键盘输入事件 KeyEvent 类的接口为 KeyListener 接口，监听器是接口，又称监听器接口。Java 语言包中定义了一系列的事件及其监听器接口，如表 8-11 所示。其中，又融合了事件发生时接口可调用的方法等。

表 8-11　事件监听器接口及其所提供的主要方法

事 件 类 型	行 为 描 述	接口名与组件注册方法	监听器接口所提供的事件方法
ActionEvent	单击按钮、文本框、列表及选择菜单等	ActionListener AddActionListener (ActionListener Listener)	actionPerformed(ActionEvent e)
ItemEvent	单击复选框选择框列表及带复选框的菜单项等	ItemLisener AddItemLisener(ItemLisener Listener)	itemStateChanged(ItemEvent e)
KeyEvent	按下或释放键盘	KeyListener addKeyListener(KeyListener Listener)	keyPressed(KeyEvent e)
			keyReleased(KeyEvent e)
			keyTyped(KeyEvent e)
			GetModifiers()：返回复合键值
MouseEvent	鼠标单击	MouseListener addMouseListener (MouseListener Listener)	mousePressed(MouseEvent e)
			mouseReleased(MouseEvent e)
			mouseEntered(MouseEvent e)
			mouseExited(MouseEvent e)
			mouseClicked(MouseEvent e)
	鼠标移动	MouseMotionListerner addMouseMotionListerner (…)	mouseDragged(MouseEvent e)
			mouseMoved(MouseEvent e)
WindowEvent	激活、打开、关闭窗口或窗口失去焦点及收到窗口级事件	WindowListener addWindowListener (WindowListener Listener) [getWindow()方法可获取发生窗口事件的窗口]	windowClosing(WindowEvent e)
			windowClosed(WindowEvent e)
			windowOpened(WindowEvent e)
			windowIconified(WindowEvent e)
			windowDeiconified(WindowEvent e)
			windowActivated(WindowEvent e)
			windowDeactivated(WindowEvent e)
TextEvent	文本框文本域发生改变	TextListener AddTextListener(TextListener Listener)	textValueChanged(TextEvent e)
FocusEvent	组件获得或失去焦点等	FocusListener / add FocusListener (FocusListener Listener)	Focusgained(FocusEvent e)
			FocusLost(FocusEvent e)
ComponentEvent	移动、隐藏、显示组件和改变组件大小等	ComponentListener addComponentListener (监听者)	ComponentMoved(ComponentEvent e)
			ComponentHidden(ComponentÉvent e)
			ComponentResized(ComponentEvent e)
			ComponentShown(ComponentEvent e)

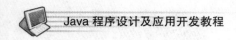

事 件 类 型	行 为 描 述	接口名与组件注册方法	监听器接口所提供的事件方法
ContainerEvent	添加、移动组件等	ContainerListener addContainerListener (监听者)	ContainerAdded(ContainerEvent e) ContainerRemoved(ContainerEvent e)
AdjustmentEvent	调节滚动条或滑块等	AdjustmentListener addAdjustmentListener(监听者)	AdjustmentValueChange(Adjustment Event e)

由表 8-11 可见，Java 针对大多数事件监听器接口定义了相应的实现类：事件适配器类，在适配器类中，实现了相应监听器接口中所有的方法（有的只写出空的方法体，但不做任何操作）。编程时定义继承事件适配器类的监听器，只重写需要的方法。

3. 事件处理主要步骤

通常，事件人（设表 8-11 所示某事件为 XxxEvent）处理主要步骤如下：

（1）选择组件作为事件源，不同类型的组件会产生特定类型的事件。

（2）定义要接收并处理某种类型的事件 XxxEvent，注册相应的事件监听器类。通过调用组件方法：eventSourceObject.addXxxListener(XxxListener)向组件注册事件监听器。

（3）实现 XxxListener 类的实例对象，据此可作为事件的监听器对象。注册与注销监听器常可表述成为如下两种形式：

- 注册监听器：`public void add<ListenerType> (<ListenerType>listener);`
- 注销监听器：`public void remove<ListenerType> (<ListenerType>listener);`

（4）事件源通过实例化事件类激发并产生事件，事件将被传送给已注册的一个或多个监听器。事件监听器在接收到激发事件信号后负责实现相应的事件处理方法。

在此，仅以按钮类对象为例说明具体过程：

（1）选择按钮组件作为事件源。

`JButton bton=new  JButton(" 按钮");` 或 `Button  bton=new  Button("按钮");`

（2）定义要接收并处理的事件 ActionEvent，注册相应的事件监听器类。通过调用方法：bton.addEventListener(listener)注册事件监听器。

（3）按下按钮组件 bton 对象会产生一个 ActionEvent 实例对象事件。

（4）事件源通过实例化事件类激发事件并传送给已注册的相关监听器。监听器对象 listener 所属的类 MyActionListener 需通过方法 actionPerformed()实现相应接口以响应事件。

```
public class MyActionListener  implements ActionListener{
    ...
    public void actionPerformed(ActionEvent e){
     //相应的响应操作      }
}
```

8.3.2 键盘事件

在 Java 中，当用户使用键盘上一个键进行操作时，就导致这个组件触发 KeyEvent 事件，监听器要完成对事件的响应，就要实现 KeyListener 接口。KeyEvent 类在 java.awt.event 包中，要使程序响应并处理键盘事件，程序中要添加如下语句：import java.awt.event.*，并实现 KeyListener 接口，将键盘注册给监听器 eventSourceObject.addKeyListener(listener)。

键盘事件相关方法可参阅表 8-11 与表 8-12。

表 8-12　键盘事件类 KeyEvent 中的常用方法

方　　法	使　用　说　明
getKeyCode()	在按下和释放键盘事件中，返回所按下键的编码整形值。键盘敲击事件中，调用此方法不会返回键码值，总是返回静态常量值 VK_ Undefined
getKeyChar()	返回所按下键代表的字符，如果没有与此键匹配的 Unicode，就用静态常量 CHAR_Undefined（无显示）

用 KeyEvent 类的 getKeyCode()方法可以判断哪个键被按下、点击或释放并获取其键码值，getKeyChar()方法被按下键的字符。

组件使用 addKeyListener()方法获得监视器。监视器是一个对象，创建该对象的类必然通过 3 种方法：public void keyPressed(KeyEvent e)、public void keyTyped(KeyEvent e)和 public void KeyReleased(KeyEvent e)实现接口。当按下键盘上某个键时，监视器就会感知自动执行 keyPressed()方法，并且 KeyEvent 类自动创建一个对象传递给方法 keyPressed()中的参数 e。方法 keyTyped()是 keyPressed()和 keyReleased()方法的组合。当键被按下又释放时，keyTyped()方法被调用。

用 KeyEvent 类的 getKeyCode()方法可判断按下或释放等的键及返回一个键码值（见表 8-13），而 getKeyChar()方法可判断按下、敲击或释放的键及返回一个键的字符。

表 8-13　Java 语言的部分键码表

键　　码	键	键　　码	键
VK_F1 ~ VK_F12	功能键 F1 ~ F12 键	VK_0 ~ VK_9	0 ~ 9
VK_UNMPAD0 ~ VK_UNMPAD9	小键盘上的 0 ~ 9 键	VK_A ~ VK_Z	a ~ z
VK_LEFT/RIGHT/UP/DOWN	向左/右/上/下箭头	VK_HOME/END	HOME 或 END
VK_KP_LEFT/RIGHT/UP/DOWN	小键盘向左/右/上/下箭头	VK_CAPS_LOCK	大写锁定
VK_PAGE_UP/DOWN	向前/后翻页键	VK_NUM_LOCK	数字锁定
VK_ALT/CONTROL/SHIFT/ESCAPE	Alt/Ctrl/Shift/Esc 键	VK_SPACE/TAB	空格/制表符
VK_SEMICOLON/PERIOD/SLASH	分号/点。	VK_QUOTE	单引号'
VK_OPEN/CLOSE_BRACKET	[或]	VK_BACK_SLASH/QUOTE	\ 或单引号'
VK_INSERT/DELETE/ENTER/PAUSE	插入/删除/回车/暂停	VK_CANCEL/CLEAR/COMMA	取消/清除/逗号

【例 8-10】键盘事件的创建与响应实例。

```java
import java.awt.*;        import java.awt.event.*;
import javax.swing.*;
public class KeyPressEx{
    public static void main(String[] args){
        KeyFrame f=new KeyFrame(); f.show();}
        }
class KeyFrame extends Jframe{
    public KeyFrame(){
        setTitle("键盘字符输入与显示"); setSize(280, 190);
        KeyPanel panel=new KeyPanel();   // 将 panel 加入到 frame
        Container contentPane=getContentPane();
        panel.setBackground(Color.pink); //面版背景颜色
        contentPane.add(panel); }
}
class KeyPanel extends JPanel implements KeyListener{
    public char KeyChar=' ';            public int KeyInputCode=-1;
```

```
public String KeyText="";          public boolean isChar=false;
 public KeyPanel(){
 addKeyListener(this); }                        //注册监听器
public boolean isFocusTraversable(){            //允许面板获得焦点
return true; }
public void paintComponent(Graphics g){
    super.paintComponent(g);
    if (KeyInputCode==-1)
        g.drawString("输入键码: ",90, 70);      //输出输入键码
    else
        g.drawString("输入键码: "+ KeyInputCode,90, 70);
    g.drawString("键码名称: "+KeyText, 90, 90);   //输出键的名称
    g.drawString("对应字符: "+KeyChar, 90, 110); //输出字符
}
public void keyPressed(KeyEvent event){
    KeyInputCode=event.getKeyCode();}           //获取输入键码
public void keyReleased(KeyEvent event){        // 键盘释放事件
    KeyInputCode=event.getKeyCode();
    KeyText=event.getKeyText(KeyInputCode);     //获取键的名称
    if(!isChar){      KeyChar= ' ';      }
    isChar=false;
    repaint();  }                               // 键盘释放时输出: 系统方法
public void keyTyped(KeyEvent event){
    KeyChar=event.getKeyChar();                 //获取字符
    isChar=true;  }
}
```

【程序解析】该程序用于创建一个键盘事件，panel.setBackground(Color.pink) 用于设置面版背景颜色，addKeyListener(this)为注册监听器，g.drawString("输入键码："+ KeyInputCode,90, 70) 用于输出键码，g.drawString("键码名称："+ KeyText, 90, 90)为输出键的名称，g.drawString("对应字符："+ KeyChar, 90, 110)产生输出字符。

程序运行结果如图 8-13 所示。

（a）输出小写字母

（b）输出大写字母

图 8-13　键盘事件运行结果

8.3.3　文本事件

文本框 TextField 或文本域 TextArea 信息发生改变时，产生文本事件 TextEvent。要使程序能响应并处理 TextEvent 事件，要实现 TextListener 接口，应将 TextEvent 事件注册给监听器：public void addTextListener(Listener)，并实现 TextListener 接口中的 textValueChanged(TextEvent)方法。

【例 8-11】文本事件程序设计实例。

```
import java.awt.*; import java.applet.*;   import java.awt.event.*;
```

```
public class textEventDemo extends Applet implements TextListener{
//声明文本输入框
    TextArea ta1;  Label lab;  String str="";
    public void init(){                       //创建文本输入框
      ta1=new TextArea(3,20);  lab=new Label("文本未被修改过");
      lab.setAlignment(Label.LEFT);  add(lab);  add(ta1);
    lab.setForeground(Color.blue);            //设置标签文字颜色
    ta1.setBackground(Color.pink);            //设置文本框背景颜色
    ta1.setForeground(Color.blue);            //设置文本框文字颜色
    ta1.addTextListener(this); }              //把文本框与监听器连接，进行监听
public void textValueChanged(TextEvent e)     //定义监听函数，以做出反应
{ str="文本被修改为:"+ta1.getText();
  lab.setText(str);
  repaint();  }
}
```

【程序解析】该程序用于创建一个基于文本事件的应用程序。ta1.addTextListener(this);语句为把个文本框与监听器连接，进行监听，并且定义了能够响应的监听函数：public void textValueChanged(TextEvent e)。

程序运行如图 8-14 所示。

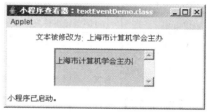

图 8-14　文本事件程序运行结果

8.3.4　鼠标事件

当鼠标键被按下、释放、单击、移动、拖动时会产生鼠标事件 MouseEvent，为响应并处理该事件，可通过 java.awt.evten 包中的 MouseListener、MouseMotionListener 实现接口。鼠标事件的类型是 MouseEvent，组件触发鼠标事件时 MouseEvent 类自动创建一个事件对象。Java 分别使用 MouseListener 与 MouseMotionListener 两个接口来处理鼠标事件。

1．MouseListener 接口

MouseListener 接口事件源使用 addMouseListener (MouseListener Listener)方法获取监视器，有 4 种操作可使事件源触发鼠标事件：鼠标指针进入组件或退出组件；鼠标指针停留在组件上时按下鼠标；鼠标指针停留在组件上时释放鼠标；鼠标指针停留在组件上时单击或连续单击鼠标。

创建监视器类与实现 MouseListener 接口有 5 种方法：

（1）mousePressed（MouseEvent e）：负责处理鼠标按下触发的鼠标事件。

（2）mouseReleased（MouseEvent e）：负责处理鼠标释放触发的鼠标事件。

（3）mouseEntered（MouseEvent e）：负责处理鼠标进入组件触发的鼠标事件。

（4）mouseExited（MouseEvent e）：负责处理鼠标退出组件触发的鼠标事件。

（5）mouseClicked（MouseEvent e）：负责处理鼠标单击或连击触发的鼠标事件。

2．MouseMotionListerner 接口

MouseMotionListerner 接口事件源使用 addMouseMotionListener (MouseMotionListener Listener)方法获取监视器，有 2 种操作可使事件源触发鼠标事件：在组件上拖动鼠标指针；在组件上运动鼠标指针。

创建监视器类与实现 MouseMotionListener 接口有 2 种方法：

（1）mouseDragged(MouseEvent e)：负责处理鼠标在事件源上拖动时，监视器将自动调用接口中的这种方法对事件做出处理。

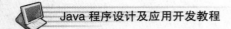

（2）mouseMoved(MouseEvent e)：负责处理鼠标移动事件，即在事件源上运动鼠标时，监视器将自动调用接口中的这种方法对事件做出处理。

由于处理鼠标事件接口中的方法较多，Java 提供了相应的适配器类 MouseAdapter 和 MouseMotionAdapter，据此分别实现了 MouseListener 接口和 MouseMotionListener 接口。

当处理鼠标事件时，程序经常关心鼠标在当前组件坐标系中的位置，以及触发鼠标事件使用的是鼠标的左键或右键等信息。鼠标事件及其相关方法可仔细参阅表 8-11 与表 8-14。

表 8-14　键盘事件类 KeyEvent 中的常用方法

方　　法	功　能　说　明
GetX()	返回鼠标事件发生时坐标点的 x 值。注：事件源的坐标系的左上角是原点
getY()	返回鼠标事件发生时坐标点的 y 值
getSource()	返回触发当前鼠标事件的事件源
getPoint()	返回鼠标事件发生的坐标点，返回值是一个 Point 对象
getClickCount()	返回鼠标被连续点击的次数
getModifiers()	返回一个整数值，若是鼠标左键触发的事件，返回的值为 InputEvent 类常量 BUTTON1_MASK；若是右键，返回该类中的类常量 BUTTON3 MASK

【例 8-12】创建一个窗口，当鼠标进行移动、拖动、按下、释放等事件时进行处理，在窗口显示此事件并给出鼠标的坐标位置。

```
import java.awt.*; import java.awt.event.*;    import javax.swing.*;
public static void main (String args [ ] ){
MouseWork app=new MouseWork();
    app.addWindowListener (new WindowAdapter() {
    public void windowClosing (WindowEvent e){ System.exit (0); }
    }  );
}
public class MouseWork extends JFrame implements MouseListener, MouseMotionListener
{ // MouseWork 类继承 JFrame 类并实现 MouseListener 和 MouseMotionListener 的接口
    private JLabel status;
    public MouseWork(){
        super ("显示鼠标事件演示程序");        status=new JLabel();
        status.setFont (new Font ("TimesRoman", Font.BOLD, 20));   // 设置字体
        getContentPane().add(status, BorderLayout.SOUTH);
            // 使用 BorderLayout 布局将标签加入窗口中
        addMouseListener(this);           // 监听者注册给鼠标对象
        addMouseMotionListener(this);     // 监听者注册给鼠标对象，针对鼠标移动事件
        setSize(275, 100);   show(); }    // 下面是 MouseListener 事件的处理
    public void mouseClicked (MouseEvent e)        // 鼠标单击事件处理
    {  status.setText (" 鼠标单击["+e.getX ()+","+e.getY ( )+"]"); } //设置鼠标坐标
    public void mousePressed (MouseEvent e) {      // 鼠标按下事件处理
        status.setText("     鼠标按下["+e.getX ()+","+e.getY ( )+"]");
    }                                              // 为标签加入鼠标坐标
    public void mouseReleased (MouseEvent e) {     // 鼠标释放事件处理
        status.setText("     鼠标释放["+e.getX ()+","+e.getY ( )+"]"); }
    public void mouseEntered (MouseEvent e) {      // 鼠标进入事件处理
        status.setText("     鼠标进入窗口"); }
    public void mouseExited (MouseEvent e)
    {  status.setText("     鼠标退出窗口");}// 下面是 MouseMotionListener 事件的处理
```

```
public void mouseDragged (MouseEvent e) {        // 鼠标拖动事件处理
    status.setText("    鼠标拖动["+e.getX ()+","+e.getY()+"]");  }
public void mouseMoved (MouseEvent e) {         // 鼠标移动事件处理
    status.setText("    鼠标移动["+e.getX()+","+e.getY()+"]");  }
}
```
程序运行结果如图 8-15 所示。

图 8-15 例 8-12 程序运行结果

8.3.5 窗口事件

当一个窗口（Jframe 或 Frame）被激活、撤销、打开、关闭、图标化等操作时，就引发了窗口事件（WindowEvent）并创建一个窗口事件对象，JFrame 类是 Window 类的子类，Window 对象都能触发 WindowEvent 事件。窗口使用 addWindowlistener()方法获得监视器且创建其类对象，可调用 getWindow()方法以获取发生窗口事件的窗口，实现 WindowListener 接口，该接口中有 7 个不同的方法，详细见表 8-11。

当单击窗口的图标化按钮时，监视器调用 WindowIconified()方法后，还将调用 WindowDeactivated()方法。当撤销窗口图标化时，监视器调用 WindowDeiconified()方法后还会调用 WindowActivated()方法。当单击窗口上的关闭图标时，监视器首先调用 WindowClosing()方法，初始化时用 setDefaultCloseOperation(int n)方法设定关闭操作，最后再执行 WindowClosed()方法。若在 WindowClosing()中方法执行了 System.exit(0)或 setDefaultCloseOperation 设定的关闭操作是 EXITON_ON_CLOSE 或 DO_NOTHING_ON_CLOSE，那么监视器就没有机会再调用 WindowClosed()方法。

【例 8-13】窗口事件的创建与响应实例。

```
import java.awt.*; import java.awt.event.*;
import javax.swing.*;
class Example{
    public static void main(String args[])      {
        MyWindowEvent win=new MyWindowEvent("YU 窗口事件");    }
}
class MyWindowEvent extends Jframe{
    JButton button;
    MyWindowEvent(String s){
        super(s);
        addWindowListener(new WindowAdapter(){  //匿名类对象做监视器。
            public void windowClosing(WindowEvent e){
                System.exit(0);  }
            public void windowIconified(WindowEvent e){
                button.setBackground(Color.yellow);  }
        } );
```

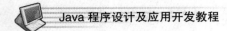

```
button=new JButton("我的窗口按钮");    Container con=getContentPane();
con.setLayout(new FlowLayout());      con.add(button);
setBounds(150,100,150,150); setVisible(true);      validate();
setDefaultCloseOperation(JFrame.DO_NOTHING_ON_CLOSE);    }
}
```
程序运行结果如图 8-16 所示。

图 8-16　例 8-13 程序运行结果

8.3.6　焦点事件

组件对象可以触发焦点事件，当组件具有焦点监视器后，如果组件从无输入焦点变成有输入焦点或从有输入焦点变成无输入焦点都会触发 FocusEvent 事件。组件增加焦点事件监视器可以使用方法：public void add FocusListener(FocusListener Listener)。

创建监视器的类必须实现 FocusListener 接口，一个组件可以调用 public boolean requestFocusInWindow()方法获得输入焦点。当组件从无输入焦点变成有输入焦点触发焦点事件时，监视器调用类实现接口 Focusgained(FocusEvent e)方法；当组件从有输入焦点变成无输入焦点触发事件时，监视器调用类实现接口 FocusLost(FocusEvent e)方法。

【例 8-14】焦点事件的创建与响应实例。

```
import java.awt.*; import java.awt.event.*;import javax.swing.*;
class FocusEx{
    public static void main(String args[]){
        MyWindow win=new MyWindow("焦点事件实验窗口"); }
}
class MyWindow extends JFrame implements FocusListener{
    MyWindow(String s)
    { super(s);
    JTextField txt=new JTextField("新闻传媒焦点事件的设计",18);
    JButton bt=new JButton("焦点试验按钮");
    txt.requestFocusInWindow();
    Container con=getContentPane();
    con.setLayout(new FlowLayout());
    con.add(txt); con.add(bt);
    txt.addFocusListener(this);                //增加焦点事件监视器
    bt.addFocusListener(this);
    setBounds(100,100,250,150);
    setVisible(true); validate();
    setDefaultCloseOperation(JFrame.EXIT_ON_CLOSE);    }
    public void focusGained(FocusEvent e)
    { JComponent com=(JComponent)e.getSource();
    com.setBackground(Color.pink); }        //背景颜色
    public void focusLost(FocusEvent e)
      { JComponent com=(JComponent)e.getSource();
```

```
    com.setBackground(Color.red); }     //背景颜色
}
```

【程序解析】该程序用于创建一个监视组件上的焦点事件，当组件获得焦点时组件的颜色变成蓝色，当失去焦点时，组件的颜色变成红色。

程序运行结果如图 8-17 所示。

图 8-17　例 8-14 程序运行结果

8.3.7　事件适配器

接口中丰富方法也会给编程人员带来诸多不便，为了简化编程，Java 针对大多数事件监听器接口定义了相应的已经实现了相应接口的实现类：事件适配器类。在适配器类中，实现了相应监听器接口中所有的方法（只写出空的方法体），但不做任何事情。编程时定义继承事件适配器类的监听器，只重写需要的方法。引入事件适配器的宗旨是使监听器的创建变得更加简便。

例如，Java 在提供 WindowListener 接口的同时，又提供了 WindowAdapter 类，WindowAdapter 实现了 WindowListener 类接口。因此，可以使用 WindowAdapte 的子类创建的对象作为监视器，在子类中重写所需的接口方法即可。

常用的事件适配器类有以下几种：

（1）KeyAdapter：键盘事件适配器。

（2）MouseAdapter：鼠标事件适配器。

（3）MouseMotionAdapter：鼠标运行事件适配器。

（4）WindowAdapter：窗口事件适配器。

（5）Focus Adapter：焦点事件适配器。

（6）ComponentAdapter：组件事件适配器。

（7）ContainerAdapter：容器事件适配器。

【例 8-15】基于事件处理适配器的窗口关闭事件。

```
import java.awt.*; import java.awt.event.*;
import javax.swing.*;
public class WinAdapter {
    public static void main (String args [ ] ){
        Frame f=new Frame("事件处理适配器" );       //本程序可以用来关闭窗口
        f.addWindowListener(new MyWindowListener());
        f.setLayout(new FlowLayout());        f.setSize(250,150);
        f.setBackground(Color.pink);          f.setVisible(true);      }
}
class MyWindowListener extends WindowAdapter    {    //窗口事件适配器
    public void windowClosing(WindowEvent e)
        {  //为使窗口关闭程序退出，需实现 windowClosing()方法
            System.exit(1); }
}
```

【程序解析】该程序用于创建一个基于事件处理适配器的窗口关闭事件。为使窗口能关闭程序退出，需用语句 public void windowClosing (WindowEvent e) 创建 windowClosing 方法。单击窗口左侧图标可显示菜单。

程序运行结果如图 8-18 所示。

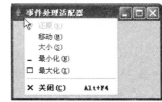

图 8-18　例 8-16 程序运行结果

本 章 小 结

Java 图形用户界面最基本的组成部分是组件,组件是一个可以以图形化方式显示于屏幕上与用户进行交互的对象,如按钮(Button)、标签(Label)、滚动条(Scrollbar)、列表(List)、复选框(CheckBox)等。容器(Container)实际上是 ComPonent 的子类,由 Container 类的子类和间接子类创建的对象均称为容器,可以通过 add()等方法向容器添加组件。

抽象窗口工具包 AWT 是 API 为 Java 程序提供的建立图形用户界面(GUI)工具集,AWT 可用于 Java 的 Applet 和 Applications 中。Java 中 AWT 与 Swing 组件各含有多类常用的容器,前者是 Frame、Panel 和 Applet,后者是 JFrame、JPanel、JApplet、JScrollPane(滚动窗格)、JSplitPane(拆分窗格)和 JLayeredPane(分层窗格)。Swing 是使用 AWT 作为基础构建起来的,Javax.swing 包提供了更加丰富的、功能强大的 Swing 组件,其中大部分组件是轻组件,没有同位体。它的大多数组件都是 AWT 组件名前面加一个"J",Swing 的用法与 AWT 基本相同,它也使用 AWT 的事件处理机制。Dialog 与 Frame 类似,是有边框、有标题而独立存在的容器,但 Dialog 不能作为程序的最外层容器,也不能包含菜单栏。

事件监听器(处理者)通常是一个类,每一个事件类都有一个对应的事件处理接口。

在 Java 中,当用户使用键盘上一个键进行操作时,就导致这个组件触发 KeyEvent 事件,监听器要完成对事件的响应,就要实现 KeyListener 接口。文本框 TextField 或文本域 TextArea 信息发生改变时,产生文本事件 TextEvent,要使程序能响应并处理 TextEvent 事件,要实现 TextListener 接口。当鼠标键被按下、释放、单击、移动、拖动时会产生鼠标事件 MouseEvent,监听器要完成对事件的响应,就要实现 MouseListener、MouseMotionListener 接口。当一个窗口(Jframe 或 Frame)被激活、撤销、打开、关闭、图标化等操作时,就引发了窗口事件(WindowEvent),窗口使用 addWindowlistener()方法获得监视器且创建其类对象,可调用 getWindow()方法以获取发生窗口事件的窗口,实现 WindowListener 接口。组件输入焦点变化时会触发 FocusEvent 事件,创建监视器的类必须实现 FocusListener 接口,组件增加焦点事件监视器可以使用方法:public void add FocusListener(FocusListener Listener)。

本章主要阐述了容器 AWT 组件下 Frame、Panel、Button、Label、文本框与文本域、复选框与单选按钮、下拉列表与列表、Dialog 与 Canvas 画布等事件处理机制及其诸多事件。

思考与练习

一、选择题

1. Java 把由 Container 的子类或间接子类创建的对象称为一个_____。
   A. 容器　　　　　　　　B. 控件　　　　　C. 属性　　　　　D. 方法
2. 引入 java.awt 包,使用语句为_____。
   A. import java.awt.包　　　　　　　　B. import java.awt;
   C. iuput java.awt 包　　　　　　　　D. import java.awt.*;
3. Java 中可使用 setBackground(Color c)设置组件的_____。
   A. 填充色　　　　　B. 前景色　　　　　C. 背景色　　　　　D. 模块色
4. 创建一个以"按钮标签"为标题的 Nbut 按钮对象的方法语句为_____。
   A. Button Nbut = new Button();　　　　B. Button Nbut = new Button("按钮标签");

C. Button Nbut = create Button("按钮标签"); D. Button Nbut = new Button(按钮标签);

5. 键盘事件程序中，addKeyListener(this)语句是完成_____。

    A. 关闭监听器   B. 撤销监听器   C. 注册监听器   D. 打开监听器

6. 点击按钮可以产生 ActionEvent 事件，实现_____接口可处理此事件。

    A. FocusListener   B. ComponentListener   C. WindowListener   D. ActionListener

7. 实现下列_____接口可以对 TextField 对象的事件进行监听和处理。

    A. ContainerListener   B. FocusListener

    C. MouseMotionListener   D. WindowListener E

8. 单击按钮触发的事件是_____。

    A. ActionEvent   B. ItemEvent   C. MouseEvent   D. KeyEvent

9. 下列 Java 常见的事件类中，_____是鼠标事件类。

    A. InputEvent   B. WindowEvent   C. MouseEvent   D. KeyEvent

10. 下列关于窗口事件的说法中不正确的是_____。

    A. Window 子类创建的对象都可引发 WindowEvent 类型事件，即所谓的窗口事件

    B. 当一 JFrame 窗口被激活、撤销、打开、关闭等时，会引发窗口事件

    C. WindowEvent 创建的事件对象可以通过 getWindow()方法获取引发窗口事件的窗口

    D. public void windowDeactivated(WindowEvent e)方法可以实现窗口激活

二、是非题

1. 容器（Container）实际上是 ComPonent 的子类。   （   ）

2. Panel 面板类为 Container 类的父类。   （   ）

3. Java 把由 Component 类的子类或间接子类创建的对象称为一个组件。   （   ）

4. JComponent 类的子类都是重组件。   （   ）

5. 当用户点击按钮时，系统无须触发自动执行与该按钮相联系的程序。   （   ）

6. 下拉列表（Choice）提供一个"多选一"的弹出式的菜单输入界面让用户选择。 （   ）

7. 事件是描述用户所执行的一个操作，进而所产生的一个行为。   （   ）

8. MouseListener 事件源使用 addMouseListener (MouseListener Listener)方法获取监视器。

                                              （   ）

三、思考与实验

1. 简述 Java 下 Swing 与 AWT 间的区别。

2. 简述事件处理的主要步骤。Java 中包通常括哪些事件呢？

3. 设计一个测试文本框与文本域简单输入程序，如图 8-19 所示。

4. 编写一个应用程序：包括 4 个分别命名为"加""差""乘""除"的按钮，有 3 个文本框。单击相应的按钮，将两个文本框的数字做运算，在第三个文本框中显示结果。

5. 试用复选框设置文本区的字体，如图 8-20 所示。

图 8-19   测试文本框程序

图 8-20   用复选框设置字体

6. 何谓事件？试述事件及其处理机制。

7. 试设计下拉列表程序，实现学校和地址的对应关系。

8. Java 语言包中定义了哪些事件及其监听器接口？

9. 程序填空，创建按钮 Example，点击按钮交替显示文本"您已经按下了奇次按钮"和"您已经按下了偶次按钮"信息，如图 8-21 所示，程序如下（请注意其中引用的是什么事件）：

```
import java.awt.*;import java.awt.event.*;
class ButtonEx extends WindowAdapter implements ActionListener{
    Frame f;Button b;TextField tf;int flag=0;
public static void main(String args[]){
    _____
    bt.init();}
public void init(){
    f=new Frame("点击按钮奇偶例题");
    b=new Button("Example");b.addActionListener(this);
    f.add(b,"South");tf=new TextField();
    f.add(tf,"Center");f.addWindowListener(this);
    f.setSize(300,300);f.setVisible(true);}
public void actionPerformed(ActionEvent e)  //
    { String s1="您已经按下了奇次按钮";
        _____;
        if (flag==0){tf.setText(s1);flag=1;}
        else _____ }
public void windowClosing(WindowEvent e){
    System.exit(0);}
    }
```

图 8-21　题 9 图

10. 试述图形用户界面编程要用到哪些组件，需要引入哪些包。若对象有 2 到 3 种取值可能采用哪种组件合适？如果取值大于 5 种，又采用哪种组件合适？

11. 程序填空，创建文本框如图 8-22 所示。

```
import java.awt.*;
class Text {
  public static void main (String args[ ]) {
    Frame fra=_____;
    TextField txt1=new TextField (50);
    TextField txt2=_____;
    fra.setBounds(0,0,300,200);
    fra.setLayout (null);                    // 关闭页面设置
txt1.setBounds (50, 50, 130, 20); txt2.setBounds (50, 70, 130, 20); //设置
文本框的大小
    fra.add (txt1);
    _____;
    fra.setVisible (_____);  }
}
```

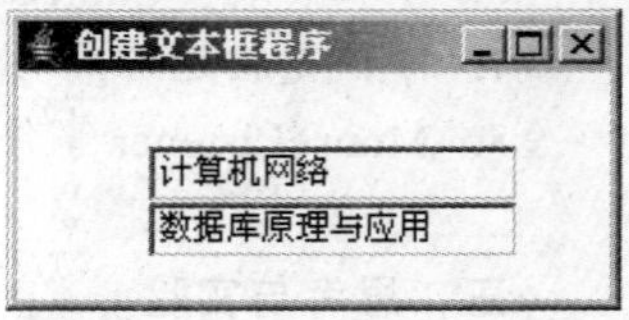

图 8-22　题 11 图

12. 设计一个键盘持续监视程序，若有按键则屏幕提示被按键信息。

第 9 章
GUI 菜单设计与 Swing 组件

【本章提要】交互式图形用户界面离不开菜单与布局设计，Swing 组件和多媒体技术应用使得高级图形用户界面设计更显生机。本章主要讲述了布局设计的 6 种形式及布局管理器组合使用、菜单组件设计、组件常用方法、中间容器、Swing 组件与多媒体程序设计基础。

9.1　布　局　设　计

9.1.1　布局概述

Java 语言中，当把组件添加到容器中时，如何控制组件在容器中的位置，使得容器中组件的安排更加合理成为人们所关注的技术。为了达到布局充分合理的效果，就需要学习布局设计与布局管理器的知识。

布局管理器是为容器中的组件规划布局的器件。容器仅记录了其所包含的组件，而布局管理器则用于管理组件在容器中的布局，负责管理容器中的各个组件的排列顺序、位置、组件大小等，当窗口移动或改变大小时，就相应改变组件的大小及位置。每个容器都有自己默认的布局管理器。若将小区视作一个"容器"，每户住户、业主就是容器中包含的"组件"，而布局管理器就相当于这个小区的物业管理处，负责规划小区，安置并为每个住户服务。

java.awt 包中定义了：FlowLayout、BorderLayout、CardLayout、GridLayout 和 GridBagLayout 五种布局，他们都是 java.lang.Object 类的子类，每一个布局都对应于一种布局策略。java.swing 包中定义了 BoxLayout、ScrollPanelLayout、ViewportLayout、OverLayout 四种布局。不同的布局管理器采用不同的布局策略来放置组件。对于 JFrame 窗口，程序可以将组件添加到它的内容面板（CntentPane）中。JFrame 的面板是一个 Container 类型的对象容器。JFame 窗体通过调用方法 getCntentPane()返回该内容面板的引用，容器可以使用 setLayout（设置布局对象）方法来设置自己的布局。本章将介绍 java.awt 包中的 FlowLayout、BorderLayout、CardLayout、GridLayout 布局类和 java.swing.border 包中的 BoxLayout 布局类。

9.1.2　FlowLayout 布局

FlowLayout 泛称流式布局管理器，它的布局策略是将容器的组件按照加入的先后顺序从左到右依次排列，一行排满后就转到下一行继续从左至右顺序排列，每一行中的组件都居中排列，组件间默认的水平和垂直间隙是 5 个像素。它是 Jpanel 与 Applet 默认的布局管理策略。FlowLayout 类的主要方法如表 9-1 所示。

当容器被重置大小后，组件布局也会随之改变，组件的大小不变，组件间相对位置发生变化。将组件添加到具有 Layout 布局管理器的容器时，默认情况下是居中放置，用户也可以在构造方法中设置自己需要的布局方式。FlowLayout 布局对象可调用 setAlignment(int aligin)方法来重新设置布局的对齐方式，其中 aligin 可以取值为 FlowLayout.LEFT、FlowLayout.CENTER 或 FlowLayout.RIGHT。

表 9-1 FlowLayout 类的主要方法

构 造 方 法	功 能 说 明
FlowLayout()	创建一个 FlowLayout 居中布局，组件间水平和垂直间距都为 5
FlowLayout(int align)	创建一个 FlowLayout 布局，对齐方式为 align,组件间距都为 5
Flowwout(int align, int hgap, int vgap)	创建一个 FlowLayout 布局，对齐方式为 align，组件间的水平间距为 Hgap，垂直间距为 vgap，不指明时在每个组件之间留下 5 个像素的距离

【例 9-1】采用 FlowLayout 布局在窗口中加入左、中、右 3 个按钮。

```
import java.awt.*; import javax.swing.*;
public class Flows extends JFrame {
    private JButton but1,but2, but3;                      // 定义 3 个按钮对象
    public Flows() {        //创建对齐方式居中的 FlowLayout 布局
        super ("FlowLayout 演示程序");
        FlowLayout layout=new FlowLayout (FlowLayout.CENTER); //创建布局对象
        Container c=getContentPane();
        c.setLayout (layout);        //设置界面布局管理为 layout 布局对象
        layout.setHgap(8);   layout.setVgap(10);
        but1=new JButton ("左军元帅"); c.add (but1);        //加入 3 个按钮
        but2=new JButton ("中军元帅"); c.add (but2);
        but3=new JButton ("右军元帅"); c.add (but3);
        setSize (300,100); show(); }
    public static void main (String args[]){
        Flows app=new Flows();  }
}
```

【程序解析】该程序用于创建一个基于 FlowLayout 布局并在窗口中加入左、中、右 3 个按钮。
FlowLayout layout=new FlowLayout (FlowLayout.CENTER);
用于创建对齐方式居中的 FlowLayout 布局对象 layout，
layout.setHgap(8) 用于设置组件间的水平间距为 8 个
像素。

程序运行结果如图 9-1 所示。

图 9-1 例 9-1 程序运行结果

9.1.3 BorderLayout 布局

BorderLayout 称为边界布局管理器,该布局是一种简单的布局策略,是 Window、Frame、Dialog 的默认布局策略。JFrame、JDialog 都是 Window 类的间接子类,其内容面板的默认布局都是 BorderLayout 布局。BorderLayout 类的方法如表 9-2 所示。

表 9-2 BorderLayout 类的方法

方 法	功 能 说 明
BorderLayout()	建立 BorderLayout 布局
BorderLayout(int hgap, int vgap)	建立 BorderLayout 布局，组件间的水平距离为 hgap 垂直距离为 vgap
add(Component comp,Object con)	comp 指明被加入的组件，并用 con 指定组件被加入的位置，有效值为 BroderLayout.EAST、BorderLayout.WEST、BorderLayout.SOUTH、BorderLayout .NORTH、BorderLayout.CENTER 五个常数

BorderLayout 布局管理器将窗口分为北(North)、东(East)、南(South)、西(West)、中(Center)5 个

区域，中间的区域最大。当哪个区域不放置组件时其空间就分配给其他区使用，若东、西、南、北都不用，中央区独占整个窗口。每加入一个组件都应指明把这个组件添加的区域，区域由 BorderLayout 中的静态常量 CENTER、NORTH、SOUTH、WEST、EAST 表示。

例如，一个使用 BorderLayout 布局的容器 son，可使用 add()方法将一个组件 b 添加到中心区域：

```
son.add(b,BorderLayout.CENTER);
```

【例 9-2】基于 BorderLayout 设置 5 个按钮的布局，且当单击按钮时，该按钮消失。再度单击某按钮时，当前对象消失，恢复前次消失的按钮。

```
import java.awt.*;import java.awt.event.*;import javax.swing.*;
public class Borders extends JFrame implements ActionListener
{ private JButton b[];
  private String names[]={"北国","南疆","西域","东区","中央统辖管理"};
  private BorderLayout layout;              // 定义布局对象 layout
  public Borders(){
    super("My BorderLayout 演示程序");
    layout=new BorderLayout (5, 5);         // 创建组件间隔是 5 的 BorderLayout 对象
    Container c=getContentPane();
    c.setLayout(layout);                     // 对容器设置布局位 BorderLayout
    b=new JButton[names.length];
    for (int i=0; i<names.length; i++)       // 创建 5 个名称为 names[]数组中值的按钮
      { b[i]=new JButton (names[i]);
        b[i].addActionListener(this); }       // 将监听者分别注册给按钮
        c.add(b[0],BorderLayout.NORTH);       // 为按钮设置 5 个位置
        c.add(b[1],BorderLayout.SOUTH);  c.add (b[2],BorderLayout.EAST);
        c.add(b[3],BorderLayout.WEST);   c.add (b[4],BorderLayout.CENTER);
        setSize(400, 300); show();                          }
  public void actionPerformed (ActionEvent e) {
    for (int i=0;i<b.length; i++)
    if (e.getSource()==b[i])
      b[i].setVisible(false);                               //设置按钮不可见
    else
      b[i].setVisible(true);                                //设置按钮可见
    layout.layoutContainer (getContentPane());}             //容器中组件位置
  public static void main (String args[ ] ){
    Borders yyc=new Borders();
    yyc.addWindowListener (new WindowAdapter(){
    public void windowClosing (WindowEvent e)
      {System.exit (0); } });    }
}
```

【程序解析】该程序用于创建一个基于 BorderLayout 布局并在窗口中加入 5 个按钮。private BorderLayout layout 与 layout=new BorderLayout (5，5)用来定义布局对象及组件间隔为 5，b[i].addActionListener (this)将监听者分别注册给按钮 c.add (b[i]，BorderLayout.NORTH)为按钮，设置位置为北，c.add (b[1],BorderLayout.SOUTH)为南，其他依此类推。通过 public void actionPerformed (ActionEvent e) 方法，设置所按按钮的隐藏性。

程序运行结果如图 9-2 所示。

（a）创建 BorderLayout 布局　　　　　　　（b）单击"东区"按纽后布局

图 9-2　创建 BorderLayout 布局

9.1.4　CardLayout 布局

CardLayout 称为卡式布局管理器，该布局可实现多个组件在同一容器区域内重叠放置，交替显示。通过用户操作可将组件一个接一个显示出来，即容纳多个组件同时只能从这些组件中选出一个来显示，就像一叠"扑克牌"每次只能显示最上面的一张一样，这个被显示的组件将占据所有的容器空间。CardLayout 类的主要方法如表 9-3 所示。

表 9-3　CardLayout 类的主要方法

	方　　法	功　能　说　明
构造方法	CardLayout()	建立 CardLayout 布局
	CardLayout((int hgap ,int vgap)	构造 CardLayout 布局，组件间水平间距为 hgap，垂直间距为 vgap
一般方法	first(Container c)	显示 Container 中的第一个对象
	last(Container c)	显示 Container 中的最后一个对象
	Previous(Container c)	显示 Container 中的上一个对象
	next(Container c)	显示 Container 中的下一个对象
	add(Stiing text,Component c)	将组件 c 加到容器中并指定和与 c 对应的选项卡文本提示是 text

【例 9-3】采用 CardLayout 布局策略在窗口中加入 3 个带图片显示的按钮。

```java
import javax.swing.*;import java.awt.*;import java.awt.event.*;
public class Cards extends JFrame {
private JButton btm1, btm2, btm3; private CardLayout layout;
private Container c;
public Cards(){
    super ("CardLayout 演示程序");
    c=getContentPane();layout=new CardLayout (10, 10);
    Icon icon1=new ImageIcon ("Car1.gif");  //创建图片对象以供使用
    Icon icon2=new ImageIcon ("BIRD.gif");
    Icon icon3=new ImageIcon ("Car2.gif");
    btm1=new JButton ("按钮 A", icon1);  c.add (btm1);
    btm1.addActionListener (new listener ());
    btm2=new JButton ("按钮 B", icon2);  c.add (btm2);
    btm2.addActionListener (new listener ());
    btm3=new JButton ("按钮 C", icon3);  c.add (btm3);
    btm3.addActionListener (new listener ());
    c.setLayout (layout);setSize (300, 150); show(); }
    private class listener implements ActionListener{
    public void actionPerformed (ActionEvent e){
        if (e.getSource()==btm1||e.getSource ()== btm2||e.getSource()==btm3)
```

```
        layout.next(c);  }          //无论按哪个按钮均转到下个按钮或：
        layout.Previous (c) }
    public static void main (String args []){
        Cards yu=new Cards (); }
}
```

【程序解析】该程序采用 CardLayout 布局策略在窗口中加入 3 个带图片显示的按钮。
Icon icon1=new ImageIcon ("Car1.gif") 用于创建图片对象以供使用。单击按钮均转到上或下个按钮则使用：if (e.getSource()==btm1lle.getSource ()== btm2lle.getSource()==btm3) 则执行 layout.next(c);或 layout. Previous (c);语句，完成按钮焦点转移。

程序运行结果如图 9-3 所示。

图 9-3　创建带图片显示的按钮

9.1.5　GridLayout 布局

GridLayout 称为网格布局管理器，是使用较多的二维网格下的布局管理器，其布局策略是把容器划分成若干行、若干列的网格区域，每个网格的大小相等，组件就放置于这些划分出来的小格中，一个网格可放置一个组件。使用 GridLayou 布局管理器时，需要定义行数和列数，该布局组件定位比较精确。GridLayout 类的方法如表 9-4 所示。

表 9-4　GridLayout 类的方法

方　法	功　能　说　明
GridLayout()	建立一行一列的 GridLayout 布局
GridLayout(int rows,int cols)	建立 rows 行 cols 列的 GridLayout 布局
GirdLayout (int rows,int cols,int hgap ,int vgap)	建立 rows 行 cols 列的 GridLayout 布局。其组件间水平间距为 hgap，垂直间距为 vgap

使用 GridLayout 布局管理器的一般步骤如下：

（1）使用 GridLayout 的构造方法 GridLayout t(int rows,int cols)创建布局对象，指定划分网格的行数 rows 和列数 cols，如 GridLayout grid=new GridLayout(12,8);。

（2）add()方法可将组件加入容器，组件进入容器的顺序将按照第一行第一列、第一行第二列……第一行最后一列、第二行第一列……最后一行第一列……最后一行最后一列。

使用 GridLayout 布局的容器最多可添加 rows × cols 个组件。由于 GridLayout 布局中每个网格都是相同大小并且强制组件与网格的大小相同，使得容器中的每个组件大小也相同，显得很不自然。为了克服这个缺点，可以使用容器嵌套。

例如，一个容器使用 GridLayout 布局，将容器分为三行一列的网格，那么可把另一个容器添加到某个网格中，而添加的这个容器又可设置为 FlowLayout 布局、BorderLayout 布局等。利用这种嵌套方法，可设计出符合一定需要的布局。

【例 9-4】基于 GridLay 创建含有 6 个按钮的窗口。

```
import java.awt.*;        import java.awt.event.*;
import javax.swing.*;
public class GridLay extends JFrame{
  private JButton b[ ];
  private String names[] ={"销售部","财务部", "信息科", "生产部", "组织部", "计划科"};
  private boolean toggle=true;
  private Container c;  private GridLayout grid;
  public GridLay (){
    super ("网格布局演示程序");
    grid=new GridLayout(2, 3, 14, 16);        // 定义2行3列以及垂直和水平间隔
    c=getContentPane();  c.setLayout(grid);
    c.setBackground(Color.pink);              //设置背景颜色
    b=new JButton[names.length];
      for (int i=0; i<names.length; i++){
        b[i]=new JButton (names [i]);  c.add(b[i]); }
    setSize (350,160); show(); }
  public static void main (String args[ ] ) {
    GridLay yuGrid=new GridLay();
    yuGrid.addWindowListener (new WindowAdapter(){
      public void windowClosing (WindowEvent e)
      {System.exit (0); }  }   );
  }
}
```

【程序解析】该程序采用 GridLay 布局策略创建含有 6 个按钮的窗口。语句 grid=new GridLayout (2, 3, 14, 16)用来定义一个 2 行 3 列，并设置垂直和水平的组件间隔值。

程序运行结果如图 9-4 所示。

图 9-4　创建 GridLayout 布局

9.1.6　GridBagLayout 布局

GridBagLayout 即网格包布局管理器，它是 Java 语言提供的最复杂、最灵活的布局管理器之一。它采用网格的形式来放置组件，组件的位置和大小由 GridBagConstraints 类的对象实例决定。GridBagConstraints 类规范组件使用 GridBagLayout 布局管理器的限制条件。GridBagLayout 布局允许指定的组件跨多行或多列，且行和列不要求同高或同宽，同时允许组件部分重叠。

使用 GridBagLayout 的构造方法 GridBagLayout()创建布局对象，例如：

```
GridBagLayout gridBag=new  GridBagLayout();
GridBagConstraints con=new  GridBagConstraints();
```

GridBagLayout 类的方法如表 9-5 所示，GridBagConstraints 的常见属性如表 9-6 所示。

表 9-5　GridBagLayout 类的方法

方　　法	功　能　说　明
GridBagLayout()	构造方法，用于建立一个 GridBagLayout 网格包布局管理器对象
setConstraints(Component comp, GridBagConstraints constrains)	设置网格约束条件，comp 是被加入的组件，并用 constraints 指定为 GridBagConstraints 类的一个实例
add(Component comp, Object constraints)	添加组件并用 constraints 指定 GridBagConstraints 类的一个实例

表 9-6　GridBagConstraints 的常见属性

属　　性	功　能　说　明	值
fill	当组件比所在网格小时的填充方式	NONE、HORIZONTAL、VERTICAL、BOTH
Anchor	当组件小于显示区域网格时决定组件放置的位置	CENTER(默认值)、NORTH、NORTHEAST、EAST、SOUTH、SOUTHEAST, SOUTHWEST,WEST、NORTHWEST
Insets	填充组件和网格边缘间的部分,负值导致组件延伸到网格单元的外边	默认为 insets(0,0,0,0),这 4 个参数分别为上、左、下、右
Grid 与 Gridy	指定组件的左上角所在的行和列	第一行或第一列均用 0 来表示
gridwidth, gridheight	指定组件显示区域所占行数和列数	整数,值为 Remainder 表示组件为当前行或列的最后一个组件,值为 Relative 则表示紧挨着当前行或在列组件后
weightx, weighty	指定列之间（weightx）和行之间 (weighty)用来填充额外空间的权值	均用整数来表示

【例 9-5】采用 GridBagLay 布局策略创建 5 个命令按钮按需分为两行的窗口。

```
import java.awt.*;import java.awt.event.*;
public class GridBagLay {
    public static void main (String args[] )
{   Frame f=new Frame("网格包布局管理器");
    GridBagLayout gl=new GridBagLayout();
    GridBagConstraints con=new GridBagConstraints();
    con.fill=GridBagConstraints.HORIZONTAL; //水平填充,可由同学实施垂直填充
    f.setLayout(gl);
    Button but1=new Button("数据输入"); Button but2=new Button("数据修改");
    Button but3=new Button("报表查询"); Button but4=new Button("报表打印");
    Button but5=new Button("工资管理软件系统维护");     //创建按钮
        gl.setConstraints(but1,con); con.weightx=1.2;    f.add(but1);
        gl.setConstraints(but2,con); //设置but2 为 GridBagConstraints 类实例 con 的按纽
        f.add(but2);
    con.gridwidth=GridBagConstraints.REMAINDER; //表示其后组件均为为当前行的最后一个
    gl.setConstraints(but3,con); f.add(but3); gl.setConstraints(but4,con);
    f.add(but4);
    gl.setConstraints(but5,con);f.add(but5);
    f.setSize(250,100);  f.setBackground(Color.cyan); f.setVisible(true); }
    }
```

【程序解析】该程序采用 GridBagLayout 布局策略在窗口中加入 5 个命令按钮,且语句 con.gridwidth=GridBagConstraints.REMAINDER 表示其后组件均为当前行的最后一个,即紧接其后添加组件均换行。con.fill= GridBagConstraints.HORIZONTAL 为水平填充,而 VERTICAL 则为垂直填充。语句 gl.setConstraints(but2,con)设置 but2 为 GridBag Constraints 类实例 con 的按纽。

程序运行结果如图 9-5 所示。

图 9-5　GridBagLayout 布局

9.1.7　BoxLayout 布局

BoxLayout 称为盒式布局管理器,该布局类用于创建一个盒式布局对象,BoxLayout 在

java.swing.border 包中。java swing 包提供了 Box 类，该类也是 Container 类的一个子类，据此创建的容器称为盒式容器，其默认布局是盒式布局（BoxLayout），且不允许更改。因而在策划程序的布局时，可利用若干盒式容器的嵌套达到多样化组合布局目的。

BoxLayout 的容器将组件排列在一行或一列，这取决于创建盒式布局对象时，是指定为行排列还是列排列。BoxLayout 有水平与垂直两种排列方式。BoxLayout 的构造方法：BoxLayout(Container con, int axis)可创建一个指定容器 con 使用的盒式布局对象，参数 axis 的取值决定该布局是行型盒式布局还是列型盒式布局，其有效值是 BoxLayout.X–AXIS（行型）和BoxLayout.Y–AXIS（列型）。

使用行（列）型盒式布局的容器将组件排列成一行（列），组件加入的先后顺序为从左（上）向右（下）排列，容器两端是剩余的空间。与 FlowLayou 布局不同的是盒式布局的容器只有一行（列），即使组件再多也只会被改变大小，紧缩在这一行（列）中而不会延伸到下一行（列）。BoxLayout类的方法如表 9-7 所示。

表 9-7　BoxLayout 类的方法

BoxLayout 类的方法与构造方法	功　能　说　明
BoxLayout(Container con, int axis)	构造方法，建立一个 BoxLayout 布局
getLayoutAlignmentX(Container con)	获得容器沿 X 轴的对齐方式：行排列
getLayoutAlignmentY(Container con)	获得容器沿 Y 轴的对齐方式：列排列
setLayoutAlignmentX(Container con)	设置容器沿 X 轴的对齐方式：行排列
setLayoutAlignmentY(Container con)	设置容器沿 Y 轴的对齐方式：列排列
LayoutContainer (Container con)	设置 con 窗口的布局方式为 BoxLayout 布局
Box 类的方法	功　能　说　明
Box. CreateHorizontalBox()	构建一个行型盒式布局的 Box 容器组件
Box. CreateVerticalBox ()	构建一个列型盒式布局的 Box 容器组件
Box. CreateHorizontalStrut(int width)	构建一个不可见的宽度为 width 的水平 Struct 类型支撑对象
Box. CreateVerticalStrut(int height)	构建一个不可见的高度为 height 的垂直 Struct 类型支撑对象
Component.CreateHorizontalGlue()	构建一个水平方向的 Glue 组件
Component.CreateVerticalGlue()	构建一个垂直方向的 Glue 组件

注：一个行型盒式布局的容器，可以通过在添加的组件之间插入水平支撑来控制组件之间的距离。一个列型盒式布局的容器，可以通过在添加的组件之间插入垂直支撑来控制组件之间的距离。

【例 9-6】使用 BoxLayout 布局策略在窗口中按水平排列方式添加按钮数组。

```
import javax.swing.*;import java.awt.*;
public class BoxLayoutEx {
 private Frame f;           private Button bl1,bl2,bl3,bl4,bl5;
 public static void main(String args[]){
  BoxLayoutEx cd=new BoxLayoutEx();
  cd.go();        }
 public void go(){
  f=new Frame("BoxLayout 实例演示");
  BoxLayout bl=new BoxLayout(f,BoxLayout.X_AXIS);   //设置 BoxLayout 布局策略
  f.setLayout(bl);
  bl1=new Button("统帅部");      bl2=new Button("参谋部");   //设置按钮
```

```
bl3=new Button("政工部");          bl4=new Button("司务部");
bl5=new Button("后勤部");
f.add(bl1);          f.add(bl2);        f.add(bl3);               //添加按钮
f.add(bl4);          f.add(bl5);
f.setSize(200,200);                     f.setVisible(true);   }
}
```

程序运行结果如图 9-6 所示。

图 9-6　例 9-6 程序运行结果

9.1.8　布局管理器组合使用

上面介绍了几种布局管理器的使用，而在实际应用中常常需要的是几种布局管理器的组合使用。在此仅枚举一例以资理解。

【例 9-7】采用 BoxLayout 布局策略在窗口中按水平和垂直排列方式添加按钮数组。

```
import javax.swing.*;import java.awt.*; import java.awt.event.*;
public class BoxLay extends JFrame{
  public BoxLay(){
    super ("BoxLay 盒型布局演示程序");
    final int SIZE=3;    Container c=getContentPane();
    c.setLayout (new BorderLayout (30, 30));    Box boxes[ ] =new Box[4];
    boxes[0]=Box.createHorizontalBox();      //设置box对象中的组件以水平方式排列
    boxes[1]=Box.createVerticalBox();
    boxes[2]=Box.createHorizontalBox();
    boxes[3]=Box.createVerticalBox();
    for (int i=0; i<SIZE; i++)
       boxes[0].add (new JButton("生产部: "+i)); //将所建按钮放到boxes[0]对象中
    for (int i=0; i<SIZE; i++)
       boxes[1].add (new JButton("人事部: "+i));
    for (int i=0; i<SIZE; i++)
       boxes[2].add (new JButton("销售部: "+i));
    for (int i=0; i<SIZE; i++)
    boxes[3].add (new JButton("财务部: "+i));
    c.add (boxes[0],BorderLayout.NORTH); //将boxes[0]放置在容器的"NORTH"位置
    c.add (boxes[1],BorderLayout.EAST); c.add (boxes[2],BorderLayout.SOUTH);
    c.add (boxes[3],BorderLayout.WEST); setSize(350, 300); show ( ); }
  public static void main (String args [ ] ){
  BoxLay appBox=new BoxLay();
    appBox.addWindowListener (new WindowAdapter(){
    public void windowClosing (WindowEvent e)
       { System.exit (0); } } );
    }
}
```

【程序解析】该程序采用 BoxLayout 布局策略在窗口中以按钮数组方式实施水平和垂直排列。

程序创建了 4 个 Box 对象（与 BorderLayout 进行组合排列）。设置 Box 对象中的组件以垂直式排列用 boxes[1]=Box.createVerticalBox()语句；将所建按钮放到 boxes[]对象中则用 boxes[1].add (new JButton("人事部: "+i))语句；c.add (boxes[1],BorderLayout.EAST)语句表示将 boxes[1]放置在容器的 EAST 位置（每个对象 3 个按钮）。

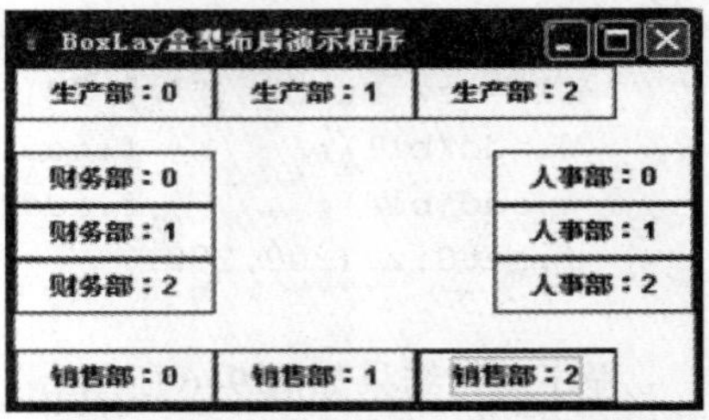

程序运行结果如图 9-7 所示。

图 9-7　例 9-7 程序运行结果

【例 9-8】创建一个盒型_流型布局组合应用程序。

```
import javax.swing.*;        import java.awt.*;
import javax.swing.border.*;
class BoxLay00 extends JFrame{
Box boxS,boxA,boxB;
    BoxLay00(){
    super ("盒型_流型布局演示程序");
    boxA=Box.createVerticalBox();          //构建列型盒型布局 Box 组件
    boxA.add(new JLabel("输入您的姓名: "));
    boxA.add(Box.createVerticalStrut(10));        //构建水平 Struct 类型间距支撑
    boxA.add(new JLabel("输入您的工号: "));
    boxA.add(Box.createVerticalStrut(10)); boxA.add(new JLabel("输入您的单位: "));
    boxA.add(Box.createVerticalStrut(10)); boxA.add(new JLabel("输入电话号码: "));
    boxB=Box.createVerticalBox();          //构建列型盒型布局 Box 组件
    boxB.add(new JTextField(20)); boxB.add(Box.createVerticalStrut(10));
    boxB.add(new JTextField(20)); boxB.add(Box.createVerticalStrut(10));
    boxB.add(new JTextField(20)); boxB.add(Box.createVerticalStrut(10));
    boxB.add(new JTextField(20));
    boxS=Box.createHorizontalBox();        //构建行型盒型布局 Box 组件
    boxS.add(boxA);
    boxS.add(Box.createHorizontalStrut(8));        //构建垂直 Struct 类型间距
    boxS.add(boxB);      Container con=getContentPane();
    con.setLayout(new FlowLayout());    //构建流型布局 Box 组件
    con.add(boxS); con.validate();
    con.setBackground(Color.pink);        //设置背景颜色
    setBounds(100,100,350,170);          //设置框架大小与位置
    setVisible(true);
    setDefaultCloseOperation(JFrame.EXIT_ON_CLOSE); }
}
public class BoxLay {
  public static void main(String args[]){
    new BoxLay00(); }
}
```

【程序解析】该程序用于创建一个盒型_流型布局组合应用程序。构建行型盒型布局 Box 组件使用了 boxS=Box.createHorizontalBox();语句，而 boxS.add(Box.createHorizontalStrut(8))语句用于构建水平 Struct 类型（间距为 8），con.setLayout(new FlowLayout())语句用于构建流型布局 Box 组件。

程序运行结果如图 9-8 所示。

图 9-8　例 9-8 程序运行结果

9.2　菜　单　组　件

　　菜单可提供非常便捷的操作方式，用户通过菜单并按照菜单上的提示完成应用程序的操作。菜单是图形界面的重要组成组件，是用户程序的重要组成部分。

　　窗口中的菜单栏、菜单、菜单项是我们所熟悉的。在 Java 中，一般菜单格式包含菜单栏（MenuBar，Swing 中为 JMenuBar）类、菜单（Menu，Swing 中为 JMenu）类、菜单项（MenuItem，Swing 中为 JMenuItem）类。菜单放在菜单栏里，菜单项放在菜单里。菜单栏、菜单、菜单项的构造方法与一般方法如表 9-8 与表 9-9 所示。

表 9-8　Swing 组件菜单类的主要方法

方　　　　法	功　能　说　明
1．JMenuBar 类	
JMenuBar()	创建一个空的菜单栏
setJMenuBar(JMenuBar menubar)	该方法将菜单栏添加到窗口的菜单栏区域
2．JMenu 类	
JMenu()	创建一个无标签的 JMenu 菜单对象
JMenu(String menuName)	创建一个菜单名为 menuName 的 JMenu 对象
void add(String s)	向菜单增加指定的选项
GetItem (int n)	获取指定索引处的菜单选项
getItemCount()	获取菜单选项数目
add(JMenuItem item)	将 item 添加到引用的 JMenu 对象上
addSeparateor( )	在目前位置插入一条分隔线
3．JMenuItem 类	
JMenuItem(String itemName)	创建一个显示在菜单中名为 itemName 的对象
JmenuItem (String text,Icon icon)	构造一个有标题和图标的菜单项
JRadioButtonMenuItem(String s)	创建标题为 s 带单选按钮的 JRadioButtonMenuItem 菜单项
JCheckboxMenuItem(String s)	创建标题为 s 带复选框的 JCheckboxMenuItem 菜单项
void setEnabled(boolean b)	设置当前菜单项是否可被选择
String getLabel()	获取该菜单项的名字
getKeyStroke（char keyChar）	返回一个字符型的 KeyStroke 对象
setAccelerator (KeyStroke keyStroke0)	为菜单项设置快捷键
4．JPopupMenu 类	
JPopupMenu (String s)	创建名为 s 的弹出式菜单项，add()方法使用同 Jmenu
Show(Component c,int x,int y)	在(x,y)处显示弹出式菜单，c 为该弹出式菜单所依附的组件

表 9-9　AWT 组件菜单类的主要方法

方　　　　法	功　能　说　明
1．MenuBar 类	
MenuBar()	创建一个空的菜单栏
add(Menu m)	把一个 Menu 对象 m 添加到引用的 MenuBar 对象中

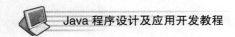
续表

方　　法	功　能　说　明
2．Menu 类	
Menu()	创建一个无标签的 Menu 菜单对象
Menu(String menuName)	创建一个菜单名为 menuName 的 Menu 对象
add(MenuItem item)	将 item 添加到引用的 Menu 对象上
addSeparateor()	在目前位置插入一条分隔线
3．MenuItem 类	
MenuItem(String itemName)	创建一个显示在菜单中的名为 itemName 的对象
getActionCommand()	返回 MenuItem 对象所产生的动作事件关联的命令的名称
disable()	所引用的 MenuItem 对象设置为不能使用
CheckboxMenuItem(String s0)	创建一个显示文本为 s0 带复选框的 CheckboxMenuItem 菜单项
getState()	返回所引用的 CheckboxMenuItem 对象的状态，on 或 off
setState(boolean state)	设置所引用的 CheckboxMenuItem 对象的状态为 state
4．PopupMenu 类	
PopupMenu (String s)	创建一个显示在菜单中名为 s 的对象，.add()方法使用同 Menu
Show(Component c,int x,int y)	在(x,y)处显示弹出式菜单，c 为该弹出式菜单所依附的组件

9.2.1　菜单栏

菜单栏是用来管理菜单的，只能被添加到 Frame 对象中，作为整个菜单树的根基，不参与交互操作。Java 中，应用程序的菜单都包含在菜单栏对象之中。JComponent 类的子类 JMenuBar 是负责创建菜单栏（AWT 中由 MenuBar 负责创建，这里主要讲述 Swing 组件下菜单的创建过程），菜单栏由 JmenuBar 派生。

菜单栏的构造方法与一般方法见表 9-8 与表 9-9。

9.2.2　菜单

菜单是用来存放与整合菜单项的组件。菜单栏 JComponent 类的子类 JMenu 类是负责创建菜单的，即菜单是由 Jmenu 派生（AWT 中由 Menu 负责创建），它的实例就是一个菜单。菜单可以是单层的菜单，也可以是多层结构的。菜单的构造方法见表 9-8 与表 9-9。

9.2.3　菜单项

菜单项是菜单系统的基本组件，是用户最终选择的项目，类似于列表框中的选择项。JMenuItem 负责创建菜单项（AWT 中由 MenuItem 负责创建），即 JMenuItem 的一个实例就是一个菜单项，菜单项放在菜单里。

1．使用菜单项

通常，菜单项是 JMenuItem 或 MenuItem，此外尚可以使用带复选框和单选按钮的菜单项，它们分别是 JCheckBoxMenuItem 或 CheckBoxMenuItem 和 JRadioButtonMenuItem 或 RadioButtonMenuItem，单选按钮的菜单项使用时和 JradioButton 一样，需要将它们添加到同一个按钮组中。它们和创建一般的菜单项几乎一样，只需注意一下复选框和单选按钮的不同构造函数以及单选按钮组的构建。例如，创建单选按钮菜单项 JRadio 和创建复选框菜单项 JCheckBox，并将其添加到 SchMenu 菜单中。

```
ButtonGroup group=new ButtonGroup();
JRadioButtonMenuItem SchItem=new JRadioButtonMenuItem("JRadio");
JCheckBoxMenuItem JCheckItem=new JCheckBoxMenuItem("JCheckBox");
group.add(SchItem);SCHMenu.add(SchItem); SCHMenu.add(JCheckItem);
```

菜单项的构造方法与一般方法见表 9-8 与表 9-9。菜单项本身也可是一个菜单，此类菜单项称为子菜单。为了使得菜单项有一个图标，可用图标类 Icon 声明一个图标，然后使用其子类 Imagelcon 类创建一个图标，例如：Icon icon=new Imagelcon("flag.gif");。

2. 使用分隔线

有时希望在菜单中分门别类，常在菜单子项间增加一条横向分隔线，以便把菜单子项分成几组。加入分隔线的方法是 JMenu/Menu 的方法 addSeparator( )，使用时要注意该语句的位置，菜单子项是按照加入的先后顺序排列在菜单项中的，分隔线亦然。例如，在"查询"菜单 menuSch 当前位置插入一条分类分隔线（菜单项）：

```
menuSch.addSeparator();                    //加一条横向分隔线
```

9.2.4　弹出式菜单

弹出式菜单（JpopupMenu 或 PopupMenu）是一种特殊的菜单，和普通菜单的区别在于它并不固定在菜单栏中，而是可以四处浮动显示，依附于某个容器或组件，但平时不显示，右击时显示。图 9-9 所示为在 JCreator 编辑器中右击时的弹出式菜单，可用 add()方法加入组件。弹出式菜单的创建和菜单的创建基本相同，也需要新建一个弹出式菜单后再加入菜单。

例如，创建弹出式菜单 popup，并且新建弹出式菜单中的 new 菜单项和监听器。

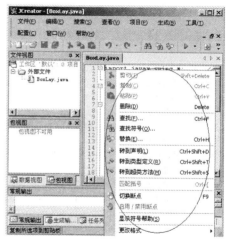

图 9-9　弹出式菜单示意图

```
JPopupMenu popup=new JPopupMenu();
JMenuItem newItemPop=new JMenuItem("工资管
理程序弹出式菜单");
popup.add(newItemPop);
```

9.2.5　创建菜单

通过表 9-8 与表 9-9 中的方法可以完成系统菜单的创建。

创建菜单的一般步骤如下：

（1）创建一个菜单栏（JmenuBar 或 MenuBar）对象，并将其加入到所建的框架（JFrame/Frame）中。

（2）创建菜单（Jmenu 或 Menu）对象及其子菜单。

（3）创建菜单项（JMenuItem 或 MenuItem）对象，并将其添加到菜单（Jmenu 或 Menu）或子菜单对象中（若有子菜单的，将子菜单加入到菜单中），将菜单加入到菜单栏中。

（4）将菜单（Jmenu 或 Menu）对象添加到菜单栏（JmenuBar 或 MenuBar）对象中。

上述描述仅仅是创建了菜单的框架，若要确确实实完成某项功能，则需将监听者注册给菜单项，并在监听者提供的事件处理中加入相应的代码，以完成相应应用。例如：

① 创建菜单栏，并将菜单栏加入到框架中：

```
JMenuBar yumenuBar=new JMenuBar();
    setJMenuBar(yumenuBar);
```

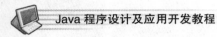

② 创建 File 菜单和 Tool 菜单及其子菜单：

● 创建菜单：

```
JMenu fileMenu=new JMenu("File");
    JMenu toolMenu=new JMenu("Tool");
```

● 创建子菜单：

```
JMenu optionMenu=new JMenu("Option");
```

③ 通过 Action 对象新建 New 菜单项，并添加事件监听器。

```
newItem=fileMenu.add(new ShowAction("New"));或MenuItem newItem=new JMenuItem("New")
```

同样，通过指定菜单项对象新建 Paste 菜单项：

```
JMenuItem
pasteItem=new JMenuItem("Paste");
```

④ 将菜单项加入到子菜单或菜单中，将子菜单加入到菜单中，将菜单加入到菜单栏中。

```
fileMenu.add(newItem); fileMenu.add(pasteItem);
    toolMenu.add(optionMenu);    yumenuBar.add(fileMenu);
        yumenuBar.add(toolMenu);
```

【例 9-9】创建菜单与弹出式菜单，并实现当单击某菜单时对菜单事件进行处理。

```
import javax.swing.*;        import java.awt.*;
import java.awt.event.*;
public class MenuPopupTest extends JFrame implements MouseListener,ActionListener{
    Container cont=getContentPane();          //获得内容窗格
    JMenuBar jmb=new JMenuBar();              //创建菜单栏
    JMenu fontmenu=new JMenu("字体");          //创建菜单
    JMenu helpmenu=new JMenu("帮助");
    JMenu stylemenu=new JMenu("样式");   JMenu colormenu= new JMenu("颜色");
    JMenuItem exitmenu=new JMenuItem("退出");     //创建菜单项
    JMenuItem aboutmenu=new JMenuItem("关于");
    JCheckBoxMenuItem boldMenuItem=new JCheckBoxMenuItem("粗体");  //创建复选菜单项
    JCheckBoxMenuItem italicMenuItem= new JCheckBoxMenuItem("斜体");
    JMenuItem redmenu=new JMenuItem("红色");
    JMenuItem bluemenu=new JMenuItem("蓝色");
    JMenuItem greenmenu=new JMenuItem("绿色");
    JMenuItem graymenu=new JMenuItem("灰色");
    JMenuItem yellowmenu=new JMenuItem("黄色");
    JMenuItem redItem=new JMenuItem("红色");        //创建标题为"蓝色"的弹出式菜单
    JMenuItem blueItem=new JMenuItem("蓝色");
    JMenuItem greenItem=new JMenuItem("绿色");
    JMenuItem grayItem=new JMenuItem("灰色");
    JMenuItem yellowItem=new JMenuItem("黄色"); //创建标题为"黄色"的弹出式菜单
    JPopupMenu jpm=new JPopupMenu();       //创建弹出式菜单
    JLabel jlabel1=new JLabel("请右击窗体空白处从弹出的快杰菜单中选择设置颜色!");
    JLabel jlabel2=new JLabel("自信人生二百年，会当水击三千里!");
    JTextArea jtext=new JTextArea("   经典歌曲:赞歌、北京的金山上、祖国颂、红河谷!");
    int  bold,italic;
public MenuPopupTest(){                  //构造方法
    this.setJMenuBar(jmb);               //将菜单栏设置为窗口的主菜单
    jmb.add(fontmenu);                   //将菜单项加入菜单
    jmb.add(helpmenu);
    fontmenu.add(stylemenu);             fontmenu.add(colormenu);
    fontmenu.addSeparator();             //添加分隔线
```

```
        fontmenu.add(exitmenu);        helpmenu.add(aboutmenu);
        stylemenu.add(boldMenuItem);          //将复选菜单项加入"样式"菜单
        stylemenu.add(italicMenuItem);
            colormenu.add(redmenu );          //将菜单项加入"颜色"菜单
            colormenu.add(bluemenu );   colormenu.add(greenmenu );
            colormenu.add(graymenu );   colormenu.add(yellowmenu );
            italicMenuItem.addActionListener (this ) ; //为菜单注册监听器
        boldMenuItem.addActionListener(this ) ; redmenu.addActionListener(this );
        bluemenu.addActionListener(this );       greenmenu.addActionListener(this );
        graymenu.addActionListener(this );       yellowmenu.addActionListener(this );
            exitmenu.addActionListener(this );
        redItem.addActionListener(this);          //为弹出式菜单 redItem 注册事件监听器
            jpm.add(redItem);                      //将 redItem 项添加到弹出式菜单
        blueItem.addActionListener(this);
            jpm.add(blueItem);                     //将 blueItem 项添加到弹出式菜单
        greenItem.addActionListener(this);  jpm.add(greenItem);
        grayItem.addActionListener(this);       jpm.add(grayItem);
        yellowItem.addActionListener(this);     jpm.add(yellowItem);
        addMouseListener(this);       setVisible(true);    validate();
        cont.setLayout(new FlowLayout());
        cont.add(jlabel1);        cont.add(jlabel2);
        cont.add(jtext);        //等价语句   this.getContentPane().add(jtext);
        jtext.setForeground(Color.pink);
            this.setSize(350,250);          this.setVisible(true) ;
            this.setDefaultCloseOperation(JFrame.EXIT_ON_CLOSE); }
    public void actionPerformed(ActionEvent e) {   //菜单(弹出式菜单)事件处理方法
        if(e.getActionCommand().equals("红色"))
            jtext.setForeground(Color.red) ;
        else if(e.getActionCommand().equals("蓝色"))
            jtext.setForeground(Color.blue ) ;
        else if(e.getActionCommand().equals("绿色"))
            jtext.setForeground(Color.green);
        else if(e.getActionCommand().equals("灰色"))
            jtext.setForeground(Color.gray);
        else if(e.getActionCommand().equals("黄色"))
            jtext.setForeground(Color.yellow);
        if (e.getActionCommand().equals("粗体"))
            bold=(boldMenuItem.isSelected()?Font.BOLD:Font.PLAIN);
        if (e.getActionCommand().equals("斜体"))
        italic=(italicMenuItem.isSelected()?Font.ITALIC:Font.PLAIN);
            jtext.setFont(new Font("Serif",bold + italic,14));
        if (e.getActionCommand().equals("退出" ))    System.exit(0); }
    public void mouseClicked(MouseEvent mec){          //处理 Popup 鼠标单击事件
        if (mec.getModifiers()==mec.BUTTON3_MASK)     //判断单击右键
            jpm.show(this,mec.getX(),mec.getY());      //在鼠标单击处显示菜单
        }
    public void mousePressed(MouseEvent mep){ }      //处理按下鼠标左键事件
    public void mouseReleased(MouseEvent mer){ }     //处理鼠标单击事件
    public void mouseEntered(MouseEvent mee){ }      //处理鼠标进入当前窗口事件
    public void mouseExited(MouseEvent mex){ }       //处理鼠标离开当前窗口事件
    public static void main(String[] args){          //测试 MenuPopupTest 类方法
        MenuPopupTest  tm=new MenuPopupTest();}
}
```

【程序解析】该程序为创建菜单并实现当点击某菜单时对菜单事件进行处理。其中，JCheckBoxMenuItem boldMenuItem=new JCheckBoxMenuItem(" 粗 体 ")为 创 建 复 选 菜 单 项，exitmenu.addActionListener(this); public void actionPerformed (ActionEvent e)语句等可完成将监听者注册给 exit 对象和点击某菜单时对菜单事件进行处理。另外，fontmenu.addSeparator( )用于添加分隔线。程序运行结果如图 9–10 所示。

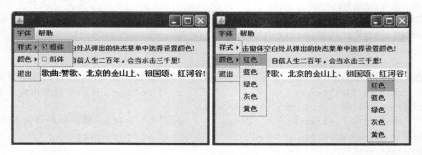

图 9–10   例 9–8 程序运行结果

9.3 Swing 组件

9.3.1 Swing 组件基础

Swing 的产生源于 AWT 组件不能满足图形化用户界面设计发展的需要(如 AWT 缺少剪贴板、打印支持、键盘导航、弹出式菜单等特性)，但 Swing 是在 AWT 作为基础构建起来的。Swing 组件的用法与 AWT 基本相同，它也基于 AWT 的事件处理机制，只是组件的风格有所不同，名字变了，它的大多数组件都是 AWT 组件名前面加一个 "J"，同时所包含的包不同(Swing 的组件主要包含在 javax.swing 包中)，还增加了一些原来没有的特性。Swing 组件使用相对比较便捷。

1. Swing 的 MVC 范式

Swing 尚采用了一种 MVC 的设计范式，即 "模型–视图–控制"(Model–View–Controller)，其中模型用来保存内容，视图用来显示内容，控制器用来控制用户输入。Swing 与 AWT 相比较而言有如下值得关注的地方：

(1) 新版的 Swing 包可能与旧版不完全兼容。

(2) Swing 包是建立在 AWT 包的基础上，所以完全舍弃 AWT 包也不太可能。

(3) AWT 包的运行速度比 Swing 快，但 Swing 的功能更趋于完善。

2. Swing 程序设计流程

Java 中 Swing 的程序设计一般可按照下列流程进行：

(1) 引入 Swing 包，基于使用感觉选择合适的外观并设置顶层容器。

(2) 向容器中添加并设置按钮、标签、文本框等组件。

(3) 在组件周围添加辅助属性并进行事件处理。

(4) 调式、编译运行 Java 程序。

3. Swing 包的组成

Swing API 被封装成许多包，这些包组成如表 9–10 所示，它们可以相应地支持各种功能，例如组件、用户界面外观、事件等。

表 9-10　Swing 包的组成

序号	包	功 能 说 明
1	java.swing	Swing 组件和实用工具
2	java.swing.border	Swing 轻量组件的边框
3	javax.swing.colorchooser	JColorChooser 的支持类/接口
4	java.swing.event	事件和监听器类
5	java.swing.plaf	抽象类，定义 UI 代理的行为
6	javax.swing.plaf.basic	实现所有标准界面样式公共功能的基类
7	java.swing.plaf.metal	用户界面代理类，实现 Metal 界面样式
8	javax.swing.table	JTable 组件的支持类
9	javax.swing.text	支持文档的显示和编辑
10	javax.swing.text.html	支持显示和编辑 HTML 文件
11	javax.swing.text.html.parser	html 文件的分析器类
12	java.swing.text.rtf	支持显示和编辑 RTF 文件
13	javax.swing.tree	JTree 组件的支持类
14	javax.swing.undo	支持取消操作
15	com.sun.java.swing.plaf.motif	用户界面代理类，实现 Motif 界面样式
16	com.sun.java.swing.plaf.windows	用户界面代理类，实现 Windows 界面样式
17	com.sun.java.swing.plaf.gtk	用户界面代理类，实现 GTK 界面样式

Swing 组件的类及其类间继承关系如图 9-11 所示。

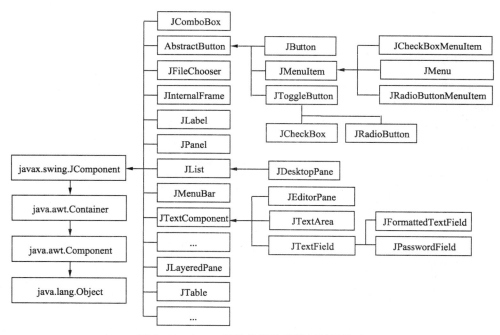

图 9-11　Swing 组件的类及其类间继承关系

4. Swing 组件包分类

Swing 组件相当丰富，从功能上可分为：

189

（1）基本控件：实现人际交互的基本组件，包括 Jbutton、JComboBox、JList、JMenu、JSlider、JtextField、JTextArea 与 JPasswordField。

（2）顶层容器：包括 JFrame、JApplet、JDialog、JWindow。

（3）中间容器：涵盖 JPanel、JScrollPane、JSplitPane、JLayeredPane、JToolBar。

（4）特殊容器：在 GUI 上起特殊作用的中间层，如 JInternalFrame（内部窗体）、JRootPane。

从 Swing 组件对信息的可编辑与否可分为：

（1）不可编辑信息的显示：该类组件向用户显示的信息均为不可编辑的，如 JLabel、JProgressBar、ToolTip。

（2）可编辑信息的显示：该类组件显示的信息能被再度编辑，如 JtextField、JTextArea、JPasswordField、JColorChooser、JFileChooser、JTable。

5. 事件机制

Java 组件的使用除了了解组件的属性和功能外，更重要的就是学习如何处理组件上发生的事件。当用户在有输入焦点的文本框中按【Enter】键、单击按钮、在一个下拉式列表中选择一个条目等操作时，都发生界面事件，这将涉及：

（1）产生事件的事件源，如文本框、按钮、下拉式列表等；

（2）监控事件源的监视器即监控方法：事件源. addXXXListener(XXXListener listener);。如文本框的方法为：

```
addActionListener(ActionListener listener) ;
```

（3）处理事件的接口。Java 采用接口回调技术来处理事件，当事件源发生事件时，接口立刻通知监视器自动调用相应接口方法实现处理，如 JtextField 等组件通过相应的方法

```
actionPerformed(ActionEvent e)
```

来实施响应处理。

9.3.2 JFrame 窗体

JFrame 是提供给 Java 应用程序用来放置图形用户界面的一个框架（窗体）容器。Swing 包中的 JFrame 类与讲解的 AWT 包中的 Frame 类都与创建窗口有关，javax.swing 包中的 JFrame 类是 java.awt 包中 Frame 类的子类，是从 Frame 类派生的，JFrame 类及其子类创建的对象是窗体。JFrame 类的主要方法如表 9-11 所示。

表 9-11　JFrame 类的主要方法

方　法		功　能　说　明
构造方法	JFrame()	建立一个不含标题的新 JFrame 类窗体对象
	Frame(String title)	建立一个标题为 title 的 JFrame 类窗口对象
一般方法	setSize(int width, int height)	设置 JFrame 对象的宽为 width 高为 height
	setBackground(Color c)	设置 JFrame 对象的背景色
	setVisible(boolean b)	设置 JFrame 对象的可见性，b 为 ture 时为可见的
	void setResizable(boolean b)	设置窗口是否可以改变大小
	JMenuBar getMenuBar()	获得窗口中的菜单栏组件
	void remove(Component component)	将窗口中指定的组件删除
	void setDefaultClose()peration(int operation)	单击窗体关闭按钮时的默认操作
	setBounds(int x, int y, int width, int height)	设置窗口坐标的大小和位置

190

当应用程序需要一个窗口时，可使用 JFrame 或其子类创建一个对象，窗口默认被系统添加到显示器屏幕上。JFame 窗体通过调用方法 getContentPane()，得到它的内容面板。JFrame 窗体含有一个称为内容面板的容器，应当把组件添加到内容面板中。JFrame 窗体的默认布局是 BorderLayout 布局。

9.3.3　标签与文本组件

1．标签组件

标签组件 JLabel 类与前面讲解的 AWT 包中的 Label 类，它们有一个共同特点是是静态组件，只能显示文字而不能够对文字进行编辑。但 JLabel 组件允许添加图像，而且当鼠标的光标停留在标签位置时会显示一段文字提示。这些功能都使得 JLabel 类的功能较 Label 类更强。JLabel 类的主要方法如表 9-12 所示。

表 9-12　JLabel 类的主要方法

方　　法		功　能　说　明
构造方法	JLabel()	创建一个没有名字的标签对象
	JLabel(String str)	创建一个名字为 str 的标签对象
	Jlabel(Icon icon)	创建具有图标 icon 的标签，icon 在标签中靠左对齐
	Label(String str,int align)	创建一个 str 文字的标签，对齐方式为 align。其中，Label.LEFT、Label. CENTER、Label. RIGHT 分别为居左、居中、居右
一般方法	getText()	获取标签的名字
	setIcon(Icon icon)	获取标签的图标
	setText(String str)	设置标签对象内的 String 型文字
	setalign ment(int align)	设置标签对象内的文字对齐方式

2．文本组件

Swing 中文字输入主要使用文本组件。文本组件包括 JTextField 类、JTextArea 类和 JPasswordFieId 类。其中：

（1）JTextField 定义一个可以输入单行文字的矩形区域文本框。

（2）JTextArea 定义一个可以输入多行文字内容的矩形区域文本框。

（3）JPasswordField 可以建立一个密码框对象。密码框可以使用 setEchoChar(char c)设置回显字符（默认的回显字符是＊），char[]getPassword()方法可返回密码框中的密码。

JtextField、JTextArea 类的主要方法如表 9-13 所示。

表 9-13　JtextField、JTextArea 类的主要方法

方　　法	功　能　说　明
1．JtextField	
JtextField()	创建一个空的文本框对象
JtextField (String str)	创建一个内容为 str 的文本框对象
JtextField (String str,int n)	创建一个 n 列宽的 JtextField 对象，并赋 str 值
Int getcoluimms()	获得 JtextField()对象的列数
Void setcoluimms()	设置 JtextField()对象的列数
Void setfont()	设置 JtextField()对象的字体
Void addActionListener(ActionListener e)	将监听者注册给 JtextField()对象

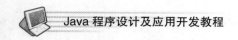

续表

方　　法	功　能　说　明
2. JTextArea	
Int getcoluimms()	获得对象的列数.
void setEditable(boolean b)	指定文本框的可编辑性
setalign ment(int align)	设置标签对象内的文字对齐方式
setIcon(Icon icon)	获取标签的图标
setText(String str)	设置标签对象内的 String 型文字
3. JPasswordField	
setEchoChar(char c)	设置回显字符（默认的回显字符是*）
char[]getPassword()	返回密码框中的密码

【例 9-10】使用 GUI 基本组件制作一个具有：用户登录、注册、重置与退出功能的登录窗口，本例是个具有组件事件处理功能的实用用户登录窗口。用户在指定区域输入用户名、密码，单击"登录"等按钮提交验证，要求输入的用户名与密码必须正确。

```java
import java.awt.event.*;          import javax.swing.*;
import com.task21.MenuPopupTest;
public class LoginExit extends JFrame implements ActionListener{
    JPanel jp=new JPanel();                    //创建 JPanel 对象
    JLabel name=new JLabel("请输入用户名:");
    JLabel password=new JLabel("请输入密码:");
    JLabel show=new JLabel("");       JLabel show1=new JLabel("");
    JLabel[ ] jl={name,password,show,show1};
    JButton login=new JButton("登录");    //创建登录、重置、注册按扭并加入数组
    JButton reset=new JButton("重置"); JButton register=new JButton("注册");
    JButton exitt=new JButton("退出"); JButton[ ] jb={login,reset,register,exitt};
    private JTextField jName=new JTextField();  //创建文本框以及密码框
    private JPasswordField jPassword =new JPasswordField();
public LoginExit(){
    jp.setLayout(null);                      //设置布局管理器为空布局，即自行布局
    for(int i=0;i<4;i++)      {
        jl[i].setBounds(20,20+40*i,180,20);     //设置标签和按扭的位置与大小
        jb[i].setBounds(20+80*i,100,60,20);
        jp.add(jl[i]);        jp.add(jb[i]);      //添加标签和按扭到 JPanel 容器中
        jb[i].addActionListener(this);        }  //为 3 个按钮注册动作事件监听器
    jName.setBounds(120,15,100,20); jp.add(jName);  //添加文本框到 JPanel
    jName.addActionListener(this);            //为文本框注册动作事件监听器
    jPassword.setBounds(120,60,100,20);       //设置密码框的位置和大小
    jp.add(jPassword);                        //添加密码框到 JPanel 容器中
    jPassword.setEchoChar('*');               //设置密码框中的回显字符"*"
    jPassword.addActionListener(this);        //为密码框注册动作事件监听器
    jl[2].setBounds(10,160,270,20); jp.add(jl[2]);
    this.setContentPane(jp);
        //设置窗体的标题、位置、大小、可见性及关闭动作
    this.setTitle("20140808 登录窗口 201408");
    this.setBounds(200,200,350,250);              this.setVisible(true);
    this.setDefaultCloseOperation(JFrame.EXIT_ON_CLOSE);          }
    public void actionPerformed(ActionEvent e) {
        if (e.getSource()==jName)     {         //如果事件源为文本框
            jPassword.requestFocus();}         //切换输入焦点到密码框
```

```
        else if (e.getSource()==jb[1]) {            //如果事件源为重置按扭
            jl[2].setText("");        //清空姓名文本框、密码框和show标签中的所有信息
            jName.setText("");              jPassword.setText("");
            jName.requestFocus();        }       //让输入焦点回到文本框
        else if (e.getSource()==jb[2]){        //若事件源为注册按扭则进入注册页面
        show.setText("  白子房同学：欢迎您进入注册页面！");    //显示注册信息
        }        //如果事件源为登录按钮，则判断登录名和密码是否正确
        else if (e.getSource()==jb[3]){
            System.exit(0);    }                //退出系统
            else {                            //判断用户名和密码是否匹配
            if (jName.getText().equals("20140808")&&
                String.valueOf(jPassword.getPassword()).equals("201408")){
                jl[2].setText("  赵鳗鲡小姐：登录成功，欢迎您的到来！");    }
                else
                jl[2].setText("  张鹏举先生：密码有误，欢迎重新登录！");    }
            }
    }
    public static void main(String[] args){
    LoginExit le=new LoginExit();      //创建Login2 窗体对象，等价: new LoginExit();
    }
}
```

【**程序解析**】该程序在实现监听器的 actionPerformed()方法中，若正确，则输出"赵鳗鲡小姐：登录成功，欢迎您的到来！"；若用户名或密码有误，则输出"张鹏举先生：密码有误，欢迎重新登录！"；若单击"重置"按钮，则清空输入框及提示信息，用户可以重新输入。若单击"注册"按钮，则显示注册提示信息；若单击"退出"按钮，则通过命令 System.exit(0);退出 Java 系统。show.setText(" 白子房同学：欢迎您进入注册页面!")显示文本提示信息。

程序运行结果如图 9-12 所示。

图 9-12　例 9-10 程序运行结果

9.3.4　按钮组件

在 Swing 中，所有（命令）按钮（JButton）都是由 AbstractButton 类派生的，这与 AWT 由 Button 类派生有所不同，而且由 AbstractButton 类派生出两个组件：JButton 组件和 JToggleButton 组件。其中，JButton 组件是 Swing 按钮，而 JToggleButton 组件是单选按钮和复选框的基类。因而，JToggleButton 组件不仅被按钮（JButton）继承，而且被单选按钮（JRadioButton）和复选框（JCheckBox）继承。

Swing 中按钮的功能较 AWT 中按钮的功能更加强大，包括有给按钮添加图像、使用快捷键以及设置按钮的对齐方式，还可以将多个图像分配给一个按钮以处理鼠标在按钮上的停留等。JButton 类的主要方法如表 9-14 所示。

表 9-14　JButton 类的主要方法

	方　　　法	功　能　说　明
构造方法	JButton()	构造一个没有标题的按钮
	JButton(String str)	创建一个以 str 为标题的按钮
	public Jbutton(Icon icon)	创建带有图标 icon 的按钮
	public Jbutton(String Str,Icon icon)	创建一个以 str 为标题且带有图标 icon 的按钮
一般方法	Void addActionListener(ActionListener e)	给 JButton 对象增加动作监视器，即监听者注册
	Void removeActionListener(ActionListener e)	移去按钮上的动作监视器
	void setText(String s)	改变监听者的类对象
	String getText()	返回一个按钮的标题字符串
	void setIcon(Icon icon)	设置当前按钮上的图标
	Icon getIcon()	获取按钮的图标
	void setEnabled(Boolean b)	设置当前按钮的可用性
	boolean isSelected()	获取按钮的状态
	setHorizontalTextPosition(int textPosition)	设置按钮名相对水平位置: LEFT/ CENTERT/RIGHT
	setVerticalTextPosition(int textPosition)	设置按钮名相对垂直位置:TOP/CENTERT/ BOTTOM

【例 9-11】试运用 Swing 用户界面技术设计一能进行加、减、乘、除、取余和清零运算功能的 GUI 计算器应用程序，使用 BorderLayout 与 GridLayout 布局，用户界面设计成 2 行 6 列网格。

```java
import java.awt.*;        import java.awt.event.*;      import javax.swing.*;
public class ArithTest extends JFrame implements ActionListener{
    private JLabel oplab1;          private JLabel oplab2;
    private JLabel resultlab;       private JTextField opjtext1;
    private JTextField opjtext2;    private JTextField resultjtext;
    private JPanel jPanel1,jPanel2; private JButton addJButton;
    private JButton subtractJButton; private JButton multiplyJButton;
    private JButton divideJButton;  private JButton remainderJButton;
    private JButton clearJButton;
public ArithTest(){                            //构造方法
    super("简单运算器: 加减乘除实例!");
    Container container=getContentPane();
    container.setLayout(new BorderLayout());
    jPanel1=new JPanel();          jPanel1.setLayout(new GridLayout(1,6));
    jPanel2=new JPanel();          jPanel2.setLayout(new GridLayout(1,6));
       oplab1=new JLabel("第一操作数:"); opjtext1=new JTextField();
       jPanel1.add(oplab1);        jPanel1.add(opjtext1);
    oplab2=new JLabel("第二操作数:");        opjtext2=new JTextField();
    jPanel1.add(oplab2);           jPanel1.add(opjtext2);
       resultlab=new JLabel("运算结果:");       resultjtext=new JTextField();
       resultjtext.setEditable(false);
    jPanel1.add(resultlab);     jPanel1.add(resultjtext);
       container.add(jPanel1,BorderLayout.NORTH);
    addJButton=new JButton("加法"); subtractJButton=new JButton("减法");
    multiplyJButton=new JButton("乘法");divideJButton=new JButton("除法");
    remainderJButton=new JButton("取余"); clearJButton=new JButton("清零");
    jPanel2.add(addJButton);               jPanel2.add(subtractJButton);
```

```
      jPanel2.add(multiplyJButton);    jPanel2.add(divideJButton);
      jPanel2.add(remainderJButton);   jPanel2.add(clearJButton);
      container.add(jPanel2,BorderLayout.CENTER);
      addJButton.addActionListener(this);
      subtractJButton.addActionListener(this);
      multiplyJButton.addActionListener(this);
      divideJButton.addActionListener(this);
      remainderJButton.addActionListener(this);
      clearJButton.addActionListener(this);
      pack();                        //压缩框架的显示区域，自动调整组件位置
      setSize(450,150);    setVisible(true);
      setDefaultCloseOperation(JFrame.DISPOSE_ON_CLOSE);          }
  public void actionPerformed(ActionEvent event){//事件处理方法
      double operand1,operand2;
      operand1=Double.parseDouble(opjtext1.getText());
      operand2=Double.parseDouble(opjtext2.getText());
      if(event.getSource()==addJButton){
        resultjtext.setText(String.valueOf(operand1+operand2)); }
      if(event.getSource()==subtractJButton){
        resultjtext.setText(String.valueOf(operand1-operand2)); }
      if(event.getSource()==multiplyJButton){
        resultjtext.setText(String.valueOf(operand1*operand2)); }
      if(event.getSource()==divideJButton) {
        if(operand2==0){          // 除法运算检测除数为零情况，并给出提示
          JOptionPane.showMessageDialog( this,"Invalid Operand", "Invalid
          Number Format", JOptionPane.ERROR_MESSAGE );
          opjtext2.setText("");     return; }
        resultjtext.setText(String.valueOf(operand1/operand2)); }
      if(event.getSource()==remainderJButton){
        if(operand2==0){//取余运算检测除数为零情况，并给出提示
          JOptionPane.showMessageDialog( this,"Invalid Operand", "Invalid Number Format",
          JOptionPane.ERROR_MESSAGE );
          opjtext2.setText("");     return; }
        resultjtext.setText(String.valueOf((int)operand1%(int)operand2));
  }
      if(event.getSource()==clearJButton){
        opjtext1.setText(""); opjtext2.setText("");
       resultjtext.setText("");      }
    }
  public static void main(String[] args) {
    ArithTest  arithEx=new  ArithTest();//创建ArithTest对象,等价:new ArithTest();
    }
  }
```

【程序解析】该程序用文本框来接收用户输入的两个操作数,用不可编辑的文本框显示运算结果。当单击相应的计算按钮时即可得到运算结果。当单击"清零"按钮时,可将 3 个文本框中的数据置为空,以便重新输入计算。对于除法、取余运算要检测除数为零情况,并给出提示。语句 jPanel1=new JPanel();jPanel1.setLayout(new GridLayout(1,6));用以设置布局, jPanel2=new JPanel();jPanel2.setLayout(new GridLayout(1,6))类似。

程序运行结果如图 9-13 所示。

图 9-13　例 9-11 程序运行结果

9.3.5　复选框与单选按钮

复选框与单选按钮组件在 Java 中广为使用。复选框由 JCheckBox 类派生，它提供"选中/未选中"或"ON/OFF"两种状态，当用户单击复选框时改变切换复选框原来设置的状态。

单选按钮是由 JRadioButton 类派生，它是指一组按钮中，用户只能选择其中一个按钮，当用户选中时,此按钮的状态为"选中或 ON",其余的都是"未选中或 OFF"状态。在 Java 中,ButtonGroup 类为 JRadioButton 类等提供多选一功能。当创建了若干个单选按钮后，应使用 ButtonGroup 再创建一个对象，然后利用这个对象把这若干个单选按钮归组。归到同一组的单选按钮每一时刻只能选一。单选按钮和复选框一样，也触发 ItemEvent 事件。

1. 复选框与单选按钮方法

复选框 JCheckbox 类包括构造方法与一般常用类方法，具体内容如表 9-15 所示。Swing 中单选按钮和复选框类似,单选按钮 JradioButton 类的构造方法与一般类方法与复选框 JcheckBox 类似,故而省略。

表 9-15　JCheckbox 类的主要方法

	方　　　法	功　能　说　明
构造方法	JCheckbox()	创建一个无标签的复选框对象
	JCheckbox(String str)	创建一个标签为 str 的复选框
	JCheckbox(String str,Icon icon)	创建一个含有图标 icon 标签为 str 的复选框
	JCheckbox(String str, boolean state)	创建标签为 str 初试状态为 state(true/false)的复选框
一般方法	public boolean isSelected()	返回复选框选中状态：选中返回 true，否则返回 false
	public void setSelected(boolean b)	设置复选框选中状态：选中 b 为 true，否则为 false
	Void addItemListener(ItemListener I)	注册 ItemListener 监听器

2. 复选框与单选按钮事件

Swing 组件中复选框和单选按钮引发的事件是由 ItemEvent 类派生的，而此类包含了一个 ITEM_STATE_CHANGE 事件。ItemEvent 类的主要方法有：

（1）Object getItem()方法：该方法告知用户是哪个选择项的选中状态发生变化。

（2）int getStateChange()方法：该方法可以使用户知道到底是选中哪个选项。

当用户选择某个单选按钮或复选框时，就会引发 ItemEvent 类派生事件，当事件发生时，ItemEvent 类将自动创建一个事件对象。发生 ItemEvent 事件的事件源获得监视器的方法是 addItemListener（ItemListener listener）。由于复选框可发生 ItemEvent 事件，JCheckBox 类提供了 addItemListener()方法。

处理 ItemEvent 事件的接口是 ItemListener，创建监视器的类必须实现 ItemListener 接口，该接口中只有一个方法。当在复选框发生 ItemEvent 事件时，监听者会引用 ItemListener 类中的 itemStateChange(ItemEvent e)方法响应事件源对象状态的改变。

9.3.6　下拉列表组件

1. 下拉列表

下拉列表是用户十分熟悉的一个组件。用户可以在下拉列表看到第一个选项和它旁边的箭头按钮，当用户单击箭头按钮时，选项列表打开。下拉列表框是由 JComboBox 类派生，其特点是将所有选项折叠收藏起来，只显示最前面的那个或被用户选中的某一个。JComboBox 类的主要方法如表 9-16 所示。

表 9-16　JComboBox 类的主要方法

	方　法	功　能　说　明
构造方法	JComboBox ()	创建一个空下拉列表框，可用 addItem()方法向下拉列表框中添加的选项
	JComboBox (Vector vect)	使用向量表创建一个 JComboBox 对象
	JComboBox (ComboBoxModel model)	从已有的 model 获得选项，创建 JComboBox 对象
	JComboBox (Object items)	使用数组创建 JComboBox 对象
一般方法	void addActionListener(ActionListener e)	注册事件对象给 ActionListener 对象
	void addItemListener(ItemListener a)	注册事件对象给 ItemListener 对象
	void addItem(Object object)	为选项表添加选项
	Object getItemAt(int index)	获得指定下标的列表项
	int getItemCount()	获得列表中的选项数
	int getSelectedItem()	获得当前选择的项
	public ObjectgetSelectedItem()	返回当前下拉列表中被选项
	void setEditable(boolean b)	设置 JComboBox 是否可以编辑
	public int getSelectedIndex()	返回当前下拉列表中被选中选项的索引,起始值是 0
	void removeAllItems()	删除全部选项
	void removeItemAt(int anIndex)	从下拉列表选项中删除索引值是 anIndex 的选项
	void remove(Component component)	将窗口中指定的组件删除

注：下拉式列表事件源可以发生 ItemEvent 事件。当下拉列表获得监视器后，用户在下拉列表选项中选中某个选项时就发生 ItemEvent 事件，该事件类将自动创建一个事件对象。

【例 9-12】运用 Java 控件：复选框、单选按钮组件和下拉列表组件 JComboBox 等设计一个简单的字体设置编辑程序，可进行字体、字形、字号与字体颜色的设置和编辑。

```
import javax.swing.*;          import javax.swing.event.*;
import java.awt.*;             import java.awt.event.*;
public class FontJCheckTest extends JFrame implements ActionListener,ItemListener {
    JPanel panelM;               JLabel lblSize,lblType,lblstyle,lblColor;
    JTextField txtTest;          JRadioButton rbtRed,rbtBlue;
    JCheckBox chkBold,chkItalic;JButton btExit,btEdit;
    ButtonGroup grpColor;        List lstSize;        JComboBox cmbType;
    String[] strType={"宋体","黑体","隶书","楷体_GB2312","仿宋_GB2312"};
public FontJCheckTest(){
    super("文字设置与编辑器");
        lblType=new JLabel("字体选择：");       lblSize=new JLabel("字号选择：");
        lblstyle=new JLabel("字形选择：");       lblColor=new JLabel("字色选择：");
```

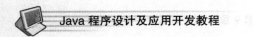

```
            lstSize=new List();
    lstSize.addItemListener(this);
        for (int i=8;i<38;i+=2)      lstSize.add(String.valueOf(i));
            lstSize.select(0);                      cmbType=new JComboBox(strType);
            cmbType.addItemListener(this);
            cmbType.setSelectedIndex(0);
            grpColor=new ButtonGroup();             rbtRed=new JRadioButton("红色");
            grpColor.add(rbtRed);           rbtRed.setSelected(true);
            rbtRed.addItemListener(this);   rbtBlue=new JRadioButton("蓝色");
            grpColor.add(rbtBlue);          rbtBlue.addItemListener(this);
            chkBold=new JCheckBox("加粗");  chkBold.addItemListener(this);
            chkItalic=new JCheckBox("倾斜"); chkItalic.addItemListener(this);
            txtTest=new JTextField("字体设置: 自信人生二百年, 会当水击三千里!");
            txtTest.setEditable(false);
            btEdit=new JButton("文本编辑");  btEdit.addActionListener(this);
            btExit=new JButton("退出系统");  btExit.addActionListener(this);
            panelM=new JPanel(null);
            lblType.setBounds(5,0,80,30);    cmbType.setBounds(5,30,80,30);
            lblSize.setBounds(100,0,80,30); lstSize.setBounds(100,30,80,60);
            lblstyle.setBounds(195,0,80,30);chkBold.setBounds(195,22,60,30);
            chkItalic.setBounds(195,45,60,30);btEdit.setBounds(185,75,90,25);
            lblColor.setBounds(290,0,80,30);rbtRed.setBounds(290,22,60,30);
            rbtBlue.setBounds(290,45,60,30);txtTest.setBounds(5,110,365,45);
            btExit.setBounds(285,75,90,25);
            panelM.add(lblType);             panelM.add(cmbType);
            panelM.add(lblSize);             panelM.add(lstSize);
            panelM.add(lblstyle);            panelM.add(chkBold);
            panelM.add(chkItalic);           panelM.add(lblColor);
            panelM.add(rbtRed);              panelM.add(rbtBlue);
            panelM.add(txtTest);
            panelM.add(btEdit);              panelM.add(btExit);
            this.setContentPane(panelM);     setSize(400,200);
            setVisible(true); }
        public void actionPerformed(ActionEvent evt){
            if (evt.getSource()==btEdit)       txtTest.setEditable( true );
            if (evt.getSource()==btExit)       System.exit(0); }
        public void itemStateChanged(ItemEvent evt){
            if (evt.getSource()==rbtRed)
                txtTest.setForeground(Color.RED);
            if (evt.getSource()==rbtBlue)
                txtTest.setForeground(Color.BLUE);
            int intBold=(chkBold.isSelected()?Font.BOLD:Font.PLAIN);
            int intItalic=(chkItalic.isSelected()?Font.ITALIC:Font.PLAIN);
            int intSize=Integer.parseInt((String)lstSize.getSelectedItem());
            String strType=(String)cmbType.getSelectedItem();
            txtTest.setFont(new Font(strType,intBold+intItalic,intSize)); }
        public static void main(String args[]){
            new FontJCheckTest(); }
    }
```

【程序解析】该程序定义了一个字体设置类实现 ActionListener 接口和 ItemListener 接口以进行动

作事件处理和选项变化事件处理。使用 List 构造字形选择列表，使用 JComboBox 构造字体选择组合框，使用 JRadioButton 构造字体颜色选择单选按钮，使用 JCheckBox 构造字体效果选择复选框。使用 JButton 构造 2 个按钮分别进行编辑文本和退出系统，使用 JtextField 设置文本输入区域，从而完成字体设置与编辑。

程序运行结果如图 9-14 所示。

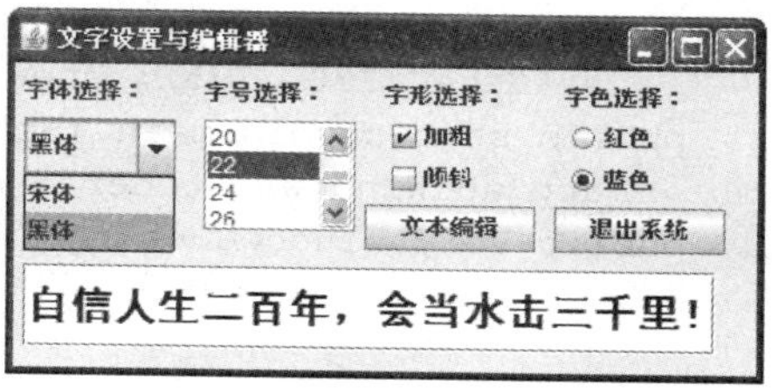

图 9-14　例 9-12 程序运行结果

2. 列表组件

列表框是由 JList 类派生，它与上面所述的下拉列表框类似，只是下拉列表框一次只能选择一项，而列表框可以选择多项，选择多项的方法与复制文件类似，按住【Shift】或【Ctrl】键然后移动鼠标进行选择即可。JList 类的主要方法如表 9-17 所示。

表 9-17　JList 类的主要方法

	方　法	功　能　说　明
构造方法	JList ()	创建一个空 JList 列表对象
	JList (Vector vect)	使用向量表创建一个 JList 列表对象
	JList (Object items)	使用数组创建 JList 列表对象
一般方法	int getSelectedIndices(int[] I)	获得从 JList 对象中选取的多个选项
	int getSelectedIndex(int i)	获得从 JList 对象中选取的单个选项
	void setVisibleRowCount(int num)	设置可见的列表选项
	void addListSelectionListener(ListSelectionListener e)	将事件监听者注册给 JList 对象
	int getVisibleRowCount()	获得可见的列表选项值

【例 9-13】创建列表框并实现图形显示事件处理。

```
import java.awt.*;        import java.awt.event.*;
import javax.swing.*;     import javax.swing.event.*;
public class JListTest extends JFrame {
    private JList images;          private JLabel jlabel;
private String names[]= {"book.gif","EARTH.GIF","BIRD.GIF","Car1.gif","Car2.gif",
    "CLOCK.GIF"};
private Icon icons []= {new ImageIcon (names [0]), new ImageIcon (names[1]),
    new ImageIcon(names [2]), new ImageIcon (names[3]),
    new ImageIcon(names [4]), new ImageIcon (names[5]),};
        // 创建图表数组对象 icons[],其图标文件名对应字符串数组对象 name[]
public JListTest(){
    super ("列表显示图形文件!");             Container c=getContentPane();
    c.setLayout (new FlowLayout());
    images=new JList (names);           // 创建下拉列表框对象 images
    images.setVisibleRowCount(3);        // 最多显示 3 行
    c.add (images);           // 添加下拉列表框对象 images
    jlabel=new JLabel (icons [0]);  c.add (jlabel);  // 加入标签对象
// 监听者向 images 对象注册, 实现 ListSelectionListener ()接口类的方法 ValueChanged
    images.addListSelectionListener(new ListSelectionListener(){
public void valueChanged (ListSelectionEvent e){
    jlabel.setIcon(icons[images.getSelectedIndex()]);}  // 根据方法值得下拉列
                                        //表的选项值
```

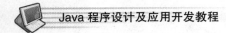

```
    } );
    setSize (230, 135); show (); }
public static void main (String args[])     {JListTest app=new JListTest ();
    app.addWindowListener ( new WindowAdapter(){
public void windowClosing (WindowEvent e)   { System.exit (0); }
    } );
    }
}
```

程序运行结果如图 9-15 所示。

图 9-15 例 9-14 程序运行结果

9.3.7 表格组件

表格（JTable）是 Swing 新增加的组件，主要功能是把数据以二维表格的形式显示出来，使用 JTable 可以创建一个表格对象。JTable 类的主要方法如表 9-18 所示。

表 9-18 JTable 类的主要方法

	方　　法	主　　要　　功　　能
构造方法	JTable ()	创建一个默认模式的 JTable 表对象
	JTable(int numRows, int numColumns)	使用 DefaultTableModel 构造具有 numRows 行和 numColumns 列个空单元格的 JTable
	JTable(Object data[][],Object columnName[])	创建一个二维 data 数组 JTable 表对, ,数据存储在 columnName 数组列名中
	JTable(TableModel dm, TableColumnModel cm, TableSelectionModel sm)	创建一个二维 JTable 表对象，并设置:数据模式–dm,字段模式–cm,选择模式–sm
一般方法	getContentPane().属性	获取设置框架中 contentPane 面板对象下属性值
	repaint();	表格更新显示
	getRowCount();	获取现有表格的行数
	getColumn Count()	获取现有表格的列数
	String getColumnName(int col)	获取现有表格某列的名字
	GetValueAt(int row, int col)	获取现有表格某行某列的数据
	setValueAt(Object value, int row, int col)	改变现有表格某行某列数据的值

注：用户在表格单元中输入的数据都被认为是一个 Object 对象，用户通过表格可对表格单元中的数据进行编辑修改，在表格中输入或修改数据后，需按【Enter】键或用鼠标单击表格的单元格确定所输入或修改的结果。当表格需要刷新显示时，调用 repaint()方法。表格中的数据将以行和列的形式显示数组 data 每个单元中对象的字符串表示，即表格中对应着 data 单元中对象的字符串表示。参数 columnName 用来指定表格的列名。

【例 9-14】使用 Jtable 组件设计一个学生信息表 JTableTest。

```
import java.awt.Dimension;            import javax.swing.JFrame;
```

```
import javax.swing.JScrollPane;          import javax.swing.JPanel;
import javax.swing.JTable;               import java.awt.Color;
import java.awt.GridLayout;              import javax.swing.table.TableColumn;
public class JTableTest {
public static void main (String[] args){//实施表格创建
final Object[] columnNames={"学号", "姓名", "性别", "籍贯","电话号码", "出生年
    月", "成绩", "学校", "专业"};
Object[][] rowData={                        //columnNames 列名最好用 final 修饰
{"05111101", "王立衡","男", "江苏南京", "13783132108", "03/24/1985", 285, "上
    海大学", "计算机应用"},
{"06111101", "张仰立","女", "浙江杭州", "13645181705", "08/01/1965", 265, "东
    华大学", "数据库应用"},
{"07111101", "伍子胥","男", "西藏拉萨", "13585331486", "08/13/1995", 275, "交
    通大学", "网络工程"},
{"08111101", "林海霞","女", "山东青岛", "13919188655", "05/06/1986", 288, "上
    海财经大学","外语"},
{"09111101", "汪子昂","男", "上海静安", "13651545936", "06/08/1981", 358, "同
    济大学", "历史"},
{"12111101", "刘  韵","女", "福建厦门", "13651545936", "06/02/1979", 333, "上
    海理工", "中国文学"},
{"13111101", "楚豫香","女", "河南郑州", "13651545936", "09/18/1985", 216, "湖
    南大学", "软件维护"}                      };
JTable tableinform=new JTable (rowData, columnNames);
tableinform.setPreferredScrollableViewportSize(new Dimension(400,250));
//设置表格的大小
    tableinform.setRowHeight(20);                    //设置每行的高度为 20
    tableinform.setRowHeight(0, 20);                 //设置第 1 行的高度为 20
    tableinform.setRowMargin(6);                     //设置相邻两行单元格的距离
    tableinform.setRowSelectionAllowed (true);  //设置可否被选择，默认为 false
    tableinform.setSelectionBackground (Color.green);   //设置所选择行的背景色
    tableinform.setSelectionForeground (Color.red);     //设置所选择行的前景色
    tableinform.setGridColor (Color.blue);           //设置网格线的颜色
    tableinform.selectAll();      //选择所有行
    tableinform.setRowSelectionInterval (0,1);//设置初始的选择行,这里是 1 到 2 行
                                              //都处于选择状态
    tableinform.clearSelection();                    //取消选择
    tableinform.setDragEnabled(false);  tableinform.setShowGrid (true);
    //显示网格线
    tableinform.setShowHorizontalLines (true);       //显示水平的网格线
    tableinform.setShowVerticalLines (true);         //显示垂直的网格线
    tableinform.doLayout();
    tableinform.setBackground(Color.white);          //yellow);lightGray);
    JScrollPane panetable=new JScrollPane(tableinform);
    JPanel paneltest=new JPanel (new GridLayout (0, 1));
    paneltest.setPreferredSize (new Dimension(700,200));
    paneltest.setBackground (Color.black);  paneltest.add (panetable);
    JFrame jframe=new JFrame ("学生信息表 JTableTest!");
    jframe.setDefaultCloseOperation (JFrame.EXIT_ON_CLOSE);
    jframe.setContentPane (paneltest);
    jframe.pack();   jframe.show(); }
}
```

【程序解析】本程序是一个学生信息显示表，通过一个表及其单元格，由程序内的数组对象自动输入每个学生的学号、姓名、性别、籍贯、电话号码、出生日期、成绩、学校、专业数据。其中，数组对象 Object[] columnNames 完成了数组表头的信息设置；数组对象 Object[][] rowData 形成了数组行记录数据的初始化；语句 JTable tableinform = new JTable (rowData, columnNames);实施了表格数组信息设置。此外，尚有诸多单元格格式的设置等。

程序运行结果如图 9–16 所示。

学号	姓名	性别	籍贯	电话号码	出生年月	成绩	学校	专业
06111101	张仰立	女	浙江杭州	13645181705	08/01/1965	265	东华大学	数据库应用
07111101	伍子晋	男	西藏拉萨	13585331486	08/13/1995	275	交通大学	网络工程
08111101	林海霞	女	山东青岛	13919188655	05/06/1986	288	上海财经大学	外语
09111101	汪子昂	男	上海静安	13651545936	06/08/1981	358	同济大学	历史
12111101	刘 韵	女	福建厦门	13651545936	06/02/1979	333	上海理工	中国文学
13111101	楚旗香	女	河南郑州	13651545936	09/18/1985	216	湖南大学	软件维护

图 9–16   学生信息表运行结果

9.3.8   进度条组件

进度条组件（JProgressBar 类）提供了直观的图形化进度提示信息，它广泛地应用于安装程序、数据处理、科学计算等技术的进度提示中。JProgressBar 类可用于创建进度条组件，该组件能用一种颜色动态地填充，从而显示某任务完成的百分比。JProgressBar 类的主要方法如表 9–19 所示。

表 9–19   JProgressBar 类的主要方法

方　法		功　能　说　明
构造方法	JProgressBar ()	创建一个水平进度条，最小为 0，最大为 100
	JprogressBar(int min,int max)	创建一个水平进度条，最小为 min，最大为 max
	JprogressBar(int orient,int min,int max)	创建一个进度条，最小值为 min，最大为 max, orient 为 HORIZONTAL 则是水平条，VERTICAL 则垂直填充
一般方法	void addChangeListener (ChangeListener e)	进度条注册监听者，实现 ChangeListener 类的方法
	int getMaximum(int n) / getMinimum(int n)	获得进度条最大值/最小值
	int setMaximum(int n) / setMinimum(int n)	设置进度条最大值/最小值
	int getValue(int n)	获得进度条当前值
	int setValue(int n)	设置进度条当前值
	SetString(String s)	设置进度条上文字信息 s
	SetBorderPainted(boolean a)	设置显示进度条边框
	SetStringPainted(boolean a)	设置用百分数还是字符串来表示进度条的进度情况

注：进度条的最大值并不是进度条的长度，进度条的长度依赖于放置它的布局和本身是否使用了 setSize()设置了大小。进度条的最大值 max 是指将进度条平均分成 max 份。如果使用 JProgressBar()创建进度条 JP_bar，那么 JP_bar 默认被平均分成 100 等份，若调用了方法 JP_bar.setValue(20)后，进度条的颜色条就填充了整个长条矩形的 20％；如果进度条的最大值被设置成 1000，这时进度条的颜色条就填充了整个长条矩形的 20／1000，即 2％。使用 setValue(int n)方法时，n 不能小于 min，大于 max。

【例 9–15】创建进度条并实现其事件处理。

```
import java.awt.*;import java.awt.event.*;
import javax.swing.*;import javax.swing.event.*;
```

```
public class JProgressBarExample extends JFrame{
  private JProgressBar bar;  private JButton but;
  private Container c;  private JLabel label;
  public JProgressBarExample(){
    super ("进度条演示程序");
    c=getContentPane();
    c.setLayout(new FlowLayout() );
    bar=new JProgressBar();but=new JButton ("执行演示");
    c.add(but);bar.setForeground (Color.blue);c.add (bar);
    label=new JLabel();c.add (label);
    but.addActionListener(new ActionListener() {//按钮注册监视器，点击触发进度递增
    public void actionPerformed( ActionEvent e){
        if (bar.getValue()!=bar.getMaximum())
          bar.setValue(bar.getValue()+15);
        else
          bar.setValue (bar.getMinimum());  }
    });
    bar.addChangeListener (new ChangeListener(){
    public void stateChanged (ChangeEvent e) {
    label.setText ("进度条最小值: "+bar.getMinimum ()+"进度条最大值: "+bar.getMaximum ()
        +"当前值: "+bar.getValue());              // 显示进度条状态
    } }
  );
  setSize (350, 150);
  show();  }
  public static void main (String args[]){
    JProgressBarExample app=new JProgressBarExample();
    app.addWindowListener(
        new WindowAdapter(){
    public void windowClosing (WindowEvent e){
        System.exit (0); }
    } );
  }
}
```

【程序解析】but.addActionListener (new ActionListener ( )
为按钮注册监视器，通过点击触发进度条进度值的改变，
使用 bar.getValue ( )获取进度条当前值并显示。设计中还用
到了诸多所学组件技术。

程序运行结果如图 9–17 所示。

图 9–17　进度条程序运行示意图

9.3.9　树组件

JTree 类的实例称为树组件。树组件也是常用的组件之一，如果要显示一个层次关系分明的
一组数据，用树状图表示能给用户一个直观而易用的感觉，JTree 类如同 Windows 的资源管理器
的左半部，通过点击可以展开、折叠文件夹。这种树形结构分层组织数据可以让用户清楚地了解
各个结点之间的关系，寻找相关数据也就显得更为方便快捷。JTree 的主要功能是把数据按照树
状进行显示，要想构造一个树组件，必须事先创建出称为结点的对象。

树中最基本的对象是结点，它表示在给定层次结构中的数据项。javax.swing.tree 包中提供了
一个 MutablellreeNode 类接口来实现创建并成为树结点的对象。

树中只有一个根结点，所有其他结点从这里引出。除根结点外，其他结点分为两类：一类是

带子结点的分支结点；另一类是不带子结点的叶结点。每一个结点关联着一个描述该结点的文本标签和图像图标。文本标签是结点的字符串表示，图标指明该结点是否是叶结点。

　　Java 提供的 DefaultMutableTreeNode 类是实现了 MutableTreeNode 接口的类，可以使用这个类为要创建的树准备结点。DefaultMutableTreeNode 类的两个常用的构造方法为：

　　（1）DefaultMutableTreeNode(Object userObject)：该方法创建的结点默认可以有子结点，即它可以使用 add()方法添加其他结点作为它的子结点。

　　（2）DefaultMutableTreeNode(Object userObject, boolean allowChildren);

　　Java 中树组件使用 addTreeSelectionListener(TreeSelectionListener listener)方法获得一个监视器。当单击树上的结点时，系统将通知树的监视器自动调用 TreeSelectionListener 接口中的方法：public void valueChanged(TreeSelectionEvent e)实施相应操作，且系统提供了如下方法来进行树组件操作：

　　（1）创建建根结点方法：Jtree(TreeNode root);。

　　（2）返回父结点方法：getParent();。

　　（3）判断叶结点方法：isLeaf();。

　　（4）获取子结点方法：getChildCount();。

　　（5）是否允许有子结点方法：setAllowsChildren(boolean b); 。

　　（6）获取选中结点方法：getSelectedPathComponent();。

　　（7）获取结点信息方法：getUserObject();。

【例 9-16】树组件应用程序。

```
import javax.swing.*;   import javax.swing.tree.*;
import java.awt.*;      import javax.swing.event.*;
class JTreeWin extends JFrame implements TreeSelectionListener {
    JTree tree;
    public JTreeWin(String s){
    super(s);    this.setBackground(Color.pink);  //设置背景颜色
    Container con=getContentPane();
    DefaultMutableTreeNode root=new DefaultMutableTreeNode("java 程序设计");
    //根结点
    DefaultMutableTreeNode node=new DefaultMutableTreeNode("Swing 组件");
    //结点
    DefaultMutableTreeNode nodeson1=new DefaultMutableTreeNode("树组件");//叶
    DefaultMutableTreeNode nodeson2=new DefaultMutableTreeNode("按钮组件");
    DefaultMutableTreeNode node1=new DefaultMutableTreeNode("计算机网络技术");
    //结点
    DefaultMutableTreeNode node2=new DefaultMutableTreeNode("数据库原理");
    //结点
    DefaultMutableTreeNode node3=new DefaultMutableTreeNode("JSP 技术");
    //结点
    DefaultMutableTreeNode node4=new DefaultMutableTreeNode("Servlet 技术");
    //结点
    DefaultMutableTreeNode node5=new DefaultMutableTreeNode("继承与多态机制");
    //结点
    DefaultMutableTreeNode nodeson3=new DefaultMutableTreeNode("互联网技术");//叶
    DefaultMutableTreeNode nodeson4=new DefaultMutableTreeNode("无线网技术");
    DefaultMutableTreeNode nodeson5=new DefaultMutableTreeNode("网格技术");
    DefaultMutableTreeNode nodeson30=new DefaultMutableTreeNode("Web 技术");
    DefaultMutableTreeNode nodeson301=new DefaultMutableTreeNode("HTTP 技术");
    DefaultMutableTreeNode nodeson302=new DefaultMutableTreeNode("HTML 语言");
```

```
    root.add(node); root.add(node1); root.add(node2); root.add(node3);
    root.add(node4); root.add(node5); node.add(nodeson1); node.add(nodeson2);
    node1.add(nodeson3); node1.add(nodeson4); node1.add(nodeson5);
    nodeson3.add(nodeson30);                    tree=new JTree(root);
    tree.addTreeSelectionListener(this);
    JScrollPane scrollpane=new JScrollPane(tree); con.add(scrollpane);
    setDefaultCloseOperation(JFrame.EXIT_ON_CLOSE);
    setVisible(true);        setBounds(80,80,300,300);
    con.validate();          validate();    }
  public void valueChanged(TreeSelectionEvent e){
  DefaultMutableTreeNode node=(DefaultMutableTreeNode)tree.getLast
    SelectedPathComponent();
   if(node.isLeaf())
       this.setTitle((node.getUserObject()).toString()); } //窗体标题改为叶名称}
  public class JtreeExample{
  public static void main(String args[])
  { JTreeWin win=new JTreeWin("树组件设计程序"); }
  }
}
```

【**程序解析**】程序运行结果如图 9-18 所示。其中，左图为结点的折叠形式，右图为结点的展开形式。而且当用户点击图中叶结点时，窗体的标题会改为叶结点名称。

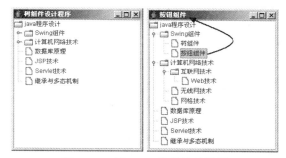

图 9-18　例 9-17 程序运行结果

9.3.10　中间容器

　　Swing 提供了许多功能各异的中间容器（是相对于底层重容器而言的），主要包括 JPanel 面板、JScrollPane 滚动窗格、JSplitPane 拆分窗格、JLayeredPane 分层窗格、JtoolBar 等。

1. JPanel 面板

　　在设计用户界面时，为了更合理地安排各种组件在窗口中的位置，可以考虑将所需组件先排列在一个容器中（如 AWT 中的 Panel 面板和 Swing 中的 JPanel 面板），然后将该面板作为整体嵌入窗口，即添加到底层容器或其他中间容器中。JPanel 是一类无边框、不能移动、放大、缩小或关闭的容器。

　　通常，不能把 JPanel 作为开始创建图形界面的一个容器，也不能指明 JPanel 对象的大小，而 JPanel 对象是作为一个容器加入到 JFrame 或 JApplet 等容器中，当然 JPanel 也可以加入到 JPanel 中。JPanel 的大小是由包含在 JPanel 中的组件、容器的布局策略所决定。

　　JPanel 类构造方法：①JPanel ()可以用来构造一个默认布局为 FlowLayout 的面板对象；②JPanel (LayoutManager layout) 可以用来构造一种 layout 布局的面板对象。

【**例 9-17**】JPanel 面板与布局程序实例。

```
import javax.swing.*;        import java.awt.*;
import java.awt.event.*;
public class Panelout3 extends JFrame{
  public Panelout3(){
    super("JPanel 面板演示程序");          final int SIZE=3;
    Container c=getContentPane();
    c.setLayout(new BorderLayout(30, 30));        // 设置窗口布局
    JPanel panel1=new JPanel ( );                 // 创建容器对象 panel1
    panel1.setBorder(BorderFactory.createTitledBorder(BorderFactory.create
```

```
            EtchedBorder(),"按钮组 0"));              // 为容器设置边框，容器可以带有边框
    panel1.setLayout (new FlowLayout());        // 设置容器的布局策略
    for(int i=0; i<SIZE; i++)
    panel1.add(new JButton("boxes [0]:"+i));    // 将按钮按照布局加入到容器中
    JPanel panel2=new JPanel();                 //创建容器对象 panel2
    panel2.setLayout(new GridLayout(3, 1));     // 设置容器的布局策略
    for(int i=0; i<SIZE; i++)
    panel2.add(new JButton("boxes [1]:"+i));    // 将按钮按照布局加入到容器中
    JPanel panel3=new JPanel();
    panel3.setBorder (BorderFactory.createTitledBorder (BorderFactory.
        createEtched Border(),"按钮组 2"));      // 为容器设置边框，容器可以带有边框
    panel3.setLayout (new FlowLayout());        // 参见上面的语句
    for (int i=0; i<SIZE; i++)
    panel3.add (new JButton ("boxes [2]:"+i); c.add (panel1, BorderLayout.NORTH);
    c.add (panel2, BorderLayout.CENTER);  c.add (panel3, BorderLayout.SOUTH);
    setSize(350, 300);  show();   }
    public static void main (String args[]){
        Panelout3 app=new Panelout3();
    app.addWindowListener(new WindowAdapter(){
        public void windowClosing(WindowEvent e){System.exit (0); } });
    }
}
```

程序运行结果如图 9-19 所示。

2. JScrollPane 窗格

我们可以把一个组件放到一个滚动窗格中，然后通过滚动条来观察这个组件。这类似于使用 Word 等工具编辑文本时，会看到到当输入的文本内容大于显示窗口时，在窗口的右面和下面就会出现滚动条，据此看到整个编辑文本的内容，而 JScrollPane 窗格就具有这样的功能。而 Java 中 JTextArea 不自带滚动条，因此就需要把文本区放到一个滚动窗格中，

图 9-19　例 9-18 程序运行结果

将 JScrollPane 类和 JList、JLabel、JTextArea 等类配合使用。JScorollPane 类的构造方法如表 9-20 所示。

表 9-20　JScorollPane 类的构造方法

方　　法	功　能　说　明
JScorollPane()	创建一个空的 JScorollPane 对象
JScorollPane(int v,int h)	创建一个带有 Component 对象的 JScorollPane
JScorollPane(Component c)	创建一个带有水平和垂直滚动条的 JScorollPane 对象
JScorollPane(component c,int v,int h)	创建一个带有水平垂直滚动条和 Component 对象的 JScorollPane

3. JSplitPane 窗格

JSplitPane 窗格称为拆分窗格，顾名思义就是可被分成两部分的容器。拆分窗格包括：水平拆分和垂直拆分两种类型。水平拆分窗格用一条拆分线把容器分成各放一个组件的左右两部分，拆分线可以水平移动；垂直拆分窗格由一条拆分线分成各放一个组件的上下两部分，拆分线可以垂直移动。JSplitPane 构造方法 JSplitPane(String s,Component b,Component c)可以构造一个拆分窗格，参数 s 取 JSplitPane 的静态常量 HORIZONTAl_SPLJT 或 VERTICAl_SPLJT，以决定是水平还是垂直拆分，后两个参数决定要放置的组件。拆分窗格调用 setDividerLocation(double position)设

置拆分线的位置。

4. JLayeredPane 分层窗格

若添加到容器中的组件经常需要处理重叠问题，就可以考虑将组件添加到 JLayeredPane 容器中，JLayeredPane 可将容器分成 5 个层。JLayeredPane 类的主要方法如表 9-21 所示。

表 9-21　JLayeredPane 类的主要方法

方　　法	功　能　说　明	备　　注
JLayeredPane()	创建一个 JLayeredPane 对象	其中，参数 layer 取值常量为: DEFAUT_LAYER(最底层:与其他层组件发生重叠时将被遮挡), PALETTE_LAYER, MODAL_LAYER, POPUP_LAYER,DRAG_LAYER(最上层:组件 在移动中不会被遮挡,若有许多组件,鼠标移动一组 件时可把移动组件放到 DRAG_LAYER层),若同一层 上添加组件时发生重叠,先添加的会遮挡后添加的
setLayer(Component c,int layer)	重新设置组件 c 所在的层	
getLayer(Component c)	可以获取组件 c 所在的层数	
add(JComponent c,int layer)	添加组件 c 并设置所在的层	

注：Swing 提供两种分层面板 JLayeredPane 和 JDesktopPane。JDesktopPane 是 JLayeredPane 的子类，专门为容纳内部框架（JInternalFrame）而设置。

5. JToolBar 工具栏

JToolBar 是用于显示常用工具控件的容器，用户可以拖动出一个独立的可显示工具控件的窗口，设置相关属性（水平/垂直显示 JToolBar.HORIZONTALL、JToolBar.VERTICA）与方法。常用方法有：

（1）JToolBar(String name)：工具栏构造方法。

（2）getComponentIndex(Component c)：返回一个组件序号的方法。

（3）getComponentAtIndex(int i)：获取指定组件序号的方法。

【例 9-18】工具栏（JToolBar）程序设计实例。

```
import javax.swing.*;   import java.awt.*;      import java.awt.event.*;
public class JToolsBarEx extends JFrame implements ActionListener{
JButton b1,b2,b3;JToolBar t;JTextArea ta;JScrollPane sp;JPanel p;
public JToolsBarEx(){ super("工具栏[JToolsBar]的使用");
    addWindowListener(new WindowAdapter(){
    public void windowClosing(WindowEvent e){   System.exit(0); }   });
    b1=new JButton(new ImageIcon("left.gif")); b2=new JButton(new ImageIcon("go.gif"));
    b3=new JButton(new ImageIcon("right.gif")); b1.addActionListener(this);
    b2.addActionListener(this); b3.addActionListener(this);
    t=new JToolBar();   t.add(b1);     t.add(b2);   t.add(b3);
    ta=new JTextArea(6,30);              sp=new JScrollPane(ta);
    p=new JPanel();                      setContentPane(p);
    p.setLayout(new BorderLayout());    p.setPreferredSize(new
Dimension(300,150));
    p.add(t,BorderLayout.NORTH); p.add(sp,BorderLayout.CENTER); show();}
public void actionPerformed(ActionEvent e){
    String s="";
if (e.getSource()==b1) s="谢谢您按下了左边的按钮，请继续！\n";
if (e.getSource()==b2) s="谢谢您按下了中间的按钮，请继续！\n";
if (e.getSource()==b3) s="谢谢您按下了右边的按钮，请继续！\n";
    ta.append(s);             ta.setBackground(Color.pink);}
    public static void main(String [] args){          new JToolsBarEx();  }
    }
```

程序运行结果如图 9-20 所示。

图 9-20　例 9-19 程序运行结果

9.3.11　多文档界面

Swing 提供两种分层面板：JlayeredPane 和 JDesktopPane。 JDesktopPane 是 JLayeredPane 的子类，专门为容纳内部框架（JInternalFrame）而设置。

Java 实现多文档界面（MDI）常用的方式是在一个 JFrame 窗口中添加若干个被限制在 JFrame 中的内部窗体（JInternalFrame），在使用时需要将内部窗体事先添加到 JDesktopPane 桌面容器中。一个桌面容器可以添加若干个被限制在其中的内部窗体，然后把桌面容器添加到 JFrame 窗口即可。JDesktopPane 与 JInternalFrame 类的主要方法如表 9-22 所示。

表 9-22　JDesktopPane 与 JInternalFrame 类的主要方法

	方　　法	功　能　说　明
桌面容器	JDesktopPane ()	创建一个桌面容器对象
	add(JInternalFrame e,int layer)	创建内部窗体并指定内部窗体所在的层次 layer 取值如 JLayeredPane 所述
	void setLayer(JInternalFrame c,int layer)	设置内部窗体 c 所在的层
	int getLayer(JInternalFrame c)	获取内部窗体 c 所在的层数
	public JInternalFrame[] getAllFrames()	返回桌面上所有层次中的内部窗体
	JInternalFrame[] getAllFramesInLayer(int layer)	返回桌面中指定层次上的全部内部窗体
	public JInternalFrame getSelectedFrame()	返回桌面中处于活动状态的内部窗体
内部窗体	JInternalFrame ()	创建一个空的内部窗体对象
	JIntemalFrame(String title,boolean resizable, boolean closable,boolean max,boolean min)	创建一个 title 名字内部窗体,且可设定窗体能否调整大小与关闭、能否最大与最小化
	Public void addInternalFrameListener(IntemalFrame Listener listener)	注册获取监视器
	setMaximizable(boolean b)/ setClosable(boolean b)	设置是否可以最大化/设置是否可关闭
	setlconifiable(boolean b) / setResizable(boolean b)	设置可否图标化/设置可否调整大小
	setTitle(String title) / setVisible()	设置内部窗体的标题/设置内部窗体可见性

注：①内部窗体不同于中间容器，不能直接把组件加到 JInternalFrame 中，而只能加到它的内容面板 ContentPane 中。内部窗体和 JFrame 窗体一样，可以通过 getContentPane()得到它的内容窗体；②为能显示内部窗体，必须把内部窗体先添加到一个专门为内部窗体服务的 JDesktopPane 容器中；③内部窗体需设置初始大小，内部窗体的内容面板的默认布局是 BorderLayout 布局。

9.3.12　JOptionPane 和 JDialog 对话框

Swing 下对话框（JOptionPane 和 JDialog）相对 AWT 中 Dialog 对话框而言，具有更强大的功能。能够更完善地显示和获取信息、完成与用户交互的作用。Swing 使用 JOptionPane 类提供许多现成的对话框，如消息对话框、确认对话框、输入对话框等。若 JOptionPane 提供的对话框还不能满足需要，可以使用 JDialog 类自行设计对话框。

1. 对话框的模式与方法

对话框分为模式和非模式两种。

模式对话框就是指对话框程序必须确认才能继续运行。例如：信息对话框、确认对话框、输入对话框、密码对话框、删除文件对话框、提示错误信息对话框等都是要求输入数据或获得确认按键才能关闭对话框的，此类对话框就是模式对话框。非模式对话框就是指显示对话框后，用户可以不用关闭此对话框就可继续程序的运行，如查找/替换对话框、插入符号对话框就是非模式对话框。Swing 中对话框的主要方法如表 9-23 所示。

表 9-23　Swing 中对话框的主要方法

方　　法	功　能　说　明
JOptionPane()	创建一个显示信息的 JOptionPane()对象
JOptionPane(Object msg,int msgtype)	创建一个指定信息和显示类型的 JOptionPane()对象
JOptionPane(Object msg,int msgtype,int optiontype,Icon icon)	创建一个指定信息和显示类型的 JOptionPane()对象,并可设置选项和图标
JDialog()	创建一个非模式对话框
JDialog(Dialog owner ,String str)	创建一个具有指定标题 str 的非模式对话框
JDialog(Dialog owner , boolean model)	创建一个模式或非模式的 JDialog 对话框
JDialog(Dialog owner ,String str, boolean model)	创建一个模式或非模式的具有指定标题 str 的对话框
ShowInputDialog(Object msg)	创建一个具有指定信息 message 的输入对话框
ShowInputDialog(Component parentC,Object msg, String str, int msgtype)	创建一个具有依赖组件 parentC、指定信息 message、str 标题和 messageType 有效值的输入对话框
ShowMesageDialog(Object msg)	创建一个具有指定信息 message 的信息对话框
ShowMesageDialog(Component parentC,Object msg, String str, int msgtype)	创建一个具有依赖组件 parentC、指定信息 message、str 标题和 messageType 有效值的信息对话框
showConfirmDialog(Object msg)	创建一个具有指定信息 message 的确认对话框
showConfirmDialog(Component parentC,Object msg, String str, int msgtype)	创建一个具有依赖组件 parentC,指定信息 message,str 标题和 messageType 有效值的确认对话框
getTitle()/setTitle(String title)	获取对话框的标题/设置对话框的标题
SetModal(boolean b)/setSize()	设置对话框的模式/设置对话框的大小
setVisible(boolean b)	显示或隐藏对话框

2. JOptionPane 对话框

JOptionPane 类提供了多种可供用户使用的对话框以及相应的静态方法，指定该方法中的有关参数，就可以很容易地引用 JOptionPane 类赋予的对话框。

JOptionPane 对话框分为如下 4 种类型：

（1）信息对话框：showMesageDialog，用于向用户显示一些消息。

（2）确认对话框：showConfirmDialog，用于向用户提问一个要求确认的信息，并可得到

YES/NO/CANCEL 响应。

（3）输入对话框：showInputDialog，用于提示用户进行数据输入。

（4）选择对话框：showOptionDialog：可供用户选择的对话框。

这些方法中通过返回一个整数值来表示用户点击了哪个按钮，有效值有 YES_OPTION、NO_OPTION、CANCEL_OPTION、OK_OPTION 和 CLOSED_OPTION。这些都是必须关闭才能运行的模式对话框，实际上大部分对话框都是模式对话框。

- 输入对话框（Input Dialog）是模式对话框与 JOptionPane 类的静态方法，用于提示用户进行数据输入，通过返回一个确认否信息给系统，以决定取舍。
- 消息对话框（Message Dialog）也是模式对话框与 JOptionPane 类的静态方法，含有"确定"按钮与显示信息，广泛应用于安装等程序中。尤其是进行一个重要的操作动作之前，最好能弹出一个消息对话框。

public static void ShowMesageDialog(ComponentparentC,Object msg, String str, int msgtype)中 msgtype 可取下列值：JOptionPane.WARNING_MESSAGE, JOptionPane. INFORMATION_MESSAGE, JOptionPane. QUESTION_MESSAGE, JOptionPane.ERROR_MESSAGE 或 JOptionPane.PLAIN_MESSAGE。这些值可以确定对话框的外观，如取值 JOptionPane.WARNING_MESSAGE 时，对话框的外观上会有一个明显的"!"符号。

- 确认对话框（Confirm Dialog）是有模式对话框，javax.swing 包中 JOptionPane 类的静态方法，是 Window 类的子类。通常，会对用户提出要求确认的信息，要求用户做出 YES/NO/CANCEL 响应。

public static int ShowConfirmDialog(ComponentparentC,Object msg, String str, int msgtype); 中 msgtype 可取下列值：JOptionPane.YES_NO_CANCEL_OPTION, JOptionPane.YES_NO_OPTION 或 JOptionPane.OK_CANCEL_OPTION。这些值可以确定对话框的外观，如取值 JOptionPane. YES_NO_OPTION 时，对话框的外观上会有 Yes 和 No 两个按钮。当对话框消失后，ShowConfirmDialog 方法会返回下列整数值之一：JOptionPane.YES_OPTION，JOptionPane.NO_OPTION，JOptionPane. CANCEL_OPTION，JOptionPane.OK_OPTION 或 JOptionPane.CLOSED_OPTION。返回的具体值依赖于用户所在窗口和所点击的按钮。

【例 9-19】JOptionPane 下输入对话框、信息对话框、确认对话框的组合应用。

```
import java.awt.*; import java.awt.event.*;    import javax.swing.*;
public class JoptionPane_InMessCon extends JFrame {
private JButton but1,but2, but3, but4, but5,but6,but7;
public JoptionPane_InMessCon(){
super ("JoptionPane 对话框组合处理"); Container c=getContentPane();
c.setLayout ( new GridLayout (2, 2, 20, 20));
but1=new JButton("按钮1 (信息 Message)");c.add (but1);
but1.addActionListener (new handle ()); but2=new JButton("按钮2 (信息Question)");
c.add (but2);    but2.addActionListener (new handle ());
but3=new JButton("按钮3 (输入 Input)"); c.add (but3);
but3.addActionListener (new handle ()); but4=new JButton("按钮4 (确认Confirm)");
c.add (but4);                but4.addActionListener (new handle ());
setSize(300, 200);     show();      }
    public class handle implements ActionListener {   // 实现监听者的类的方法
    public void actionPerformed (ActionEvent e) {
        String title="信息对话框";String content="显示对话框内容";
        int dialogtype=JOptionPane.PLAIN_MESSAGE;      // 设置信息对话框类型
        if (e.getSource()==but1){   title="信息 Message 对话框";
           dialogtype=JOptionPane.INFORMATION_MESSAGE;
           JOptionPane.showMessageDialog (null,content,title,dialogtype);}
        else if (e.getSource()==but2){  title="信息 Question 对话框";
```

```
        dialogtype=JOptionPane.QUESTION_MESSAGE;
        JOptionPane.showMessageDialog (null,content,title,dialogtype); }
    else if (e.getSource()==but3){        // 设置输入对话框类型
        title="输入 Input 对话框";
        dialogtype=JOptionPane.QUESTION_MESSAGE;
        JOptionPane.showInputDialog (null,content,title,dialogtype); }
    else { dialogtype=JOptionPane.YES_NO_OPTION;  // 设置确认对话框类型
    title="确认 Confirm 对话框";
    JOptionPane.showConfirmDialog (null,content,title,dialogtype); }
    }
  }
  public static void main (String args[] ){
    JoptionPane_InMessCon app=new JoptionPane_InMessCon();  }
  }
```

【程序解析】该程序在 JOptionPane 下输入对话框、信息对话框、确认对话框组合应用。单击"按钮 1（信息 Message）"，弹出"信息 Message 对话框"；单击"按钮 2（信息 Question）"，弹出"信息 Question 对话框"；单击"按钮 3（输入 Input）"，弹出"输入 Input 对话框"；单击"按钮 4（确认 Confirm）"，弹出确认 Confirm 对话框。请仔细分析，掌握处理方法。

程序运行结果如图 9-21 所示。

图 9-21　例 9-20 程序运行结果

3. JDialog 对话框

如果 JOptionPane 提供的对话框无法满足需求，就需要使用 JDialog 来自行设计对话框。JDialog 类和 JFrame 类都是 Window 的子类，两者都依赖于某个窗口或组件，都可以将相关组件添加到 Jdialog 的内容面板 contentpane 中，当它所依赖的窗口或组件消失时，对话框也将消失；而当它所依赖的窗口或组件可见时，对话框又会自动恢复。

通过建立 JDialog 的子类来建立一个对话框类，然后这个类的一个实例（即这个子类创建的一个对象）就是一个对话框。对话框的基本结构类似于 Jframe 框架，需关注：

（1）不可将组件直接添加到对话框中，JDialog 应当含有一个内容面板 contentpane 容器。

（2）对话框通过调用方法 getContentPane()方法得到内容面板。

（3）不能为 JDialog 设置布局，而应当为对话框的内容面板设置布局。内容面板的默认布局是 BorderLayout 布局。

JDialog 的相关方法见表 9-23。

【例 9-20】JDialog 对话框程序设计。

```
//例 9-20 创建一个按钮和标签，当用户单击按钮时弹出 JDialog 对话框
import java.awt.*;import java.awt.event.*;import javax.swing.*;
public class JDialogEx extends JFrame{
  JLabel label1=new JLabel("请单击[是]或[否]按钮");    // 创建标签对象
  JLabel label2=new JLabel(" ");
```

```
    JButton but1=new JButton("显示 JDialog 对话框");        // 创建按钮对象
    JButton but2=new JButton("是");  JButton but3=new JButton ("否");
    private JDialog dialog=new JDialog ();                  // 创建模式对话框对象
    private JFrame frame;
    public JDialogEx(){
      super ("JDialog 显示信息对话框");frame=new JFrame ("JDialog 对话框");
      Container c=getContentPane();   c.setBackground(Color.orange);
      c.setLayout (new GridLayout (2, 1, 20, 20));//设置窗口显示布局为 GridLayout
      c.add (but1);    c.add(label2);
      Container dialog1=dialog.getContentPane();  //设置对话框容器 ContentPane 对象
      dialog1.setLayout(new FlowLayout());         // 设置对话框 dialog1 对象的布局
      dialog1.add (label1);                        // 为对话框容器 dialog1 对象中添加标签
      dialog1.add (but2);dialog1.add (but3);// 为对话框容器 dialog1 对象中添加按钮
      but1.addActionListener(new handle());        // 将监听者注册给按钮对象 but1
      but2.addActionListener (new handle());but3.addActionListener (new handle ( ));
      setSize (200, 150); setVisible(true);    }
    public class handle implements ActionListener {    // 定义是实现监听的方法
      public void actionPerformed(ActionEvent e)
      { if (e.getSource()==but1){
        dialog.setBounds (150, 150, 200, 150);
        dialog.show();    }                        // 显示对话框容器
        if (e.getSource()==but2)  {
      dialog.hide();                               // 隐藏对话框容器
      label2.setText("    您选择了[是]按钮");  }
    if (e.getSource()==but3){
     dialog.hide();  label2.setText("    您选择了[否]按钮"); }       }
      }
    public static void main (String args[ ] ) { JDialogEx app=new JDialogEx(); }
    }
```

【程序解析】该程序创建了一个按钮和标签，当用户单击左图按钮时弹出右图 JDialog 对话框。语句 but1.addActionListener (new handle ( ));表示将监听者注册给按钮对象 but1。

程序运行结果如图 9-22 所示。

图 9-22　JDialog 对话框程序设计示意图

本 章 小 结

java.awt 包中定义了 FlowLayout、BorderLayout、CardLayout、GridLayout 和 GridBagLayout 5 种布局，它们都是 java.lang.Object 类的子类，每一个布局都对应于一种布局策略。java.swing 包中定义了 BoxLayout、ScrollPanelLayout、ViewportLayout、OverLayout 四种布局。本章介绍了 java.awt 包中的 FlowLayout、BorderLayout、CardLayout、GridLayout 布局类和 java.swing.border 包中的 BoxLayout 布局类。

通常菜单包含菜单栏(MenuBar，Swing 中为 JMenuBar)类、菜单(Menu，Swing 中为 JMenu)类、菜单项(MenuItem，Swing 中为 JMenuItem)类。菜单放在菜单栏里，菜单项放在菜单里。菜单是高级图形界面设计的重要组成组件。

本章主要讲述了布局设计的 6 种形式及布局管理器组合的使用、菜单组件设计、组件常用方法、中间容器、Swing 组件与多媒体程序设计基础。Swing 组件包括 Jframe、Jlabel、JTextField、JtextArea、JcheckBox、JradioButton、JcomboBox、JlistJTable、JprogressBar、Jtree、JOptionPane 和 Jdialog 等。Swing 提供的许多中间容器主要包括 JPanel 面板、JScrollPane 滚动窗格、JSplitPane 拆分窗格、JLayeredPane 分层窗格、JtoolBar 等。

思考与练习

一、选择题

1. FlowLayout、BorderLayout、CardLayout、GridLayout 四种布局是_____类的子类。
   A. java.lang.Integer　B. java.lang.Object　　C. java.lang.Number　D. java.lang.Math
2. java.swing 包主要定义了 BoxLayout、ScrollPanelLayout、_____、OverLayout 四种布局。
   A. ViewportLayout　B. ViewLayout　　　　C. CardLayout　　D. GridBagLayout
3. Swing 中顶层容器包括 JFrame、_____、JDialog、Jwindow。
   A. JApplet　　　　B. Applet　　　　　C. JSlider　　　　D. Layout
4. 组件前景色的设置方法为：public void_____。
   A. setForeground(Color)　　　　　　　B. setBackground(Color)
   C. setForeground(Color c)　　　　　　D. setBackground(Color c);
5. 组件背景色的获取方法为：public Color_____。
   A. getBackground(Color)　　　　　　　B. setBackground(Color c)
   C. setBackground(Color c)　　　　　　D. getBackground(Color c)
6. Java 程序要使用基本的 Swing GUI 组件，应用程序须引入下列_____包。
   A. java.awt　　　B. javax.swing　　　C. java.lang　　　D. java.tree
7. 下列用户界面组件中，_____不是容器。
   A. JScrollPane　B. JScrollBar　　　C. JWindow　　　D. JApplet
8. 下列布局管理器中，_____从上到下，从左到右安排组件，当移到下一行是居中的。
   A. BorderLayout　B. FlowLayout　　　C. GridLayout　　　D. CardLayout
9. 关于布局管理器（LayoutManager），下列说法正确的是_____。
   A. 布局管理器是用来部署 Java 程序的网上发布的
   B. 布局管理器本身不是接口
   C. 布局管理器是用来管理组件放置容器中位置和大小的
   D. 以上说法都不对
10. _____提供了直观的图形化进度提示信息。
    A. JScrollPane　　B. JScrollBar　　　C. JWindow　　　D. JProgressBar

二、是非题

1. 单选按钮是由 JRadioButton 类派生。　　　　　　　　　　　　　　　　（　　　）
2. AbstractButton 类都是由按钮（JButton）派生的。　　　　　　　　　　（　　　）
3. 弹出式菜单是一种特殊的固定菜单。　　　　　　　　　　　　　　　　（　　　）
4. Swing 尚采用了 MVC 设计范式，即"模型-视图-控制"。　　　　　　　（　　　）
5. BorderLayout 将窗口分为北、东、南、西、中 5 个区域，中间最小。　（　　　）

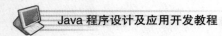

6. JPanel 面板的默认布局是 FlowLayout 布局。　　　　　　　　　　　　　　　　（　　）

7. FlowLayout 布局策略是将容器组件按加入的先后顺序从右到左依次排列。（　　）

8. 菜单格式包含菜单栏类、菜单类、菜单项类。　　　　　　　　　　　　　　（　　）

9. Swing 所提供组件的数目远超过 AWT 的组件。　　　　　　　　　　　　　（　　）

三、思考与实验

1. 何谓布局管理器？简述其具体作用。

2. 详述对话框的两种模式，并说明语句 ShowMesageDialog(Object msg)的功能。

3. 何谓 BorderLayout 布局策论？其是哪些容器的默认布局？

4. 何谓 FlowrLayout 布局策略？其是哪些容器的默认布局？

5. 简述 GridLayout 布局管理器及其使用步骤。

6. 创建包括文件、查询、退出（此项点击后能够退出系统）三个菜单的菜单程序。

7. 何谓 Jframe？叙述方法 setBounds(int x, int y, int width, int height)的功能。

8. 简述设计菜单的主要步骤。

9. 创建一能够输入信息的按钮对话框，当单击"确定"按钮时显示：信息；当单击"清除"按钮时清除所显示信息；当单击"退出"按钮时退出系统，如图 9-23 所示。

10. 参考例 9-15 创建进度条并实现其事件处理，要求标题为"Java 安装程序进度指示器"，且点击按钮进度递减。

11. 编写一个包括 Jlist 组件与标签的窗口，当使用 Jlist 选中内容时能在标签中显示。效果如图 9-24 所示。

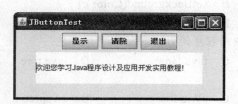

图 9-23　按钮测试应用程序对话框

图 9-24　在标签中显示选中内容

12. 设计一个学生成绩表，要求能够显示学号、姓名、网络分数、Java 分数的表格。

13. 程序填空：建立如图 9-25 所示的 BorderLayout 布局策略并完善与实验验证下列程序。

```java
import java.awt.*; import java.awt.event.*; import javax.swing.*;
public class BorderLayoutTest{
public static void main(String[] args){
    BorderFrame frame=new BorderFrame();
        frame.setDefaultCloseOperation(JFrame.EXIT_ON_CLOSE);
        frame.show();  } }
class BorderFrame extends Jframe{
public BorderFrame(){
        setTitle("_____");
        setSize(WIDTH, HEIGHT);
        _____ = new JPanel();              //建立容纳按钮的面板
        for (int i=0; i<3; i++  ) {           //增加相应的按钮
            JButton addButton=new JButton("add" + i);
                buttonPanel.add(addButton);    }
        JPanel textPanel=new JPanel();        //建立容纳文本框的面板
```

```
    for (_____) {        //增加相应的文本框
        JTextField addText=new JTextField("add" + i, 10);
        textPanel.add(addText);           }
    Container contentPane = getContentPane();//将按钮和文本框置于框架中
    contentPane.add(buttonPanel,_____);
    contentPane.add(textPanel, BorderLayout.NORTH); }
public static final int WIDTH=350;
public static final int HEIGHT=150;
```

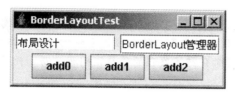

图 9-25　BorderLayout 布局策略应用程序实例

第 10 章
Java 线程机制

【本章提要】多线程机制是 Java 语言的又一重要特征，使用多线程技术可以使系统同时运行多个执行体，提高计算机资源的利用率与整个应用系统的性能。本章主要讲述了多线程机制、Thread 类、Runable 接口，同时介绍了线程的等待、同步、与、死锁与调度。

10.1　Java 中的多线程机制

随着计算机技术的迅猛发展，计算机操作系统已纷纷采用多任务和分时设计，每个任务即为一个正在运行的进程。进程就是程序的一次独立执行过程，每个进程都有自己独立的一块内存空间、一组系统资源，进程内部数据和状态都是完全独立的。

10.1.1　线程的基本概念

线程（Thread）是程序中可独立运行的片段，是进程中的一个单一而连续的控制流，是比进程更小的执行单位，也被称为轻量进程（Lightweight Processes）。一个进程可以拥有多个线程，一个进程在其执行过程中可以产生多个线程，每个线程就是一个进程内的一条可交替运行的执行线索。线程可创建和撤销，进程可支持多个线程，从而实现程序的并发控制。

多线程是指在单个程序中可同时运行多个不同的线程，执行不同的任务。多线程是实现并发机制的一种有效手段。Java 语言支持多线程机制，使程序员可方便地开发出能同时处理多个任务的功能强大的操作系统或应用系统。

多任务与多线程是两个不同的概念：前者表示操作系统或应用系统可同时运行多个应用程序；后者表示在一个程序内部可以同时执行多个线程。

多线程的应用范围很广，尤其在网络编程中。通常可将一个程序任务转换成多个独立并行运行的子任务。Web 浏览器就是一个多线程应用程序，当下载一个应用程序或图片时，可同时播放动画或声音，或者同时在后台打印所需内容或进行其他工作。

10.1.2　线程的生命周期

线程有完整的生命周期，即从创建、运行到消亡的过程。每个线程通常要经历创建、就绪、运行、阻塞、死亡 5 种状态，如图 10-1 所示。

图 10-1　线程的生命周期示意图

1. 线程的状态

（1）创建状态：用 new 关键字和 Thread 类或其子类建立一个线程对象后，即处于创建状态。创建状态是线程已被创建但未开始执行的一个特殊状态。该状态的线程只是一个空的线程对象，系统未为它分配资源，但有自己的内存空间，通过调用 start( )方法进入就绪状态。例如：

```
Thread myThread=new MyThreadClass( );
```

```
myThread.start( );  //进入就绪状态
```

（2）就绪状态：处于就绪状态的线程已经具备了运行条件，但还没有分配到 CPU，因而将进入线程队列，等待系统为其分配 CPU。此时，start()方法分配该线程运行所需的系统资源，线程处于就绪状态，线程已被放到某一队列等待执行。线程根据自身优先级进入等待队列的相应位置。一旦获得 CPU，线程就调用自己的 run()方法，进入运行状态。

（3）运行状态：当就绪状态的线程被调度并获得 CPU 处理器资源，执行自己的 run()方法时，便进入运行状态，开始执行程序中的代码，直到调用其他方法而终止，或等待某资源而阻塞或完成任务而死亡。运行状态表示线程拥有了对处理器的控制权，其代码正在运行，除非运行过程的控制权被另一优先级更高的线程抢占，否则这个线程将一直持续到运行完毕。

（4）阻塞状态：又称不可运行状态。处于运行状态的线程执行了 sleep（睡眠，单位为 mm）或 susbend()方法等，将让出 CPU 并暂时终止自己的运行，进入阻塞状态。当引起阻塞的原因消除后，线程仍可转入就绪状态，以便继续运行或步入死亡状态。

（5）死亡状态：线程生命周期中的最后一个阶段，表示线程已不再进入就绪队伍而退出运行状态，终止运行。线程的终止分为两种方式：一种是自然死亡，即从线程的 run()方法正常退出，该线程就自然撤销；另一种方式是线程被强制性地终止，如调用 Thread 类中的 destroy()（结束线程不清理）或 stop()（结束线程并清理）命令终止线程。

2. 线程的生命周期

一个线程的生命周期通常经过如下步骤：

（1）一个线程通过 new 操作形式后，进入创建状态。

（2）通过调用 start()方法进入就绪状态，等待获取 CPU。

（3）一个处于就绪状态的线程被调度执行线程相应的 Run()方法就进入运行状态。

（4）当执行 run()方法完毕，或其他原因而阻塞或终止，那么线程便进入阻塞或死亡。尚有一些多线程的常用方法：如 isAlive()、interrupt()、yield()等。

① isAlive()方法：public final boolean isAlive()测试线程是否处于活动状态。若线程已经启动且尚未终止，则处于活动状态，返回 true；否则返回 false。

② interrupt()方法：intertupt()方法经常用来"吵醒"休眠的线程。系统可通过一定方式让休眠的线程分别调用 interrupt()方法来吵醒自己结束休眠，重新排队等待 CPU 资源。

③ yield()方法：把线程移到队列的尾部。

10.2　多线程类的创建与实现

利用 Java 语言实现多线程应用程序的方法很明细简捷。根据多线程应用程序继承或实现对象的不同可以采用两种方式：一种是运用 Java 的线程类 Thread 编程实现；另外一种通过 Runnable 接口编程实现。

10.2.1　Thread 类

Java 语言用 Java.lang 中定义的 Thread 类或子类创建线程对象，专门用来创建线程和对线程进行操作。Thread 类在默认情况下 run()是空的，必须根据需要重新设计线程的 run()方法，再使用 start()方法启动线程，将执行权转交到 run()。

【例 10-1】运用 Thread 类实施线程程序设计。要求哥哥、姐姐不断地往盘子里放猕猴桃，且

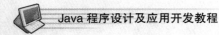

每一个人每一次只能放一个猕猴桃，弟弟、妹妹不断从盘子里取猕猴桃吃，且每一个人每一次只能取一个猕猴桃。4 个线程同步执行、相互协调。放猕猴桃时，盘子必须有空间，且不能同时放。取猕猴桃时盘子必须有猕猴桃，且不能同时取。

```java
public class EatKiwiThread{
int maxkiwi=3;  int sp=0;     //maxkiwi:盘里最多可放猕猴桃数 3;sp:盘里剩余猕猴桃数
int maxnum;int si=0;int so=0; //maxnum:最多可放猕猴桃数;si:已放猕猴桃数;so:已取猕猴桃
    public EatKiwiThread(int maxnum) {
          this.maxnum=maxnum; }
        synchronized void put(){             //放猕猴桃行为
            while(sp>=maxkiwi){
    try { System.out.println(Thread.currentThread().getName()+"等待放猕猴桃:"); wait(); }
        catch (InterruptedException e){       }  }
        si=si+1;
        if (si>=maxnum)   Thread.currentThread().stop();
        sp=sp+1;
        System.out.println(Thread.currentThread().getName()+"盘里放入了 1 个猕猴桃!");
          notify(); }
        synchronized void get(){             //取猕猴桃动作
              while(sp<1){
    try {System.out.println(Thread.currentThread().getName()+"等待取猕猴桃:"); wait(); }
        catch (InterruptedException e){} }
        so=so+1;
        if (so==maxnum)   Thread.currentThread().stop();
        sp=sp-1;
System.out.println(Thread.currentThread().getName()+"盘里取走了 1 个猕猴桃!");
  notify();  }
        public static void main(String args[]){
            EatKiwiThread eat=new EatKiwiThread(20);
            put_kiwi pgg=new  put_kiwi("哥哥",eat);
            put_kiwi pjj=new  put_kiwi("姐姐",eat);
            get_kiwi pdd=new  get_kiwi("弟弟",eat);
            get_kiwi pmm=new  get_kiwi("妹妹",eat);
        pgg.start(); pjj.start();    pdd.start();    pmm.start();}
        }
        class put_kiwi extends Thread{        //创建放猕猴桃的线程
            EatKiwiThread eat;
            put_kiwi(String name,EatKiwiThread eat){
            super(name);      this.eat=eat; }
            public void run(){
                while (true)  {
                    eat.put();
                try{ Thread.sleep(100); }
                catch(InterruptedException e){} }
                }
        }
    class get_kiwi extends Thread{           //创建取猕猴桃的线程
    EatKiwiThread eat;
    get_kiwi(String name,EatKiwiThread eat){
    super(name); this.eat=eat; }
    public void run(){
        while (true){
```

```
        eat.get();
        try { Thread.sleep(1000);}
    catch (InterruptedException e){} } }
}
```

程序运行结果如图 10-2 所示。

【例 10-2】Thread 类线程设计简单运用。

```
public class ThreadEx extends Thread{
private static int threadCount=0;
  private int threadNum=++threadCount; private int i=5;
  public void run(){
    while(true){
    try{ Thread.sleep(5);}
    catch(InterruptedException e){ System.out.println("Interrupted"); }
    System.out.println("Thread "+threadNum+" = " + i);
    if (--i==0) return;}   }
  public static void main(String[] args){
    for(int i=0; i<5; i++)
    { new ThreadEx().start();} }
}
```

程序运行结果如图 10-3 所示。

图 10-2　例 10-1 程序运行结果　　　　图 10-3　例 10-2 程序运行结果

可见，Thread 类下的多线程程序设计方法可使应用程序类继承 Thread 类并在该类的 run()方法中实现并发性处理过程。使用 Thread 子类创建线程的优点是：可在子类中增加新的成员变量，使线程具有某种属性，也可在子类中新增加方法，使线程具有某种功能。但是，Java 不支持多继承，Thread 类的子类不能再扩展其他类。

10.2.2　Runable 接口

Java 中另一种实现多线程应用的方法是使用 Runnable 多线程对象实现接口。通过直接继承 Thread 类创建线程的方法，其优点在于编写简单，可直接操纵线程。但若一个类已经继承了其他的类，而又想成为线程该怎么解决？而 Java 不支持多继承，但接口可弥补这些不足，可利用接口的特性解决多继承的情况。例如，若某个类次序，它已继承了一个特定的类，又想实现多线程，就可通过实现 Runnable 接口来实现。

【例 10-3】通过 Runnable 接口进行线程设计，包括线程的建立、运行与结束程序。

```
public class RunnableEx{
public static void main(String args[]){
    Target first,second; first=new Target("第一个 Runnable 线程");
    second=new Target("第二个 Runnable 线程");
    Thread one,two;one=new Thread(first);
    two=new Thread(second);one.start();two.start();}
}
class Target  implements Runnable{
    String s;
public Target(String s){ this.s=s;System.out.println(s+"现已建立!");}
    public void run(){
    System.out.println(s+"今已运行!");
    try{Thread.sleep(1000);
    }catch(InterruptedException e){}
    System.out.println(s+"目前已结束!");}
}
```

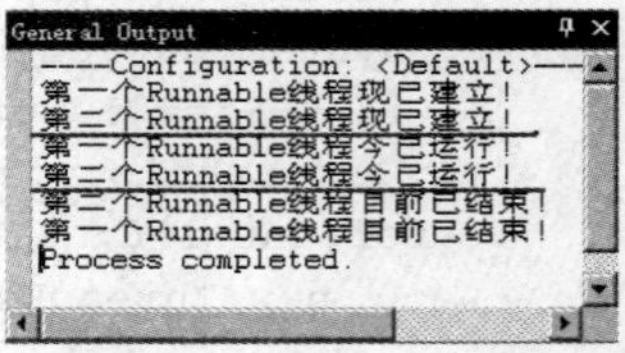

程序运行结果如图 10-4 所示。

继承 Thread 类线程设计与使用 Runnable 接口线程设计的比较如下：

图 10-4　例 10-3 程序运行结果

（1）继承 Thread 类线程设计：编写简单、可直接操纵线程，但不能再从其他类继承。

（2）使用 Runnable 接口线程设计：

● 可将 CPU、代码和数据分开，形成清晰的模型。

● 可从其他类继承，适用面广，保持程序风格的一致性。

【例 10-4】运用 Java 下 Runnable 接口多线程技术编写一个电子数字时钟的应用程序 EDClockRunnable，要求运行程序时会显示系统的当前日期、时间与星期，且每隔 2s 后会自动刷新显示当前日期和时间。

```
import java.awt.BorderLayout;          import java.awt.Canvas;
import java.awt.Color;                 import java.awt.Font;
import java.awt.Graphics;              import java.sql.Date;
import java.text.SimpleDateFormat;     import java.util.Calendar;
import javax.swing.JFrame;             import javax.swing.JPanel;
class EDClockRunnable extends Canvas implements Runnable{
    private static final long serialVersionUID=366L;  //3660124045489727166L;
    JFrame frame=new JFrame();
    JPanel conPane; String time; int dayOfWeek;
    public EDClockRunnable(){
        conPane=(JPanel)frame.getContentPane();
        conPane.setLayout(new BorderLayout());
        conPane.setSize(370,30);
        conPane.setBackground(Color.yellow);
        conPane.add(this,BorderLayout.CENTER);
        frame.setVisible(true);
        frame.setSize(390, 100);
        frame.setDefaultCloseOperation(JFrame.EXIT_ON_CLOSE); }
    public void run(){
```

```
      while(true){
        try{
            Thread.sleep(2000);        //休眠2s，使得数字钟秒值2s闪烁一次
        }catch(InterruptedException e){
            System.out.println("异常"); }
        this.repaint(100); }
    }
  public void paint(Graphics g){
        Font f=new Font("宋体",Font.BOLD,16);
        SimpleDateFormat SDF=new SimpleDateFormat("'电子数字纪元钟:'yyyy'年'MM'
          月'dd'日'HH:mm:ss");        //格式化时间显示类型
        Calendar now=Calendar.getInstance();
        time=SDF.format(now.getTime()); //获取当前日期和时间
        g.setFont(f);        g.setColor(Color.blue);
        g.drawString(time,35,35);        //以下为计算星期的代码
        dayOfWeek=now.get(Calendar.DAY_OF_WEEK);
        switch (dayOfWeek) {
            case 1:g.drawString("星期日",170,60);break;
            case 2:g.drawString("星期一",170,60);break;
            case 3:g.drawString("星期二",170,60);break;
            case 4:g.drawString("星期三",170,60);break;
            case 5:g.drawString("星期四",170,60);break;
            case 6:g.drawString("星期五",170,60);break;
            case 7:g.drawString("星期六",170,60);break; } }
  public static void main(String args[]){
        EDClockRunnable edcr=new EDClockRunnable();//创建具有线程体的目标对象
        Thread cr=new Thread(edcr);
        cr.start();}                //启动线程
  }
```

【程序解析】 在本例中，用 new 产生 edcr 对象：EDClockRunnable 中重写了 run()方法，并通过 sleep(2000)完成数字钟秒值 2s 闪烁一次。switch 多分支语句完成了星期显示。

程序运行结果如图 10-5 所示。

图 10-5　例 10-4 程序运行结果

10.3　线程的同步与死锁

10.3.1　线程优先级

线程的优先级代表该线程的重要程度或紧急程度。当有多个线程同时处于可执行状态，并等待获得 CPU 时间时，Java 虚拟机会根据线程的优先级来调用线程。在同等情况下，优先级高的线程会先获得 CPU，优先级较低的线程只有等排其前面高优先级线程执行完毕后才能获得 CPU 资源。对于同等优先级的线程，则遵循队列的"先进先出"原则，即先就绪的线程被优先分配使用 CPU 资源。

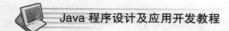

Java 将线程的优先级分为 10 个等级，分别用 1～10 之间的数字表示，数字越大表明线程的级别越高。在 Thread 类中定义了表示线程最低（1 级）、最高（10 级）和普通优先级（5 级）的成员变量 MIN_PRIORITY、MAX_PRIORITY 和 NORMAL_PRIORITY，当一个线程对象被创建时，其默认的线程优先级是 5。下述方法可以对优先级进行操作：

（1）int getPriority()：用于得到线程的优先级。

（2）void setPriority(int newPriority)：用于线程创建后改变线程的优先级。

【例 10-5】生成 3 个不同线程，其中一个线程在最低优先级下运行，而另两个线程在最高优先级下运行。

```
class ThreadTest{
public static void main(String[] args){
    MyThread  t1=new MyThread("T1");
    t1.setPriority(Thread.MIN_PRIORITY);    //设置优先级为最小
    t1.start(); MyThread t2=new MyThread("T2");
    t2.setPriority(Thread.MAX_PRIORITY);    //设置优先级为最大
    t2.start(); MyThread t3=new MyThread("T3");
    t3.setPriority( Thread.MAX_PRIORITY);    //设置优先级为最大
    t3.start(); } }
class MyThread extends Thread {
    String message;
    MyThread ( String message ){
        this.message=message; }
    public void run(){
        for (int i=0; i<3; i++)
            System.out.println(message+" "+getPriority()); }
}        //获得线程的优先级
```

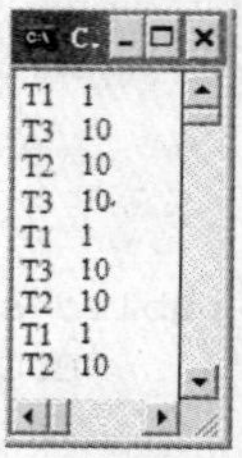

程序运行结果如图 10-6 所示。

图 10-6　优先级运行图

10.3.2　线程的等待

Java 程序中的线程并发运行，共同竞争 CPU 资源。哪个线程抢夺到 CPU 资源后，就开始运行，往往会带来冲突，为规避此现象，人们引出了线程等待概念。由于线程的调度执行是按照其优先级高低的顺序进行的，为了防止高级线程未完成，低级线程没有机会获得 CPU，使低级线程有机会执行，那么让高级线程暂时休眠一段时间。使用 sleep()方法，休眠时间的长短由 sleep()方法中的参数决定。

【例 10-6】编程完成线程间的并发等待运行。

```
class Thread3 extends Thread{
String s; int m,i=0;
Thread3(String ss){ s=ss; }
public void run() {
   try{
     for(i=0;i<6;i++)
     { sleep((int)(500*Math.random()));
       System.out.println(s); }
     System.out.println(s+"finished!"); }
   catch(InterruptedException e){return;}
   }
public static void main(String args[]){
```

```
    Thread3 threadA=new Thread3("A  ");    Thread3 threadB=new Thread3("B  ");
    threadA.start();                        threadB.start();
    System.out.println("main is finished"); }
}
```

【程序解析】若语句严格按照排列次序顺序执行，仅在两个线程运行结束后，main()中的输出语句才能执行。但从输出结果可见 main()中的输出语句最先执行，这是由于 ThresdA、ThreadB 和 main()线程并发执行。而 ThreadA 和 ThreadB 每次循环要睡眠一定的时间，所以 main()中的输出语句最先执行。由于各线程每次循环的睡眠时间是一个随机值，所以两个线程的输出信息并非严格交叉。

程序运行结果如图 10-7 所示。

图 10-7　例 10-6 程序运行结果

10.3.3　线程的同步

由于 Java 应用程序的多个线程共享同一进程的数据资源，当两个线程都需要同时访问同一个数据对象时，会带来来严重的访问冲突问题，Java 语言提供了专门机制以解决这种冲突，确保任何时刻只能有一个线程对同一个数据对象进行操作。同步能使线程安全地共享数据，转换和控制线程的执行，保证系统的一致性。该机制通过 synchronized 关键字来体现，在 Java 中，实现同步操作的方法是在方法前加 synchronized 修饰符，或放在对象前面限制一段代码的执行，即 synchronized 语句块，在此主要关注前者。

1. synchronized 方法

通过在方法声明中加入 synchronized 关键字来声明方法。语法格式为：

```
[modifier] synchronized returnType  methodName([parameterList])
    {/*       method body     */}
```

例如：`public synchronized void deposit(float fFees){ fBalance += fFees; }`

synchronized 方法控制对类成员变量的访问，每个类实例对应一把锁。每个 synchronized 方法都必须获得调用该方法的类实例的锁才能执行，否则所属线程阻塞。方法一旦执行，就独占该锁，直到从该方法返回时将锁释放，然后只有被阻塞的线程才能获得该锁，重新进入可执行状态。这种机制保证了同一时刻同一个数据对象只能被一个线程操作。

2. synchronized 语句块

```
[modifier] returnType methodName([parameterList])
    synchronized(this) {/*some codes*/}
```

例如：`synchronized(resource) { System.out.println("线程语句块!"); }`   //同步语句块

【例 10-7】使用 synchronized 编程，完成银行账户储蓄功能。

```
class BlankSaving{                //储蓄账户
    private static int money=10000;
    public void add(int i){
        money=money+i;
        System.out.println("Husband 向银行存入了 [￥"+i+"]");}
    public void get(int i){
        money=money-i;System.out.println("Wife 向银行取走了 [￥"+i+"]");
        if(money<0)
        System.out.println("余额不足!"); }
    public int showMoney(){
```

```
            return money; }
}
    class Operater implements Runnable{
        String name;BlankSaving bs;
        public Operater(BlankSaving b,String s){ name=s;bs=b; }
public synchronized static void oper(String name,BlankSaving bs){  //线程间同步
    //public static void oper(String name,BlankSaving bs){  //线程非同步
        if(name.equals("husband")){
            try{
                for(int i=0;i<6;i++){
                Thread.currentThread().sleep((int)(Math.random()*300));
                bs.add(1000);} }
            catch(InterruptedException e){} }
        else{
            try{
                for(int i=0;i<5;i++){
                Thread.currentThread().sleep((int)(Math.random()*300));
                bs.get(1000); }}
            catch(InterruptedException e){} }
        }
    public void run(){
        oper(name,bs); }
    }
public class BankTest{                 //BankTest: 保存文件
    public static void main(String[] args)throws InterruptedException{
        BlankSaving bs=new BlankSaving();
        Operater o1=new Operater(bs,"husband");Operater o2=new Operater(bs,"wife");
        Thread t1=new Thread(o1);    Thread t2=new Thread(o2);
        t1.start();t2.start();         Thread.currentThread().sleep(500);  }
    }  }
```

【程序解析】你有一银行账户，通常妻子可在不同银行同时操作。未同步前，在 husband 还没有结束操作的时候，wife 就插了进来，这样很可能导致意外的结果，需要改进。将对数据操作的方法声明为 synchronized，即进行修改，将 public static void oper(String name,BlankSaving bs)改成 public synchronized static void oper(String name,BlankSaving bs)就行。而后就意味着此数据被加锁，只有一个对象得到这个数据的锁的时候该对象才能对这个数据进行操作。即当你存款的时候，这笔账户在其他地方是不能进行操作的，只有存款完成后银行管理人员将账户解锁，其他人才能对这个账户进行操作。

程序运行结果如图 10-8 所示。

（a）使用 synchronized 前　　　　　（b）使用 synchronized 后

图 10-8　例 10-7 程序改进前后运行示意图

10.3.4 线程的死锁

同步机制虽然很方便，但可能会导致死锁。死锁是发生在线程间相互阻塞的现象，允许多个线程并发访问共享资源时，必须提供同步机制，然而若此机制使用不当，可能会出现线程被永远阻塞的现象。当两个或多个线程等待一个不可能满足的条件时就会发生死锁；若两个线程分别等待对方占有的一个资源，于是两者都不能执行而处于永远等待，也同样产生死锁。Java 本身既不能发现死锁也不能预防死锁，只能靠程序员通过完善的设计来避免。

避免死锁发生的办法：一方面，如果有多个线程需要同步，对于获得这些锁的顺序进行综合决定，并在整个程序编写时遵循这个顺序；另一方面，设计多线程程序时要小心谨慎，只有确实需要的时候才使用多线程和线程同步，并且尽可能少地使用同步资源。

10.3.5 线程的调度

1．线程调度

为控制线程的具体运行，Java 定义了线程调度器来监控系统中处于就绪状态的所有线程。线程调度器采用"抢占式"策略来按照线程的优先级决定那个线程获取处理器投入运行。抢占式调度又分为：时间片方式和独占方式。

2．线程调度方法

Java 程序中的线程同步运行会共争资源，但它们的任务间存在一定的关系，这就需要调度。Java 系统提供了 3 个方法实现进程的调度和通信。

（1）wait()：等待方法，可让当前线程进入睡眠状态，直到其他线程进入同一监视器并调用 notify 为止。语法格式为：

```
public final void wait() throws InterruptedException;
```

（2）notify ()：唤醒方法，可唤醒同一对象监视器中调用 wait ()的第一个线程，并把它移入锁申请队列。notify()方法的定义是：

```
public final native void notify();
```

（3）notifyAll()：唤醒所有线程的方法，唤醒同一对象监视器中调用 wait ()的所有线程，具有最高优先级的线程首先被唤醒。notifyAll()定义为：

```
public final native void notifyall();
```

当一个线程使用的同步方法中用到某个变量，而此变量又需要其他线程修改后才能符合本线程的需要时，就可以在同步方法中使用 wait()方法。wait()方法可中断线程的执行，使本线程等待，暂时让出 CPU 的使用权，并允许其他线程使用这个同步方法。唤醒时应当用 notifyAll()方法通知所有的由于使用这个同步方法而处于等待的线程结束等待。曾中断的线程就会重新排队等待 CPU 资源，以便从刚才的中断处继续执行这个同步方法。如果是使用 notify()，那么只是通知处于等待中的线程的某一个结束等待。

3．线程调度规则

Java 线程的调度规则如下：

（1）如果两个或两个以上的线程都修改一个对象，则把执行修改的方法定义为被同步的（Synchronized），若对象更新影响到只读方法，只读方法也应该定义为同步的。

（2）如果一个线程必须等待一个对象状态发生变化，那么它应该在对象内部等待，而不是在外部等待，它可以调用一个被同步的方法，并让这个方法调用 wait()。

（3）每当一个方法改变某个对象的状态时，它应该调用 notifyAll()方法，这给等待队列的线程提供机会来看一看执行环境是否已发生改变。

（4）wait()、notify()、notifyAll()方法属于 Object 类而非 Thread 类，仔细检查看是否每次执行 wait()方法都有相应的 notify()或 notifyAll()方法，且它们作用于相同的对象。在 Java 中每个类都有一个主线程，要执行一个程序，这个类当中一定要有 main()方法，这个 main()方法也就是 Java 类中的主线程。

实现线程同步尚需注意以下几方面：

（1）wait()和 notify()只能在一个同步（synchronized 标识）的方法或代码内部调用，若在一个不同步的方法内调用 wait()和 notify()，尽管程序仍然会编译，但在运行它时，就会得到一个 IllegalMonitorStateException（非法监视器状态异常）。

（2）对于多个线程同时等待某个条件的情况，当条件满足时应该使用 notifyAll 方法唤醒，如果不将所有线程唤醒，某些线程就会一直等待下去，最终导致死锁。更为保险的做法是，任何情况下都使用 notifyAll()方法唤醒处于 wait()等待的线程。

（3）应当区分由于得不到锁的线程阻塞的等待和由于调用了 wait()方法而进入的等待。当锁被释放掉后，那些由于锁忙而阻塞的线程便被激活。而那些由于调用了 wait()方法而等待的线程只有其他线程调用了 nitify()或 notifyAll 方法后才能继续执行。

【例 10-8】排队买票模拟程序。

```java
class TicketSeller {              //负责卖票的类
    int fiveNumber=1,tenNumber=0,twentyNumber=0;
    public synchronized void  sellTicket(int receiveMoney){
        if(receiveMoney==5){
         fiveNumber=fiveNumber+1;
         System.out.printf("%s 给我 5 元钱，这是您的 1 张入场卷\n",Thread.
         currentThread().getName());}
        else if(receiveMoney==10){
            while(fiveNumber<1){
        try { System.out.printf("%30s 靠边等票:\n",Thread.currentThread().getName());
            wait();   //如果线程占有 CUP 期间执行了 wait,就进入中断状态
            System.out.printf("%30s 结束等待_\n",Thread.currentThread().getName());}
             catch(InterruptedException e){  }
              }
        fiveNumber=fiveNumber-1;  tenNumber=tenNumber+1;
        System.out.printf("%s 给我 10 元钱，找您 5 元，这是您的 1 张入场卷!\n",
            Thread.currentThread().getName());       }
        else  if(receiveMoney==20){
          while(fiveNumber<1||tenNumber<1)  {
            try { System.out.printf("%30s 靠边等票\n",Thread.currentThread().getName());
                wait(); //如果线程占有 CUP 期间执行了 wait,就进入中断状态
                System.out.printf("%30s 结束等待\n",Thread.currentThread().getName());}
             catch(InterruptedException e){  }        }
        fiveNumber=fiveNumber-1; tenNumber=tenNumber-1; twentyNumber=twentyNumber+1;
        System.out.printf("%s 给 20 元钱，找您一张 5 元和一张 10 元，这是您的_入场卷!",
        Thread.currentThread().getName());        }
        notifyAll();    }
}
class Cinema implements Runnable {        //实现 Runnable 接口的类（电影院）
```

```
Thread zhang,sun,zhao;                    //电影院中买票的线程
TicketSeller seller;                      //电影院的售票员
Cinema(){
    zhang=new Thread(this); sun=new Thread(this);
    zhao=new Thread(this); zhang.setName("张小有");
    sun.setName("孙大名");zhao.setName("赵中堂");
    seller=new TicketSeller();  }
public void run(){
    if(Thread.currentThread()==zhang){
        seller.sellTicket(20); }
    else if(Thread.currentThread()==sun){
        seller.sellTicket(10);}
    else if(Thread.currentThread()==zhao){
        seller.sellTicket(5);  }
    }
}
public class TicketExample {
    public static void main(String args[]){
        Cinema a=new Cinema(); a.zhang.start();
        a.sun.start(); a.zhao.start();}
}
```

【程序解析】此例在是模拟 3 个人排队买票程序，每人买一张票。售货员只有 1 张 5 元的钱，电影票 5 元一张。张某拿 1 张 20 元的人民币排在孙某前面买票，孙某拿 1 张 10 元的排在赵某的前面买票，赵某拿 1 张 5 元的排在最后。如果给售票员的钱不是零钱，而售票员又没有零钱找，那么此人必须等待，并允许后面的人买票，以便售货员获得零钱。若第 2 个人仍没有零钱，那么这两人必须等待，并允许后面的人买票。

在完成同步过程中，也可不必调用 wait()和 notify()方法。但如果调用了 wait()方法，就必须保证有一个匹配的 notify()方法被调用。不然，这个等待的线程将无限地等待下去。因此，wait()和 notify()方法使用不当，就可能造成死锁。

程序运行结果如图 10-9 所示。

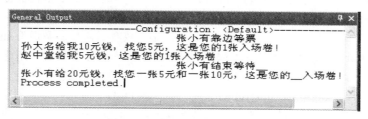

图 10-9　例 10-8 运行示意图

本 章 小 结

Java 运行环境中的线程类似于多用户、多任务操作系统环境下的进程，但进程与 Java 线程具有明显区别。程序中单个顺序的流控制称为线程，多线程则指的是在单个程序中可以同时运行多个不同的线程，执行不同的任务。每个线程都是和生命周期相联系的，一个生命周期含有多个状态，这些状态间可以互相转化。线程从产生到消失的生命周期中通常要经历创建、就绪（可运

行）、运行、阻塞、死亡 5 种状态。

根据多线程应用程序继承或实现对象的不同可以采用两种方式：一种是应用程序的并发运行对象直接继承 Java 的线程类 Thread；另外一种方式是定义并发执行对象实现 Runnable 接口。Java 通过这两种方法实现线程体。

（1）定义一个线程类，它继承线程类 Thread 并重写其中的线程体方法 run()，这时在初始化这个类的实例时，目标 target 可为 null，表示由这个实例来执行线程体。由于 Java 只支持单重继承，用这种方法定义的类不能再继承其他父类。

（2）提供一个实现接口 Runnable 的类作为一个线程的目标对象，在初始化一个 Thread 类或者 Thread 子类的线程对象时，把目标对象传递给这个线程实例，由该目标对象提供线程体 run()。这时，实现接口 Runnable 的类仍然可以继承其他父类。

线程的优先级代表该线程的重要程度或紧急程度。Java 将线程的优先级分为 10 个等级，分别用 1~10 之间的数字表示。同步能使线程安全地共享数据，转换和控制线程的执行，保证系统的一致性，该机制通过 synchronized 关键字来体现。死锁是发生在线程间相互阻塞的现象。Java 提供一个线程调度器来监控程序中启动后进入就绪状态的所有线程。

思考与练习

一、选择题

1. 实现 Runnable 接口创建一个线程的语句是＿＿＿＿＿。
   A. Thread t = new Thread(target);　　　　B. Thread t = new Thread(); t.target =target;
   C. Thread t = new Thread();T.start(target);　D.Thread t=new Thread();T. run(target);

2. Thread 类定义于下列＿＿＿＿＿包中。
   A. java.io　　　　B. java.lang　　　　C. java.util　　　　D. java.awt

3. 下列说法中不正确的一项是＿＿＿＿＿。
   A. Thread 类中没有定义 run()方法　　　B. 可以通过继承 Thread 类来创建线程
   C. Runnable 类中定义了 run()方法　　　D. 可以通过实现 Runnable 接口来创建线程

4. 下列说法中错误的一项是＿＿＿＿＿。
   A. 线程一旦创建，则立即自动运行　　　B. 线程创建后需要调用 start()方法等
   C. 调用 start()方法后线程未必能立即执行　D. 线程处于可运行状态意味着可被调度

5. 下列方法中，不属于 Thread 类提供的线程控制方法的一个是＿＿＿＿＿。
   A. sleep()　　　B. interrupt()　　　C. init()　　　D. yield()

6. 线程应用程序可采用两种方式：其代码关键字为 Thread 类与＿＿＿＿＿接口。
   A. Runnable　　　B. interrupt　　　C. run　　　D. start

7. 一个 Java 程序运行后，在系统中作为一个＿＿＿＿＿。
   A. 线程　　　　B. 进程　　　　C. 进程或线程　　　D. 不可预知

8. 下列方法中，可使线程进入死亡状态的是＿＿＿＿＿。
   A. start()　　　B. sleep()　　　C. wait()　　　D. stop()

9. 一个线程如果被调用了 sleep()方法，则唤醒它的方法是＿＿＿＿＿。
   A. notify　　　B. run()　　　C. wait()　　　D. stop()

二、是非题

1. 线程（thread）是程序中可独立运行的片段，是进程中的一个单一而连续的控制流。　（　　）

2. 多线程是指在单个程序中可同时运行多个不同的进程，执行不同的任务。　（　　）

3. 处于就绪状态的线程已经具备了运行条件，但还没有分配到 CPU 等。　（　　）

4. 每个线程通常要经历创建、就绪、运行、阻塞、死亡 5 种状态。　（　　）

5. Java 将线程的优先级分为 8 个等级。　（　　）

6. Java 中，同步能使进程安全地共享数据等。　（　　）

7. 死锁是发生在线程间相互阻塞的现象。　（　　）

三、思考与实验

1. 何谓线程？何谓多线程？简述线程经历的几种状态，简述多线程采用哪两种方式。

2. 何谓线程的优先级？Java 线程的优先级可分为几个等级？

3. 试用继承 Thread 方法完成程序填空，由 main() 主线程创建两个新线程，每个线程输出从 1 到 40 后结束并退出，并完成相应的实验验证。

```java
public class DigThread extends Thread {
    int i=0;
    public DigThread (String name,int i) {
        super(name);   this.i=i;          }
    public void run()         {
        int j=i; System.out.println(" ");
            System.out.print(getName()+":");
            while (_____)  {
                System.out.print(j+" ");
                    j+=1;
            }
        }
    public static void main(String args[])  {
        DigThread t1=new DigThread ("Thread1",1);
        _____
        t1.start();              t2.start();   }
}
```

4. 试用 Thread 编程，创建四线程，每个线程输出从 1 到 10 后结束并退出。

5. 叙述下列程序的作用。参照实例用 Runnable 编程，创建三线程，每个线程输出从 1 到 30 后结束并退出。

```java
public class DigRunnable extends Thread{
    int i=0;
    public DigRunnable(String name,int i){
    super(name);      this.i=i; }
    public void run(){
    int j=i; System.out.println(" "); System.out.print(getName()+":");
        while(j<=20){
            System.out.print(j+" ");    j+=1; }
        }
    public static void main(String args[]){
        DigRunnable r1=new DigRunnable("Thread1",1);
        DigRunnable r2=new DigRunnable("Thread2",1);
        Thread t1=new Thread(r1);  Thread t2=new Thread(r1);
        t1.start();  t2.start(); }
    }
```

第 11 章
Applet 程序

【本章提要】Applet 程序是一种在网页上运行的小程序。Applet 使用非常广泛，许多特色网页的交互式效果，都可以通过 Applet 程序实现。本章将介绍 Applet 程序的编写和运行方式。

11.1　Applet 概念

11.1.1　Applet 与 Appliction

Java 程序包括 Application 程序和 Applet 程序两种。Application 程序是能独立运行的程序，简称为应用程序；Applet 程序不能独立运行，必须依附在网页上，借助于浏览器才能运行，常称为 Applet 小应用程序。

由于 Applet 程序依附在网页上，通常置于服务器端，只要用户连接到该网页，Applet 程序便会随着网页下载到用户的计算机上运行，过程如图 11-1 所示。

图 11-1　Applet 随网页下载到用户计算机上运行

Internet 的广泛应用，使 Applet 程序传播方便，众多的 Applet 程序成为程序资源中共享最多的一类。

11.1.2　Applet 类

Java 提供了 java.applet.Applet 类，用来处理 Applet 程序的运行。在编写 Applet 程序时，要使用 import 命令加载 java.applet.Applet 类。Applet 类的继承关系如图 11-2 所示。

Applet 类提供了 Applet 程序与所执行环境间的标准接口，同时还提供了 Applet 程序在浏览器上执行的架构，包括 init()、start()、stop()和 destroy()四个方法。

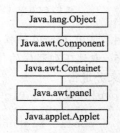

图 11-2　Applet 类的继承关系

（1）init()方法：该方法是 Applet 激活时调用的方法，仅执行一次，其功能是对 Applet 进行初始化操作。

（2）start()方法：方法当被加载时调用的方法，即第一次被加载或重新被加载时，都会执行 start()方法。

（3）stop()方法：当离开 Applet 所在网页，即该网页变为不活动状态或最小化浏览器时，调用该方法。

（4）destroy()方法：当离开浏览器时所调用的方法。该方法在 stop()方法之后执行，执行 destroy()方法释放被 Applet 占用的资源。

从激活 Applet 调用 init()方法，到执行 destroy()方法，结束 Applet 为止，这一流程称为 Applet 的生命周期（Life Cycle）。

11.1.3　HTML 中的 Applet 格式

Applet 小应用程序运行要通过网页与浏览器来驱动。网页是使用 HTML 格式完成的，是将 Applet 程序嵌入到网页中，使用<APPLET>标记的简约格式如下：

```
<APPLET CODE="applet 程序名.class"  WIDTH="pixels"  HEIGHT="pixels"
    [CODEBASE="URL"]                  //网址（路径）
    [ALT="alternate text"]           //浏览器不支持时，显示的文本
        ...                          //参数名称和值
</APPLET>
```

参数说明如下：

（1）CODE="applet 程序名.class"，CODE 包含 Applet 程序的主类字节码文件，主类文件名与程序名是一致，"applet 程序名.class"真正的含义是"applet 的主类文件名.class"。

（2）WIDTH 与 HEIGHT：Applet 运行环境的窗口宽度、高度，以像素为单位。

（3）CODEBASE="URL"，Applet 的 URL 是主类文件所在的位置，用户计算机上的路径与网上的网址。主类文件与 HTML 所在的目录相同时省略；不同时必须使用它。

（4）ALT="alternateText"，当浏览器不支持 Applet 的显示时，则在浏览器上显示 alternateText 的辅助文本（字符串）。

Applet 是通过 HTML 文件中的<HTML>标记定义参数，并由 Applet 的代码接收并分析对应的参数，而后运行的。Applet 的 init()方法中使用 getparameter()方法获取参数。getparameter()的入口是参数的名字，返回是参数的值。

11.1.4　Applet 的创建与运行

Applet 的创建方法与 Application 程序类似，首先编辑扩展名为.java 的源程序，再通过 javac.exe 程序对源程序进行编译，产生扩展名为.class 的字节码文件，即类文件。

Applet 不能独立运行,其运行环境是 Web 浏览器,需要将其字节码文件嵌入到 HTML 文件中,借助于浏览器执行 Applet 程序并显示结果。

Java Applet 派生自 java.applet 类库中的 Applet 类，编写 Applet 程序必须关注：

（1）加载类语句：import java.applet.Applet。

（2）定义一个继承自 Applet 的类，程序代码编写在该类中，形式为：

```
public class 类名 extends Applet{ 程序代码 }
```

Applet 加载和运行包括如下步骤：

（1）浏览器加载 URL 中指定的 HTML 文件，并解析 HTML 文件。

（2）浏览器加载 HTML 文件中指定的 Applet 类。

（3）通过浏览器在 Java 运行环境下运行 Applet 程序。

其中,第一步是对 HTML 文件的加载和解析,后两步才是加载 Applet 程序并运行,编写 HTML 驱动文件即可运行。

当 FirstApplet.html 为小应用程序 Applet 的启动程序时，运行有 3 种方法：

（1）使用 AppletViewer 工具运行。在命令提示符下输入命令 AppletViewer FirstApplet.html，或者使用 Java 编辑器查看 html 文件，就可以使用 JDK 自带的小程序查看器运行 Applet 小程序。

（2）通过浏览器运行。用浏览器直接打开嵌入了 Applet 的 HTML 文件，Applet 即在浏览器上运行，这种运行方法要求浏览器中正确安装了 Java 虚拟机。

（3）用 JCreator 工具运行。在 JCreator 直接运行 FirstApplet.html 即可。

11.2 多媒体程序设计基础

Applet 小应用程序与多媒体技术紧密关联。多媒体技术是指能够同时获取、处理、编辑、存储和展示多种不同类型信息媒体的技术。这些信息媒体包括：文字、声音、图形、图像、动画、视频等。处理文本、图形、图像、声音等多媒体信息，这是 Java 程序设计的一个重要功能。

11.2.1 Java 屏幕坐标系

Java 屏幕坐标系是一个二维平面系统，使用的坐标是简单的笛卡儿（x，y）坐标系统，可以标识屏幕上每个点的坐标位置，其单位是像素，是显示器的最小分辨单位。坐标系是由 x 轴与 y 轴组合而成，默认状态下原点的位置（0，0）为屏幕左上角，x 坐标是从左向右移动的水平距离，y 坐标是从上向下移动的垂直距离。一个关于坐标的示例如图 11-3 所示。

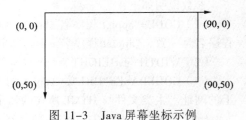

图 11-3　Java 屏幕坐标示例

11.2.2 Graphics 主要方法

在 Java 的 java.awt 包中，Graphics 类提供了绘制各种图形（线、矩形、圆、椭圆、弧、多边形等）和图像处理的方法。在 Java Application 中使用要加载 import java.awt.*，若在 Java Applet 中使用还要加载 import java.applet.*。Graphics 类的主要方法如表 11-1 所示。

表 11-1　Graphics 类的主要方法

方　　　法	功　能　说　明
draw3DRect (int x,int y,int w,int h, boolean raised)	以(x,y)为起点按宽 w 高 h 画一 3D 矩形, raised=true 为凸
fill3DRect(int x,int y,int w,int h, boolean raised)	以(x,y)为起点按宽 w 高 h 填充 3D 矩形, raised= false 为凹
drawLine(int x1,int y1,int x2,int y2)	在两个点（x1,y1）和（x2,y2）间画一条直线
drawRect(int x,int y,int width,int height)	以(x,y)为起点按宽 width 和高 height 画一矩形
fillRect(int x,int y,int width,int height)	以(x,y)为起点按宽 width 和高 height 填充一矩形
clearRect(int x,int y,int width,int height)	以(x,y)为起点按宽 width 和高 height 用背景色填充一矩形
drawRoundRect(int x,int y,int width,int height,int arcWidth,int arcHeight)	以(x,y)为起点按宽 width 和高 height 画一矩形，4 个圆角的宽度为 arcWidth、高度为 arcHeight
fillRoundRect(int x,int y,int width,int height,int arcWidth,int arcHeight)	以(x,y)为起点按宽 width 和高 height 填充一矩形，4 个圆角的宽度为 arcWidth、高度为 arcHeight
drawOval(int x,int y,int width,int height)	以(x,y)为起点按宽 width 和高 height 的外接矩形画椭圆
fillOval(int x,int y,int width,int height)	以(x,y)为起点按宽 width 和高 height 的外接矩形填充椭圆
drawArc(int x,int y,int w,int h,int sAng,int arcAng)	以 sAng 为起始角,arcAng 为张角画圆弧或扇形逆时针为正
fill Arc(int x,int y,int w,int h,int sAng,int arcAng)	以 sAng 为起始角,arcAng 为张角填充圆弧或扇形顺转为负
drawPolygon(int xPoints[],int yPoints[],int points)	按 xPoints[i]和 yPoints[i]数组顶点画封闭的 points 边形
fillPolygon(int[] xPoints, int[] yPoints, int Points)	按 xPoints[i]和 yPoints[i]数组顶点填充封闭的 points 边形

11.3　Applet 具体应用

Applet 具体应用涉及图形处理、图像处理、动画与声音处理等。

11.3.1　图形处理

Java 图形图像处理包括两部分内容：其一是利用 Graphics 类提供的方法绘制线、矩形、圆（椭圆）、弧、多边形等形状，以及通过颜色设置得到的不同图形效果；其二为直接导入图形文件进行处理，丰富程序的视觉效果。

1．绘制直线

使用 Graphics 类的 drawLine( )方法可以画直线。具体方法定义如下：

```
public void drawLine(int x1,int y1,int x2,int y2);
```

参数 x1,y1 和 x2,y2 分别表示直线的两对起止坐标,drawLine()方法的功能是在两对坐标(x1,y1)和（ x2,y2 ）表示的两个点之间画一条直线。

2．绘制矩形

一个矩形由起点（左上角）和终点（右下角）决定。通常由左上角、宽度、高度三者决定。据此可以绘制矩形矩形、正方形、和圆角矩形，方法如下所述：

（1）绘制矩形。语句格式为：public void drawRect(int x,int y,int width,int height);。

参数 x 和 y 表示坐标（x,y），是矩形的左上角坐标。width 和 height 指定宽度和高度，单位为像素。例如：画坐标（40，60）、宽50、高80矩形的语句为：

```
g. drawRect(40,60,50,80) ;
```

绘制矩形仅仅画出矩形轮廓，要想得到矩形色块就要填充矩形。填充矩形的语句格式为：

```
public void fillRect(int x,int y,int width,int height);
```

此外，尚可用背景色来填充矩形（即清除指定区域），语句格式为：

```
public void clearRect(int x,int y,int width,int height);
```

drawRec 与 clearRect 的使用区别为前者是前景色，后者为背景色。

（2）绘制圆角矩形。绘制圆角矩形的语句为：

```
public void drawRoundRect(int x,int y,int width,int height,int arcWidth,int arcHeight);
```

参数 arcWidth 与 arcHeight 表示 4 个圆角的宽度和高度，当两者都为 0 时就是矩形，其余如前所述。例如：

```
g. drawRoundRect(40,60,50,80,0,0) ; g. drawRoundRect(50,60,70,80,4,5) ;
```

填充圆角矩形的语句格式为：

```
public void fillRoundRect(int x,int y,int width,int height,int arcWidth,int arcHeight);
```

（3）绘制 3D 矩形。绘制 3D 矩形的语句为：

```
public void draw3DRect(int x,int y,int width,int height, boolean raised );
```

参数 raised 表示凹凸，true 表示上凸，false 表示下凹，其余如前所述。

填充 3D 矩形的语句格式为：

```
public void fill3DRect(int x,int y,int width,int height, boolean raised );
```

3．绘制圆形和椭圆

绘制或填充一个椭圆（圆），这个椭圆（圆）是对应矩形内能容纳的最大椭圆（内切椭圆）。圆形和椭圆的绘制方法相同，由起点（矩形的左上角）、宽度、高度三者决定，当宽高相等时为

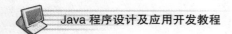

圆。绘制椭圆的方法为：

```
public void drawOval(int x,int y,int width,int height);
```

这个矩形由 x、y、width，height 四个参数定义，椭圆的中心是外接矩形的中心，当 width 与 height 相等时得到圆。填充椭圆的方法为：

```
public void fillOval(int x,int y,int width,int height)
```

4. 绘制圆弧和扇形

绘制椭圆弧或扇形的方法为：

```
public void drawArc(int x,int y,int width,int height,int startAngle,int arcAngle)
```

参数 startAngle 表示圆弧和扇形的起始角度，arcAngle 表示圆弧和扇形的张角，为正时逆时针旋转；为负时顺时针旋转，单位为度。填充圆弧或扇形的方法为：

```
public void fillArc(int x,int y,int width,int height,int startAngle,int  arcAngle)
```

5. 绘制多边形

多边形由多个顶点构成，画多边形时需要有多个顶点的坐标（x,y），可以用两个数组 xPoints[] 和 yPoints[]分别来存放各个顶点 x 轴和 y 轴的坐标，由 xPoints[i]和 yPoints[i]共同指定多边形的一个顶点 i。绘制多边形的方法为：

```
public void drawPolygon(int xPoints[],int yPoints[],int points);
```

这个方法的功能是按参数数组提供的顶点坐标绘制一个封闭的多边形。参数 points 表示顶点的个数，顶点集的下标从 0 到 points-1，指定了在多边形中点的顺序。

填充多边形的方法为：

```
public void fillPolygon(int[] xPoints, int[] yPoints, int Points)
```

此外，还可以创建 Polygon 类的对象来画多边形。方法如下：

绘制：`public void drawPolygon(Polygon P);`

填充：`public void fillPolygon(Polygon P);`

构造函数 Polygon（ ）的实用形式为：

```
Polygon (int xPoints[],int yPoints[],int Points);
```

6. 颜色 Color 类

图形中色彩的丰富与否是不容忽视的，怎样让图形变得多姿多彩呢？在 java.awt 中的 Color 类可以创建各种颜色对象来达到这个要求。在多媒体广泛采用红、绿、蓝三基色混合机制，即 RGB 颜色模式。

创建某种颜色时可以用 0～255 之间的整数或者使用 0.0～1.0 之间的浮点数表示这种颜色中红、绿、蓝 3 种色的含量。

可以用如下 3 种方法来创建颜色：

（1）public Color(int r ,int g,int b); 指定 3 种颜色浮点值：0.0～1.0 之间。

（2）public Color(float r ,float g,float b); 指定 3 种颜色整数值：0～255 之间。

（3）Color(int rgb); 指定 3 种颜色 24 位整数混合值： 参数 rgb（颜色常量）的 16～23 位存放红色值，8～15 存放绿色值，0～7 位存放蓝色值。每种颜色实际只占用两个十六进制位。

通过上面的 3 种方法可以创建出各种颜色，但是在不熟悉 RGB 颜色模式时可以直接使用系统定义的 13 种颜色常量，如表 11-2 所示。

表 11-2 颜色常量和对应 RGB 值

颜 色 常 量	颜　　色	RGB	颜 色 常 量	颜　　色	RGB
Color.white	白色	255, 255, 255	Color.black	黑　色	0, 0, 0

颜色常量	颜 色	RGB	颜色常量	颜 色	RGB
Color.red	红色	255, 0, 0	Color.magenta	深红色	255, 0 , 255
Color.green	绿色	0, 255, 0	Color.pink	粉红色	255, 175, 175
Color.blue	蓝色	0, 0, 255	Color.darkgray	深灰色	64, 64, 64
Color.gray	灰色	128,128, 128	Color.lighrgray	浅灰色	192, 192, 192
Color.yellow	黄色	255, 255, 0	Color.orange	桔黄色	255, 200, 0
Color.cyan	青色	0, 255, 255			

7. 文本字体设置

Java 中用 Font 来处理文字的显示效果。一个 Font 类对象表示了一种字体显示效果，包括字体、类型、字形和字号等，设置文本的字体，可通过创建 Font 类的对象来实现。

（1）创建 Font 类的对象。创建 Font 类对象的构造方法为：

Font(String name,int style,int size);

其中，参数 name 表示指定字体名称，如黑体、宋体、Times new Roman 等。Style 字形，有 Font.BOLD（粗体）、Font.PLAIN（正常）、Font.ITALIC（斜体），size 为字符大小，单位为点。例如：Font MyFont=new Font("黑体", Font.BOLD,+ Font.ITALIC,30);。

（2）Font 类的常用方法。Font 常用方法包括：

①设置字体：setFont(Font font)；②获取字体对象：getFont()；③获取字体对象；getName()；④获取字形：getStyle()；⑤获取字体大小：getSize ()等。例如：g.setFont(new Font("宋体", Font.BOLD,24))。

【例 11-1】图形处理综合演示程序设计。

```
import java.awt.*;  import java.applet.*;
public class DrawGraphicsEx extends Applet{
int flag=0;Panel p=new Panel();Button kong=new Button("【图形演示】");
Button line=new Button("绘制线");  Button oval=new Button("绘 制 圆");
Button rect=new Button("画 矩 形");  Button polygon=new Button("画多边形");
Button arc=new Button("画 扇 形");  //创建多边形 x 点 y 点的数组
int xPoints[]={50,90,130,110,70};  int yPoints[]={110,70,110,150,150};
    public void init(){
    p.add(kong);kong.setBackground(new Color(255,255,255));
    p.add(line);p.add(oval);p.add(rect);p.add(polygon);p.add(arc);add(p);
    oval.setBackground(Color.green);rect.setBackground(Color.orange);
    polygon.setBackground(Color.yellow);arc.setBackground(new Color(230,230,230));
    p.setVisible(true); }
    public boolean action(Event e,Object o){
    if(e.target==line) flag=1;    if(e.target==oval) flag=2;if(e.target==rect)
    flag=3;
    if(e.target==polygon) flag=4;   if(e.target==arc) flag=5;
    repaint();return true;}
public void paint(Graphics g){
    Color c=g.getColor();
    switch(flag){
        case 1:g.drawLine(50,50,100,100);g.setColor(Color.blue);break;  //画线
        case 2:g.drawOval(50,80,60,35);g.setColor(Color.red);          //画圆
        g.drawOval(130,80,60,60);g.fillOval(200,80,60,60);g.setColor(Color.BLUE);
        g.fillOval(270,80,25,60);break;
        case 3:g.fillRect(20,80,40,30);g.drawRect(80,80,40,60);         //画矩形
```

```
g.drawRoundRect(150,80,80,60,20,10);g.setColor(new Color(225,125,125));
g.fillRoundRect(170,90,40,40,10,20);g.setColor(c);break;
case 4:g.drawPolygon(xPoints,yPoints,5);break;//画多边形
case 5:g.drawArc(30,50,100,120,0,45);g.fillArc(120,80,150,100,45,90);
//画扇形
g.setColor(Color.blue);} }
}
```

编写 HTML 驱动文件：DrawGraphicsEx.html。

```
<HTML>
    <APPLET  CODE=" DrawGraphicsEx.class"  WIDTH="250"  HEIGHT="250">
    </APPLET>
</HTML>
```

【程序解析】该程序为图形处理综合演示程序，包括了绘制直线与矩形、绘制圆角矩形、绘制圆形与椭圆、绘制圆弧和扇形、绘制多边形以及颜色等。这些操作是通过按钮及 switch 语句来选择的。语句 public boolean action(Event e,Object o)用于识别用户所做的操作，o 是 Object 类的实例，不可少。

程序运行结果如图 11-4 所示。

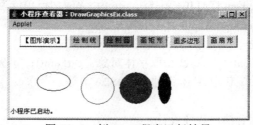

图 11-4　例 11-1 程序运行结果

【例 11-2】绘制图形的 Applet 程序。

```
import java.awt.*;    import java.applet.*; //加载 Graphics、Applet 类
public class DrawTest extends Applet {       //画直线、矩形、内切椭圆
  public void paint(Graphics g){
    g.drawLine(40,30,200,30);              g.drawRect(40,50,160,150);
    g.drawOval(45,55,150,140);             g.drawLine(40,220,200,220);
    g.drawString("Drawing!",100,130);         //输出字符串"Drawing!"
    g.setColor(Color.blue);                g.fillRect(220,50,160,150);
    g.setColor(Color.red);                 g.fillOval(225,55,150,140);
    g.setColor(Color.orange);              g.fillRect(280,90,40,70);    }
}
```

【程序解析】该程序完成了画图填色。语句 g.setColor(Color.red);设置绘图颜色为红色；g.fillOval(45,55,150,140);绘圆并填满红色；g.setColor(Color. orange);设置绘图颜色为橘色，g.fillRect(100,90,40,70);绘矩形并填橘色。

编译该源程序，生成字节码文件。再建立 HTML 文件 DrawTest.html，内容如下：

```
<HTML>
    <APPLET CODE=" DrawTest.class"
WIDTH="430" HEIGHT="250">  </APPLET>
</HTML>
```

程序运行结果如图 11-5 所示。

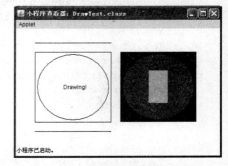

图 11-5　例 11-2 程序运行结果

【例 11-3】编写用 Mouse 绘制出圆形的 Applet 程序。

```
import java.awt.*;      import java.awt.event.*;
import java.applet.Applet;
public class MouseDrawTest extends Applet implements MouseListener{
  boolean clicked=false;     int x,y;          //鼠标坐标 x 与 y
  public void init(){
    this.addMouseListener(this);     }

  public void mouseClicked(MouseEvent e){   //设置 applet 为自身的监听者
    clicked=true;        x=e.getX();        //鼠标按下，获取 x，y 坐标
    y=e.getY();          repaint();  }
  public void paint(Graphics g) {
    if(clicked){
      g.setColor(Color.pink);        g.fillOval(x-30,y-30,60,60);
      g.setColor(Color.yellow);      g.fillOval(x-15,y-15,30,30);}
  }        //设置鼠标进入、鼠标移开、鼠标按下、鼠标放开
public void mouseEntered(MouseEvent e){}
public void mouseExited(MouseEvent e){}
public void mousePressed(MouseEvent e){}
public void mouseReleased(MouseEvent e){}
}
```

【程序解析】鼠标在网页窗口中按下，产生"按钮按下"事件；在 init()方法内的 this.addMouse Listener(this)设置了 Applet 的事件聆听者；在 mouseClicked()方法内先取得点坐标 x=e.getX() 和 y=e.getY()，然后调用 repaint()方法重绘窗口，并调用 paint() 方法。编译源程序生成字节码文件 MouseDrawTest .class，再建 MouseDrawTest..html。程序运行结果如图 11-6 所示。

图 11-6　例 11-3 程序运行结果

11.3.2　图像处理

前面讲述了利用 Graphics 类进行的各种简单图形的绘制方法，对于复杂图形（图像）需要用专业软件处理。Java 下 Graphics 类中还提供了实现图像的加载、显示及对图像简单处理的方法，如图像的缩放、旋转、透明处理等。

图像处理操作主要包括：声明 Image 类型的变量、使用 getImage()加载图像和使用 drawImage() 绘制图像 3 个过程。Java 目前所支持的图像文件格式只有两种，分别是 GIF（图像交换格式）和 JPEG（动态图像专家组）文件，即带有.GIF、.JPEG（.JPG）扩展名的文件。因此，若是其他格式的图像文件，就先要转换为这两种格式。

1. 创建图像

创建图像是通过 java.awt 下 Component 类的 creatImage()方法来完成的。该方法包括有 Image creatImage(ImageProducer imgprod)与 Image creatImage(int width,int height)两种形式。前者由 ImageProducer 类的 imgprod 对象返回产生的图像，后者返回具有 width（宽）与 height（高）的空图像。例如：生成一个空白的画布图像。

```
Canvas mc=new Canvas();     Image Test=mc.creatImage(200,100);
```

java.awt.image 包中提供了一个类 MemoryImageSource，适用于在内存中生成一幅图像，其典型的构造方法为 MemoryImageSource(int w, int h, int[] pix, int start, int scan);其中，int[] pix 代表图像每一点颜色值的数组，start 为起始位置，scan 为图像扫描线宽度。

2. 加载图像

加载图像是通过 Java 中的 getImage()方法完成的，它出现在 Java 的两个类里，其一是 java.applet.Applet 类，其二为 java.awt.Tookit 类，前者应用在 Java 小应用程序中，后者应用在 Java 应用程序中。图像加载后可用 Graphics 类的 drawImage()方法显示到屏幕上。getImage()方法的语法格式如下：

（1）java.applet.Applet 类。在 java.applet.Applet 类内的格式为：

`public Image getImage(URL,url)` 或 `public Image getImage(URL url,String name)`
前者可获取 url 网址中文件，如 http://www.baidu.com/ball.jpg，若有图像则返回。后者地址与文件名分成两个参数，参数给出图像的 URL 基址与 name 中的内容。

（2）java.awt.Tookit 类。在 java.awt.Tookit 类中的格式为：

`public Image getImage(String filename)` 或 `public Image getImage(URL url)`
以上形式的方法，其返回值都是 Image 类型的对象。

3. 显示图像

获取图像对象后，通过 Graphics 类提供的 drawImage()方法中显示图像。显示图像文件内容方法的语法格式为：

（1）`public boolean drawImage(Image img,int x,int y,ImageObsever observer);`

（2）`public boolean drawImage(Image img,int x,int y,int width,int height,Color bgColor,ImageObsever observer);`

其中，width 与 height 是图片的宽高，bgColor 是图像背景色。

【例 11-4】编程在 Applet 窗口中加载图像。

```
import java.awt.*;            import java.awt.event.*;
import java.applet.Applet;
public class ImageTest extends Applet  {
  Image img;
  public void init(){   img=getImage(getCodeBase(),"ImageTest.jpg"); }
  public void paint(Graphics g) {   g.drawImage(img,20,20,this);    }
}
```

程序运行结果如图 11-7 所示。

图 11-7 例 11-4 程序运行结果

【例 11-5】在 Applet 程序任意位置中用鼠标移动图像。运行结果如图 11-8 所示。

```
import java.awt.*;                  import
java.awt.event.*;
import java.applet.Applet;
public  class  MouseMotionTest  extends  Applet
implements MouseMotionListener,
MouseListener{
  Image img;       int
x=70,y=60,posX=70,posY=60,dx,dy;
  public void init(){
    img=getImage(getCodeBase(),"MouseMotionTest.gif"); addMouseListener(this);
    addMouseMotionListener(this);  }
  public void mousePressed(MouseEvent e){
    dx=e.getX()-posX;    dy=e.getY()-posY; }
  public void mouseDragged(MouseEvent e)    {
      x=e.getX()-dx;   y=e.getY()-dy;
      if(dx>0&&dx<120&&dy>0&&dy<60){
        Graphics g=getGraphics();
```

```
        update(g); }                    //清空画面，再调用 paint()
    }
    public void paint(Graphics g){
        g.drawImage(img,x,y,120,60,this);     //将图像显示在 applet 窗口
        posX=x; posY=y; }                     //更新基准点的 x，y 坐标
    public void mouseMoved(MouseEvent e){}; public void mouseReleased(MouseEvent e){};
    public void mouseEntered(MouseEvent e){};public void mouseExited(MouseEvent e){};
    public void mouseClicked(MouseEvent e){};
    }
```

程序运行结果如图 11-8 所示。

图 11-8　例 11-5 程序运行结果

4. 图像缩放

要进行图像的缩放就得知道原来图片的大小，即宽度和高度。利用 getImage()加载图片；利用 getWidth()和 getHeight()方法读取图片的宽度和高度并显示图片内容。当 drawImage(Image img,int x,int y, int width,int height, Color bgColor,ImageObsever observer) 语句 width 和 height 与原图片宽高度不一样时，系统就自动进行图像的缩放处理。

要知晓原来图像的宽度与高度可以使用方法：

（1） public int getHeight(ImageObsever observer);

（2） public int getWidth (ImageObsever observer);

【例 11-6】图像缩放处理程序。

```
import java.applet.*;import java.awt.*;
public class ImageReduceEnlargeEx extends Applet {
    public void paint(Graphics g)     {
        Image img=getImage(getDocumentBase(),"Car1.gif");
        int width=img.getWidth(this),height=img.getHeight(this),d=15;
        g.drawImage(img,0,0,width,height,this);
        g.drawImage(img,width+d,0,width*2,height*2,this);
        g.drawImage(img,width+d,height/2,width+width/2+d,height,width/2,
            height/2,width,height,this);
    }
}
```

程序运行结果如图 11-9 所示。

图 11-9　例 11-6 程序运行结果

5. 图像旋转与透明处理

在 AWT 包中提供了一个二维增强图像类 Graphics2D，它能够对图像及文本进行旋转、透明等处理。绘制透明图像时，要设定图形交叉区的颜色合成模式，该模式由 AlphaComposite 类生成。

【例 11-7】编程实现 Applet 中的图像旋转与透明处理。

```
import java.applet.*; import java.awt.Color; import java.awt.Graphics;
import java.awt.Graphics2D;        import java.awt.AlphaComposite;
public class ImageRotateEx extends Applet{
public void paint(Graphics g){
    g.setColor(Color.blue);g.fillRect(100,30,100,100);        //填充绘制矩形
    Graphics2D g2D=(Graphics2D)g;
    int mode=AlphaComposite.SRC_OVER;float alpha=0.5f; //设置模式值为0.5半透明
    AlphaComposite ac=AlphaComposite.getInstance(mode,alpha); //获取模式对象
    g2D.setComposite(ac);g2D.setColor(Color.orange);g2D.translate(150,10);
    g2D.rotate((45*Math.PI)/180);g2D.fillRect(0,0,100,100);} //绘图区旋转45度矩形填充
    }
```

【程序解析】该程序为图像旋转与透明处理程序，先画一个
正方形，而后旋转 45° 并透明处理放置与于原来正方形上。

程序运行结果如图 11-10 所示。

11.3.3 动画处理

1. 图片的动画效果

图片的动画效果是通过将若干张图片每隔一定的时间就
出现一次且出现在同一个方向而形成的。Java 不仅提供了对

图 11-10   例 11-7 程序运行结果

图形、图像的支持，还允许用户实现连续的图像播放，即动画技术。Java 动画的实现，首先用
Java.awt 包中的 Graphics 类的 drawImage( )方法在屏幕上画出图像，然后通过定义一个线程，
让该线程睡眠一段时间，然后再切换成另外一幅图像；如此循环，在屏幕上画出一系列的帧来
形成运动的感觉。

动画显示时图形有时会闪烁，有两个原因：绘制每一帧花费的时间太长（因为重绘时要求的
计算量大）；二是在每次调用 paint()方法前整个背景被清除，当在进行下一帧的计算时，用户看
到的是背景。清除背景和绘制图形间的短暂时间被用户看见,就是闪烁。消除闪烁的现象有两种方
法：重载 update( )或者使用双缓冲技术。

相同时间内放映的图像张数越多，动画看上去动作就越连贯平滑。因此，Java 需要通过时
钟，控制切换图片的速度；Java 支持多线程，使用线程进行计时是最好的解决办法。

【例 11-8】编程实现 Applet 中的动画功能。

```
import java.awt.*;                import java.applet.Applet;
import java.applet.AudioClip;    //加载 java.applet.AudioClip
public class AnimationTest extends Applet implements Runnable{ //实现 Runnable 接口
  Image img[];                    //声明 Image 类型的数组 img[]，用于加载图像
  AudioClip midi,current;         //声明 AudioClip 类型的变量 midi/current
  Thread thd; int num;            //创建线程 thd 并设置计算帧数的计数器
  int pause;                      //设置每帧显示的时间
  public void init(){             //初始化
    String fps;                   //声明 String 类型的变量，用于设置每秒切换图片的张数
    img=new Image[31];            //构造 Image 数组，共包含 32 个元素
    midi=getAudioClip(getCodeBase(),"AnimationTest.mid");  //加载声音
    thd=null; num=0;              //初始化线程与/计数器 num 置 0
    for(int i=0;i<img.length;i++){
        img[i]=getImage(getCodeBase(),"App11_8_"+(i+1)+".jpg"); } //加载图像
    fps=getParameter("speed");    //从 HTML 文件读入参数 speed,确定放映速度
```

```
   if(fps==null)           fps="2";        //放映速度为每秒 2 帧
      pause=1500/Integer.parseInt(fps);    //计算每帧图片显示的时间为 1.5s
      current=midi;  current.loop();}      //循环播放声音
  public void start(){
    if(thd==null){thd=new Thread(this);    //在 start()方法里产生一个名为 thd 新线程
      thd.start();    }                    //启动这个新线程
    }
  public void stop(){
    if(thd!=null){  thd.stop();  thd=null; }
    }
  public void run() {
    while(true){ try{Thread.sleep(pause);}  //让线程睡眠每一帧图片的显示的时间
      catch(InterruptedException e){}
      repaint(); num=(num+1)%img.length; }  //刷新并计数器增 1 循环显示图像
    }
  public void paint(Graphics g){
    g.drawImage(img[num],0,0,this); }        //显示计数器指定的那帧图片
  public void update(Graphics g){ paint(g); }
  }
```

【程序解析】getAudioClip(getCodeBase(),"AnimationTest.mid")可加载测试的声音。

（1）fps=getParameter("speed");语句是从 HTML 文件接收一个名为 speed 的参数。

（2）pause=1500/Integer.parseInt(fps);语句中的 pause 是每帧图片显示的时间，以 ms 为单位，1000 ms 是 1s，1500ms 是 1.5s，不难理解每张图片在屏幕上停留的时间 = 1.5 s，即 1.5s 内放映的图片张数。fps 声明是字符型，这是因为 HTMLk 中的变量都是字符。Integer.parseInt(fps)是将 fps 的类型转换成能进行数学运算的整数。

（3）try{Thread.sleep(pause); }catch(InterruptedExceptione){}。try 和 catch 是 Java 中的异常处理。try()中的 Thread.sleep(pause) 是让线程睡眠，即实现每帧图片的显示时间；catch()中无异常处理代码，即使有异常也没什么要处理。

（4）num=(num+1)%frame.length;这是图像帧数的计数器，每放完一帧图像，num 加 1。frame.length 是 Image 数组的长度，即图像张数。取模运算是让动画再从头放一遍。

程序运行结果如图 11-11 所示。

图 11-11　例 11-8 程序运行结果

【例 11-9】图片动画效果程序设计。

```
import java.applet.*;        import java.awt.*;
public class MovieEx extends Applet{
Image ZEL,tam;int x=10;
public void init(){
    ZEL=getImage(getCodeBase(),"ZEL.JPG");                //建立图像对象
    tam=getImage(getCodeBase(),"hudie.gif");}
public void paint(Graphics g)  {
    g.drawImage(ZEL,0,0,this);g.drawImage(tam,x,15,this);  //画对象图
    try{  Thread.sleep(60);x=x+30;//左移 30 像素
        if(x==300){ x=10;Thread.sleep(1000); } //从左至右大边界 300 等待 1s 后继续
    }catch (Exception e){}
    repaint();  }
}
```

程序运行结果如图 11-12 所示。

图 11-12 例 11-9 程序运行结果

2. 文字的动画效果

文字的动画效果与图形的动画效果有所不同，它可以通过文字的移动来实现，更主要的是通过调整文字的大小并改变文字的显示位置来实现的。

【例 11-10】文字的动画处理。

```
import java.awt.*;import java.applet.Applet;
public class WordMovieEx extends Applet implements Runnable{
Image buf;Graphics pict; Thread anim;
String  s="艺术人生讲坛海纳百川! ";int w,h,x,y;int size=8;
public void init(){
    w=getWidth();h=getHeight();buf=createImage(w,h);
    pict=buf.getGraphics();pict.setColor(Color.blue);}
public void start(){
    if(anim==null){ anim=new Thread(this);anim.start();} }
public void stop() {if(anim!=null) anim=null;}
public void run(){
    while(true){  x=(w-s.length()*size)/2;y=(h+size)/2;
    pict.setFont(new Font("隶书",Font.BOLD,size));
    pict.drawString(s,x,y);repaint();
    try{anim.sleep(100);}    catch(Exception e){}
    pict.clearRect(0,0,w,h);
    if(++size>72) size=8;} }
public void paint(Graphics g){g.drawImage(buf,0,0,this);   }
public void update(Graphics g) { paint(g); }
}
```

程序运行结果如图 11-13 所示。

图 11-13　例 11-10 程序运行结果

11.3.4　声音处理

Java 应用程序和小应用程序支持多种类型的声音文件：.aiff、.au、.rmf、.wav、mp3 和.mid。小应用程序可以通过网络下载声音文件并播放。声音播放主要有如下两种方法：

（1）简单方式。简单方式的 play 播放方法为：

- void play(URL url);url 必须包含声音文件。
- void play(URL url,String name);包括路径和文件名，url 表示声音文件的位置，一般用 getCodeBase()或者 getDocumentBase()代表。

（2）可控制声音的播放。可控制声音的播放可使用 Applet 类中提供的以下 3 个 getAudioClip 方法，可从指定地址的声音文件获取 AudioClip 对象。

- public AudioClip getAudioClip(URL url);返回音乐剪辑对象、url 含地址和文件名。
- public AudioClip getAudioClip(URL url,String name);中的 url 一般用 getCodeBase()或者 getDocumentBase()代表。
- public static final AudioClip newAudioClip(URL url);定义一个接口。

（3）AudioClip 提供了类的三种常用方法：

- play( )方法：从头开始播放声音，只播放 1 次音乐文件。
- loop( )方法：循环播放调用 AudioClip 对象连续播放。
- stop( )方法：停止播放当前正在播放的音乐。

【例 11-11】创建一个声音播放程序。

```
import java.awt.*;                    import java.awt.event.*;
import java.applet.Applet;           import java.applet.AudioClip;
public class SoundPlayEx extends Applet implements ItemListener,ActionListener{
    Label ll=new Label("声音处理程序: ");
    AudioClip sound;Choice c=new Choice();Button play=new Button("音乐播放");
    Button loop=new Button("连续播放");Button stop=new Button("音乐停止");
    public void init(){
    add(ll);c.add("start.wav"); c.add("tada.wav"); c.add("recycle.mid");
    c.add("中国国歌.mid"); c.add("music1.mid"); c.add("music2.mid"); add(c);
    c.addItemListener(this);        add(play); add(loop); add(stop);
    play.addActionListener(this);        loop.addActionListener(this);
    stop.addActionListener(this);sound=getAudioClip(getCodeBase(),"music.wav");}
    public void itemStateChanged(ItemEvent e){
    sound.stop();sound=getAudioClip(getCodeBase(),c.getSelectedItem());}
    public void actionPerformed(ActionEvent e){
    if (e.getSource()==play) sound.play();if (e.getSource()==loop) sound.loop();
    if (e.getSource()==stop) sound.stop();        }    }
    }
```

程序运行结果如图 11-14 所示。

图 11-14　例 11-11 程序运行结果

【例 11-12】在 Applet 中使用 play 等播放音乐。

```
import java.awt.*;import java.awt.event.*;import java.applet.Applet;
import java.applet.AudioClip;              //引入 AudioClip 程序包
public class App11_7 extends Applet implements ItemListener{
//实现 ItemListener 接口
  Image img[]=new Image[3];              //声明 Image 类型的数组 img[]
  AudioClip midi[]=new AudioClip[3];     //声明 AudioClip 接口类型的数组 midi[]
  AudioClip current;                     //声明 AudioClip 接口类型的变量 current
  Choice chc=new Choice();               //创建 Choice 组件
  public void init(){                    //初始化
    img[0]=getImage(getCodeBase(),"App11_7_1.jpg");        //加载图片
    img[1]=getImage(getCodeBase(),"App11_7_2.jpg");        //加载图片
    img[2]=getImage(getCodeBase(),"App11_7_3.jpg");        //加载图片
    midi[0]=getAudioClip(getCodeBase(),"App11_7_1.mid");   //加载声音
    midi[1]=getAudioClip(getCodeBase(),"App11_7_2.mid");   //加载声音
    midi[2]=getAudioClip(getCodeBase(),"App11_7_3.mid");   //加载声音
    chc.add("四块玉闲适（关汉卿）");       //添加下拉列表中的内容
    chc.add("生查子（欧阳修）");           //添加下拉列表中的内容
    chc.add("长相思（康与之）");           //添加下拉列表中的内容
    add(chc); chc.addItemListener(this);
    current=midi[0]; current.play();}     //设置播放的音乐为 midi[0] 并播放
    int index;
  public void itemStateChanged(ItemEvent e){
    repaint();  current.stop();           //停止播放音乐，否则会混声
    index=chc.getSelectedIndex();         //取得被选取的牵引值
    current=midi[index]; current.play();} //设置播放的音乐为 midi[index] 并播放
    public void paint(Graphics g){
    g.drawImage(img[index],20,20,this);  } //显示图片 img[index]
}
```

程序运行结果如图 11-15 所示。

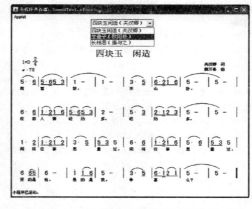

图 11-15　例 11-12 程序运行结果

本 章 小 结

　　本章介绍了 Applet 程序的编写方式和运行特点，并以实例给出了 Applet 程序的使用。Applet 的绘制与显示是重点，支持多媒体的技术是 Applet 程序中重要和有趣的内容。具体如下：

　　（1）Applet 程序编译后，生成字节码文件.class。把字节码文件嵌入 HTML 的网页文件，用户只要连到该网页，则会随网页下载到用户计算机上运行。

　　（2）每一个 Applet 程序派生自 java.applet 类库中的 Applet 类。编写 Applet 程序必须加载 java.applet.Applet 类；定义一个 Applet 类的子类，并将相应的程序代码编写在该子类中。

　　（3）paint()方法在以下情况会自动被调用：新建窗口，或从隐含恢复显示；窗口最小化后还原；改变窗口大小。

　　（4）通过 System.out.println()方法，可以将字符串输出到 Java 的"控制台"。控制台在默认方式下是不显示，要从控制台中设置后才能显示。

　　（5）Applet 类中定义了 4 个方法：init()、start()、stop()和 destroy()。Applet 程序在运行时会适时调用，在这些方法内编写程序代码，使 Applet 程序处理更为简便。

　　（6）图像处理有 3 个操作：声明 Image 类型的变量；使用 getImage()加载图像；使用 grawImage() 绘制图像。同样播放声音也有 3 个操作：声明 AudioClip 接口类型的变量；使用 getAudioClip() 加载声音；使用 play()或 loop()播放声音。

思考与练习

一、选择题

1. Applet 类提供了运行架构，主要包括 init()，_____，stop()和 destroy()四个方法。

　　A.　stat()　　　　　　　　B.　start()　　　　　　　　C.　run　　　　　　　　D.　sleep

2. Applet 使用 java.applet 类库中的_____接口就可以播放声音。

　　A.　VedioClip　　　　　　B.　VedioCard　　　　　　C.　AudioClip　　　　　D.　AudioCard

3. Applet 不能独立运行，需借助于_____执行 Applet 程序并显示结果。

　　A.　互联网　　　　　　　　B.　计算机　　　　　　　　C.　服务器　　　　　　　D.　浏览器

4. 语句 drawRoundRect(40,60,50,80,0,0)正确含义为_____。

　　A.　起点 X=60,Y=40　　　　　　　　　　　　　B.　矩形圆角为 80

　　C.　矩形宽 50,高 80　　　　　　　　　　　　　D.　高 50,宽 80

5. Java 应用程序和小应用程序支持多种类型的声音文件：不正确的为_____。

　　A.　*. mp4　　　　　　　　B.　*.wav　　　　　　　　C.　*.mp3　　　　　　　D.　*.mid

6. 加载图像是通过 Java 中的_____方法完成。

　　A.　drawImage()　　　　　B.　creatImage　　　　　　C.　getImage()　　　　　D.　SetImage()

二、是非题

1. Applet 激活时调用的方法，仅执行一次。　　　　　　　　　　　　　　　　（　　　）

2. 语句 fillRect(int x,int y,int width,int height)，表示填充一圆形图形。　　　（　　　）

3. 语句 g.setFont(new Font("宋体", Font.BOLD,24)) 表示字体设置为宋体。　　（　　　）

4. 图片的动画效果是通过将若干张图片每隔一定时间出现一次而形成的。　　　（　　　）

5. 语句 public Color(int r ,int g,int b); 表示指定 3 种颜色浮点值：1.0 ~ 10 之间。　　（　　）

6. loop( )方法表示循环播放，调用 AudioClip 对象连续播放。　　　　　　　　（　　）

三、思考与实验

1. Java 提供什么类来处理 Applet 程序的运行，如何加载相应类？

2. 试编写一个 Applet 程序，使其在窗口中以红色显示内容：This is my first applet。

3. Applet 加载和运行包括哪些步骤？

4. 请分别叙述 Applet 类的 init()、start()、stop()和 destroy()方法的运作机制。

5. 编写一个 Applet 小程序：在 Applet 绘图区域绘制一个蓝色矩形和矩形的内切椭圆，黄色填充，并编写对应的 HTML 运行程序。

6. 试编写一个 Applet 的图形程序，使其包含：直线、圆、矩形、圆角矩形、多边形，并选择其中几个图形填色，试同时完成该实验验证。

7. 编写 Applet 程序 AppletImage，运行程序时显示一一幅图像并循环播放一个声音文件。

8. 试设计一个 Applet 的动画程序，先加载 12 张图像，以每隔 0.5s 显示一张，并循环显示，直至关闭 Applet 窗口，且同时完成该实验验证。

9. AudioClip 接口定义了哪 3 个简单的方法？

10. 参照例 11-10 完成文字 "Applet 程序设计" 的动画效果。

应用开发篇

第12章
输入/输出流

【本章提要】输入/输出（I/O）流是 Java 中输入/输出功能的基础，是最基本的操作，许多程序需要读写数据都离不开 I/O 方法。本章主要讲述了流、输入/输出流、InputStream 类、OutputStream 类、Reader 类和 Writer 类，同时介绍了标准输入和输出和文件处理。

12.1　流　概　述

Java 提供了丰富的输入/输出流操作类。在前面的章节中已涉及若干个读/写数据的实例，它们都是从"流"读出和向"流"写的。Java 基于数据流的输入/输出机制提供了一套简单的、标准化的 API，以便从不同的数据源读取和写入字符和字节数据，这些数据流表示了字符或者字节数据的流动序列。

12.1.1　流

流（Stream）是面向对象程序语言中数据输入/输出的处理技术。在 Java 语言中，输入/输出程序的设计是通过输入/输出流的方式实现的。Java 的 I/O 流提供了读/写数据的标准方法。任何 Java 中表示数据源的对象都会提供以数据流的方式读/写它的数据的方法。它的特点是数据的发送和获取都是延数据序列顺序进行的，每个数据必须等待它前面的数据发送或读入才能被读/写。流是指按照顺序组织的、从起点到终点的数据的集合。通过流把程序同下层操作系统的具体细节隔离开，大大简化了程序设计的过程，同时使程序的移植变得更加容易。

12.1.2　流的分类

流一般分为输入流（Input Stream）和输出流（Output Stream）两类。输入流将外围设备数据引入到计算机中，例如从网络中读取信息，从扫描仪中读取图像信息等；输出流将数据引导到外围设备（屏幕或文件）。流序列中的数据可是未经加工的原始二进制数据，也可为一定编码处理后符合某种格式规定的特定数据。Java 语言将流的相关操作分为两部分：一部分称为标准输入/输出流，包含在 java.lang 包中，用于标准输入/输出设备的流操作；其余更丰富的流操作部分包含在 java.io 包中。要使用这些流类必须先用 import 语句导入。

当需要读入数据时，程序先从数据的来源（文件，网络）打开一个流，然后从这个流中顺序读取数据。当要输出数据时，程序打开一个流，通过这个流输出目标顺序写入数据。不管内容如何，程序执行过程都是一样的。读入：先打开一个流，若有数据就流入，然后关闭流。写入：先打开一个流，若有数据就写入，然后关闭流。输入/输出流的操作如图 12-1 所示。

  Java 数据流包括多种类型的数据操作，从不同的角度可分为多种不同的数据流类型。按操作对象的输入/输出数据类型，可将输入/输出流分别细分为字节流、字符流两大类型。前者以字节（B，8 位）为单位的数据操作，包括面向字节流的输入/输出处理；后者则以字符（16 位）为单位的数据操作，涵盖了基于字符流的输入/输出处理。输入流只能进行读取操作，不能进行写操作，反之，输出流只能进行写操作，不能进行读操作。此外，为了方便输入/输出操作，Java 语言根据不同的应用提供了文件流、缓冲流、管道流、打印流等更有针对性的流操作。图 12-2 所示为 Java 流的分类层次结构，从中可以看出其流操作的分类方法体系。

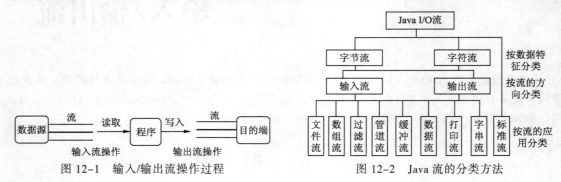

图 12-1 输入/输出流操作过程   图 12-2 Java 流的分类方法

12.2 基本输入/输出流

  为了便于进行各类流处理，Java 的 java.io 包中提供了大量的 I/O（输入/输出）流类，java.io 包库中包含了 InputStream（字节输入流）和 OutputStream（字节输出流）两个抽象类，它们是所有基于字节流输入/输出处理的超类（父类）。

  此外，尚融入了 Reader（字符输入流）和 Writer（字符输出流）两个类，它们是所有基于字符流输入/输出处理的超类（父类），而 read()方法可用于读取字符流数据，writer()方法则用作写入字符流数据。系统流类结构如图 12-3 所示，InputStream 与 OutputStream、Reader 与 Writer 这 4 个类是抽象类，不能用来直接用来创建对象。

12.2.1 InputStream 类

  InputStream 类是以字节为单位的输入流。数据来源可以是键盘，也可以是诸如 Internet 这样的网络环境。这个类可以作为许多输入类的基类。InputStream 类是一个抽象类，因此不能建立其实例类，相反用户必须使用其子类。

  注：大多数输入方法都抛出了 IOException 异常。因此，如果程序中调用了这些输入方法，就必须捕获和处理 IOException 异常。

  1. InputStream 的主要方法

  类 InputStream 处于 InputStream 类层次的最顶层，InputStream 类主要有如下方法：

  （1）read()方法：用于从指定的输入流读取以字节为单位的数据，第一次从流的开始位置读取，以后每次从上次的结束部位读取，自动实现位移。Read()有以下 3 种形态：

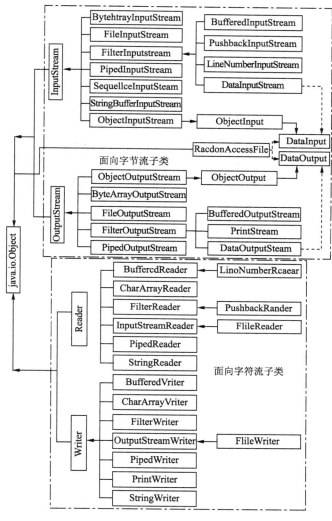

图 12-3　Java 输入/输出流类及其层次关系

- public int read(byte buff[]) throws IOException;：该方式可用于一次读取多个字节，读入字节直接放入数组 buff 中，并返回读取的字节数，但须保证数组有足够的容量来保存所要读入的数据，否则 Java 就会抛出一个 IOException。
- public abstract int read() throws IOException ;：该方式不带参数，每次从指定的输入流中读取一个字节数据。然后，以此数据作为低字节，在配上全零字节构成 16 位整形数据返回给调用语句。若输入流无数据，则返回的值是−1。该方式一般是通过子类来实现的，故常通过 System.io.read()来调用。
- public int read(byte buff[ ],int start, int len);：从 start 起读取输入流数据并填充 len 长度个字节到 buff 中，返回值为实际的填充数，若返回值<len，一般表示已将指定流中的数据读完。这个方法还可以用于防止数组越界，其用法是：把 start 设置为 0，len 设成数组长度。这样，既可填充整个数组，又能保证不会越界。

（2）available 方法。格式为：public int available( ) throws IOException，功能是返回当前流中

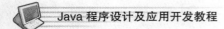

可用字节数。available( )方法用于计算指定流中当前 int 型字节数，若指定的流是文件流，就返回文件的大小；若输入流没有返回字节数，则 avaiable( )方法返回值为 0。

（3）close 方法。格式为：public viod close( ) throws IOException，功能是用于关闭当前流对象，回收释放此连接所占用的资源，所以操作结束务必使用 close( )方法。

（4）skip 方法。格式：public long skip(long n) throws IOException，功能是跳过指定的字节数。该方法使在流中的当前位置后移 n 个字节，n 若为负，则向前移。skip( )方法返回值为实际移动的字节数，若已到流尾端，返回小于 n 的值，对于读取文件来说常会出现读到文件尾。

（5）InputStream 类中用来控制定位指针的有如下几个常用方法：

- public Synchronized void reset( ) throws IOException：指针移动到流中标记位置。
- public Boolean mark( )：在指针当前位置做一个标记。
- public Boolean markSupport( )：返回一个表示流是否支持标记和复位操作的布尔值。

2. InputStream 类注意事项

另外，使用 InputStream 时有如下几点要注意：

（1）当程序中调用 InputStream 进行请求，所调用的方法就处在等待状态，这种状态就是"堵塞"。请分析下面一段程序：

```
try{ int.byt=System.in.read( ); }catch(IOException e){ System.out.println
(e.toString( ));}    //当程序运行到 System.in.read( )时就等待用户输入，直到用户输入
                     //一个回车键为止
```

（2）InputStream 类操作的是字节数据，不是字符。ASCII 字符和字节数据对应 8 位数据，Java 的字符为 16 位数据，Unicode 字符集对应 16 位字节数据，Java 的整数为 32 位。这样，利用 InputStream 类来接收键盘字符将收不到字符的高位信息。

（3）流是通过-1 来标记结束的。即用整数作为返回的输入值才可以捕捉到流的结束。

3. InputStream 的子类

InputStream 的主要子类与功能如表 12-1 所示。

表 12-1　InputStream 的主要子类与功能

子类名	功能
FileInputStream	把一个文件作为字节输入流处理
PipedInputStream	用于从管道中读取数据，具体体现在线程中
FilterInputStream	建立一个输入过滤器，不直接使用，通常使用该类的派生类： 　　BufferedInputStream，提供内部缓冲操作，使实际数据可按块读取； 　　DataInputStream，可读或写 Java 基本数据类型组成的流； 　　LineNumberInputStream，用于记录输入流中的行号。可用 getLineNumber( )获得当前行号，而 setLineNumber( )可用于设置当前行行号； 　　PushbackInputStream，利用 unread( )方法可将一个字节送回输入流中
SequenceInputStream	把多个输入流顺序合并为一个输入流中
StringBufferInputStream	把一个 String 对象用作输入流
ObjectInputStream	将对象值及类的定义等从指定输入流读入以便重新对象化

【例 12-1】将键盘输入信息在屏幕上显示。

```
import java.io.*;
public class InputDemo{
public static void main(String args[]) throws IOException{
```

```
String s;InputStreamReader ir; BufferedReader in;ir=new InputStreamReader(System.in);
in=new BufferedReader(ir);
    while((s=in.readLine())!=null){
        System.out.println("Read:"+s);s=in.readLine();  }
    }
}
```

程序运行结果如图 12-4 所示。

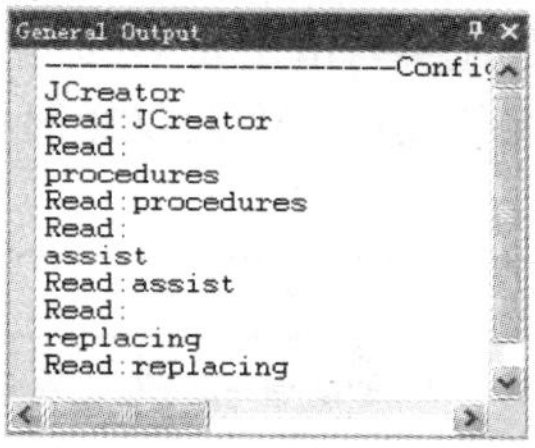

【例 12-2】读取一个文本文件并将其显示到屏幕上。

```
import java.io.*;
    class FileInput{
    public static void main(String args[]){
        byte buffer[]=new byte[2056];
        try { FileInputStream fileInput=new FileInputStream("c:\\test.txt");
            int bytes=fileInput.read(buffer,0,2056);
            String str=new String(buffer,0 , 0, bytes); System.out.println(str); }
        catch(Exception e){ System.out.println(e.toString());   }
    }
}
```

图 12-4 例 12-1 程序运行结果

程序运行结果如图 12-5 所示。

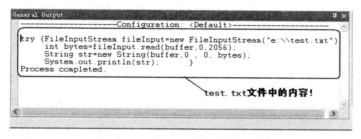

图 12-5 例 12-2 程序运行结果

12.2.2 OutputStream 类

OutputStream 位于该类层次的最顶层，它是一个抽象类，OutputStream 是与 InputStream 相对应的输出流类，它具有所有输出流的基本功能。OutputStream 类的主要方法介绍如下：

1. OutputStream 类的主要方法

（1）write( )方法。write( )与 InputStream 的 read( )方法相对应，也有 3 个形态：

- public viod write(byte buff[ ]) throws IOException：向流中写入一个字节数组，即将指定 buff 数组中的数据输出到指定 Stream。
- public void write(byte buff[ ], int off, int len) throws IOException：将指定 buff 数组中的数据从第二个参数开始，输出第三个参数指定的长度到指定的 Stream。
- public abstract void wirte(int buff) throws IOException；将一个 int 值输出到指定流。

（2）flush 方法。格式为：public void flush( ) throws IOException，功能是清空流并强制缓冲区中所有数据写入到流中。

（3）close 方法。格式为：public void close( ) throws IOException，功能是用于关闭指定的输出流。

注：OutputStream 是抽象类不能直接建立实例，但可使用如下语句建立输出流对象：

```
OutputStream os=new FileOutStream("test.dat");
```

2. OutputStream 的子类

从字节输出流 OutputStream 类的层次结构图可看出，OutputStream 是所有基于字节的输出流类的超类。由于它本身是抽象类，不能用来直接创建对象，它提供的方法通常是在其子类的对象中被使用的，在此仅做简单介绍，OutputStream 的主要子类及其功能如表 12-2 所示。

表 12-2 OutputStream 的主要子类及其功能

子 类 名	功 能
ObjectOutputStream	该类是用于将原始数据类型以及整个对象写到一个流中
FileOutputStream	把一个文件作为字节输出流处理
PipedOutputStream	该类创建的对象称为一个输出管道。由下列子类相互配合实现两个线程之间的通信，它们的定义格式如下： PipedInputStream sIn=PipedInputStream(); PipedOutputStream sOut=PipedOutputStream(sIn);
FilterOutputStream	类用于建立一个输出过滤器，它将另一个输出流作为其类定义的一部分存储。FilterOutputStream 的标准子类是 BufferedOutputStream、DataOutStream、PrintStream，使用上与 FilterInputStream 中的几个子类类似。 BufferedOutputStream，功能是为输出流做缓冲，可使用 flush 方法。 DataOutputStream，它执行输入流中基本的 Java 数据类型的数据输出
ByteArrayOutputStream	该类是将数据写入流的内部字节数组缓冲区，执行时将一个输出流指向一个 Byte 数组，该类有两个构造函数： ByteArrayOutputStream()：该构造函数会在内部创建一个长度为 32 的字节数组； ByteArrayOutputStream(int n)：在对象内部创建一个长度为 n 的字节数组。 ByteArrayOutputStream 从 OutputStream 类继承下来，有 write、flush、close 等方法，同时尚有 toString()、toByteArray()、writeTo()、reset()、size()等方法

注：①toString()：将对象内部的字节数组转化成字符串；②toByteArray()：返回对象内部的字节数组；③writeTo(OutputStream)：将内部字节数组输出到指定的输出流；④reset()：将对象内部字节数组的长度设为 0，{count = 0}；⑤ size()：返回 Byte 数组长度。

【例 12-3】程序完成接收标准输入的数据，并以标准方式输出。

```
import java.io.*;
class ReadThread extends Thread implements Runnable{
    InputStream pi=null;OutputStream po=null;  String process=null;
ReadThread( String process, InputStream pi, OutputStream po){
    this.pi=pi; this.po=po; this.process=process; }
    public void run(){
        int ch; byte[] buffer=new byte[12]; int bytes_read;
    try { for(;;){                               //无限循环
        bytes_read = pi.read(buffer);           //从指定流读入数据
        if (bytes_read==-1) { return; }
        po.write(buffer, 0, bytes_read);        //向指定流写入数据
        Thread.yield();}  }
    catch (Exception e) { e.printStackTrace(); }
        finally{ }    }
}
public class MyPipe{                             //主类
```

```java
public static void main( String [] args){
    try { int ch;
        PipedInputStream writeIn=new PipedInputStream();
        PipedOutputStream readOut=new PipedOutputStream( writeIn );
        FileOutputStream writeOut=new FileOutputStream("out");
        ReadThread rt=new ReadThread("reader", System.in, readOut );
        ReadThread wt=new ReadThread("writer", writeIn, System.out );
        rt.start();  wt.start();}
    catch (Exception e){ e.printStackTrace(); } }
}
```

【程序解析】类 ReadThread 并未指定输入/输出流的具体类型，在 MyPipe 类中 new ReadThread("reader", System.in, readOut)语句使得从标准输入设备中接收数据，而从 readOut 输出，而 readOut 是 PipedOutputSteam，所以它可被另一线程接收；new ReadThread("writer", writeIn, System.out)，从 writeIn 接收数据，writeIn 是 readOut 是成对的双向管道，它接收从 readOut 发送过来的数据。再从标准设备中输出。

图 12-6   例 12-3 程序运行结果

程序运行结果如图 12-6 所示。

【例 12-4】以下例子是实现字节数组的读/写。

```java
import java.io.*;
public class ReadWriterByteArray{
    public static void main(String[] args) throws IOException{  //建立字节数组
        byte[] bArray1=new byte[] {'S','t','r','e','a','m'};
        byte[] bArray2=new byte[64];                      //创建字节数组输入流
        ByteArrayInputStream in=new ByteArrayInputStream(bArray1);
        System.out.println("the string in ByteArrayInputStream is:"); int c;
        while ((c=in.read())!=-1)                      //从数组输入流中读取数据
            System.out.print((char)c); System.out.println("");  //创建字节数组输出流
        ByteArrayOutputStream out=new ByteArrayOutputStream();
        out.write(bArray1);    bArray2=out.toByteArray();
        in.close(); out.close(); System.out.println("the string in bArraya[ ] is: ");
        for (int i=0; i<bArray2.length; i++){
        System.out.print((char)bArray2[i]); }
    }
}
```

程序运行结果如图 12-7 所示。

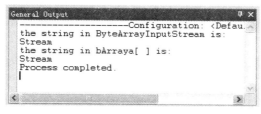

图 12-7   例 12-4 程序运行结果

12.2.3 Reader 类

Java 提供了对字符类型的数据流操作的 Reader 类和 Writer 类。这两个类是所有基于字符的流类的超类。与 InputStream 和 OutPutStream 类似，其也是 Object 的子类及抽象类，只提供了一系列用于字符流处理的接口，不能直接用来创建对象。它们的方法与类 InputStream 和 OutputStream 类似，只不过其中的参数换成字符或字符数组而已。

1. Reader 类的方法

Reader 类是处理所有字符流输入类的父类，Reader 类具有以下方法：

（1）read()方法：从输入流中读取字符流数据的方法。它有几种不同的方法形式：

- public int read() throws IOException：用于读取一个字符，返回值为读取的字符。
- public int read(char cbuf[ ]) throws IOException：用于读取一系列字符到数组 cbuf[]中，返回值为实际读取的字符的数量。
- public abstract int read(char cbuf[ ],int off,int len) throws IOException：用于读取 len 个字符，从数组 cbuf[ ]下标 off 处开始存放，返回值为读取的字符数量，该方法须由子类实现。

（2）定位指针方法。Reader 类中用来控制定位指针的有如下几个常用方法：

- public Synchronized void reset( ) throws IOException：指针移动到流中标记位置。
- public void mark(int readAheadLimit) throws IOException：给当前流作标记，最多支持 readAheadLimit 个字符的回溯。
- public Boolean markSupport( )：返回一个表示流是否支持标记和复位操作的布尔值。
- public long skip(long n) throws IOException：功能是跳过指定的字节数。

（3）close()方法，关闭流。格式为：public viod close( ) throws IOException，关闭输入源，进一步读取将会产生 IOException 异常。

2. Reader 子类的使用

以下仅扼要介绍 Reader 的几个子类的使用（有类似之处）：

（1）FileReader：创建一个可以读取文件内容的 Reader 类。常用的构造函数显示如下：

- FileReader(String filePath) throws FileNotFoundException。
- FileReader(File fileObj) throws FileNotFoundException。

每一个都能引发一个 FileNotFoundException 异常。这里，filePath 是一个文件的完整路径，fileObj 是描述该文件的 File 对象。FileReader 类没有自己的实例方法，它的实例方法都是从 InputStreamReader 继承而来的，读取方法格式如下：

- Public int read( ) throws IOException。
- public int read(char[ ] cbuf, int off, int len) throws IOException。

该组方法用于从文件中读取字符数据。其中，cbuf 是保存读取到的数据的字符数组，off 是输入流的字符偏移量，len 是将要读取的字符数。可以用 read( )一次一个字符地读取，也可以按字符数组的容量或指定的字符数成批地读取。可使用 close( )方法与 getEncoding（可获得文件流当前使用的编码机制，返回值是代表编码名称的字符串）。

（2）FilterReader：过滤字符输入流的超类，其子类为 PushbackReader。

（3）BufferedReader，可创建的对象称为指向 Reader 流缓冲输入流。

（4）CharArrayReader：把字符数组作为源输入流来实现。该类有两个构造函数，每一个都需要一个字符数组提供数据源：CharArrayReader(char array[ ])

```
CharArrayReader(char array[ ], int start, int numChars)
```

这里，array 是输入源。第二个构造函数从字符数组的子集创建了一个 Reader，该子集以 start 指定的索引开始，长度为 numChars。

【例 12-5】 从当前目录下源文件中逐行读取并把它输出到标准输入流。

```
import java.io.*;
class FileReaderDemo {
public static void main(String args[]) throws Exception{
    FileReader fr=new FileReader("FileReaderDemo.java");
    BufferedReader br=new BufferedReader(fr);   String s;
    while((s=br.readLine())!=null) { System.out.println(s); }
    fr.close(); }
    }
```

程序运行结果如图 12-8 所示。

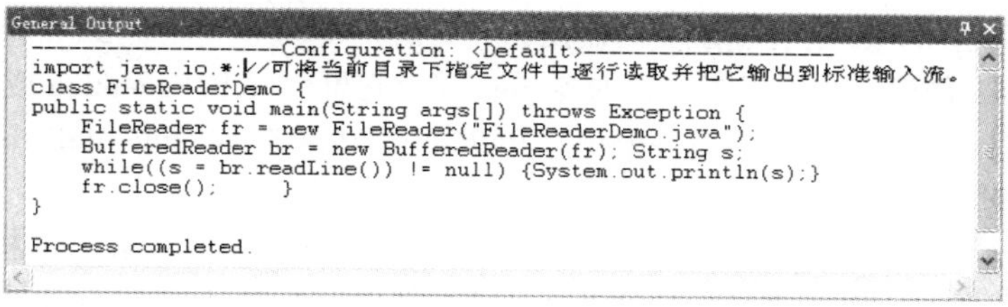

图 12-8 例 12-5 程序运行结果

【例 12-6】 本程序是演示一个编程语言解析器，用于比较 "＝＝" 操作符和用于赋值的 "＝" 操作符间的不同。

```
import java.io.*;                     //【例 12-6】PushbackReaderDemo.java
class PushbackReaderDemo{
public static void main(String args[]) throws IOException{
String s="if (a==4) a=0;\n";System.out.print(s);
char buf[]=new char[s.length()];     s.getChars(0, s.length(), buf, 0);
CharArrayReader in=new CharArrayReader(buf);
PushbackReader f=new PushbackReader(in); int c;
while ((c=f.read()) !=-1){
    switch(c){
        case '=':
        if ((c = f.read())== '=')    System.out.print(".eq.等于");
        else { System.out.print("<-赋予"); f.unread(c); }
            break; default: System.out.print((char) c); break; }
        }
    }
}
```

程序运行结果如图 12-9 所示。

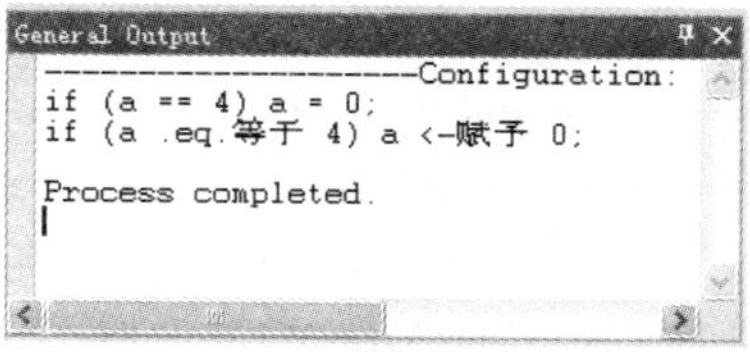

图 12-9 例 12-6 程序运行结果

12.2.4 Writer 类

1. Writer 类的方法

Writer 类是处理所有字符流输出类的父类。Writer 类的方法如下：

（1）write()方法：可向输出流写入字符。有如下几种形式：

- public void write(int c) throws IOException：将整型值 c 的低 16 位写入输出流。
- public void write(char cbuf[]) throws IOException：将字符数组 cbuf[]写入输出流。
- public abstract void write(char cbuf[],int off,int len) throws IOException：可将字符数组 cbuf[]

中的从索引为 off 的位置处开始的 len 个字符写入输出流。

- public void write(String str) throws IOException：可将字符串 str 中字符写入输出流。
- public void write(String str,int off,int len) throws IOException：可将字符串 str 中从索引 off 开始处的 len 个字符写入输出流。

（2）flush()方法：可刷新输出缓冲。格式为：abstract void flush( )；功能为定制输出状态以使每个缓冲器都被清除。也就是刷新输出缓冲。

（3）close 方法：关闭输出流。格式为：public abstract void close() throws IOException；关闭后的写操作会产生 IOException 异常。

2．Writer 子类的使用

以下将分别介绍 Writer 的各个子类的使用：

（1）FileWriter：创建一个可以写文件的 Writer 类。它可引发 IOException 或 SecurityException 异常。它最常用的构造函数为：FileWriter(String filePath)、FileWriter(String filePath, boolean append)、FileWriter(File fileObj)。

这里，filePath 是文件的完全路径，fileObj 是描述该文件的 File 对象。如果 append 为 true，输出是附加到文件尾的。若试图打开一个只读文件，将引发一个 IOException 异常。

FileWriter 类也无自己的实例方法，而是从 OutputStreamWriter 继承而来。格式如下：

- public void wirte(int c) throws IOException。
- public void wirte(char[] cbuf, int off, int len) throws IOException。
- public void wirte(String str, int off, int len) throws IOException。

关闭方法格式如下：public void close() throws IOException。

（2）PipedWriter：该类是传送的字符输出流。其构造方法如下：

- public PipedWriter(PipedReader snk) throws IOException：可创建传送 writer，使其连接到指定的传送 reader。写入此流的数据字符稍后将用作 snk 的输入。
- public PipedWriter()：可创建一个尚未连接到传送 reader 的传送 writer。必须在使用之前将其连接到传送 reader（既可由接收方连接，也可由发送方连接）。
- public void write(char[] cbuf, int off, int len) throws IOException：/将 len 字符从指定初始偏移量为 off 的字符数组写入到此传送输出流。如果某个线程正从连接的传送输入流读取数据字符，但该线程不再处于活动状态，则抛出 IOException。主要方法如下：
  - ➢ public void flush() throws IOException：刷新此输出流并强制写出所有缓冲的输出字符。这将通知所有 reader，告知它们管道中的字符处于等待中。
  - ➢ public void close() throws IOException：关闭此输出流并释放所有系统资源。

（3）FilterWriter：用于写入已过滤的字符流的抽象类。

（4）BufferedWriter：将文本写入字符输出流，可提供单字符、数组等的写入。

（5）CharArrayWriter：实现以数组作为目标的输出流。它有两个构造函数：CharArrayWriter( ) 与 CharA rrayWriter(int numChars)。前者创建了一个默认长度的缓冲器，后者缓冲器长度由 numChars 指定。缓冲器保存在 CharArrayWriter 的 buf 成员中。

（6）StringWriter：用来完成字符串缓冲区的字符串输出，使用方法与 FileWriter 等类。

（7）PrintWriter：PrintStream 的字符形态，提供格式化的输出方法 print( )和 println( )。

【例 12-7】本例创建了一个样本字符缓冲器，先生成一个 String，然后用 getChars( )方法提取字符数组。而后按需通过相关算法创建了 3 个文件。file1.txt 包含例子中的间隔字符；file2.txt 包含所有字符；file3.txt 只含最后的四分之一字符。

```
import java.io.*;
class FileWriterDemo {    // FileWriterDemo. java
public static void main(String args[]) throws Exception{
String source = "Now is the time for all good men\n"+ " to come to the country!\n"
    + " and pay their due taxes.";
char buffer[]=new char[source.length()];    source.getChars(0,
    source.length(), buffer, 0);
FileWriter f0=new FileWriter("file1.txt");
for (int i=0; i<buffer.length; i+= 2){
    f0.write(buffer[i]); }
    f0.close();FileWriter f1=new FileWriter("file2.txt");
    f1.write(buffer);f1.close();
    FileWriter f2=new FileWriter("file3.txt");
    f2.write(buffer,buffer.length-buffer.length/4,buffer.length/4);
    f2.close(); }
}
```

程序运行结果如图 12-10 所示。

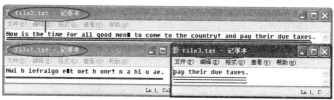

图 12-10 例 12-7 程序运行结果

12.3 标准输入/输出

标准输入/输出是指键盘输入和屏幕打印。屏幕输出方法就是 System.out.print()和 System. out.println()，两者的区别是后者多输出一个回车换行符"\n\r"。Java 的标准数据流是指在命令方式下进行数据的输入、输出的流。Java 标准输入/输出流包括 3 种：

（1）System.in：标准输入流。通常，此流对应于键盘输入或者由主机环境或用户指定的另一个输入源，属于 InputStream 类对象。

（2）System.out：标准输出流。通常，此流对应于显示器输出或者由主机环境或用户指定的另一个输出目标，属于 PrintStream 类对象。

（3）System.err：标准错误输出流。属于 PrintStream 类对象，用于系统错误信息的输出，此流对应于显示器输出或者由主机环境或用户指定的另一个输出目标。

系统输出时使用了 PrintStream 类的两个方法 print()和 println()。err 的作用是把标准 I/O 方法的错误显示在屏幕上，用法为：System.err.print();。

输入时要用到 InputStream 类的 read()方法，它从输入流中读取一个字节，返回类型为 int，例如：int c = System.in.read();。read 方法也有重载，如 int read(byte[])和 int read(byte[],int, int)。

12.3.1 标准输入

System.in 完成标准输入，其中读取数据的方法如下：

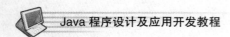

public int read() throws IOException; 或 public int read(byte[] b) throws IOException;
这两种方法可以读取单字节或字节数组数据。其中，read()将读取的字节以整数值返回；read(byte[] b)将读取的字符串保存在字节数组 b 中。

【例 12-8】本程序是 System.in.read()运用，主要实现从键盘输入信息并在屏幕显示。

```
import java.io.IOException;
public class InputDemoEx
  public static void main(String args[]){
    int b; StringBuffer outText = new StringBuffer();
    try { System.out.println("input a textline:");
        while (true) { b=System.in.read();
            if (b!='\r')   outText.append((char)b);
            else break; }
        System.out.println(outText);
    }catch (IOException e) { System.err.println(); } }
}
```

【程序解析】实例中使用 System.in.read()可完成键盘输入，而后屏幕显示，但要求加入 try...catch 异常处理，且该实例中已包含了标准输入/输出的使用。

程序运行结果如图 12-11 所示。

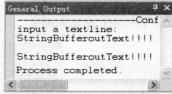

图 12-11　例 12-8 程序运行结果

12.3.2　标准输出

Java 使用 System.out 来完成标准输出，它属于 PrintStream 类，包括两个标准输出方法：public void print(long)和 public void println( )，分别连续或分行输出数据。其中，Print( )方法在输出数据串后不加回车符，即不换行，下次再调用该方法时，数据串将接着上次的数据串继续输出。println( )方法则按整行输出，输出完后加一个回车符自动换行。

【例 12-9】编程实现从键盘输入并显示相应字符。

```
import java.io.*;
public class InputOutput{
public static void main(String args[]) throws IOException{
    System.out.println("Input Messages: ");byte buffer[] = new byte[512];
    //输入缓冲区
    int count=System.in.read(buffer);                //读取标准输入流
    System.out.println("Output ASCII Messages:"); //输出提示信息
    for (int i=0;i<count;i++){                       //输出 buffer 元素值
    System.out.print(" "+buffer[i]); }
    System.out.println();
    for (int i=0;i< count; i ++){                    //按字符方式输出 buffer
        System.out.print((char) buffer[i]);}
    count=count-1;
    System.out.println("    字符个数(count)为: "+ count); }//buffer 实际长度
}   //程序中，main()方法采用 throws 子句抛出 IOException 异常交由系统处理
```

程序运行结果如图 12-12 所示。

图 12-12　例 12-9 程序运行结果

12.3.3　标准错误信息

有时，人们还关注程序中 System.err 标准错误信息的输出，与 System.out 相同，采用 PrintStream 类的对象实现标准输出，有兴趣的读者可参阅相关书籍，在此就不再介绍。

本 章 小 结

本章主要讲述了 Java 语言中的输入/输出处理。I/O 是计算机的最基本操作，许多程序需要读写数据，每种计算机语言必须有 I/O 方法。Java 提供了丰富的 I/O 流操作类，流通过 Java 输入/输出系统与物理设备相连。尽管与之相连的实际的物理设备各不相同，但所有的流都以同样的方式运转。

Java 数据流包括多种类型的数据操作，从不同的角度可以分为多种不同的数据流类型。例如，按操作对象的数据特征可以将输入/输出流分别细分为字节流、字符流等基本类型，字节流以字节为单位操作数据。按照数据在流中的"流向"又可以将流分为输入流、输出流两大类，输入流完成从外围设备获取数据，输出流则从计算机向外围设备输出数据。通过打开一个到数据流（文件、内存或网络端口上的数据）的输入流，程序可以从数据源上读取数据。通过打开一个到目标的输出流，程序可以向外部目标写数据。此外，为了方便输入/输出操作，Java 语言还根据不同的应用提供了文件流、缓冲流、管道流、打印流等更有针对性的流操作。

思考与练习

一、选择题

1. 流一般分为_____和 OutputStream 两类。

    A. InputStream   B. DataInputStream   C. DataStream   D. inputstream

2. _____类则允许对文件内容同时完成读和写操作。

    A. SequenceInputStream   B. BufferedWriter

    C. InputStream   D. RandomAccessFile

3. OutputStream 类的主要方法不包括_____。

    A. write()   B. close()   C. flush()   D. delete()

4. Reader 类是处理所有字符流输入类的父类，该类的主要方法不包括_____。

    A. reset()   B. Input()   C. mark()   D. read()

二、是非题

1. 流是面向对象程序语言中数据输入/输出的处理技术。 ( )
2. Java 中标准输入方法就是 System.out.print()。 ( )
3. BufferedInputStream 可提供内部缓冲操作，使实际数据可按块读取。 ( )
4. InputStream 类是以字节为单位的输出流。 ( )
5. 语句 public void write(char cb[]) throws IOException 可将字符数组 cb[]写入输出流。
 ( )

三、思考与实验

1. 何谓流？简述流的一般分类。
2. 为何要引入 Reader/Writer 继承体系？它是否会取代 InputStream/OutputStream 体系？
3. Java 的 java.io 包中提供哪 4 个超类用于输入/输出处理？
4. 试述 FilterInputStream 派生类及其功能。
5. 试编写一个 Java 下 I/O 程序，用于读取其自身源代码，并显示输出。
6. 扼要叙述 Writer 类下主要子类的使用要点。

第 13 章
Java 数据库连接

【本章提要】当今世界，数据库已成为程序开发与信息资源的基石，而 Java 在实际应用中和数据库有着密切的联系，在 Java 程序中可以对各种各样的数据库进行操作。Java 通过 JDBC（Java DataBase Connectivity）与数据库连接。本章主要讲述 SQL 和 JDBC 的基本概念、数据库应用程序设计方法、建立应用程序和数据库的连接、操作数据库，以及处理操作结果。

13.1　数据库概要

随着信息技术的迅猛发展，信息资源与数据管理已成为信息社会发展的基础，也是实施有效信息处理的数据库管理的重要基础与构成要素。数据库管理系统（DataBase Management System，DBMS）是管理数据库的软件工具，是帮助用户创建、维护和使用数据库的软件系统。Java 程序中对数据库进行访问及其数据的处理是 Java 程序设计的重要环节。

13.1.1　数据库纵览

目前，存在着各种各样的数据库系统以满足不同的需求，就模式而言有：网状型数据库、层次型数据库、关系型数据库。在各种数据库中，关系型数据库以及关系型数据库管理系统（RDBMS）以其高度的灵活性成为发展最成功的数据库类型。这里主要关注 RDBMS。

比较典型的关系型数据库管理系统有 Oracle、IBM DB2、Microsoft SQL Server、Access 等，同时还存在为数众多的免费数据库，如 MySQL 等。本章将使用 Microsoft SQL Server 数据库来讲解 Java 访问数据库的应用过程。

关系数据库中每个数据库表都由许多数据行组成，称之为记录（Record），如图 13-1 所示。每条记录都由一些长度固定的字段（Column）组成，这些字段有不同的类型（Type），如字符串、整数、小数、日期等。数据库访问主要包括查询与修改两大类，而后者又可分为表数据的添加、更新与删除操作，即分为两类 4 种形式：查询、添加、更新与删除。

学号	姓名	性别	出生日期	班级编号	学分	区域	校名
040212	刘华德	男	1978-08-08	04021110	388	西南	上海师范大学
040210	许　慧	女	1979-11-23	04021101	251	西南	上海工程技术大学
040201	黄向东	男	1979-11-30	04021100	268	西南	上海应用技术学院
030211	叶　信	女	1979-07-16	04021122	223	西北	复旦大学
040219	王海霞	女	1978-06-12	04021115	540	西南	华东师范大学
040218	林　颐	男	1979-05-23	04021123	266	东北	同济大学
031101	陈顺发	男	1978-06-25	04021125	355	东北	华东理工大学
031102	黎和生	男	1979-02-18	04021000	240	西南	上海理工大学
031103	周玉琴	女	1979-05-09	04021138	280	东北	上海财经大学
040212	刘华德	男	2002-08-08	04021110	388	华东	上海师范大学

图 13-1　关系型数据库表中记录

Java 访问数据库涉及标准的结构化查询语言（SQL）。SQL 是数据库操作的标准，所有关系数据库系统都支持并且继承了 SQL。

13.1.2　SQL 简介

1．SQL 与类型

SQL（Structure Query Language）是一个通用的功能极强的关系数据库语言，用于查询（Query）、操纵（Manupulation）、定义（Definition）和控制（Control）关系型数据库中的数据。它受到关系型数据库管理系统集成商的广泛支持，是目前使用最广泛的一种关系型数据库查询语言。美国国家标准化组织（ANSI）已经公布了一系列的 SQL 标准，其中比较著名的有 SQL 92 和 SQL 99（也称为 SQL-2 和 SQL-3）标准。

　　SQL 提供自含式和嵌入式两种使用方式，前者是指独立地用于联机交互的使用方式，后者可谓是把 SQL 语句作为宿主语言嵌入到高级语言的使用方式。在 Java 中使用 SQL，就是 SQL 的嵌入式使用方式。

　　2．SQL 的组成

　　SQL 作为关系数据库语言主要包括：数据定义语言（Data Definition Language，DDL）、数据操纵语言（Data Manipulation Language，DML）、数据控制语言（Data Control Language，DCL）与其他语言要素（Additional Language Elements）四部分。人们可在 Java 中嵌入 SQL 语句完成在数据库中查询、添加、更新与删除表数据。主要的语句如表 13-1 所示。

表 13-1　主要的 SQL 语句

语　句	功　能	语　句	功　能
1．数据定义			
CREATE TABLE	创建一个数据库表	CREATE SCHEMA	向数据库添加一个新模式
ALTER TABLE	修改数据库表结构	CREATE VIEW	创建一个视图
DROP VIEW	从数据库中删除视图	CREATE INDEX	为数据表创建一个索引
DROP INDEX	从数据库中删除索引	DROP DOMAIN	从数据库中删除一个域
DROP PROCEDURE	从数据库中删除存储过程	CREATE TRIGGER	创建一个触发器
DROP TRIGGER	从数据库中删除触发器	DROP TABLE	从数据库中删除表
CREATE PROCEDURE	创建一个存储过程	DROP SCHEMA	从数据库中删除一个模式
CREATE DOMAIN	创建一个数据值域	ALTER DOMAIN	改变域定义
2．数据操作			
SELECT	从数据表中检索数据行和列	INSERT	向数据表添加新数据行
DELETE	从数据库表中删除数据行	UPDATE	更新数据库表中的数据
3．数据控制			
GRANT	授予用户访问权限	DENY	拒绝用户访问
REVOKE	解除用户访问权限		
4．事务控制			
COMMIT	结束当前事务	ROLLBACK	中止当前事务
SET TRANSACTION	定义当前事务数据访问特征		
5.程序化 SQL			
DECLARE	为查询设定游标	EXPLAN	为查询描述数据访问计划
OPEN	检索查询结果打开一个游标	FETCH	检索一行查询结果
CLOSE	关闭游标	PREPARE	为动态执行准备 SQL 语句
EXECUTE	动态地执行 SQL 语句	DESCRIBE	描述准备好的查询

　　3．SQL 的简单使用

　　SQL 语句的简单使用主要涉及定义数据库与表、数据表管理与数据查询。

（1）定义数据库与表包括创建数据库与表。语句格式为：

- **CREATE　DATABASE** 数据库名：用于创建一个新的数据库。例如，创建一个名为 Javadb 的数据库：**CREATE　DATABASE　Javadb;** 数据库名为 Javadb。
- **CREATE　TABLE** 表名(列名　数据类型　[列级完整性约束条件],…) ；创用于创建一个新的数据表。例如，在 Javadb 数据库中创建一个存储水手信息的 sails 表，表中的字段包括 sid，sname，rating，age。SQL 定义语句如下：

```
CREATE TABLE sails {sid int not null primary key, sname char(10), rating int,
    age decimal(5,1)
```

（2）数据表管理包括表数据的插入、更新与删除等。语句格式为：

```
INSERT INTO 表名称(<字段名 1>…<字段名 n>)  Values(<字段值 1>…<字段值 n>);
```

用于向表中添加插入数据。例如，在表 sailors 中添加一条记录，其中 sid 为 22，sname 为 Dustin，rating 为 7，age 为 45，sex 为 male。 语句为：

```
INSERT INTO sailors(sid,sname,rating,age,sex)  Values("22","Dustin",45,"male");
UPDATE 表名 SET <字段名 1>=字段值 1, …<字段名 n>=字段值 n  WHERE 条件;
```

用于更新表中满足条件记录的某些字段值的更新与修改。例如，要把表 sailors 中 sname 值为 Dustin 的记录的 rating 字段的值修改为"8"、sex 字段的值修改为 female，则可以使用下列语句：

```
UPDATE sailors SET rating=8, sex="female" WHERE sname="Dustin";
DELETE FROM  <表名>  WHERE 条件语句;
```

用于删除表中满足条件的记录。例如，要删除表 sailors 中 sid 字段值为 29 的记录，可以使用下列命令：

```
DELETE FROM sailors WHERE sid=29;
```

（3）数据查询。数据查询是数据库操作的核心功能。SQL 提供了 SELECT 语句进行数据库的查询，该语句具有灵活的使用方式和丰富的功能。SELECT 语句最基本的功能是选出指定表中符合条件的记录。简单命令格式为：

```
SELECT  [〈字段名表〉] FROM 〈表名〉 WHERE 〈条件〉;
```

其中，条件表示所选择记录的条件，字段名表给出要显示的字段列。若未给出字段名表，则表示要显示所有字段。例如，要选择出表 sailors 中 sex 字段值为 male 的所有记录，并显示出这些记录的 sname 字段值和 age 字段值，可以使用下列命令：

```
SELECT sname, age  FROM sailors  WHERE sex="male";
```

其余删除数据库、删除数据表、修改表结构等均可见表 13-1 中语句或参考其他书籍。

13.1.3　ODBC 接口机制

ODBC（Open DataBase Connectivity，开放数据库互连）是微软倡导的、当前被业界广泛接受的、用于数据库访问的应用程序编程接口（API）。ODBC 本身也提供了对 SQL 的支持，用户可以直接将 SQL 语句传送给 ODBC。开放数据库互连定义了访问数据库 API 的一个规范，这些 API 独立于不同厂商的 DBMS，也独立于具体的编程语言。ODBC 规范后来被 X/OPEN 和 ISO/IEC 采纳，作为 SQL 标准的一部分。

ODBC 驱动程序的使用把应用程序从具体的数据库调用中隔离开，驱动程序管理器针对特定数据库的各个驱动程序进行集中管理，并向应用程序提供统一的标准接口，这就为 ODBC 的开放性奠定了基础，为 Java 访问数据库做出了铺垫。

13.1.4　建立 ODBC 数据源

使用 ODBC 管理器添加 SQL Server 数据源的具体过程如下：

（1）选择"开始"→"设置"→"控制面板"→"数据源 ODBC"命令，打开 ODBC 数据源管理器，在 ODBC 数据源管理器中单击"系统 DSN"选项卡，然后单击"添加"按钮，弹出如图 13-2 所示的"创建新数据源"对话框。然后选择驱动程序 SQL Native Client，单击"完成"按钮，并输入数据源的名称 YUDB 与说明等，如图 13-3 所示。

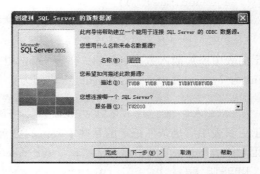

图 13-2　创建新数据源　　　　　　图 13-3　创建到 SQL Server 的新数据源 YUDB

（2）设置或更改默认 SQL 数据库，如图 13-4 所示。然后，测试与 SQL Server 数据源的连接状态等（见图 13-5），最后单击"确定"按钮，完成建立 ODBC 数据源。

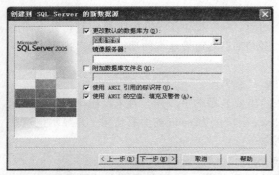

图 13-4　选择数据库-信息管理　　　　图 13-5　测试与 SQL Server 数据源的连接状态

13.2　JDBC 基础

13.2.1　JDBC 简介

JDBC（Java DataBase Connectivity）是 Java 与数据库的接口规范，它提供了统一的接口，让程序员通过接口与数据库打交道，不必为每一种数据库编写不同的代码。JDBC 将数据库访问封装在类和接口中，程序设计人员可方便地对表数据库进行查询、添加、更新与删除操作。JDBC 具有良好的对硬件平台、操作系统软件等的异构性支持。而 JDBC 驱动程序管理器是内置的，无须安装、配置，且 ODBC（数据源）驱动程序在微软公司的视窗操作系统下的管理工具中通常均有提供，无烦琐之感，只要在客户机上做相应的设置操作，然后编写 Java 访问数据库的相关代码即可。

13.2.2　JDBC 驱动类型

　　JDBC 可实现应用程序和数据库的通信连接，要实现与数据源连接，就需要所连数据源的驱动程序。Java 应用程序开发者往往要涉及或访问多种关系数据库管理系统下的数据源，JDBC 驱动程序则是 Java 程序与数据源间的纽带与接口规范，可实现 Java 对数据库的访问。通常，JDBC 驱动程序有 4 种类型，其层次架构如图 13-6 所示。

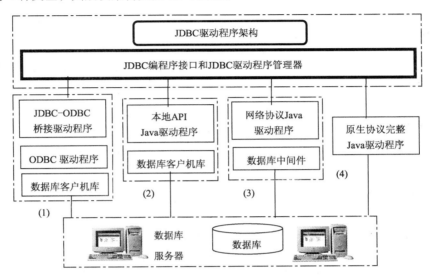

图 13-6　四类 JDBC 驱动程序架构示意图

　　1. JDBC-ODBC 桥接驱动程序

　　JDBC – ODBC 桥驱动程序把 JDBC 转换成 ODBC 驱动器，靠 ODBC 驱动器和数据库通信。该类型适用面广，但 ODBC 也必须加载到目标机上，效率一般。

　　2. 本地 API Java 驱动程序（Java to Native API）

　　该形式是使用关系数据库固有产品的驱动程序，其主要功能是将 JDBC 调用转换为某种固有产品（如 SQL 、Oracle，Sybase 等）的客户机 API 调用。该方式使用不多。

　　3. 网络协议 Java 驱动程序（Net Protocol API）

　　这种驱动程序是面向数据库中间件的纯 Java 驱动程序，中间件把应用程序 JDBC 调用映射到相应的数据库驱动程序上。这种类型的驱动程序最灵活，因为在这种类型下，中间件可以和许多不同的数据库驱动程序建立连接，因此可以和许多不同的数据库建立连接。

　　4. 原生协议完整 Java 驱动程序

　　这种 JDBC 驱动程序是直接面向数据库的纯 Java 驱动程序，通过实现一定的数据库协议直接和数据库建立连接。这种驱动程序的效率最高，其缺点是当目标数据库类型更换时，必须更换相应的驱动程序。

　　总之，前两种是在无纯 Java 代码驱动程序时所为，后两种具有较好的优势。首尾两种桥接是目前应用的主流类型，前者便捷易用，后者不根据主机系统变化而改变设置，是发展趋势。鉴于广大读者可能不具备相关驱动程序，本章主体将基于类型一进行介绍。

13.3 基于 JDBC 访问数据库过程

JDBC 是一种可用于执行 SQL 语句的 Java API（Application Programming Interface 应用程序设计接口），它由一些用 Java 语言编写的类和界面组成。JDBC 给数据库应用开发人员、数据库前台工具开发人员提供了一种标准的应用程序设计接口，使开发人员可以用语言编写完整的数据库应用程序，付诸应用。

13.3.1 JDBC 数据库访问的主要方法

通过使用 JDBC，开发人员几乎可以很方便地将 Java 与 SQL 语句传送给任何一种数据库。用 JDBC 写的程序能够顺畅地将 SQL 语句传送给相应的数据库管理系统（DBMS）。Java 程序主要提供三项主要功能：

（1）与数据库建立连接。通过 DriverManager 类建立起与数据源的连接，这个连接将作为一个数据操作的起点，同时也是连接会话事务操作的基础。

（2）向数据库发送 SQL 命令。通过 Statement 或者 PreparedStatement 类向数据源发送 SQL 命令。在发送了 SQL 命令后，调用类中相应的 Execute 方法来执行 SQL 命令。

（3）处理数据库返回的结果。数据库处理了提交的 SQL 命令后，将返回处理结果，进而对结果集实施数据处理；对于数据查询等可利用循环等语句返回 ResultSet 结果集获得所需要的查询结果。

在 JDBC 访问数据库过程中，常用的接口方法及类如表 13-2 所示。

表 13-2　JDBC API 的主要接口

接　　口	功　能　说　明
Java.sql.DriverManager	处理驱动程序加载并建立数据库连接，为 getConnection()指定相应驱动程序
Java.sql. Connection	负责处理对特定数据库的连接并封装了对数据库连接的操作访问
Java.sql. Statement	指定连接中处理的 SQL 语句，通过返回 ResultSet 对象来实现对数据库的查询
Java.sql. ResultSet	处理数据库操作结果集，对应于数据结果集封装了相关的判定和操作访问
PreparedStatement	添加处理 IN 参数方法，用于发送带有一个或多个输入参数(IN 参数)的 SQL 语句
Timestamp	对应于时间中的"日期时间"类型，该类是 java.util.Date 类的扩展

13.3.2 JDBC 数据库编程过程

在 Java 程序中利用 JDBC 访问数据库的主要步骤如下：

1. 加载数据库

加载数据库连接驱动程序，首先，引用包含有操作数据库的各个类与接口的包：import java.sql.*;。其次，加载连接数据库的驱动程序：Class.forName("JDBC 驱动程序");。

注：JDBC 驱动程序不同，DBMS 的程序不一样，参考如下：

SQL Server 为 com.microsoft.jdbc.sqlserver.SQLServerDriver;

Access 为 sun.jdbc.odbc.JdbcOdbcDriver;　MySQL 为 org.gjt.mm.mysql.Driver;

Oracle 为 oracle.jdbc.driver.OracleDriver;　DB2 为 com.ibm.db2.jdbc.app.DB2Driver

Sybase 为 com.sybase.jdbc.SybDriver;

例如：

```
Class.forName("sun.jdbc.odbc.JdbcOdbcDriver"); // Access JDBC-ODBC 桥接
```

2. 连接数据库

加载数据库连接驱动程序后，即可连接数据库，其语句格式如下：

Connection 连接变量=DriverManager.getConnection(数据库 url,"用户账号","密码");

若数据库连接成功，返回一个 Connection 对象，而后即可使用。例如：

```
String url="jdbc:odbc:DatabaseDSN";
Connection con=DriverManager.getConnection(url, "yu","660628");
```

或一句完成：

```
Connection con=DriverManager.getConnection(jdbc:odbc:Mytest,"yu","660628");
```

3. 表数据处理

可通过执行 SQL 语句完成数据库查询、更改与插入数据记录，其间要创建 Statement 对象并执行 SQL 语句以返回一个 ResultSet 对象。其语句格式如下：

```
Statement SQL 变量=连接变量=.createStatement();
```

例如：

```
Statement stmt=con.createStatement();
ResultSet rs=stmt.executeQuery("select*from DBTableName");
```

建立了 SQL 语句变量，便可以执行 SQL 语句，若要执行查询数据的 SELECT 语句，结果可以放在 ResultSet 对象中。可以通过 executeQuery()来实现，要执行插入记录或更改、删除记录的 SELECT 语句，可以通过 executeUpdate()来实现。 ResultSet 类中有一个 next()，用于在数据表中将记录指针下移一条记录。执行完 executeUpdate()后记录指针位于首记录之前。通过 getXXX()方法（ 如 getString()、getObject()、getInt()、getFloat() ）可以获取当前记录的各个列值。例如：获得当前记录集中的某记录的各个字段的值。

```
String name=rs.getString("Name");
int age=rs.getInt("age");float wage=rs.getFloat("wage");
```

4. 关闭连接

关闭查询语句及与数据库的连接(注意关闭的顺序先 rs 对象，再 stmt，最后为 con)，用 close()。语句格式：

```
连接变量.close();
```

例如：rs.close();　stmt.close();　con.close();

在实际应用中有可能出现这样或那样的异常情况。如果仅仅简单地关闭数据库，就有可能造成关闭失败。为了规避之，通常在异常处理 try...catch...finally 语句中的 finally 块关闭数据库连接，以确保数据库连接一定会被关闭。

13.4　JDBC 数据访问应用实例

本节将介绍使用 JDBC 技术完成表的查询、添加、修改、删除等操作，此处假设已完成 SQL Server 2005 数据库的 ODBC 设置，ODBC 数据源名称为 YUDB。

13.4.1　查询数据

查询数据同样可以通过 Statement 或者 PreparedStatement 的方式来进行，它们都返回 ResultSet 对象来对结果集进行包装。

【例 13-1】试完成 Java 下查询 SQL Server 数据集，程序通过 ResultSet 对象的 executeQuery() 方法执行 SQL 命令等。

```
import java.sql.*;
class QueryDBSQL{
public static void main (String agrs[ ]){
System.out.println("正在加载驱动程序和连接数据库......!");
try {  //如下 3 种方式在 JDBC-ODBC 桥接驱动程序下均可访问 SQL 2005!
    //Class.forName("sun.jdbc.odbc.JdbcOdbcDriver");  //Access
    //Class.forName("com.microsoft.sqlserver.jdbc.SQLServerDriver");//SQL 2000
    Class.forName("com.microsoft.jdbc.sqlserver.SQLServerDriver"); //SQL 2005
}
catch (ClassNotFoundException ce){System.out.println ("SQLException1:"+ce.
getMessage());}
 try { Connection con=DriverManager.getConnection("jdbc:odbc:YUDB");
    System.out.println("成功加载驱动程序和连接数据库!!");
    Statement stmt=con.createStatement();
    ResultSet rs=stmt.executeQuery ("select * from 学生");
    while(rs.next())    {
    System.out.println("学号"+rs.getString ("学号") +"\t"+"姓名"+rs.getString
    ("姓名")+"\t"+"性别"+rs.getString ("性别") +"\t"+"学分"+rs.getFloat("学分"));}
    rs.close( );stmt.close( );}
catch (SQLException e){System.out.println ("SQLException2:"+e.getMessage());}
    System.out.println("Java 应用程序访问查询 SQL SERVER 200X 数据库结束!!!");
}        }
```

【程序解析】本例实现了"数据查询"功能。其中，首先需建立了 ODBC 数据源 YUDB，并利用 JDBC-ODBC 桥驱动程序，访问 SQL Server 2005 访问 YUDB 连接中的学生表，显示表中所有学生的学号、姓名、性别、学分，通过循环输出查询信息，

程序运行结果如图 13-7 所示

图 13-7　例 13-1 程序运行结果

13.4.2　添加数据

获得连接后就可以开始操作数据库。首先需要定义进行操作的 SQL 命令的字符串，然后通过调用的方法获得的数据库连接对象 conn 来获得 Statement 对象，最后调用 executeUpdate 方法来执行 SQL 命令。

【例 13-2】在 SQL Server 下完成 Java 编程插入两条记录到信息管理库的学生表中。

```
import java.sql.*;
class InsertDBSQL {
public static void main (String agrs[ ]) {
System.out.println("正在加载驱动程序和连接数据库......!");
try {   //如下 3 种方式在 JDBC-ODBC 桥接驱动程序下均可访问 SQL 2005!
    //Class.forName("sun.jdbc.odbc.JdbcOdbcDriver");    //Access
    //Class.forName("com.microsoft.sqlserver.jdbc.SQLServerDriver");//SQL 2000
    Class.forName("com.microsoft.jdbc.sqlserver.SQLServerDriver");  //SQL 2005
    }
catch (ClassNotFoundException ce){
       System.out.println("SQLException1:"+ce.getMessage());}
try { Connection con=DriverManager.getConnection("jdbc:odbc:YUDB");
    System.out.println("成功加载驱动程序和连接数据库!!");
    Statement stmt=con.createStatement();
    String sqlstr="insert into 学生 bf  values('080901','张小文','男',380)";
    stmt.executeUpdate (sqlstr);
    stmt.executeUpdate ("insert into 学生 bf values ('090328','翟雅琴','女',346)");
    ResultSet rs =stmt.executeQuery ("select * from 学生 bf");
       while (rs.next()){
    System.out.println("学号"+rs.getString ("学号") +"\t"+"姓名"+rs.getString ("姓名")
    +"\t"+"性别"+rs.getString("性别") +"\t"+"学分"+rs.getFloat("学分"));}
    stmt.close();     con.close(); }
catch (SQLException e){System.out.println("SQLException2:"+e.getMessage());}
System.out.println("Java 应用程序访问 SQL SERVER 2005 数据库插入表数据结束!!!"); }
    }
```

【程序解析】本例实现了"添加新记录"的功能。假定对 SQL Server 2005 下数据库信息管理数据库已经建立了数据源 YUDB，YUDB 中有一个学生表。该实例利用 JDBC-ODBC 桥驱动程序，访问 SQL Server 下信息管理数据库，在表中插入两条记录。

程序运行结果如图 13-8 所示。

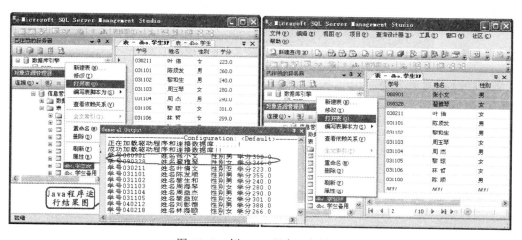

图 13-8　例 13-2 程序运行结果

13.4.3　修改数据

【例 13-3】Java 编程，试使用 JDBC-ODBC 桥接方式更新修改 SQL Server 2005 下信息管理数据库中学生与课程表中记录。

```
import java.sql.*;
class UpdateDBSQL2005{
public static void main (String agrs[ ]){
    System.out.println("正在加载驱动程序和连接数据库......!");
try {Class.forName ("sun.jdbc.odbc.JdbcOdbcDriver"); }
catch (ClassNotFoundException ce){
    System.out.println("SQLException:"+ce.getMessage());    }
try { Connection con=DriverManager.getConnection ("jdbc:odbc:YUDB", "pan", "1218");
    System.out.println("成功加载驱动程序和连接数据库!!");
    Statement stmt=con.createStatement();
    String sql="update 学生 set 学号='090329'"+"where  姓名='陈娅丽'";
    stmt.executeUpdate(sql);sql="update 课程 set 课程号='090329'"+"where 课程
        名='管理学'";
    stmt.executeUpdate(sql);   stmt.close();     con.close();     }
    catch (SQLException e){ System.out.println ("SQLException:"+e.getMessage());}
    System.out.println("Java 应用程序访问 SQL SERVER 200X 数据库更新表数据结束!!!");
    }   }
```

【程序解析】 该实例利用 JDBC-ODBC 桥驱动程序访问连接 SQL Server 2005 数据库 ODBC 系统的 DSN：YUDB，按条件修改了学生和课程表的数据信息。其中：

    sql="update 学生 set 学号='090329'"+"where 姓名='陈娅丽'";

    与 sql="update 课程 set 课程号='090329'"+"where 课程名='管理学'";

分别为两表中两条记录修改的 SQL 语句放入变量中。pan 为用户名，1218 为密码，修改记录使用语句：stmt.executeUpdate (sql)。

程序运行结果如图 13-9 所示。

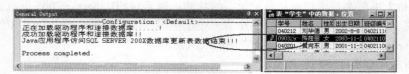

图 13-9　例 13-3 程序运行结果

13.4.4　删除数据

【例 13-4】 试使用 JDBC-ODBC 桥接方式编写删除 SQL Server 2005 下信息管理数据库中学生 bf 中学号为'090329'的记录。

```
import java.sql.*;
public class DeleteDBSQL {
public static void main(String args[]){
    System.out.println("正在加载驱动程序和连接数据库......!");
try {Class.forName ("sun.jdbc.odbc.JdbcOdbcDriver"); }
catch (ClassNotFoundException ce){System.out.println("SQLException:"+ce.get
    Message());}
try { Connection con=DriverManager.getConnection ("jdbc:odbc:YUDB", "", "");
    System.out.println("成功加载驱动程序和连接数据库!!");
    Statement stmt =con.createStatement();
    String sql="delete from 学生 where 学号='090329'";
    stmt.executeUpdate (sql);
    stmt.close( );    con.close( );     }
catch (SQLException e) { System.out.println ("SQLException:"+e.getMessage());}
System.out.println("Java 应用程序访问 SQL SERVER 2005 数据库删除数据记录结束!!!");
    }   }
```

【程序解析】该实例利用 JDBC-ODBC 桥驱动程序访问连接 SQL Server 2005 数据库 ODBC 系统的 DSN：YUDB，按条件删除了学生 bf 的数据信息。其中， sql="delete from 学生 bf where 学号='090329'"；为把带条件删除记录的 SQL 语句放入变量中，删除记录执行语句为：stmt.executeUpdate (sql) 。

程序运行结果如图 13-10 所示。

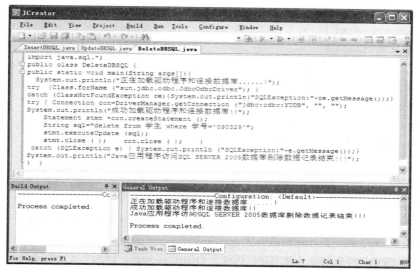

图 13-10 例 13-4 程序运行结果

本 章 小 结

ODBC 总体结构包括应用程序、驱动程序管理器、驱动程序与数据源 4 个组件。JDBC 可实现应用程序和数据库的通信连接。JDBC 驱动程序包括 JDBC-ODBC 桥接驱动程序、本地 API Java 驱动程序、网络协议 Java 驱动程序、原生协议完整 Java 驱动程序 4 种类型。

在 Java 程序中利用 JDBC 访问数据库的主要步骤涵盖：加载数据库、连接数据库、数据库查询与关闭连接。首先，本章简单地介绍了数据库，其中包括基本概念和数据库操作。其次，主要介绍 JDBC，其中包括 JDBC 的基本概念、JDBC 连接数据库的方法和如何操作数据库。最后，通过具体实例详细讲解了通过 JDBC 对数据库操作的整个过程。

思 考 与 练 习

一、选择题

1. SQL 主要由数据定义语言、_____、数据控制语言、其他语言要素组成。

   A. 数据操纵语言   B. 数据筛选语言   C. 数据枚举语言   D. 数据投影语言

2. JDBC 支持两种不同的驱动类型，不正确的为_____。

   A. 4 层   B. 3 层   C. 2 层   D. 5 层

3. 下列不是 JDBC API 的类及接口的是_____。

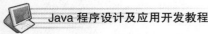

A. DriverStatement 类   B. Connection 接口

C. PreparedStatement 接口   D. SQL 接口

4. 下列不属于 JDBC 编程必须的基本步骤的是_____。

  A. 加载驱动程序   B. 处理结果   C. 建立数据库连接   D. 执行 SQL 语句

5. 数据增加、更新、删除、查询等操作使用的方法是_____。

  A. operateSQL( )   B. executeQuery( )

  C. executeUpdate( )   D. execute( )

6. 查询结果集的接口是_____。

  A. Set   B. List   C. Collection   D. ResultSet

7. 关于数据库操作，正确的说法是_____。

  A. executeUpdate()方法可执行 SQL 查询语句

  B. executeQuery()方法可执行所有 SQL 语句

  C. execute()方法可执行 SQL 增加语句

  D. executeQuery()方法返回操作的记录数

二、是非题

1. JDBC 驱动程序有 3 种类型。   (   )

2. SQL 包括：数据定义语言、数据操纵语言、数据控制语言与其他语言要素。   (   )

3. 关闭查询语句及与数据库的连接用 closing()。   (   )

4. JDBC - ODBC 桥驱动程序把 JDBC 转换成 ODBC 驱动器，据此完成数据库通信。 (   )

5. ODBC 含义即开放数据库互连。   (   )

三、思考与实验

1. 简述典型关系型数据库管理系统（DBMS）的类型。

2. 解释下列名词：数据库、关系型数据库、记录、SQL、JDBC。

3. 简述 SQL 的组成。

4. 简述建立 ODBC 数据源的具体过程。

5. 简述 JDBC 驱动程序的类型。

6. 简述使用 JDBC 完成数据库操作的基本步骤。

7. 编写程序，完成向 Student 表中输入四条记录。（学号，姓名，学分）

8. 编写程序，可根据用户的要求查询表中的记录信息。

9. 在 SQL Server 下 DBjava 数据库中，建立表 xs，字段为学号（sno）与成绩（score）。对学生表 xs 的学号为"2015011508"和 "2015020201"学生的成绩进行修改，并将修改后的结果在屏幕输出，请完成 JDBC 程序编写。 用户名 "sa"，密码 "ssaa"。

10. 设学生数据库包含：学生表，即学生（学号，姓名，性别，出生日期，班级编号，学分，区域，校名）。编程完成检索出校名为 "交通大学" 学生的学号、姓名、校名、学分。

第 **14** 章
Java 网络编程基础

【本章提要】Java 的平台无关性使其在网络上的开发获得了空前的成功，也唤起了人们对 Java 网络编程的关注。本章将主要讲述网络编程基础、URL 构成、URL 类、URLConnection 类，同时介绍了 InetAdress 类、Socket 通信步骤、ServerSocket 类与 Socket 类的运用。

14.1　网络编程基础

Java 作为一种与平台无关性的语言，自问世起就与 Internet 有着极其密切的关系与不解之缘。Java 在网络应用上的便捷性是 Java 语言获得成功的关键之一。因为 Java 编写的程序可直接运行在多种不同平台的网络上，使用 Java 只需编写简单的语句代码就能实现强大的网络功能。Java 不仅适应多种网络通信协议，如 TCP/IP 与 UDP，而且推广了支持网络环境的类库，使得编写应用程序相当方便，也唤起了人们对 Java 网络编程的关注与信赖。

1. TCP/IP 协议集

TCP/IP 协议是一种网络通信规则，它规定了计算机间通信的信息格式和功能等，是通信双方共同遵守的协议集/簇(简称为 TCP/IP 协议)。TCP/IP 协议可实现异构网络互连，为 Internet 的迅速发展打下了基础，已成为 Internet 的基本协议。TCP/IP 参考模型包括应用层、传输层、网际层和网络接口层 4 层，如图 14-1 所示。

OSI	TCP/IP	TCP/IP映射对象	传递对象
应用层	应用层	应用程序 SMTP、Telnet、SNMP、FTP、Http、DNS等	报文
表示层			
会话层			
传输层	传输层	TCP、UDP	传输协议分组
网络层	网际层	IP(ICMP)ARP.RARP	IP数据报
数据链路层	网络接口层	网络接口协议（链路控制媒访问）	帧
物理层	硬件（物理网络）	以太网、令牌环、FDDI.X.25.其他网	

图 14-1　OSI 参考模型与 TCP/IP 模型层次对照图

2. TCP 与 UDP 协议

Java 的网络编程主要聚焦于应用层、传输层等，尤其注重 TCP/IP 与 UDP 等协议。TCP/IP 协议集中 TCP 是传输控制协议，定义了一套控制信息的规则，提供了应用程序所需要的相关功能；IP 为网际协议，定义了一系列数据报的组成格式，提供了基本通信的网间地址。TCP/IP 协议为 Internet 的迅速发展打下了基础，成为 Internet 的基本协议。TCP 是面向连接的协议，在传递数据之前必须和目标结点建立连接，然后再传送数据，传送数据结束后，关闭连接。

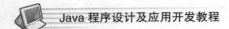

　　而 UDP（User Datagram Protocol）是一种无连接协议，无须事先建立连接即可直接传送带有目标结点信息的数据报。每个数据报都是一个独立的信息，包括完整的源地址或目的地址，它在网络上以任何可能的路径传往目的地，而能否到达目的地，到达目的地的时间以及内容的正确性都是不能被保证的。

　　3．IP 地址与域名

　　为确保 Internet 上每台主机在通信时能互相识别，每台主机都必须有一个唯一的地址，即 IP 地址来标识主机在网上的位置。IPv4 地址由 32 位二进制数构成，分为 4 段（4 个字节），每段 8 位，可用小于 256 的十进制数来表示，段间用圆点隔开。

　　例如：192.168.8.128（对应的二进制数为 11000000.10101000. 00001000. 10000000）。

　　就计算机而言，采用 IP 地址来标识 Internet 是十分有效的，但记忆不便，故 Internet 引进了便于记忆的、富有含义的字符形 IP 地址：域名。域名是用有意义的名字来一一对应地标识计算机的 IP 地址。互联网的域名系统是一种分布型层次式的命名机制。域名由若干子域构成，子域间以圆点相隔，最右边的子域是顶级（最高级）域名，至右向左层次逐级降低，最左边的子域是主机名。域名的一般形式为：

　　主机名.网络名.机构名.顶级域名

　　例如，北京大学的域名是 http://www.sina.com.cn/，IP 地址为 180.168.41.175。

　　IP 地址与域名是统一资源定位地址（Uniform　Resource　Locator，URL）的基础。URL 是对可从 Internet 上得到的资源位置和访问方法的简洁表示，是互联网上标准资源的地址。

　　4．端口与数据报

　　端口（Port）和 IP 地址为网络通信的应用程序提供了一种确定的地址标识，IP 地址表示了发送端的目的计算机，而端口表明了将数据包发送给目的计算机上的哪一个应用程序。由于计算机网络中端口是用 16 位二进制数表示的，因而端口号分布在 0 ~ 16 535 之间。其中，0 ~ 1 023 间的端口号分配给常用的网络服务，如 HTTP 占用端口 80，FTP 占用端口 21，Telnet 占用端口 23 等，用户的网络应用程序使用 1023 以上的端口号。数据报（Datagraph）是一种面向非连接的、以数据报方式工作的通信，适用于网络层不可靠的数据传输与访问。

　　5．服务器与客户机

　　当用户在共享某个 Internet 资源时，通常都有两个运行在不同的计算机上独立的程序协同提供服务，人们把提供资源的计算机叫作服务器，而把使用资源的计算机叫作客户机。由于在 Internet 上用户往往不知道究竟是哪台计算机提供了资源，因而客户机与服务器的区别在于上面运行程序不同，即客户程序和服务程序。当用户使用 Internet 功能时，启动客户机，通过有关命令告知服务器进行连接以完成某种操作，而服务器则按请求提供相应的服务。

　　6．Socket 套接字

　　Socket 套接字是网络驱动层提供给应用程序编程的接口和管理方法，用于处理数据接收与输出。Socket 在应用层创建，通过一定的绑定机制与应用程序建立联系，告诉对方自己的 IP 地址与端口号，然后应用程序给 Socket 数据，由 Socket 交给驱动程序向网络发布，接收方可以从 Socket 提取相应的数据。

　　7．网络编程方法与分类

　　用 Java 实现计算机网络的底层通信就是用 Java 程序实现网络通信所规定的功能和操作。Java 语言专门为网络通信提供了系统软件包 java.net，利用它提供的有关类及方法可以快速开发基于网络的应用程序。

当用户使用 Internet 功能时，先启动客户机，通过有关命令告知服务器进行连接以完成某种操作，而服务器则按照请求提供相应的服务。Java 通过软件包 java.net 实现多种网上通信模式：URL 通信模式、Socket 通信模式、InetAddress 通信模式，以及 Datagram 通信模式等。

（1）URL 模式：面向应用层，通过 URL 进行网络上数据信息的通信（读取与输出），使用 URL 与 URLConnection 类。

（2）InetAddress 模式：面向 IP 层，用于标识网络的硬件资源，使用 InetAddress 类。

（3）Socket 模式：面向传输层的 TCP 协议，这是比较常用的网络通信方式，使用 ServerSocket 与 Socket 类。

（4）Datagram 模式：面向传输层的 UDP 协议，逐渐趋于淡化，在此不作介绍。

14.2　URL 编程

14.2.1　URL 构成

在 WWW 上，所有信息资源都有统一且唯一的地址，通过 URL 可访问 Internet 上的文件和其他资源，它是 WWW 的统一资源定位标志。URL 由 4 部分组成：资源类型（或谓协议，如 HTTP、FTP、Telnet 等）、存放资源的服务器域名（或 IP 地址）、端口、资源的路径和文件名。URL 的通用格式是：

协议名://主机名: 端口号/资源路径

例如：

```
http://www.sina.com.cn:80/xx/2015-02-12/index.html
http://www.dhu.edu.cn:80/index.html
```

其中，http 表示资源类型，现使用 HTTP 协议；www.dhu.edu.cn 是东华大学的主机域名；80 为 HTTP 协议的默认端口号；index.html 为资源文件名。协议名和端口号间有关联。

HTTP 协议默认及没有制定的端口号都为 80，FTP 协议的默认端口号是 21 等。所以，一般情况下 URL 地址可只包含传输协议、主机名和文件名。说明：1024 号以下端口系统使用，若要编程使用，来为 1 024～65 535 中的某个端口号进行通信，以免发生端口冲突。

14.2.2　URL 类

Java 语言访问网络资源可通过 URL 类来实现。要使用 URL 进行通信，就要使用 URL 类创建其对象，通过调用 URL 类的方法完成网络通信。创建 URL 对象要调用 java.net 包中提供的 java.net.URL 类的构造方法。

1. 创建 URL 类的对象

URL 类提供用于创建 URL 对象的构造方法较多，常用的构造方法有如下 4 个：

（1）public URL(String url)：它使用 URL 的字符串来创建 URL 对象。例如：

```
URL myurl=new URL("http://www.sit.edu.cn/")
```

（2）public URL(URL baseURL, String relativeURL)：baseURL 是绝对路径，relativeURL 是相对位置。例如：

```
URL myWeb=new URL("http://www.dhu.edu.cn/")
URL myMat=new URL(myWeb,"jjgl/index.html");
```

（3）public URL(String protocol, String host, String fileName)：

其中，protocol 为协议名，host 为主机名，fileName 为文件名，端口为默认值。例如：

```
URL myurlhost=new URL("http",www.tsinghua.edu.on,"index.html");
```

（4）public URL（String protocol, String host,int port, String fileName)：port 为端口号。

```
URL myurl port=new URL("http",www.tsinghua.edu.on, 80,"index.html");
```

URL 构造方法会抛出 malformed URLException 异常（畸形 URL 异常），生成 URL 对象时，必须对这个异常进行处理，否则编译难以通过。例如：

```
try {   URL myurl=new URL("http://www.sit.edu.cn/"); }
catch (malformed URLException e){ System.out.println("malformed URLException:"+e);}
```

2．URL 类的主要方法

URL 对象生成后其属性是不能改的，可通过表 14-1 所示的 URL 类提供的主要方法来获取设置这些方法的参数。另外，尚有 java.lang.Runtime.getRuntime() .exec() 方法用于当前 JVM 环境下运行 Java 应用程序的 URL 对象。

表 14-1　URL 类的主要方法

URL 类	功 能 说 明
String toString()	将此 URL 对象转换为字符串的形式
getPath() / getRef()	获取 URL 的路径 / 获取该 URL 在文件中的相对位置
String getProtocol()	获得协议名，如果协议没有设置，则返回 null
String getHost()	获得主机名，如果主机没有设置，则返回 null
String getFile()	获得文件名，如果文件没有设置，则返回 null
getDefaultPort() /　int getPort()	获取 URL 的 默认端口号/获取端口号，若端口未设置，则返回 -1
getDate() / getLastModified()	获取资源的当前日期/获取资源的最后修改日期
getUserInfo() / getQuery()	获取 URL 的用户信息/获取 URL 的查询信息
Boolean equals(Object obj)	与指定 URL 对象 obj 比较,若相同返回 true，否则返回 false
getContent() / getAuthority()	获取 URL 的内容/获取该 URL 的权限信息
Set(String protocol, String host, int port,　String filename, String ref)	设置 URL 各部分参数

【例 14-1】 试编程：使用 getRuntime()方法访问上海热线网站。

```
import javax.swing.*;
import java.awt.event.ActionListener;
import java.awt.event.WindowAdapter;     import java.awt.event.WindowEvent;
import java.awt.event.ActionEvent;       import java.io.IOException;
public class SwingOpenURL{
    JFrame frame;    JButton buttonsh;
    public SwingOpenURL(){
        frame=new JFrame("链接上海热线网站!");
        buttonsh=new JButton("访问上海热线网站");
        buttonsh.addActionListener(new ActionListener(){
public void actionPerformed(ActionEvent actionEvent){
try { Runtime.getRuntime().exec("cmd.exe /c start iexplore http://www.online.sh.cn");
    }
catch (IOException ex) {          }     }
    });
    frame.addWindowListener(new WindowAdapter(){
```

```
        public void windowClosing(WindowEvent e){    System.exit(0); }
        });
        frame.getContentPane().add(buttonsh);    frame.setSize(200, 160);
        frame.setVisible(true); }
    public static void main(String[] args){
        new SwingOpenURL(); }
    }
```

【程序解析】该程序为使用 getRuntime().exec()方法，通过单击图形界面的相应按钮，驱动 URL 访问上海热线网站的。

程序运行结果如图 14-2 所示。

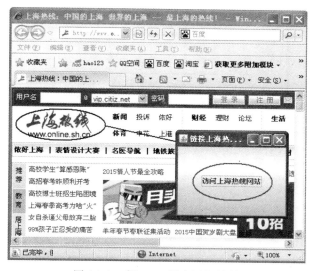

图 14-2　例 14-1 程序运行结果

【例 14-2】试编程：使用 URL 对象方法获取参数。代码如下所述。

```
import java.net.*;
public class TestUrl{
    public static void main(String args[])    {
        URL url;
        try{url=new URL("file:c:/Java1.7/URLmesa.java");  info(url);

            url=new URL("http","www.edu.cn","/web/myfile.html");  info(url);
            url=new URL("ftp","www.sjtu.edu.cn","/web/jj.com"); info(url); }
        catch(MalformedURLException e)  { System.out.println(e); }
    }
    public static void info(URL url){
      System.out.println("URL is:"); System.out.println("toString()="+url.toString());
      System.out.println("Protocol ="+url.getProtocol()); System.out.println("Host
            ="+url.getHost());
      System.out.println("Port="+url.getPort());
      System.out.println("File="+url.getFile());
      System.out.println("Ref="+url.getRef());
      System.out.println("Path="+url.getPath());
      System.out.println("UserInfo="+url.getUserInfo()); }
}
```

【程序解析】该程序设置 url 对象三次获取不同的 URL 网址信息，使用 URL 类对象方法，显示具体 url 参数信息，如 url.toString()等。

程序运行结果如图 14-3 所示。

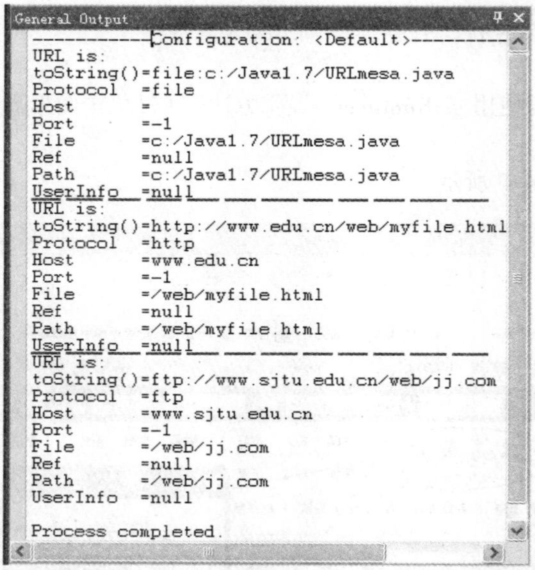

```
General Output
----------Configuration: <Default>----------
URL is:
toString()=file:c:/Java1.7/URLmesa.java
Protocol  =file
Host      =
Port      =-1
File      =c:/Java1.7/URLmesa.java
Ref       =null
Path      =c:/Java1.7/URLmesa.java
UserInfo  =null
URL is:
toString()=http://www.edu.cn/web/myfile.html
Protocol  =http
Host      =www.edu.cn
Port      =-1
File      =/web/myfile.html
Ref       =null
Path      =/web/myfile.html
UserInfo  =null
URL is:
toString()=ftp://www.sjtu.edu.cn/web/jj.com
Protocol  =ftp
Host      =www.sjtu.edu.cn
Port      =-1
File      =/web/jj.com
Ref       =null
Path      =/web/jj.com
UserInfo  =null

Process completed.
```

图 14-3　例 14-2 程序运行结果

14.2.3　URLConnection 类

使用 Java 中 URL Connection 类可在获取网站信息的同时向远程网络服务器传送信息，人们能够通过类对象下 getInputStream()或 getOutoutStream()方法来完成诸多任务。

1. 创建 URLConnect 类对象

在使用 URLConnection 类对象之前，人们必须率先创建一个 URL 对象，然后通过调用该对象的 openConnection()方法来返回对应 URL 地址的 URLConnect 对象。例如：

```
URL myurl=new URL("http://www.sit.edu.cn/");  //创建一个 URL 对象
URLConnection ucon=myurl.openConnection() ;    //创建 URLConnect 类链接通道
```

2. 建立输入/输出数据流

创建 URLConnect 类对象后，可使用 InputStream 或 OutoutSream 等类对象建立输入/输出数据流以获取 URL 结点的输入/输出流数据信息。例如：

```
InputStream ina=ucon.getInputStream(); OutputStream outb=ucon.getInputStream();
```

【例 14-3】使用 URLConnect 获取本地或远程服务器端文件的数据。

```
import java.net.*;import java.io.*;    import java.util.Date;
public class URLConnection_Ex{
public static void main(String args[]){
//String urlname ="http://www.sit.edu.cn/index.html";  //若选此则获取远程数据
String urlname="file:///j:/URLConnection_Ex.html";     //勿缺:若选此则取本地J
                                                        //盘数据文件
  if (args.length>0)
    urlname=args[0];new URLConnection_Ex().display(urlname);}
```

```
public void display(String urlname){
    try{URL url=new URL(urlname);
        URLConnection uc=url.openConnection();
        System.out.println("当前日期: "+new Date(uc.getDate())+"\r\n"+"文件类型: "+
            uc.getContentType()+"\r\n"+"修改日期: "+new Date(uc.
            getLastModified())));
    int c, len;  len=uc.getContentLength();        //获取文件长度
    System.out.println("文件长度: "+len);
    if(len>0){ System.out.println("文件内容: ");
        InputStream in=uc.getInputStream();        //建立数据输入流
        int i=len;
        while (((c=in.read())!=-1)&&(i>0)){         //按字节读取所有内容
            System.out.print((char)c); i--; }
        }
    }catch(MalformedURLException me){ System.out.println(me);
    }catch(IOException ioe)
{ System.out.println(ioe);  } }
}
```

【程序解析】本程序利用 URL 获取远程服务器端的数据。本程序采用 URLConnection 类对象进行处理，通过 URLConnction 类对象与远程设备之间建立起了一个信息通道。InputStream in = uc.getInputStream()为建立数据输入流，创建 URLConnect 类链接通道语句为为 URLConnection uc = url.openConnection()。

程序运行结果如图 14-4 所示。

```
General Output                                                    ₽ ×
-----------------Configuration: <Default>-----------------
当前日期: Thu Jan 01 08:00:00 CST 1970
文件类型: text/html
修改日期: Mon Feb 02 05:12:36 CST 2015
文件长度: 183
文件内容:
<html>
<head><title>Visit Applet-URLConnection Class Application Examples</title></head>
<body><applet code="URLConnection_Ex.class" width=300 height=200></applet></body>
</html>
Process completed.
```

图 14-4 例 14-3 程序运行结果

14.3 InetAdress 类

InetAddress 可用于标识网络的硬件资源，java.net 包中的 InetAddress 类提供了一系列描述使用网络资源的方法。每个 InetAddress 对象都包含 IP 地址与主机域名等信息。例如，新浪网站：http://www.sina.com.cn/61.172.201.195。域名容易记忆，当用户在连接网络时输入一个主机的域名后，域名服务器（DNS）负责将域名转化成 IP 地址，这样就能和主机建立连接。

1. 获取 Internet 上主机地址

由于 InetAddress 无构造方法，通常，可以使用 InetAddress 类的静态方法来构造实例：

```
public static InetAddress getByName(String host);
```

该方法将一个域名或 IP 地址传递给该方法的参数 host（其可以是机器名、域名或 IP 地址），进而获得一个 InetAddress 对象。该对象含有了主机地址的域名和 IP 地址。

此外，InetAddress 类中还含有两个常用的实例方法：

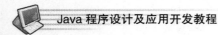

（1）public String getHostName()：用来获取 InetAddress 对象所含的域名。

（2）public String getHostAddress()：用来获取 InetAddress 对象所含的 IP 地址。

2．获取本地机的地址

Java 中，可使用 getLocalHost()方法来获取本地机的地址。

【例 14-4】从网上和本地机上获取域名或 IP 地址。

```java
import java.net.*;
public class DoNameInetAddressEx{
    public static void main(String args[]){
        try{ InetAddress addressA=InetAddress.getByName("www.sina.com.cn");
            System.out.println(addressA.toString());
            InetAddress addressB=InetAddress.getByName("www.sohu.com");
            System.out.println(addressB.toString());
            InetAddress addressC=InetAddress.getLocalHost();
            System.out.println(addressC.toString());
        }catch(UnknownHostException e)
        { System.out.println("难以找到 www.sina.com.cn 等，网络连接否?网址对否?"); }
    }  }
```

【程序解析】该程序用来分别获取域名是 www.sina.com.cn、
www.sohu.com 及本地机的主机域名与 IP 地址。

程序运行结果如图 14-5 所示。

```
General Output                        平 ×
-------Configuration: <Default>------
www.sina.com.cn/61.172.201.239
www.sohu.com/114.80.130.88
YU2010/192.168.1.3
Process completed.
```
图 14-5　例 14-4 程序运行结果

14.4　Socket 通信

在 Internet 上服务器或客户机都有一个用来标识其网络地址的 IP 地址，如 192.168.18.18。

IP 地址标识 Internet 上的计算机，端口号标识正在计算机上运行的进程（程序）。端口号与 IP 地址的组合得出一个网络套接字。端口号被规定在 0~65 535 区间内，0~1 023 被预先定义的服务通信占用，用户仅用 1 024~65 535 间端口，以规避冲突。网络上用户的应用程序可以通过 Socket（套接字）与其他用户进行通信。Socket 是通信端点的一种抽象，它提供了一种发送和接收数据的机制，视窗平台下 Socket 有两种形式：数据报 Socket 和流式 Socket。在此，关注后者，文中不加说明泛指流式 Socket。

14.4.1　Socket 概念

Socket（套接字）是指在两台计算机上运行的两个程序之间的一个双向通信的连接点或 TCP/IP 的编程接口，而这个双向链路上每一端称为一个 Socket，它提供一种面向连接的可靠的数据传输方式，它能够保证发送的数据按顺序无重复地到达目的地。Socket 提供的一组 API 就可通过编程实现 TCP/IP 协议。在 Java 中，Socket 通信所采用的流式套接字通信方式，是采用 TCP 作为传输控制协议，实现客户/服务器之间双向通信。

14.4.2　Socket 通信步骤

套接字连接就是客户端的套接字对象和服务器端的套接字对象通过输入、输出流连接在一起，Socket 所要完成的通信就是基于连接的通信，建立连接所需的程序分别运行在客户端和服务器端。Socket 通信涵盖 3 个过程，类似于电话通信，如图 14-6 所示。

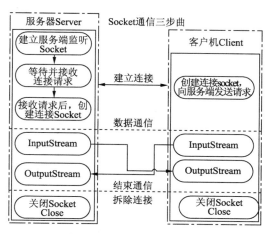

图 14-6 Socket 通信步骤示意图

（1）建立连接：首先客户端程序申请连接，而服务器端程序监听所有端口，判断是否有客户程序的服务请求，当客户程序请求和某个端口连接时，服务器就将 Socket 连接到该端口上，此时服务器和客户程序之间建立了一个专用的虚拟连接。

（2）数据通信：客户程序可以向 Socket 写入请求，服务器程序处理请求并把处理结果通过 Socket 返回给客户机，完成通过虚拟通道的数据通信。

（3）拆除连接：通信结束，将所建立的虚拟连接全部拆除。

14.4.3 ServerSocket 类与 Socket 类

Java.net 包中提供了 ServerSocket 和 Socket 两个类，分别用于服务器端和客户端的 Socket 通信，网络通信的方法都封装在这两个类中。 ServerSocket 和 Socket 类的主要构造方法如表 14-2 所示。

表 14-2 ServerSocket 类和 Socket 类的主要方法

构 造 方 法	功 能 说 明
ServerSocket(int port)	在指定的服务器端口创建一个 ServerSocket 对象
ServerSocket(int port,int count)	在指定端口创建 ServerSocket 对象及服务器所能支持的最大链接数
Socket(InetAddress address,int port)	使用指定 IP 地址和端口创建一个 Socket 对象
Socket(InetAddress address,int port, boolean stream)	使用指定地址和端口创建 Socket 对象,若布尔值为 true 则是流式通信方式
Socket(String host,int port)	使用指定主机和端口创建一个 Socket 对象
Socket(String host,int port,boolean stream)	指定主机和端口创建 Socket 对象, 若布尔值为 true 为流式通信方式

1. 创建 Serversocket 类对象和 Socket 类对象

（1）创建 ServerSocket 对象。ServerSocket 对象负责等待客户端请求建立套接字连接，可用于创建一个在指定端口处设置监听服务的 ServerSocket 对象。例如：

ServerSocket ListenEx=new ServerSocket (1880);

该例创建一个指定端口的 ServerSocket 类对象 ListenEx，设置指定的监听端口为 1880，由于一台服务器可以监听多台客户机，而对于不同的服务请求是根据端口号来区别的。当建立服务器套接字时可能发生 IOException 异常，因此可以建立接收客户的服务器套接字。例如：

```
try{ ServerSocket waitSocketConnection=new ServerSocket(1880); }
catch(IOException e){}
```

为能随时监听客户端的请求，可以引用 accept()方法：waitSocketConnection.accept();或 Socket list=new Listen.accept();其中 accept()方法可以接收客户机程序的连接请求，其返回值是一个 Socket 类型的对象。程序运行到这里处于等待状态。

（2）创建 Socket 对象。创建一个 Socket 对象用于与服务器建立连接，使用指定的端口号使得服务器在捕获到客户端的请求时，根据端口号来完成给定的服务。

```
Socket service=new Socket("Email server", 1880);
```

其中 Email server 是指服务器的主机的名称对应的地址，1880 是指服务的端口号。接收客户的套接字也可能发生 IOException 异常，因此可建立接收客户的套接字，具体如下：

```
try{Socket socketAtClient=new Socket("http://192.168.0.78",1880); }
catch(IOException e){}
```

2. 发送和接收流式数据

Socket 对象创建成功后，就可以在客户机与服务器之间建立一个连接，并通过这个连接在两个端口之间传送数据。

```
OutoutStream translate=service.getoutputstream();          //输出流
Inputstreaxn receive = service. getlnputstream();          //输入流
translate.write(receive.read());                           //返回读出的数据
```

3. 拆除连接

每一个 Socket 存在时，都将占用一定的资源，在通信完成后，应该断开服务器端或客户端上运行的应用程序，即断开其虚拟连接并释放所占用的系统资源，系统采用 close()方法拆除连接。客户端使用：Socket.close()方法语句；服务器端使用：server.close()方法语句。

【例 14-5】编写 Java 交互聊天程序。

【服务器端程序：ServerTalkEx.java】

```
import java.io.*;import java.net.*; mport java.awt.*;import java.awt.event.*;
public class ServerTalkEx extends Frame implements ActionListener{
    Label label=new Label("服务器交谈内容: ");
    Panel panel=new Panel(); TextField txf=new TextField(12);
    TextArea txa=new TextArea();ServerSocket server;Socket client;
    InputStream in;OutputStream out;
public ServerTalkEx(){                    //构造方法
    super("服务器 YU 交互聊天室"); setSize(280,270); panel.add(label); panel.add(txf);
    txf.addActionListener(this);          //给文本框注册监听器
    add("North",panel);add("Center",txa);
    addWindowListener(new WindowAdapter(){        //给框架注册监听器
        public void windowClosing(WindowEvent e){System.exit(0);}
    });
    show();
try{ server=new ServerSocket(4000);client=server.accept(); //从服务器套接字接收信息
        txa.append("客户机名称是: "+client.getInetAddress().getHostName()+"\n\n");
        in=client.getInputStream();out=client.getOutputStream();//获取输入输出流
}catch (IOException ioe){}
    while(true){
        try {byte[] buf=new byte[256];  in.read(buf);
            String str=new String(buf);  txa.append("客户机述说: "+str+"\n");
        }catch (IOException e){} }
    }
```

```
public void actionPerformed(ActionEvent e){//实现 ActionListener 对应的抽象方法
    try{ String str=txf.getText();
byte[] buf=str.getBytes(); txf.setText(null);out.write(buf); txa.append("我 Server
    说: "+str+"\n");
    }catch (IOException ioe){}}
public static void main(String[] args){ new ServerTalkEx();      }
}
```

【客户端端程序：ClientTalkEx.java】

```
import java.io.*;import java.net.*;import java.awt.*;import java.awt.event.*;
public class ClientTalkEx extends Frame implements ActionListener{
    Label label=new Label("客户机交谈内容: ");
    Panel panel=new Panel();TextField txf=new TextField(12);
    TextArea txa=new TextArea();Socket client;InputStream in;OutputStream out;
public ClientTalkEx(){                          //构造方法
    super("客户机 YU 交互聊天室");
    setSize(280,270);panel.add(label); panel.add(txf);
    txf.addActionListener(this);                //给文本框注册监听器
    add("North",panel);add("Center",txa);
    addWindowListener(new WindowAdapter(){ //给框架注册监听器
    public void windowClosing (WindowEvent e){System.exit(0);} });
    show();
    try{ client=new Socket(InetAddress.getLocalHost(),4000);//建立套接字获取信息
        txa.append("服务器名称是: "+client.getInetAddress().getHostName()+"\n\n");
        in=client.getInputStream();out=client.getOutputStream();//获取输入输出流
    }catch (IOException ioe){}
    while(true){
    try{ byte[] buf=new byte[256];
        in.read(buf);String str=new String(buf);  txa.append("服务器畅谈: "+str+"\n");
    }catch(IOException e){} }    }
public void actionPerformed(ActionEvent e){//实现 ActionListener 对应的抽象方法
    try{ String str=txf.getText();
        byte[] buf=str.getBytes();txf.setText(null);out.write(buf);
        txa.append("我 Client 说: "+str+"\n");
    }catch(IOException iOE){} }
public static void main(String args[]){    //主方法
    new ClientTalkEx(); }    }
```

【程序解析】本程序为简单的交互聊天程序。若在同机上既做服务器又做客户机运行时，需要打开两个窗口：其一为服务器窗口，其二乃客户机窗口，其中任意一个在其文本窗口中输入的信息都会在两个窗口中冠以不同的名称显示，并可同步更新。

程序运行结果如图 14-7 所示，左图为服务器界面，右图为客户机窗口。

图 14-7　交互聊天程序运行结果

14.5　数据报通信

基于 UDP 无连接的数据报其通信双方无须建立连接即可通信，对于一些质量不高的通信而言，数据报通信方式无疑是个好的选择。在 Java 的 java.net 包中 DatagramPacket 和 DatagramSocket 两个类，可完成数据报通信中的接收与发送。

14.5.1　接收数据报

使用 DatagramSocket 类对象可在网络通信中接收数据报。DatagramSocket 类有两种构造方法，此处仅关注带参数的构造方法：DatagramSocket（int port）。创建一个对象，其中的参数必须和待接收的数据报的端口吻合。DatagramSocket 类对象的语法格式为：

```
DatagramSocket datagram_in=DatagramSocket(nt port);
```

则该对象 data_in 通过 receive()方法接收数据报。例如：先建数组 data[ ]，再建数据报对象 datagrampack，而后由 reveive(datagrampack)方法接收数据报信息。语句如下：

```
byte data[ ]=new byte[180];
DatagramPacket  datagrampack=new  DatagramPacket(byte data[ ],100);
data_in.reveive(datagrampack);
```

14.5.2　发送数据报

使用 DatagramPacket 类对象可在网络通信中发送数据报。DatagramPacket 也有两构造方法，格式叙述如下：

```
DatagramPacket（byte data[ ],int length,InetAddress address,int port）
```

其中，参数 data 中存放数据报数组，length 为数据报中数据的长度，address 表示数据报将发送到的目的地址，port 表示目的端口号。

```
DatagramPacket（byte data[],int offset,int length,InetAddress address,int port）
```

该构造方法仅增加了一个参数：offset，表示创建的数据报对象含有从 offset 开始 length 长度的 data 数组数据。发送数据报语句方式如下：

```
DatagramSocket ds=new DatagramSocket();      Ds.send(dp);
```

【例 14-6】编写程序，使用 DatagramPacket 和 DatagramSocket 完成数据报的传输。

```
import java.awt.*;             import java.net.*;
import java.awt.event.*;
public class UdpChatTest extends Frame implements Runnable{
  Label L1,L2;          TextField text1,text2;
  Button B1;            TextArea messageArea;
  public UdpChatTest(){
    this.setLayout( null );
    L1=new Label("对方的IP: "); L1.setBounds(10,35,60,30);  this.add(L1);
    L2=new Label("发言信息: ");  L2.setBounds(10,70,60,30); this.add(L2);
    text1=new TextField("127.0.0.1", 20);   text1.setBounds(75,35,200,30);
    this.add(text1);      text2=new TextField();
    text2.setBounds(75,70,280,30);  this.add(text2);
    B1=new Button("发送数据");        B1.setBounds(360,70,60,30);
    B1.addMouseListener( new myMouseListener() );
    this.add(B1);
    messageArea=new TextArea("",20,20,TextArea.SCROLLBARS_BOTH);
    messageArea.setBounds(15,110,410,300);        this.add(messageArea);
```

```
  this.addWindowListener(new WindowAdapter(){
    public void windowClosing(WindowEvent e){  System.exit(0);  }
    });
  this.setTitle("使用 UDP 的数据报传输实例程序");
  this.setBounds(100,100,440,430);                this.setVisible( true );  }
public void run(){                           //接收数据
   while( true ){                            //持续接收送到本地端的信息
     byte[] buf = new byte[120];             //预期最多可收 120 个 byte
     try { DatagramSocket DS=new DatagramSocket( 1789 );  //用 1789 port 收
       DatagramPacket DP = new DatagramPacket( buf,buf.length ); //将数据收到
                                                                //buf 数组
       DS.receive( DP );                     //接收数据报
       messageArea.append("来自 "+DP.getAddress().getHostAddress()+":"+DP.
         getPort() +"收到-->"+new String(buf).trim()+"\n"); //此处用 new String
         (DP.getData()).trim()也一样
       DS.close();     Thread.sleep(200); //停 0.2s
     }catch(Exception excep){}     }
   }
 class myMouseListener extends MouseAdapter {      //送数据
 public void mouseClicked(MouseEvent e){//每次 Click 按钮就发送信息到目的端主机
     String msg = text2.getText().trim();String ipStr = text1.getText().trim();
     try{ DatagramSocket DS=new DatagramSocket();
     DatagramPacket DP=new DatagramPacket( msg.getBytes(),msg.getBytes().
        length,InetAddress.getByName(ipStr), 2222 ); //送到远程的 2222 port
     DS.send( DP );                        //送出数据报
     messageArea.append( "发送出: " + msg.trim() +"\n" );//给自己看的记录
     DS.close(); }
     catch(Exception excep){} }
  }
 public static void main(String arg[]){
     UdpChatTest udpchat = new UdpChatTest();  hread threadObj = new Thread(udpchat);
     threadObj.start();     }          //启动接收信息的线程
}
```

【程序解析】本程序为使用 DatagramPacket 和 DatagramSocket 完成数据报的简单传输或交互聊天。DatagramPacket DP = new DatagramPacket(buf,buf.length); 表示/将数据接收到 buf 数组中，DS.receive(DP); 为接收数据报 DP。

程序运行结果如图 14-8 所示。

图 14-8　例 14-6 程序运行结果

本 章 小 结

　　端口（Port）和 IP 地址为网络通信的应用程序提供了一种确定的地址标识，IP 地址表示发送端的目的计算机，而端口表明将数据报发送给目的计算机上的哪一个应用程序。Socket 套接字是网络驱动层提供给应用程序编程的接口和管理方法，用于处理数据接收与输出。Java 语言访问网络资源是通过 URL 类来实现的。要使用 URL 进行通信，就要使用 URL 类创建其对象，通过调用 URL 类的方法完成网络通信。

　　本章将主要阐述了网络编程基础、URL 构成、URL 类、URLConnection 类、InetAdress 类、Socket 通信步骤、ServerSocket 类与 Socket 类的运用。

思考与练习

一、选择题

1. TCP/IP 模型包括应用层、传输层、_____和网络接口层四层。

　　A. 网际层　　　　　　　　B. 网络层　　　　　　　　C. 应用层　　　　　　　　D. 物理层

2. IP 地址由_____位二进制数构成，分为四段。

　　A. 16　　　　　　　　　　B. 8　　　　　　　　　　　C. 32　　　　　　　　　　D. 64

3. 域名的一般形式为：主机名.网络名.机构名._____。

　　A. 网络名　　　　　　　　B. 应用名　　　　　　　　C. 主机域名　　　　　　　D. 顶级域名

4. Socket 是网络驱动层提供应用编程的_____和管理方法，用于处理数据接收与输出。

　　A. 方法　　　　　　　　　B. 对象　　　　　　　　　C. 接口　　　　　　　　　D. 类

5. 使用 URL Connection 类可以在获取网站信息的同时向_____传送信息。

　　A. 远程网络服务器　　　　B. 本地机　　　　　　　　C. 终端　　　　　　　　　D. 路由器

6. InetAddress 可用于标识网络的_____。

　　A. 网络地址　　　　　　　B. 主机地址　　　　　　　C. 硬件资源　　　　　　　D. 通信设备

7. Socket 通信过程包括：建立连接、数据通信与_____。

　　A. 套接字连接　　　　　　B. 拆除连接　　　　　　　C. 释放连接　　　　　　　D. 发送信息

二、是非题

1. Java 语言访问网络资源是通过 URL 类来实现的。　　　　　　　　　　　　　　　（　　　）

2. Socket 有两种形式：数据报 Socket 和信息页 Socket。　　　　　　　　　　　　（　　　）

3. String getProtocol()方法可获取协议名？　　　　　　　　　　　　　　　　　　（　　　）

4. InetAddress 可用于标识网络的软件资源。　　　　　　　　　　　　　　　　　　（　　　）

5. Socke 可创建一个 Socket 对象用于与客户机建立链接。　　　　　　　　　　　　（　　　）

三、思考与实验

1. 何谓 TCP/IP 协议？TCP/IP 参考模型包括哪些层？何谓 UDP 协议？

2. 何谓端口与数据报？何谓 IP 地址与域名？

3. 简述 java.net 网上通信模式包括哪几种？

4. 何谓 URL？一个完整的 URL 地址由哪几部分组成？举例说明 URL 与域名差异。

5. 试完成通过 URL 读取 index.htm 文件并显示该文件内容编程及实验过程。

6. 编写 Java 程序，使用 InetAddress 类从网上获取:上海热线 www.online.sh.cn 的 IP 地址。

7. 试完成通过 URLConnection 获取网站文件并显示系统当前日期、文件类型、修改日期等的编程及实验过程。

8. 简述 Socket 通信原理，说明客户端与服务器进行连接的过程，并编程完成一个客户端与服务器的通信试验。

第 15 章
Java 应用开发及课程设计实例

【本章提要】 学习的目的在于应用。Java 应用开发是对所学知识的梳理与综合，也是服务于社会的集中体现。本章主要讲述了 Java 课程设计及应用开发概述、需求分析、系统总体构思、系统模块设计、系统数据流程、数据库设计，同时介绍了详细设计和主要程序代码的实现过程。

15.1　系统开发概述

Java 编程的课程设计及应用开发是该 Java 程序设计在一个阶段学习后的面向应用型练习与才学展示平台，是场"热身赛"，是为付诸应用打基础。本章旨在通过一个《高校员工信息管理系统》开发实例的扼要叙述来提升学者的综合应用能力。Java 系统开发方法包括生命周期法、结构化方法、原型法和面向对象开发方法等多种形式。

通常，系统开发要经历系统规划、系统分析、系统设计、系统实施、系统运行与维护 5 个阶段。系统规划是制定信息系统的发展战略、系统的总体方案、数据规划、功能规划与信息资源配置规划。系统分析是指系统初步调查、系统可行性研究、系统详细调查、需求分析等。系统设计包括总体设计与详细设计，涵盖系统总体结构设计、输入/输出设计、处理过程设计、代码设计、数据库设计、系统平台方案的选择、物理模型的提出等。系统实施包括程序设计与调试，系统软硬件配置、安装与调试，人员的培训，系统的切换运行等。系统运行与维护是指系统运行的组织与管理，系统评价，系统纠错性维护、适应性维护、完善性维护、预防性维护等。限于篇幅，在此主要关注需求分析、系统总体设计与详细设计。

15.2　需　求　分　析

15.2.1　系统概述

随着教育事业的迅猛发展，有关高校员工的各种信息管理也随之展开。高校员工信息管理是学校日常管理事务中一项烦杂而又相当重要的内容。因而便捷实用的高校员工信息管理系统对于提高信息管理的效率，降低工作误差具有重要意义。本实例主要规划分析、设计实施了员工信息信息的输入、修改、删除、查询等基本功能。程序短巧，颇有技术含量，它可用来管理员工信息与提高系统管理工作的效率。

15.2.2　系统平台需求

高校员工信息管理系统的系统平台需求包括软硬件环境。

（1）软件环境：软件基本运行的平台环境为 Windows 20xx/XP 操作系统、Java EE 运行平台、

JCreator 或 Eclipse，使用的 RDBMS 为 Microsoft SQL Server 或 Access 等。

（2）硬件环境：系统在 Windows 20xx/XP、JCreator 等环境下开发，当今的微机系统均能够胜任，仅快慢而已，但推荐：CPU 为 2 GHz 以上、内存 2 GB 以上、硬盘在 250 GB 以上。

15.2.3　系统功能需求

系统开发的总体任务是实现学生信息管理的系统化、规范化和自动化。需求分析是在系统开发总体任务的基础上完成的，从发展的角度充分了解用户各方面的需求。据此，可归结出学生管理信息系统所需完成的主要任务如下：

（1）系统管理模块用于系统用户密码修改及正常退出高校员工信息管理系统。

（2）员工管理模块主要用于对学校员工信息的添加、修改与删除等管理。

（3）信息查询模块主要用于对学校员工信息查询及学生信息的条件查询管理，学生信息条件查询可按用户的各种需求予以模糊性查询，颇有技巧性。

（4）关于系统模块用于相关事务的描述等。

15.3　总 体 设 计

15.3.1　系统总体构思

在前期需求分析的基础上，从信息系统的目标出发，建立系统的总体结构，确立各个模块层次，设计完善的数据库系统，以保证总体目标的实现，为设计良好的用户界面与安全可靠的系统打下基础。系统可采用 JCreator 等开发平台软件。

15.3.2　系统模块设计

依据需求分析及主要任务的表述，可对上述各项功能按照结构化程序设计的要求进行集中、分层结构化，自上而下逐层设置得到系统功能模块结构图。系统总体功能模块结构如图 15-1所示。

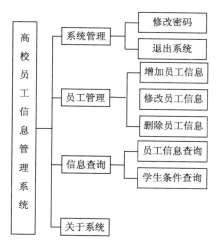

图 15-1　高校员工信息管理系统功能结构

15.3.3 系统数据库设计

1. 数据库规划

数据库规划与设计是数据库应用与系统开发和建设的关键问题。库结构设计得好坏将直接对应用系统的效率以及实现的效果产生影响。合理的数据库结构设计可以提高数据库存储的效率，保证数据的完整性和一致性，有利于程序的顺利实现。数据库设计的主要包括：逻辑设计、物理结构设计与行为设计（数据库实现）3 个环节，数据库结构设计过程如图 15-2 所示。

2. 数据库表设计

系统数据库设计涉及其中的具体表设计，主要包括 user、Staffwork、学生、课程、成绩、班级 6 个数据表。

（1）user 表包括：user（用户）、password（密码）两数据项。

（2）Staffwork 表数据项为：工号、姓名、部门、小组、基本薪、浮动、附加、奖金、车贴、补发、会费、其他扣款、应发薪等。

（3）学生表数据项为：学号、姓名、性别、出生日期、班级编号、学分、区域、校名等，如表 15-1 所示。

（4）课程表数据项为：序号、课程号、课程名、学时、学分等，如表 15-2 所示。

（5）成绩表数据项为：学号、课程号、课程名、成绩、补考成绩等，如表 15-3 所示。

（6）班级表数据项为：班级编号、班级名称、院系、辅导员、学生数等，如表 15-4 所示。

图 15-2　数据库设计过程

表 15-1　学生基本信息表结构：学生

列　　名	数据类型与长度	空　　否	说　　明
学号	varchar(6)	Not Null	学生学籍编号
姓名	varchar(8)	Not Null	学生姓名
性别	Char(2)	Not Null	学生性别
出生日期	Smalldatetime	Not Null	学生出生日期
班级编号	varchar(10)	Not Null	学生所在班级编号
学分	Numeric(9,1)	Null	学生所获得的学分
区域	varchar(4)	Null	学校所在区域
校名	varchar(30)	Not Null	学生所在校名

表 15-2　课程数据信息表结构：课程

列　　名	数据类型与长度	空　　否	说　　明
课程号	varchar(8)	Not Null	课程的编号
课程名	varchar(30)	Not Null	课程的名称
学时	Numeric(8)	Not Null	课程的学时数
学分	Numeric(9,1)	Not Null	课程的学分数

表 15-3　成绩情况信息表结构：成绩

列　　名	数据类型与长度	空　　否	说　　明
学号	varchar(6)	Not Null	学生学籍编号
课程号	varchar(8)	Not Null	课程的编号
课程名	varchar(30)	Not Null	课程的名称
成绩	Numeric(8,1)	Not Null	该课程获得的成绩
补考成绩	Numeric(8,1)	Null	该课程获得的补考成绩

表 15-4　班级信息表结构：班级

列　　名	数据类型与长度	空　　否	说　　明
班级编号	varchar(10)	Not Null	班级的编号
班级名称	varchar(30)	Not Null	班级的名称
院系	varchar(30)	Not Null	所属学院或系
辅导员	varchar(8)	Not Null	辅导员姓名
学生数	Numeric(8)	Not Null	班级包含的学生个数

15.4　详 细 设 计

依据系统需求分析和系统总体设计的基础与结果，可展开对主要模块分析，阐述系统的详细设计和主要代码实现过程，限于篇幅，在此仅作主要模块的展开。

15.4.1　登录模块

（1）登录模块功能与运行效果图。登录模块（EnterSys.java）主要用于对使用本程序的人员进行身份验证，以提高系统的安全性，通过用户名与密码来体现功能，若用户名与密码与表中不吻合会给出提示，运行效果如图 15-3 所示。

图 15-3　登录模块运行界面

```
JLabel pic=new JLabel(new ImageIcon("EnterPic.jpg"));//用于显示界面背景
```
（2）登录模块代码。登录模块（EnterSys.java）代码如下：
```
public EnterSys(){
    frame=new JFrame("高校员工信息管理系统");
    button1=new JButton("登录");          button2=new JButton("取消");
    labelTitle=new JLabel("<html><font size='6' face='黑体'>高校员工信息管理系
        统</font>");
    label1=new JLabel("用户名：");   label2=new JLabel("密码：");
    labelDesign=new JLabel("Design By SitYu 2015");
    pic=new JLabel(new ImageIcon("EnterPic.jpg"));
    panel1=new JPanel();                  panel2=new JPanel();
    panel3=new JPanel();                  panel4=new JPanel();
    panel5=new JPanel();                  text=new JTextField(10);
    password=new JPasswordField(10); frame.setLayout(new BorderLayout());
    frame.add("Center", panel1);          frame.add("North",panel2);
    frame.add("South", panel3); Toolkit kit=Toolkit.getDefaultToolkit();
```

```
        Dimension screen=kit.getScreenSize();
        int x=screen.width;              int y=screen.height;
        frame.setSize(400,280);
        int xCenter = (x - 400)/2;       int yCenter=(y - 280)/2;
        frame.setLocation(xCenter, yCenter);
        frame.setVisible(true);          frame.setResizable(false);
        panel1.add(label1);              panel1.add(text);
        panel1.add(label2);              panel1.add(password);
        panel1.add(pic);                 panel2.add(labelTitle);
        panel3.setLayout(new BorderLayout());
        panel3.add("South", panel5);     panel3.add("Center", panel4);
        panel4.add(button1);             panel4.add(button2);
        panel5.add(labelDesign);
        button1.addActionListener(this);    button2.addActionListener(this);
        frame.addWindowListener(
            new WindowAdapter(){
                public void windowClosing(WindowEvent e){ System.exit(0); }
                } );
        }
    public void confirm(){           //登录界面验证用户名级密码是否正确
        try { Class.forName("sun.jdbc.odbc.JdbcOdbcDriver");  //纯驱动与 JDBC 相同!
        }catch(ClassNotFoundException e) { System.out.println("加载驱动程序失败!"); }
        try{
/**Connection con=DriverManager.getConnection("jdbc:odbc:driver={Microsoft
Access Driver (*.mdb)};DBQ=Staffwork.mdb");  */
Connection con=DriverManager.getConnection("jdbc:odbc:YUData");  //纯驱动程
                                                          //序与 JDBC 不同!
Statement sql=con.createStatement(); String userName = text.getText().trim();
        String pass=password.getText().trim();
String str="select * from user where user = '" + userName + "' and password
    ='"+pass+"'";
ResultSet rs=sql.executeQuery(str);
        If (rs.next()){
            new Main(userName);  con.close();
            text.setText("");     password.setText("");
        }else{
JOptionPane.showMessageDialog(null, "输入信息有误", "提示!", JOptionPane.YES_
NO_OPTION);
            text.setText("");     password.setText("");    }
        }catch(SQLException g){ System.out.println("E Code"+g.getErrorCode());
        System.out.println("E M"+g.getMessage());    }
    }
    public void actionPerformed(ActionEvent e){
        String cmd=e.getActionCommand();
        if (cmd.equals("登录")) { confirm(); }
        else if (cmd.equals("取消")) { frame.dispose(); }
    }
```

15.4.2 主控平台模块

1. 主控模块功能与运行效果图

本应用系统根据软件界面友好性、便捷性机制设置了美观得体、界面友好、整齐有序的主控平台窗体。当登录模块身份验证通过后即进入该窗体（Main.java），通过菜单调用各级子模块，使用户能够方便地完成所需执行的相关功能。运行效果如图 15-4 所示。

图 15-4　高校员工信息管理系统主控用户界面

2. 主控模块代码

主控模块（Main.java）代码如下：

```java
import java.awt.*;
import java.awt.event.*;
import javax.swing.*;
import javax.swing.border.*;
import java.util.*;
public class Main extends Frame implements ActionListener {
    public Main(){      }
    String userName;
    MenuItem item1, item2, item3, item4, item5, item6, item7, item8;
    JPanel panelTitle, panelPic, panelFoot;
    public Main(String uname){
        this.userName=uname;
        JFrame frame=new JFrame("欢迎进入:高校员工信息管理系统");
        MenuBar menuBar=new MenuBar();
        Menu m1=new Menu("系统管理");      Menu m2=new Menu("员工管理");
        Menu m3=new Menu("信息查询");      Menu m4=new Menu("关于系统");
        menuBar.add(m1);                  menuBar.add(m2);
        menuBar.add(m3);                  menuBar.add(m4);
        item1=new MenuItem("修改密码");    item2=new MenuItem("退出系统");
        item3=new MenuItem("增加员工信息");
        item4=new MenuItem("修改员工信息");
        item5=new MenuItem("删除员工信息");
        item6=new MenuItem("员工信息查询");
        item7=new MenuItem("学生条件查询");
        item8=new MenuItem("系统未竞事宜说明");
        m1.add(item1);                    m1.add(item2);
        m2.add(item3);                    m2.add(item4);
        m2.add(item5);                    m3.add(item6);
        m3.add(item7);                    m4.add(item8);
        item1.addActionListener(this);
        item2.addActionListener(this);
        item3.addActionListener(this);
        item4.addActionListener(this);
        item5.addActionListener(this);
        item6.addActionListener(this);
        item7.addActionListener(this);
        item8.addActionListener(this); panelTitle = new JPanel(); panelPic = new JPanel();
        panelFoot=new JPanel();
        JLabel labelTitle=new JLabel("<html><font size='5' face='黑体'>主控窗体</font>");
        panelTitle.add(labelTitle);
        JLabel labelPic=new JLabel(new ImageIcon("MainPic.jpg"));
        panelPic.add(labelPic);
        panelFoot.add(new JLabel("Design By SitYu 2015"));
```

```
    frame.add("North", panelTitle);        frame.add("Center", panelPic);
    frame.add("South", panelFoot); Toolkit kit=Toolkit.getDefaultToolkit();
    Dimension screen=kit.getScreenSize();
    int x=screen.width;                     int y=screen.height;
    frame.setSize(400,300);                 int xCenter=(x - 400) / 2;
    int yCenter=(y-300)/2;
    frame.setLocation(xCenter, yCenter);    frame.setVisible(true);
    frame.setResizable(false);              frame.setMenuBar(menuBar);
    //------------------------------------------------------------
    addWindowListener(
        new WindowAdapter(){
            public void windowClosing(WindowEvent e){
            System.exit(0);}
        } );
    }
public void actionPerformed(ActionEvent e){
    if(e.getSource()==item1){
        ChangePassword changePassword = new ChangePassword("");
    }
    if(e.getSource()==item2){System.exit(0);}
    if(e.getSource()==item3){StaffInput staffInput = new StaffInput(); }
    if(e.getSource()==item4){StaffEdit staffEdit = new StaffEdit();}
    if(e.getSource()==item5){ StaffDelete staffdelete = new StaffDelete(); }
    if(e.getSource()==item6) {
        StaffBrower staffBrower=new StaffBrower();
        staffBrower.showRecord();}
    if(e.getSource()==item7){
QueryTest queryt=new QueryTest("高校员工信息管理系统: 学生条件查询"); }
    if(e.getSource()==item8){     }     }
}
```

15.4.3 密码修改模块

1. 密码修改功能与运行效果图

该模块负责系统密码的修改, 运行效果如图 15-5 所示。

图 15-5 修改系统用户密码界面

2. 密码修改模块代码

密码修改模块关键代码如下:

```
public void actionPerformed(ActionEvent e){
    String cmd=e.getActionCommand();
    if(cmd.equals("确定")){
```

```
if(text.getText().equals("")||password2.getText().equals("")||password3.
getText(). equals("")){
   JOptionPane.showMessageDialog(null,"请填写用户的所有信息","提示",
      JOptionPane. YES_NO_OPTION);
      return;}
   if(password2.getText().trim().equals(password3.getText().trim())){
      changePassword(); }
   }
   else if(cmd.equals("取消")){ frame.hide();
}
}
```

15.4.4　员工管理模块

员工管理模块包括增加员工记录信息、修改员工数据信息、删除员工记录信息 3 个子模块，由菜单负责调用执行。

1. 增加员工信息模块

（1）增加员工信息模块运行及效果图。当选择"员工管理"菜单中的"增加公司员工"命令时出现如图 15-6 所示的添加对话框，即可执行员工记录信息的添加。

（2）增加员工信息模块关键代码。增加员工信息模块关键代码如下所述。

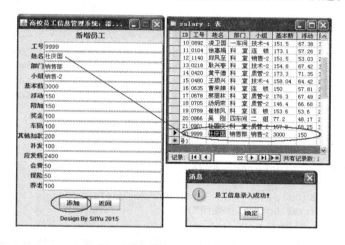

图 15-6　增加员工记录界面

```
public void insertRecord(){
if (text1.getText().equals("")||text2.getText().equals("")||text3.get
Text().equals("") ||
text4.getText().equals("") || text5.getText().equals("") || text6.getText().
equals("") ||
text7.getText().equals("") || text8.getText().equals("") || text9.getText().
equals("") ||
text10.getText().equals("")||text11.getText().equals("")||text12.getText().
equals("") ||
text13.getText().equals("") || text14.getText().equals("")|| text15.getText().
equals("")){
JOptionPane.showMessageDialog(frame, "请填写新员工资料");
      return; }
```

```
try {  Class.forName("sun.jdbc.odbc.JdbcOdbcDriver");
} catch (ClassNotFoundException e) { System.out.println("加载驱动程序失败!"); }
try {
        /** Connection con=DriverManager.getConnection("jdbc:odbc:driver=
        {Microsoft Access Driver
        (*.mdb)};DBQ=Staffwork.mdb");        */
        Connection con=DriverManager.getConnection("jdbc:odbc:YUData");
        //纯驱动程序与 JDBC 不同!
Statement sql;
String str = "insert into Staffwork(工号, 姓名, 部门, 小组, 基本薪, 浮动, 附
    加, 奖金 , 车贴,其他扣款, 补发, 应发薪, 会费, 保险, 养老) values ('" +
    text1.getText()+"','" + text2.getText()+"','"+ text3.getText() + "','"
    + text4.getText()+"','" + text5.getText()+"','"+ text6.getText() + "','"+
    text7.getText()+"','"+ text8.getText()+"','"+ text9.getText() + "','"+
    text10.getText()+"','"+ text11.getText()+"','"+ text12.getText() + "','"+
    text13.getText()+"','"+ text14.getText()+"','"  +text15.getText() + "')";
String query="select * from Staffwork where 工号 ='" + text1.getText()+ "'";
sql=con.createStatement(); ResultSet rs=sql.executeQuery(query);
boolean moreRecords=rs.next();
if (moreRecords){
JOptionPane.showMessageDialog(frame, "员工工号已经被使用,请重新输入");
con.close();     text1.setText("");        return; }
int insert=sql.executeUpdate(str);
    if(insert==1){
    JOptionPane.showMessageDialog(null, "员工信息录入成功! ");
        text1.setText("");    text2.setText("");       text3.setText("");
        text4.setText("");    text5.setText("");       text6.setText("");
        text7.setText("");    text8.setText("");       text9.setText("");
        text10.setText("");   text11.setText("");      text12.setText("");
        text13.setText("");   text14.setText("");      text15.setText("");}
    } catch (SQLException g) {
        System.out.println("E Code" + g.getErrorCode());
        System.out.println("E M " + g.getMessage());         }
}
public void actionPerformed(ActionEvent e){
    String cmd=e.getActionCommand();
    if (cmd.equals("添加")) {insertRecord(); }
    else if (cmd.equals("返回"))
        frame.hide();
}
```

2. 修改员工信息模块

（1）修改员工信息模块运行及效果图。当选择"员工管理"菜单中的"修改员工信息"命令时，会出现修改员工信息界面。首先在对话框的工号栏中输入工号，单击"显示修改的员工信息"按钮，显示表中详细信息，而后酌情修改。修改后再单击"修改"按钮，即可完成具体信息的修改。单击"返回"按钮可返回如图 15-7 所示的主控用户界面。

（2）修改员工信息模块关键代码。修改员工信息模块关键代码如下：

图 15-7　修改员工信息界面

```java
public void actionPerformed(ActionEvent e){
    Connection conn;  Statement sql;  ResultSet rs;
    String s1=text1.getText().toString().trim(); String s2=text2.getText().
        toString().trim();
    String s3=text3.getText().toString().trim(); String s4=text4.getText().
        toString().trim();
    String s5=text5.getText().toString().trim(); String s6=text6.getText().
        toString().trim();
    String s7=text7.getText().toString().trim(); String s8 = text8.getText().
        toString().trim();
    String s9=text9.getText().toString().trim(); String s10 = text10. getText().
        toString().trim();
    String s11=text11.getText().toString().trim(); String s12=text12.get
        Text().toString().trim();
    String s13=text13.getText().toString().trim(); String s14 = text14.get
        Text().toString().trim();
    String s15=text15.getText().toString().trim(); int sum=0;
    try { Class.forName("sun.jdbc.odbc.JdbcOdbcDriver");
    } catch (ClassNotFoundException ee) { System.out.println("" + ee); }
    if (e.getSource()== button1){
        try {
/**Connection con=DriverManager.getConnection("jdbc:odbc:driver={Microsoft
Access Driver (*.mdb)};DBQ=Staffwork.mdb"); */
    Connection con=DriverManager.getConnection("jdbc:odbc:YUData");
    //纯驱动程序与 JDBC 不同!
sql=con.createStatement();
rs=sql.executeQuery("SELECT * FROM Staffwork where 工号='" + s1+ "'");
while (rs.next()){
    String sa=rs.getString(2);  String sb=rs.getString(3); String sc =
        rs.getString(4);
    String sd=rs.getString(5);  String se=rs.getString(6); String sf=
        rs.getString(7);
    String sg=rs.getString(8);  String sh=rs.getString(9); String si=
        rs.getString(10);
    String sj=rs.getString(11); String sk=rs.getString(12); String
        sl=rs.getString(13);
    String sm=rs.getString(14); String sn=rs.getString(15); String so=
        rs.getString(16);
    text1.setText(sa);  text2.setText(sb);          text3.setText(sc);
    text4.setText(sd);  text5.setText(se);          text6.setText(sf);
    text7.setText(sg);  text8.setText(sh);          text9.setText(si);
    text10.setText(sj); text11.setText(sk);         text12.setText(sl);
    text13.setText(sm); text14.setText(sn);         text15.setText(so);
        sum++; }
    if (sum == 0) { JOptionPane.showMessageDialog(null, "你要修改的员工信息不存在"); }
    con.close();
    }catch (SQLException ex){    System.out.println(ex); }
    }
    if (e.getSource()== button2){
try {
```

```
Connection con=DriverManager.getConnection("jdbc:odbc:YUData");
sql=con.createStatement();
sql.executeUpdate("UPDATE Staffwork SET 姓名='" + s2 + "',部门='" + s3+ "',
    小组='" + s4 + "',基本薪='" + s5 + "',浮动='" + s6+ "',附加='" + s7 + "',
    奖金='" + s8 + "',车贴='" + s9   + "',其他扣款='" + s10 + "',补发='" + s11
    + "',应发薪='" + s12+ "',会费='" + s13 + "',保险='" + s14 + "',养老='" + s15+
    "'WHERE 工号='" + s1 + "'");
setVisible(false);JOptionPane.showMessageDialog(null, "你已经成功修改员工信息");
con.close();
}catch (SQLException ex) { System.out.println(ex); }
    }
if (e.getSource()== button3){ frame.hide(); }
}
```

3. 删除员工信息模块

（1）修改员工信息模块运行及效果图。当选择"员工管理"菜单中的"删除公司员工"命令时出现如图 15-8 所示的删除对话框架。其中，要先输入欲删除员工的工号，单击"查询"按钮，系统自动查找到后并显示员工部分信息，让用户确认后再单击"删除"按钮，即可完成员工记录信息的删除。

图 15-8　员工记录删除界面

（2）删除员工信息模块关键代码。删除员工信息模块关键代码如下：

```
public void deleteRecord(int index){
try { Class.forName("sun.jdbc.odbc.JdbcOdbcDriver");
}catch(ClassNotFoundException e) {System.out.println("加载驱动程序失败!"); }
try {
Connection con=DriverManager.getConnection("jdbc:odbc:YUData");
//纯驱动程序与 JDBC 不同!
Statement sql=con.createStatement();    String    str1    =    (String)
(ar[index][0]);
String str2="delete * from Staffwork  where 工号 ='"+str1+"'";
sql=con.createStatement(); int del=sql.executeUpdate(str2);
    if(del==1){
JOptionPane.showMessageDialog(null,"删除成功! ", "信息", JOptionPane.YES_NO_OPTION); }
    con.close(); frame.repaint();
}catch(SQLException g) { System.out.println("E Code"+g.getErrorCode());
                        System.out.println("E M"+g.getMessage()); }
}
public void actionPerformed(ActionEvent e){
    String remember=""; String q1="" ;
    String cmd=e.getActionCommand();
```

```
if(cmd.equals("查询")) { ql=text.getText().trim();
    remember=ql; showRecord(ql); }
if(cmd.equals("删除")) { int index=table.getSelectedRow();
    if( index==-1) {
        JOptionPane.showMessageDialog(null,"请选定删除行","输入错误", JOptionPane.
        YES_NO_OPTION); }
    else { deleteRecord(index); }
}
if(cmd.equals("返回")) { frame.hide(); }
}
```

15.4.5　信息查询模块

信息查询模块包括表中员工信息的整体查询和学生信息的条件查询两个子模块，由菜单负责执行。

1. 员工信息查询模块

（1）员工信息查询模块运行及效果图。当选择"信息查询"菜单中的"员工信息查询"命令时出现如图 15-9 所示的信息查询对话框。

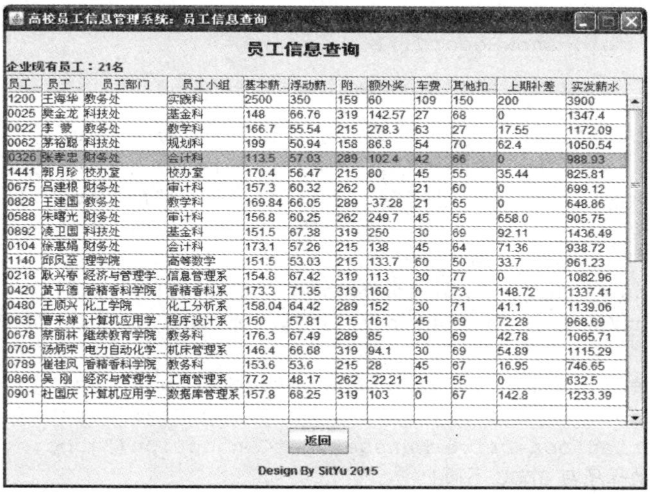

图 15-9　员工信息查询界面

（2）员工信息查询模块关键代码。员工信息查询模块关键代码如下：

```
import java.awt.event.*;          import javax.swing.*;
import java.awt.*;                import java.sql.*;
public class StaffBrower implements ActionListener{
    JFrame frame; JLabel labelTitle, labelSummary, labelDesign; JTable table;
        Object colTitle[]={"员工工号", "员工姓名", "员工部门", "员工小组", "基本薪水",
            "浮动薪水", "附加薪水", "额外奖金", "车费补贴", "其他扣款", "上期补差", "实发薪水"};
    Object ar[][]=new Object [100][12];      JButton button;
    JPanel panelHead, panelBody, panelBodyTable, panelBodySummary,
        panelBodyButton, panelFoot;
    String count="xx";
    StaffBrower(){
    frame=new JFrame("高校员工信息管理系统: 员工信息查询");
```

```
frame.setLayout(new BorderLayout());        panelHead=new JPanel();
panelBody=new JPanel();                     panelBodyTable=new JPanel();
panelBodySummary=new JPanel();              panelBodyButton=new JPanel();
panelFoot=new JPanel();
labelTitle = new JLabel("<html><font size='5' face='黑体'>员工信息查询</font>");
labelSummary = new JLabel("企业现有员工: "+count+"名");
table = new JTable(ar, colTitle); JScrollPane scrollpane = new JScrollPane(table);
panelHead.add(labelTitle); panelBody.setLayout(new BorderLayout());
panelBodySummary.setLayout(new GridLayout());
panelBodySummary.add(labelSummary);button=new JButton("返回");
panelBodyButton.add(button); panelBody.add("North", panelBodySummary);
panelBody.add("Center", scrollpane); panelBody.add("South", panelBodyButton);
labelDesign = new JLabel("Design By SitYu 2015"); panelFoot.add(labelDesign);
frame.add("North", panelHead); frame.add("Center", panelBody);
frame.add("South", panelFoot); Toolkit kit=Toolkit.getDefaultToolkit();
Dimension screen=kit.getScreenSize();
int x=screen.width; int y=screen.height; int xCenter=(x - 1000)/2;
int yCenter=(y-700)/2; frame.setLocation(xCenter, yCenter);
frame.setVisible(true);          frame.setSize(1000,700);
frame.setResizable(false);  button.addActionListener(this); }
    public void showRecord(){
    int i=0;
    while(i>=0){
    ar[i][0]=""; ar[i][1]="";    ar[i][2]="";    ar[i][3]="";
    ar[i][4]=""; ar[i][5]="";    ar[i][6]="";    ar[i][7]="";
    ar[i][8]=""; ar[i][9]="";    ar[i][10]="";   ar[i][11]="";
        i--;  }
    i=0;
try { Class.forName("sun.jdbc.odbc.JdbcOdbcDriver");
}catch(ClassNotFoundException e) { System.out.println("加载驱动程序失败!"); }
try {
    /*Connection con = DriverManager.getConnection("jdbc:odbc:driver=
    {Microsoft Access Driver (*.mdb)};DBQ=Staffwork.mdb");  */
    Connection con=DriverManager.getConnection("jdbc:odbc:YUData");
    //纯驱动程序与 JDBC 不同!
    Statement sql=con.createStatement(); String str = "select * from Staffwork";
    ResultSet rs=sql.executeQuery(str);
    while(rs.next()){
String title1=rs.getString(2);   String title2=rs.getString(3);
String title3=rs.getString(4);   String title4=rs.getString(5);
String title5=rs.getString(6);   String title6=rs.getString(7);
String title7=rs.getString(8);   String title8=rs.getString(9);
String title9=rs.getString(10); String title10=rs.getString(11);
String title11=rs.getString(12);    String title12=rs.getString(13);
ar[i][0]=title1; ar[i][1] = title2; ar[i][2]=title3; ar[i][3] = title4;
ar[i][4]=title5; ar[i][5] = title6; ar[i][6]=title7; ar[i][7] = title8;
ar[i][8]=title9; ar[i][9] = title10; ar[i][10]=title11; ar[i][11] = title12;
    i++; }
    count=""+i+"";    labelSummary.setText("企业现有员工: "+count+"名");
    frame.repaint(); con.close();
```

```
        }catch (SQLException g) { System.out.println("E Code"+g.getErrorCode());
            System.out.println("E M"+g.getMessage()); }
    }
    public void actionPerformed(ActionEvent e) { String cmd=e.getActionCommand();
    if(cmd.equals("返回")) {  frame.hide(); }
    }
    public static void main(String[] args){
    StaffBrower testb=new StaffBrower(); }
}
```

2. 学生条件查询模块

（1）学生条件查询模块运行及效果图。当单"信息查询"菜单中的"学生条件查询"命令时出现如图 15-11 所示的学生条件查询对话框。该对话框初看不复杂，但它：①可通过"请选择表"的列表动态选择学生表、课程表、成绩表、班级表，②通过"请选择关键字" 的列表动态地对相应表下各字段（数据项）全方位式地模糊查询。

- 学生表。当"请选择表"的列表选择学生表时，在"请选择关键字"列表中可选择：学号、姓名、性别、班级编号、学分、区域、校名等进行模糊查询，此处仅枚举对学生表下校名、学号两字段模糊查询，效果如图 15-10 与图 15-11 所示。

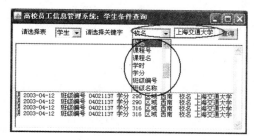

图 15-10　学生表中按校名字段模糊查询

图 15-11　学生表中按学号字段模糊查询

- 课程表。当在"请选择表"的列表选择"课程"表时，在"请选择关键字"列表中可选择：课程号、课程名、学时、学分进行模糊查询，此处仅枚举对课程表下课程名、学分两字段模糊查询，效果如图 15-12 与图 15-13 所示。

图 15-12　课程表中按课程名字段模糊查询

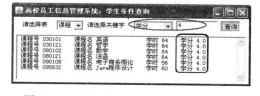

图 15-13　课程表中按学分字段模糊查询

- 班级表。当在"请选择表"的列表选择"班级"表时，在"请选择关键字"列表中可选择：班级编号、班级名称、院系、辅导员、学分、学生数进行模糊查询，此处仅枚举对班级表下班级编号、院系两字段模糊查询，效果如图 15-14 与图 15-15 所示。
- 成绩表。当在"请选择表"的列表选择"成绩"表时，在"请选择关键字"列表中可选择：学号、课程号、课程名、成绩、补考成绩进行模糊查询，此处仅枚举对成绩表下课程号、成绩两字段模糊查询，效果如图 15-16 与图 15-17 所示。图 15-17 中是对成绩高位为 7、个位任意的模糊查询。

图 15-14　班级表中按班级编号字段模糊查询　　　　图 15-15　班级表中按院系字段模糊查询

图 15-16　成绩表中按课程号字段模糊查询　　　　图 15-17　成绩表中按课程号字段模糊查询

（2）学生条件查询模块关键代码。员工信息查询模块关键代码如下：

```java
public void actionPerformed(ActionEvent e){
if(e.getSource()==btn1){ Connection conn; Statement sql; ResultSet rs;
    String string=text.getText().toString().trim();
try { Class.forName("sun.jdbc.odbc.JdbcOdbcDriver"); //纯驱动程序与JDBC相同!
}       //使用forName()建立JDBC-ODBC桥接器,有可能发生异常,所以捕获异常
catch(ClassNotFoundException ee){ System.out.println(""+ee); }
    if(choice1.getSelectedItem()=="学生"){     //学生表
        te.setText("");
try { conn=DriverManager.getConnection("jdbc:odbc:YUData","","");
//创建连接与指定的数据库
sql=conn.createStatement(); //创建Statement对象,用来发送SQL语句并获运行结果
rs=sql.executeQuery("SELECT * FROM 学生 WHERE "+choice2.getSelectedItem()+"
like '"+text.getText().toString().trim()+"%'");        //创建结果集
    sum=0;
    while(rs.next()){
        te.append("学号 "+rs.getString(1)+"   "); te.append("姓名 "+rs.getString(2)+" ");
        te.append("性别 "+rs.getString(3)+" "); te.append("出生日期 "+rs.getString(4)+" ");
        te.append("班级编号 "+rs.getString(5)+" "); te.append("学分 "+rs.getString(6)+" ");
        te.append("区域 "+rs.getString(7)+" "); te.append("校名 "+rs.getString(8)+" ");
        te.append("\n"); sum++; }
if(sum==0)  {
    te.setText("");      te.append("数据库中的记录为0!"); }
    conn.close();}
 catch(SQLException ex) { System.out.println(ex); }
    }
    if(choice1.getSelectedItem()=="课程"){ te.setText("");
    try { conn=DriverManager.getConnection("jdbc:odbc:YUData","","");//创建库连接
    sql=conn.createStatement(); //创建Statement对象,用来发送SQL语句获取结果
        rs=sql.executeQuery("SELECT * FROM 课程 WHERE "+choice2.getSelectedItem()+"
        like'"+text.getText().toString().trim()+"%'");//创建结果集
    sum=0;
    while(rs.next()){
        te.append("课程号 "+rs.getString(1)+" "); te.append("课程名 "+rs.getString(2)+"  ");
        te.append("学时 "+rs.getString(3)+" "); te.append("学分 "+rs.getString(4)+" ");
        te.append("\n"); sum++;}
```

```
        if(sum==0) { te.setText(""); te.append("数据库中的记录为 0!"); }
        conn.close(); }
    catch(SQLException ex){ System.out.println(ex); }
        }
        if(choice1.getSelectedItem()=="班级"){te.setText("");
try { conn=DriverManager.getConnection("jdbc:odbc:YUData","",""); }
//创建与指定数据库连接
sql=conn.createStatement(); //创建 Statement 对象，用来发送 SQL 语句获取结果
rs=sql.executeQuery("SELECT * FROM 班级 WHERE "+choice2.getSelectedItem()+"
    like'"+text.getText().toString().trim()+"%'"); //创建结果集
sum=0;
while(rs.next()){
te.append("班级编号"+rs.getString(1)+" "); te.append("班级名称"+rs.getString(2)+" ");
te.append("院系"+rs.getString(3)+" "); te.append("辅导员"+rs.getString(4)+" ");
te.append("学生数"+rs.getString(5)+"   "); te.append("\n");
sum++; }
    if(sum==0){
        te.setText("");  te.append("数据库中的记录为 0!"); }
        conn.close();
}catch(SQLException ex) { System.out.println(ex);          }
        }
if(choice1.getSelectedItem()=="成绩"){ te.setText("");
try {    conn=DriverManager.getConnection("jdbc:odbc:YUData","","");
//创建与指定数据库连接
sql=conn.createStatement();  //创建 Statement 对象，用来发送 SQL 语句获取结果
rs=sql.executeQuery("SELECT * FROM 成绩 WHERE "+choice2.getSelectedItem()+"
    like'"+text.getText().toString().trim()+"%'"); //创建结果集
sum=0;
while(rs.next()){
te.append("学号"+rs.getString(1)+" "); te.append("课程号"+rs.getString(2)+" ");
te.append("课程名"+rs.getString(3)+" "); te.append("成绩"+rs.getString(4)+" ");
te.append("补考成绩"+rs.getString(5)+"   ");    te.append("\n");
sum++; }
    if(sum==0){ te.setText(""); te.append("数据库中的记录为 0!"); }
    conn.close(); }
catch(SQLException ex){ System.out.println(ex); }
    }}
}
```

本 章 小 结

本章介绍了 Java 应用开发与课程设计具体实例。通常，系统开发要经历系统规划、系统分析、系统设计、系统实施、系统运行与维护 5 个阶段。高校学生管理信息系统主要包括：初始化、信息管理、成绩管理、信息查询、数据统计、系统设置与帮助等基本功能。

本章主要讲述了系统开发概述、系统平台需求、系统功能需求、系统总体构思、系统模块设计、系统数据流程、数据库、设计，同时介绍了详细设计和主要程序代码的实现过程。

思考与练习

一、选择题

1. 系统开发要经历系统规划、系统分析、_____、系统实施、系统运行与维护 5 个阶段。
   A. 系统设计　　　　　B. 总体设计　　　　　C. 详细设计　　　　　D. 编码设计

2. 系统开发的总体任务是实现学生信息管理的系统化、_____和自动化。
   A. 合理化　　　　　B. 规范化　　　　　C. 集成化　　　　　D. 方便化

3. 系统分析是指系统初步调查、_____、系统详细调查、需求分析等。
   A. 系统规模性研究　　　　　　　　　B. 系统安全性研究
   C. 系统可行性研究　　　　　　　　　D. 系统可靠性研究

4. 系统设计包括总体设计与_____。
   A. 编码设计　　　　　B. 任务设计　　　　　C. 具体设计　　　　　D. 详细设计

5. 数据库规划与设计是数据库应用与系统开发和建设的_____。
   A. 编码问题　　　B. 关键问题　　　C. 重要问题　　　D. 具体问题

二、是非题

1. 系统分析是指系统初步调查、系统可行性研究、系统详细调查、需求分析等。　（　　　）

2. 系统实施仅包括安装与调试、人员的培训、系统的切换运行。　（　　　）

3. 高校员工信息管理系统采用编辑软件为 JCreator 等。　（　　　）

4. 语句 JLabel pic = new JLabel(new ImageIcon("EnterPic.jpg"));是用于显示界面背景的。

　（　　　）

三、思考与实验

1. 简述数据库设计的过程。

2. 试述本实例中数据库的连接方式。

3. 简述学生条件查询模块的特点与效用。

4. 若让你设计一个企业进出存库存管理程序，试勾勒其合理的模块构架。

5. 试问高校员工信息管理系统包括哪些功能模块？并述登录模块的技术特色。

6. 使用设计一个劳动工资信息管理系统，基本功能包括：

（1）职工基本信息的添加、删除、修改与查询。

（2）职工工资信息的添加、删除、修改与查询。

附录 A
《Java 程序设计及应用开发教程》实验

实验一　Java 开发环境设置与简单程序编写

一、实验目的

（1）了解 JDK 版本选择与掌握 JDK 的安装及环境设置。

（2）掌握 JCreator、Eclipse 工具的使用和编辑 Java 源文件的方法。

（3）掌握 Java Application、Java Applet 程序的结构。

（4）掌握 Java Application、Java Applet 程序的编译与运行。

二、实验提要

（1）JDK 的安装及环境变量设置；JCreator 的安装与设置。

（2）分别使用 JDK 命令语句、JCreator 与 Eclipse 编译、运行 Java Application 程序。

（3）分别使用 JDK 命令语句和 JCreator 编译、运行 Java Applet 程序，编写嵌入.Class 字节码文件 HTML 文件，并用创览器测览该网页。

三、实验内容与过程

（1）JDK 的安装及环境设置。启动 IE 浏览器，登录网站（http://java.sun.com/downloads/），下载 Java 并参阅安装 Java 和设置环境变量。

（2）参阅 1.6 节下载 JCreator 、Eclipse 并安装和设置 JCreator 系统。

（3）编写 Java Application 和 Java Applet 程序：

- 编写 Java Application 程序，输出"我的第一个 Java Application 实验程序"。
- 编写 Java Application 程序，输出"我的第一个 Java Applet 实验程序"。

（4）　Java 程序的编译与运行：

- 使用 JDK 命令语句方式分别对编写的 Java Application 和 Java Applet 程序进行编译与运行。
- 使用 JCreator 方式分别对编写的 Java Application 和 Java Applet 程序进行编译与运行。

四、实验练习

（1）已知程序代码如下，试问该程序是 Java Application 还是 Java Applet？判定类型后将该程序改写成为另外一种形式，完成同样输出。

```
import java.applet.Applet; import java.awt.Graphics;
public class TestMe extends Applet{
  public void paint(Graphics g){
```

```
g.drawstring("What Type  am  I? ",10,20);  }  }
```
（2）完成第 1 章思考与实验中的题 7 和题 8。

实验二 Java 语言基础

一、实验目的

（1）理解变量定义的作用与具体方法，掌握各种基本数据类型及其运算过程。
（2）掌握各种运算符及其相关表达式的使用与运算过程。
（3）理解 Java 中的优先级控制与类型转换。

二、实验提要

（1）各种基本数据类型与变量定义；运算符及其相关表达式的使用。
（2）优先级控制与类型转换。

三、实验内容与过程

（1）建立文件夹 TestJava（注意程序与文件夹的大小写），在其中建立如下文件，利用命令格式语句 javac TestJava.java 和 java TestJava 进行编译、运行并分析输出结果。

```
public class ArithTest{
    public static void main( String args[] ){
    int a=8;
    int i=1;int j=++i;int b=-a;int k=j++;
    System.out.println("a="+a);
    System.out.println("b="+b);
    System.out.println("i="+i);System.out.println("j="+j);
    System.out.println("k="+k); }
}
```

（2）编写一个应用程序，分别定义下列类型的变量（值可任意给定）：int、short、long、float、double、boolean、char、Sting，然后输出。
（3）判断以下语句，其值各是多少？
X = 7+3*5/2-1;   X = 3%3+3*3-3/3;   X=3*9*(3+(9*3/(3))))
（4）完成例 2-8 实验验证，并将其中 int n=359 改成 int n=579。
（5）完成例 2-11 实验验证，并将其中 int x=29; 改成 int x=35;。
（6）完成例 2-14 实验验证。

四、实验练习

（1）试完成第 2 章思考与实验中第 10 题、例 2-15 的实验验证。
（2）试完成例 2-9 实验验证，并将其中 int year=2014;改成 int year=2015;判断输出。

实验三　　Java 流程控制与数组、字符串

一、实验目的

（1）掌握条件语句 if...else、分支语句 switch...case 及 break 与 continue 的使用方法。
（2）掌握 while 循环语句、do...while 循环语句和 for 循环语句的使用方法。
（3）掌握的数组的定义、初始化和引用，会利用数组解决一些实际问题。
（4）字符串的定义与使用。

二、实验提要

（1）分支结构（if...else 与 switch...case 等语句）程序设计。
（2）循环结构（while、do...while 和 for 循环语句）及跳转语句等的程序设计。
（3）数组的简单应用与字符串的使用。

三、实验内容与过程

（1）编写：1～1200 间能被 3 与 7 同时整除的数的输出程序，完成实验验证。

```java
public class Div37Test{
    public static void main (String args[]){
    int n,num,num1;
    System.out.println("在1~1200可被3与7整除的为");
    for (n=1;n<=1200;n++){
        num =n%3;num1=n%7;
        if (num==0 && num1==0)
        System.out.print(n+" "); }
    System.out.println(" ");  }
}
```

注：编辑、建立 Div37Test.java，分别利用命令与 JCreator 编译、运行。然后，用 while、do...while 语句完成相同功能。

（2）用 for 语句求出 1～150 间所有的偶数和。
（3）用数组编程求所给数组的最大与最小值，并用 while 完成相应功能与实验验证。

```java
public class ArrSort1{
  public static void main(String[] args){
  int arr[]={10,18,-10,9,28};
    int min=0,max=0,i;
    for(i=0;i<5;i++){
      if(max<arr[i]) max=arr[i];
      if(min>arr[i]) min=arr[i];}
  System.out.println("数组的最大值是:" +max);
  System.out.println("数组的最小值是:"+min);  }
}
```

（4）完成例 4-4 与例 4-6 的实验验证。

四、实验练习

（1）试完成第 3 章思考与实验中第 12 题实验验证。

（2）试完成第 3 章思考与实验中第 15 题实验验证。

（3）试完成例 4-3 实验验证，并将方阵数该为 5。

（4）试完成例 3-15 实验验证，并用 while 完成相应功能。

实验四　对　象　与　类

一、实验目的

（1）掌握类与对象及其相互间的关系，掌握定义类与创建对象实例的方法和引用。

（2）掌握类的方法、构造方法及成员变量的创建与使用。

（3）掌握类及其成员的访问控制符的使用。

二、实验提要

（1）定义类与创建对象实例及其引用。

（2）类的构造方法及成员变量和方法的创建与使用。

（3）类及其成员的访问控制符的使用。

三、实验内容与过程

（1）定义一个求解圆面积的类及其相关方法与成员变量。首先建立文件夹 Test，在其中建立如下文件，然后进行编译、运行并分析输出结果。

```
class SCircle{ double pi,rad;
    double getSArea(){ return pi*rad*rad; }
    void setCircle(double r, double p) { pi=p;rad=r; } }
public class TestSC{    //主类
    public static void main(String args[]){
    SCircle sc=new SCircle();sc.setCircle(10.0,3.14);
    System.out.println("SArea="+sc.getSArea()); } }
```

（2）类成员变量及作用域使用。在 JCreator 中编辑、编译、运行 DateEx.java 程序。

```
public class DateEx{
    private int year,month,day;              //实例变量,私有的
    static int count=0;                       //类变量
    public DateEx(int y,int m,int d)     {
        year=y;month=(((m>=1) & (m<=12))?m:1);
        day=(((d>=1) & (d<=31)) ? d : 1);count++; }
    public static void print_count(){    //类方法，只能访问类变量
        System.out.print("count="+count+"     "); }
    public void print(){   //实例方法,可以访问类变量和实例变量
        print_count();                       //调用类方法
        System.out.println("date is "+year+'-'+month+'-'+day);}
    public void finalize(){ count--; }     }
class DateM0{                                //其他类
  public static void main(String args[]){
  DateEx a=new DateEx(2006,4,28) ;
  a.print_count();                        //通过对象调用类方法
  a.print();                              //通过对象调用实例方法
    DateEx b=new DateEx(2007,2,21) ;
    b.print();a.finalize();
```

```
        DateEx.print_count();    }                        //通过类名调用类方法
}
```

（3）通过 4 个员工对象数据赋值来描述类间类成员变量和成员方法的引用。

```
import Java.util.*;
public class ObjectTest{
    public static void main(String[] args){
        Object[] staff=new Object[4]; // 将 4 个员工对象的数据赋值给职工数组
            staff[0]=new Object("张重庆", 6500,2014, 10,20);
            staff[1]=new Object("李上海", 5500,2013, 5, 25);
            staff[2]=new Object("王南京", 1500,2014, 5, 23);
            staff[3]=new Object("赵文远", 2500,2014, 4, 20);
        for (int i=0; i<staff.length; i++)
            staff[i].raiseSalary(3);                       //每个员工的工资增长 3%
        for (int i=0; i < staff.length; i++)               // 打印输出员工信息
        { Object e=staff[i];
        System.out.println("姓名=" + e.getName()+ ",工资=" + e.getSalary()
            + ",工作日期=" + e.getHireDay());    }    }
}
class Object{
    public Object(String n, double s,int year, int month, int day)
    { name=n;        salary=s;    // GregorianCalendar 计算月份从 0 开始
        GregorianCalendar calendar= new GregorianCalendar(year, month - 1, day);
        hireDay = calendar.getTime();    }
    public String getName()      { return name;   }
    public double getSalary()    { return salary;   }
    public Date getHireDay()     { return hireDay;   }
    public void raiseSalary(double byPercent){
        double raise=salary*byPercent/100; salary += raise;    }
    private String name;   private double salary;    private Date hireDay; }
```

- 该例通过 4 个员工对象数据赋值来描述类间类成员变量和成员方法的引用。

- import Java.util.*语句表示引用系统提供的包及包中的类，乃至其下的子类。其中包括 ObjectTest 与 Object 两个类，并引用了系统提供的 Java.util 下的 GregorianCalendar 子类，用以获取 year、month、day 值

- 同时，该例引用了 Object 类下 getName()、getSalary()、getHireDay()、raiseSalary()、Object() 方法，Object() 为构造方法。main() 主方法中 Object[] staff = new Object[4] 语句为创建数组对象。.length 用以检测所建数组的长度：个数。

- staff[3] = new Object("赵文远", 2500,2004, 4, 20) 语句为创建对象与引用成员方法同时进行。第二个 for 循环用于输出 4 条数据信息。

程序运行结果如图 A-1 示。

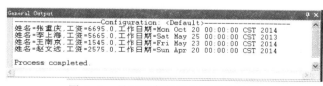

图 A-1 员工对象数据处理运行结果

（4）在 JCreator 中编辑、编译、运行例 5-8、例 5-9 及例 5-12 程序。

（5）编写 BookEx.java，定义一个具有下列属性和方法的 BookEx 类：

- 属性：书名（Title）、出版日期（Bdate）、字数（Words）、出版社（Pblish）。

- 方法：计算页数 pages= Words/1200*系数（带图片为 0.7，一般为 0.95）

四、实验练习

（1）试完成第 5 章思考与实验中第 5 题与第 7 题的实验验证。

（2）试完成第 5 章思考与实验中第 9 题实验验证。

（3）试完成例 5-10 与例 5-14 实验验证。

实验五　继承与多态

一、实验目的

（1）理解封装与继承内涵，掌握子类创建的方法

（2）掌握通过重载与覆盖实现多态机制的方法及 this 与 Super 的用法。

（3）掌握用接口实现多重继承机制的相关过程。

（4）熟悉包与类的引入和使用。

二、实验提要

（1）子类的创建与使用，多态机制中重载与覆盖的使用。

（2）类中访问权限、this 与 Super 的用法，接口的定义与实现。

（3）包与类的引入和使用。

三、实验内容与过程

（1）完成第 6 章例 6-1、例 6-2、例 6-5、例 6-7、例 6-12 JCreator 或 Eclipse 下的实验验证。

（2）分析上述程序的运行结果，并据此有所拓展或改变参数分析结果。运行结果如图 A-2 所示。

（3）创建接口 Speakable 与 Runable，并通过 Dog 与 Person 实现接口。

```
interface Speakable{ public void speak();  }   //创建接口 Speakable
interface Runable{ public void run();   }       //创建接口 Runable
class Dog implements Speakable,Runable{          //通过 Dog 实现接口
  public void speak(){
    System.out.println("狗的交互狂吠声音:汪、汪! ");  }
  public void run(){
    System.out.println("狗用四肢跑步! ");  }
}
class Person implements Speakable,Runable {
  public void speak(){
    System.out.println("人们见面时经常说:您好! ");  }
  public void run(){
    System.out.println("人用两腿行走! ");  }
}
public class InterfaceEx51{            //主程序 InterfaceEx51.java
  public static void main(String[] args){
    Dog d=new Dog();d.speak();d.run();
```

```
Person p=new Person();p.speak();p.run();  }
}
```

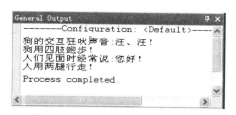

图 A-2　继承与多态处理运行示意图

四、实验练习

（1）试完成第 6 章思考与实验中第 8 题、第 9 题与第 10 题实验验证。

（2）试完成例 6-3、例 6-6、例 6-10 及例 6-11 在 JCreator 或 Eclipse 下的实验验证。

实验六　Java 的异常处理

一、实验目的

（1）理解 Java 异常的概念、异常处理机制及异常处理方式；

（2）了解常用系统预定义异常类与掌握异常处理 try-catch-finally 语句的使用方法。

（3）掌握异常的抛出与理解异常的自定义。

二、实验提要

（1）异常处理 try...catch...finally 语句的使用。

（2）异常抛出 throw 和 throws 的使用与异常的自定义。

三、实验内容与过程

（1）启动 JCreator，编辑一个具有捕获数组越界和除数为 0 的异常处理程序（TryCatchEx61.java），然后调试、编译、运行。

```
public class TryCatchEx61 {
  public static void main(String[] args) {
  int number[]={2,8,4,32,16,128,64};   int denom[]={2,0,4,4,0,8};
  for(int i=0;i<number.length ;i++)  {
   try { System.out.print(number[i]+"/"+denom[i]+" is "+number[i]/denom[i]); }
   catch(ArithmeticException exc){System.out.print(number[i]+"/"+denom[i]+":
抱歉，不能被 0 除!"); }
   catch(ArrayIndexOutOfBoundsException exc){System.out.print("No matching
element found.");}
   finally{System.out.println("不管异常与否，Finally 业已执行!");}}
  }
}
```

运行结果如图 A-3 所示。

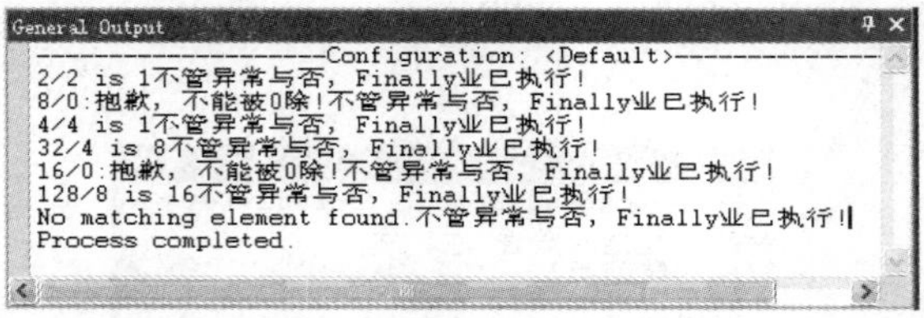

```
General Output                                          中 ×
─────────────Configuration: <Default>─────────────
2/2 is 1不管异常与否，Finally业已执行！
8/0:抱歉，不能被0除！不管异常与否，Finally业已执行！
4/4 is 1不管异常与否，Finally业已执行！
32/4 is 8不管异常与否，Finally业已执行！
16/0:抱歉，不能被0除！不管异常与否，Finally业已执行！
128/8 is 16不管异常与否，Finally业已执行！
No matching element found.不管异常与否，Finally业已执行！
Process completed.
```

图 A-3　异常的捕获与处理运行示意图

（2）使用异常捕获与处理方法，处理除数为零的异常事件。

```java
import java.util.Scanner;      //实现 Try-Catchs-Finally-Exception.java
public class TryCatchFinallyExcept{
    public static void main(String[] args){
    int op1=0;                                          //除数
    int op2=0;                                          //被除数
    Scanner in=new Scanner(System.in);
    try {
    System.out.print("请输入被除数:"); op2=Integer.parseInt(in.nextLine());
    System.out.print("请输入除数:"); op1=Integer.parseInt(in.nextLine());
    System.out.println("运算结果:"+op2/op1);          }
    catch (NumberFormatException nex) {          //捕获字符串转数字异常
        System.out.println("捕获异常:输入不为数字！");  }
    catch (ArithmeticException aex){          //捕获算术异常,除数为零
    if (op2>0) {System.out.println("异常！除数为零,结果:正无穷");     }
    else if (op2<0) {System.out.println("异常!除数为零,结果:负无穷"); }
        else {System.out.println("异常!分子/母都为零，结果不定！");}}
    catch (Exception ex) {System.out.println("出现无法处理的异常！");  }
    finally {System.out.println("异常处理结束，欢迎参与异常捕获与处理!");  }  }
    }
```

【程序解析】从运行结果看，程序在 op2/op1 这一行产生了异常，该行称为异常的抛出点。由于产生的异常是 ArithmeticException 类型，因此流程转到相应的 catch 语句中，处理结束后转到 try...catch 语句的外部。

程序运行结果如图 A-4 所示。从程序结果可见，由于包含有 finally 块，无论异常是否发生，finally 块的代码必定执行。

图 A-4　异常的捕获与处理实例示意图

（3）编辑调试、编译、运行例 7-2 的 throw 和 throws 抛出异常。

（4）完成例 7-3 自定义异常的实验验证：先编辑，后编译运行。

四、实验练习

（1）试完成第 7 章思考与实验中第 3 题的实验验证。

（2）试完成例 7-3、例 7-5 在 JCreator 或 Eclipse 下的实验验证。

实验七　AWT 组件与事件处理机制

一、实验目的

（1）熟悉 AWT 组件及其相关方法；掌握常用 AWT 组件使用方法及其一般步骤。

（2）熟悉事件处理机制，掌握各种事件处理及监听器编程方法。

（3）理解事件适配器的使用方法。

二、实验提要

（1）AWT 组件的编程与具体运用。

（2）各类事件处理的编程与运用以及监听器的编程方法。

三、实验内容与过程

（1）为文本区设置显示效果。组件包标签、列表、复选框、单选按钮及文本框，可在 JCreator 下对下列源代码进行编辑、调试、编译、运行。

```java
import java.awt.*;import java.awt.event.*;
public class TestAWTComp81 extends Frame implements ItemListener,
AdjustmentListener{
  Label labprom; Choice size; Checkbox forecolor; CheckboxGroup style;
  Checkbox p,b,i; TextArea dispText; Scrollbar mySlider; Panel p1;
  public TestAWTComp81(){
    this.setSize(350,200);   this.setTitle("基本控制组件的使用");
    labprom =new Label("字号:");    size=new Choice();
    for(int i=10;i<40;i+=2)
      size.addItem(i+"");    forecolor=new Checkbox("前景色");
      style=new CheckboxGroup();    p=new Checkbox("普通",true,style);
      b=new Checkbox("黑体",false,style); i=new Checkbox("斜体",false,style);
      dispText=new TextArea("这是单选按钮的测试;",8,50);
      mySlider=new Scrollbar(Scrollbar.HORIZONTAL,0,1,0,Integer.MAX_VALUE );
      mySlider.setUnitIncrement(100);    mySlider.setBlockIncrement(100);
      p1=new Panel();    p1.add(labprom);    p1.add(size);    p1.add(forecolor);
      p1.add(p);p1.add(b);p1.add(i); add("North",p1); add("Center",dispText);
      add("South",mySlider); size.addItemListener(this); p.addItemListener(this);
      b.addItemListener(this);i.addItemListener(this);
      mySlider.addAdjustmentListener(this);  }
  public static void main(String[] args){
    TestAWTComp81 frm=new TestAWTComp81();
    frm.setVisible(true); }
  public void itemStateChanged(ItemEvent e){
```

```
    Checkbox temp;      Choice temp1;     Font oldF=dispText.getFont() ;
  if(e.getItemSelectable()  instanceof Checkbox) {
    temp=(Checkbox)(e.getItemSelectable() );    if(temp.getLabel()=="普通")
    dispText.setFont(new Font(oldF.getName(),Font.PLAIN ,oldF.getSize()));
    if(temp.getLabel()=="黑体")
    dispText.setFont(new Font(oldF.getName(),Font.BOLD ,oldF.getSize()));
    if(temp.getLabel()=="斜体")
    dispText.setFont(new
    Font(oldF.getName(),Font.ITALIC ,oldF.getSize())); }
    if (e.getItemSelectable()  instanceof Choice){
        temp1=(Choice)(e.getItemSelectable());int
        s=Integer.parseInt(temp1.getSelectedItem());
      dispText.setFont(new Font(oldF.getName(),oldF.getStyle(),s)); }
    }
  public void adjustmentValueChanged(AdjustmentEvent e){
    int value;
    if (e.getSource()== mySlider){ value=e.getValue();
      if (forecolor.getState()== true) dispText.setForeground(Color.BLUE);
      else  dispText.setBackground(new Color(value));    } }
  }
```

程序运行结果如图 A–5 所示。

图 A–5　TestAWTComp81.java 运行示意图

（2）设计"计算器"窗口，并实现关闭窗口及响应单击
按钮事件简单处理程序（CalcEvent82.java），运行时弹出如
图 A–6 所示窗口。当单击【1】、【2】、【＋】按钮时，相应标
签添加到文本框中，单击【C】按钮时清空文本框中内容。请
在 Jcreator 下对下列源代码进行编辑、调试、编译、运行。

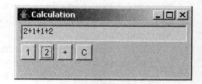

图 A–6　CalcEvent82.java 运行示意图

```
import java.awt.*;
import java.awt.event.*;
public class CalcEvent82 implements ActionListener{
Frame frm; TextField txf1;  Button butt1,butt2,butt3,butt4;
  public void display(){
      frm=new Frame("Calculation"); frm.setSize(260,150);
      frm.setLocation(320,240);frm.setBackground(Color.lightGray);
      //设置窗口初始位置与背景色
      frm.setLayout(new FlowLayout(FlowLayout.LEFT));//改变布局且左对齐
      txf1=new TextField(30);txf1.setEditable(false);  //只能显示,不允许编辑
      frm.add(txf1);butt1=new Button("1");butt2=new Button("2");
      butt3=new Button("+");butt4=new Button("C");frm.add(butt1);
      frm.add(butt2); frm.add(butt3); frm.add(butt4);
      butt1.addActionListener(this); butt2.addActionListener(this);
      //为按钮butt?注册事件监听
      butt3.addActionListener(this); butt4.addActionListener(this);
      frm.addWindowListener(new WinClose());  //为框架frm注册事件监听程序
      frm.setVisible(true);    }
```

```
    public void actionPerformed(ActionEvent e) {
        //实现ActionListener接口中的方法,单击按钮时产生该事件
        if (e.getSource()==butt4)                    //获得产生事件的对象
            txf1.setText("");
        else                                         //获取按钮标签,重新设置文本内容
            txf1.setText(txf1.getText()+e.getActionCommand()); }
    public static void main(String arg[]){
        (new CalcEvent82()).display();}
    }
class WinClose extends WindowAdapter{
    public void windowClosing(WindowEvent e)
    {   //覆盖WindowAdapter类中同名方法,单击窗口关闭按钮时产生该事件
        System.exit(0); } }                          //结束程序运行,关闭窗口
```

（3）复合键盘事件的使用。键盘事件 KeyEvent 类对象可调用 getModifiers()方法返回下列整数值，它们分别是 InputEvent 类的类常量：CTRL_MASK、ALT_MASK、SHIFT_MASK。程序可根据 getModifiers()方法返回的复合键值处理事件。例如：对于 KeyEvent 对象 e，当使用【Ctrl+C】复合键时，下面的逻辑表达式为 true：

```
e.getModifiers()==InputEvent.CTRL_MASK&&e.getKeyCode()==KeyEvent. VK_C
import java.awt.*;  import java.awt.event.*; import javax.swing.*;
public class KeyPressExample{
    public static void main(String args[]){
    Win win=new Win();   }
}
class Win extends JFrame implements KeyListener    {
    Win(){
        Container con=getContentPane();  con.setLayout(new FlowLayout());
        JTextArea text=new JTextArea(15,20); text.addKeyListener(this);
        con.add(new JScrollPane(text),BorderLayout.CENTER);
        text.setBackground(Color.pink);  //设置背景颜色
        text.setForeground(Color.blue);  //设置文字颜色
        setTitle("复合键盘事件的设计");
        setDefaultCloseOperation(JFrame.EXIT_ON_CLOSE);
        setBounds(10,10,300,300);      setVisible(true);
        validate();    }
    public void keyTyped(KeyEvent e){
    JTextArea te=(JTextArea)e.getSource();
    if (e.getModifiers()==InputEvent.CTRL_MASK&&e.getKeyCode()==KeyEvent.VK_X)
    {  te.cut();    }
    else if (e.getModifiers()==InputEvent.CTRL_MASK&&e.getKeyCode()==KeyEvent.VK_C)
    {  te.copy();   }
    else
    if (e.getModifiers()==InputEvent.CTRL_MASK&&e.getKeyCode()==KeyEvent.VK_V)
    {  te.paste(); } }
public void keyPressed(KeyEvent e) {    }
public void keyReleased(KeyEvent e) {   } }
```

【程序解析】本程序是一个复合键盘事件的应用实例，用户通过【Ctrl+C】、【Ctrl+X】和【Ctrl+V】实现文本区内容的输入、复制、剪切和粘贴。text.setBackground(Color.pink)为设置背景颜色，text.setForeground(Color.blue);完成文字颜色设置。程序运行结果如图 A-7 所示。

图 A-7　复合键盘事件运行示意图

（4）试完成第 8 章思考与实验中第 7 题的实验验证过程。

（5）试完成例 8-5、例 8-7、例 8-12 与例 8-14 的实验验证过程。

四、实验练习

（1）试完成第 8 章思考与实验中第 5 题、第 9 题的实验验证过程。

（2）试完成例 8-1、例 8-3、例 8-6、例 8-9、例 8-10 与例 8-11 的实验验证过程。

实验八　布局设计与菜单及 Swing 组件

一、实验目的

（1）熟悉布局管理器的主要方法；掌握主要布局管理器的使用。

（2）掌握菜单、弹出式菜单等的创建及对菜单添加事件监听器的方法。

（3）熟悉 Swing 组件及其相关方法；掌握常用 Swing 组件使用方法及一般步骤。

二、实验提要

（1）主要布局管理器的建立与使用，菜单、弹出式菜单等的创建与使用。

（2）组件常用方法的使用和常用 Swing 组件的创建与使用。

三、实验内容与过程

（1）定义 fra 框架对象，设置网格布局 GridLayout，并创建相关按钮，构成一个应用软件，请在 JCreator 下对下列源代码进行编辑、调试、编译、运行。

```
import java.awt.*;
public class GridLayEx91{
  public static void main(String args[]){
    Frame fra=new Frame("My GirdLayout");
    fra.setSize(200,150);
    fra.setLayout(new GridLayout(3,2));        //网格布局,左右分隔窗口
    fra.add(new Button("b1"));    fra.add(new Button("b2"));
    fra.add(new Button("b3"));    fra.add(new Button("b4"));
```

```
        fra.add(new Button("b5"));      fra.setVisible(true);  }  }
```

（2）在当前目录下创建一个融含 Menu 菜单、Frame、textArea 等组件的 Java 文件
（MenuEx92.java），源代码如下，试分析关键语句段功能，用 JCreator 编辑、编译、运行。

```
import java.awt.*;import java.awt.event.*;
public class MenuEx92 extends Frame implements ActionListener{
    TextArea txa;  MenuBar mb;  Menu menuFile,menuEdit;
    MenuItem File_Open,File_Close,File_Exit;
    MenuItem Edit_Copy,Edit_Paste,Edit_Cut;
    PopupMenu popM;    MenuItem popItem1,popItem2;
    MenuEx92(){
        setTitle("菜单、对话框、弹出式菜单的使用");
        txa=new TextArea("\n\n\n\n\t\t 没有选项",5,20);    add("Center", txa);
        mb=new MenuBar();                      //创建 MenuBar 对象
        menuFile=new Menu("文件管理"); menuEdit=new Menu("文本编辑"); //创建 Menu 对象
        MenuItem File_Open=new MenuItem("打开");        //创建 MenuItem 对象
        MenuItem File_Close=new MenuItem("关闭"); MenuItem File_Exit=new MenuItem("退出");
        Edit_Copy=new MenuItem("复制");    Edit_Cut=new MenuItem("剪切");
        Edit_Paste=new MenuItem("粘贴");
        menuFile.add(File_Open);               //将 MenuItem 对象加入 Menu 对象中
        menuFile.add(File_Close);    menuFile.addSeparator() ;  //添加分隔条
        menuFile.add(File_Exit); menuEdit.add(Edit_Copy);
        menuEdit.addSeparator(); //添加分隔条
        menuEdit.add(Edit_Cut);    menuEdit.add(Edit_Paste);
         mb.add(menuFile);                     //将 Menu 对象加入 MenuBar 对象中
         mb.add(menuEdit);        this.setMenuBar(mb);
        File_Open.addActionListener(this); File_Close.addActionListener(this);
        File_Exit.addActionListener(this); Edit_Copy.addActionListener(this);
        Edit_Cut.addActionListener(this); Edit_Paste.addActionListener(this);
        popM=new PopupMenu();                  //创建弹出式菜单
        popItem1=new MenuItem("弹出式项A"); popItem2=new MenuItem("弹出式项B");
        popM.add(popItem1);    popM.add(popItem2);    txa.add(popM);
        popItem1.addActionListener(this); popItem2.addActionListener(this);
        txa.addMouseListener(new HandleMouse(this));  }
    public void actionPerformed(ActionEvent e){
        if(e.getActionCommand()=="退出"){dispose();    System.exit(0);  }
        else  txa.setText("\n\n\n\n\t\t 你选择了: "+e.getActionCommand() );  }
    public static void main(String[] args) {
        MenuEx92 frm=new MenuEx92();    frm.setSize(new Dimension(350,200));
        frm.setVisible(true);  }  }
class HandleMouse extends MouseAdapter{
    MenuEx92 m_Parent;
    HandleMouse(MenuEx92 mf){
    m_Parent=mf;    }
 public void mouseReleased(MouseEvent e){
    if(e.isPopupTrigger())
    m_Parent.popM.show((Component)e.getSource() ,e.getX(),e.getY());  }  }
```

（3）创建一个 Swing 组件应用程序。可在 JCreator 下对下列源代码进行编辑、调试、编译、
运行。程序代码如下：

```
import javax.swing.*;   import java.awt.*;
public class SwingEx93 extends JFrame{
    public SwingEx93(){
        super("SwingEx93");   setSize(320,300);   setVisible(true);
        Container pane=getContentPane(); pane.setLayout(new FlowLayout());
```

```
        ImageIcon i=new ImageIcon("BOOK1.jpg");
        JLabel lab=new JLabel("Swing 图片标签",i,JLabel.CENTER);
        pane.add(lab);    lab.setForeground(Color.BLUE);
        JButton but=new JButton("Swing 图片按钮",new ImageIcon("BOOK2.jpg"));
        pane.add(but);    pane.add(new JCheckBox("射击"));
        pane.add(new JCheckBox("武术"));
        JRadioButton female=new JRadioButton("女");
        JRadioButton male=new JRadioButton("男");
        female.setMnemonic('w'); male.setMnemonic('o');
        ButtonGroup group=new ButtonGroup();  group.add(male);
        group.add(female);   pane.add(male); pane.add(female);
        JComboBox jcbb=new JComboBox();  jcbb.addItem("企 业");
        jcbb.addItem("机 关");  jcbb.addItem("事 业"); jcbb.addItem("研究所");
        pane.add(jcbb); JTextField jtf=new JTextField("This is a JTextField",20);
        pane.add(jtf);        JTextArea jta=new JTextArea(3,20);
        jta.setText("This is a JTextArea");       pane.add(jta);
        pane.setLayout(new FlowLayout());  setContentPane(pane); }
    public static void main(String args[]){
        SwingEx93 sa=new SwingEx93();  } } }
```

（4）创建一个带有文字和图像的标签和两个按钮。

```
import javax.swing.*;   import java.awt.*;
import java.awt.event.*;
public class Lal_but extends JFrame{
    private JLabel label1, label2;  private JButton but1, but2;
    public Lal_but(){
    super("标签和按钮测试窗口");
    Container c=getContentPane();            // 设置容器对象 c
    c.setLayout (new FlowLayout (100, 100, 10)); // 设置界面是 FlowLayout 布局策略
    Icon icon=new ImageIcon ("EARTH.GIF");  // 创建图形对象 icon
    label1=new JLabel ("标签中有文字和图像",icon,SwingConstants.CENTER);
        // 设置标签中包含的文字、图像以及它的水平排列方式
    label1.setToolTipText ("这是标签");         // 当鼠标停留在标签上时显示"这是标签"
    label1.setHorizontalTextPosition (SwingConstants.CENTER); // 设置标签的水平位置
    label1.setVerticalTextPosition(SwingConstants.BOTTOM); // 设置标签的垂直位置
    c.add (label1);                          // 添加标签对象
    Icon icon1=new ImageIcon ("05.gif");     // 创建图形对象 icon1
    Icon icon2=new ImageIcon ("Email.gif");
    but1=new JButton ("按钮 1 带调用"); c.add (but1); //创建与添加按钮对象 but1
    but2=new JButton ("按钮 2 带调用",icon2); //创建按钮 but2 并设置按钮图像位 icon2
    but2.setRolloverIcon (icon1);            // 设置按钮对象 but2 的翻滚图标为 icon1
    c.add (but2);
    but1.addActionListener (new listener());   // 将监听者注册给 but1 对象
    but2.addActionListener (new listener());
    setSize (360, 200);      show ( ); }
public static void main (String args[ ]){
    Lal_but app=new Lal_but ();
    app.addWindowListener (
     new WindowAdapter (){
      public void windowClosing (WindowEvent e){System.exit (0); }
     } );
    }
  private class listener implements ActionListener {//定义 listener 类并实现监听程序
  public void actionPerformed (ActionEvent e){
```

```
JOptionPane.showMessageDialog (null, "You pressed:"+e.getActionCommand
( ));}
    }
}
```

该程序运行结果如图 A-8 所示，其中，左图为程序运行示意图，右上图为单击"按钮 1 带调用"按钮时的调用，右下图为单击"按钮 2 带调用"按钮时的调用。

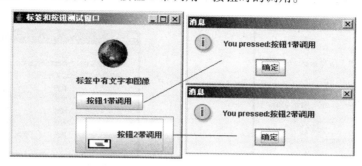

图 A-8　按钮 JButton 程序运行结果

（5）复选框与单选按钮等的应用实例。

```
public class Stuinfo extends JFrame implements ActionListener{
  JTextField name;  JTextField age; JRadioButton rb1, rb2;
  JComboBox cb; JCheckBox cb1,cb2,cb3,cb4;      //爱好
  JButton btn;  JLabel lblName, lblAge, lblSpeciality, msg;
  ButtonGroup group=new ButtonGroup();             //按钮数组
  String[] speciality={ "计算机应用技术","计算机网络技术","软件技术","图文信息技术" };
  public Stuinfo(){
    super( "学生信息登记界面" );   JPanel p = new JPanel();
    JPanel p1=new JPanel( new GridLayout( 2,1 ) );//设置性别单选按钮的排列效果
    JPanel p2=new JPanel( new GridLayout( 1,4 ) );//设置特长复选框的排列效果
    p1.setBorder(BorderFactory.createTitledBorder("性别"));//加边框效果
    p2.setBorder(BorderFactory.createCompoundBorder(BorderFactory.createTitledBorder(
      "爱好"),BorderFactory.createEmptyBorder( 10, 10, 10, 10 )));//加边框效果
    lblName=new JLabel( "姓名: " );   name=new JTextField( 6 );
    lblAge=new JLabel( "年龄: " );   age=new JTextField( 5 );
    lblSpeciality=new JLabel( "专业" );
    msg=new JLabel( "请您填写个人信息，然后按"确定"按钮" );
    btn=new JButton( " 确 定 " );         btn.addActionListener( this );
    rb1=new JRadioButton( "男" );         p1.add( rb1 );
    rb1.setSelected( true );              rb2=new JRadioButton( "女" );
    p1.add( rb2 );             group.add( rb1 );   group.add( rb2 );
    cb1=new JCheckBox( "网游", false );    p2.add( cb1 );
    cb2=new JCheckBox( "书法", false );    p2.add( cb2 );
    cb3=new JCheckBox( "体育", false );    p2.add( cb3 );
    cb4=new JCheckBox( "音乐", false );    p2.add( cb4 );
    JComboBox cb=new JComboBox( speciality );
    p.add( lblName );    p.add( name ); p.add( lblAge );  p.add( age );
    p.add( p1 );         p.add( lblSpeciality );    p.add( cb );
    p.add( p2 );         p.add( btn );              p.add( msg );
    this.getContentPane().add(p);
    this.setDefaultCloseOperation( JFrame.EXIT_ON_CLOSE );
    this.setSize( 260, 300 );   this.setVisible( true );        }
  public void actionPerformed( ActionEvent e ){
```

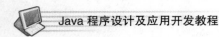

```
        msg.setText( "学生信息已经被系统记录，谢谢您的合作" ); }
    public static void main( String args[] ){
        Stuinfo si=new Stuinfo();}
}
```

程序运行结果如图 A-9 所示。

（6）下拉菜单与弹出式菜单的具体应用，如图 A-10 所示。

图 A-9　复选框与单选按钮的应用　　　图 A-10　菜单与弹出式菜单的应用

```
import javax.swing.*;          import java.awt.*;
import java.awt.event.*;
public class MenuPopupTest extends JFrame implements MouseListener,ActionListener {
    Container cont=getContentPane();      JMenuBar jmb= new JMenuBar( );
    JMenu fontmenu= new JMenu("字体");    JMenu helpmenu= new JMenu("帮助");
    JMenu stylemenu= new JMenu("样式");   JMenu colormenu= new JMenu("颜色");
    JMenuItem exitmenu= new JMenuItem("退出"); JMenuItem aboutmenu= new JMenuItem("关于");
    JCheckBoxMenuItem  boldMenuItem= new  JCheckBoxMenuItem("粗体");
    JCheckBoxMenuItem italicMenuItem= new JCheckBoxMenuItem("斜体");
    JMenuItem redmenu= new JMenuItem("红色"); JMenuItem bluemenu= new JMenuItem("蓝色");
    JMenuItem greenmenu= new JMenuItem("绿色");JMenuItem graymenu= new JMenuItem("灰色");
    JMenuItem yellowmenu =new JMenuItem("黄色");JMenuItem redItem=new JMenuItem("红色");
    JMenuItem blueItem=new JMenuItem("蓝色"); JMenuItem greenItem= new JMenuItem("绿色");
    JMenuItem grayItem=new JMenuItem("灰色"); JMenuItem yellowItem=new
    JMenuItem("黄色");
    JPopupMenu jpm= new JPopupMenu();
    JLabel jlabel1=new JLabel("请右击窗体空白处从弹出的快杰菜单中选择设置颜色!");
    JLabel jlabel2=new JLabel("!");
    JTextArea jtext= new JTextArea("    经典歌曲:赞歌、北京的金山上、祖国颂、红河谷!");
    int  bold,italic;
public MenuPopupTest(){          //构造方法
    this.setJMenuBar(jmb);       jmb.add(fontmenu);
    jmb.add(helpmenu);           fontmenu.add(stylemenu);
    fontmenu.add(colormenu);     fontmenu.addSeparator();       //添加分隔线
    fontmenu.add(exitmenu);      helpmenu.add(aboutmenu);
    stylemenu.add(boldMenuItem); stylemenu.add(italicMenuItem);
    colormenu.add(redmenu);      colormenu.add(bluemenu);
    colormenu.add(greenmenu);    colormenu.add(graymenu);
    colormenu.add(yellowmenu);
    italicMenuItem.addActionListener (this ); //为菜单注册监听器
    boldMenuItem.addActionListener(this ); redmenu.addActionListener(this );
    bluemenu.addActionListener(this);    greenmenu.addActionListener(this );
    graymenu.addActionListener(this );
    yellowmenu.addActionListener(this );
    exitmenu.addActionListener(this ); redItem.addActionListener(this);
```

```
        jpm.add(redItem);    blueItem.addActionListener(this);
        jpm.add(blueItem);                       //将 blueItem 项添加到弹出式菜单
        greenItem.addActionListener(this);
        jpm.add(greenItem);                   grayItem.addActionListener(this);
        jpm.add(grayItem);                    yellowItem.addActionListener(this);
        jpm.add(yellowItem);                  addMouseListener(this);
        setVisible(true);   validate();   cont.setLayout(new FlowLayout());
        cont.add(jlabel1);    cont.add(jlabel2);    cont.add(jtext);
        this.getContentPane().add(jtext);     jtext.setForeground(Color.pink);
        this.setSize(350,250);                this.setVisible(true) ;
        this.setDefaultCloseOperation(JFrame.EXIT_ON_CLOSE);        }
    public void actionPerformed(ActionEvent e) { //菜单(弹出式菜单)事件处理方法
        if (e.getActionCommand().equals("红色")) jtext.setForeground(Color.red) ;
        else if(e.getActionCommand().equals("蓝色"))    jtext.setForeground(Color.blue ) ;
        else if(e.getActionCommand().equals("绿色"))    jtext.setForeground(Color.green);
        else if(e.getActionCommand().equals("灰色"))    jtext.setForeground(Color.gray);
        else if(e.getActionCommand().equals("黄色"))    jtext.setForeground(Color.yellow);
        if(e.getActionCommand().equals("粗体"))
          bold=(boldMenuItem.isSelected( )?Font.BOLD:Font.PLAIN);
        if(e.getActionCommand().equals("斜体"))
          italic=(italicMenuItem.isSelected( )?Font.ITALIC:Font.PLAIN);
          jtext.setFont(new Font("Serif",bold + italic,14));
        if(e.getActionCommand().equals("退出" )) System.exit(0); } //Popup
    public void mouseClicked(MouseEvent mec){           //处理 Popup 鼠标单击事件
      if (mec.getModifiers()==mec.BUTTON3_MASK)          //判断单击右键
        jpm.show(this,mec.getX(),mec.getY()); /          /在鼠标单击处显示菜单
    }
    public void mousePressed(MouseEvent mep){ }         //处理按下鼠标左键事件
    public void mouseReleased(MouseEvent mer){ }        /处理鼠标单击事件
    public void mouseEntered(MouseEvent mee){ }         //处理鼠标进入当前窗口事件
    public void mouseExited(MouseEvent mex){ }          //处理鼠标离开当前窗口事件
    public static void main(String[] args){             //测试 MenuPopupTest 类方法
      MenuPopupTest  tm=new MenuPopupTest();  }
    }
```

（7）创建列表框并实现其事件处理。创建列表框运行结果如图 A-11 所示。

图 A-11 创建列表框运行结果

```
import java.awt.*;import java.awt.event.*; import
javax.swing.*;
import javax. swing.event.*;
public class JList1 extends JFrame{
private JList images;   private JLabel jlabel0;
private String names []={"book.gif","EARTH.GIF","BIRD.GIF","Car1.gif","Car2.gif",
    "CLOCK.GIF"};
    private Icon icons[]= {new ImageIcon (names [0]), new ImageIcon (names [1]),
    new ImageIcon(names[2]), new ImageIcon (names [3]),
    new ImageIcon(names[4]), new ImageIcon (names [5]),};
    public JList1(){
    super ("列表显示图形文件");     Container c=getContentPane();
    c.setLayout (new FlowLayout ( ));   images=new JList (names);
    images.setVisibleRowCount (3);        // 最多显示 3 行
    images.setSelectionMode (ListSelectionModel.SINGLE_SELECTION);
    c.add (new JScrollPane (images));  jlabel0=new JLabel (icons[0]); c.add (jlabel0);
    images.addListSelectionListener (new ListSelectionListener(){
  public void valueChanged (ListSelectionEvent e){
```

```
         jlabel0.setIcon(icons[images.getSelectedIndex()] );}
   });
 setSize (340, 450);    show();  }
public static void main (String args[ ]){
   JList1 app=new JList1();
   app.addWindowListener(new WindowAdapter(){
       public  void  windowClosing(WindowEvent  e){  System.exit  (0);  }
       } );
   }
}
```

（8）试完成第 9 章思考与实验中第 9 题、第 13 题的实验验证。

（9）试完成例例 9-10、例 9-14、例 9-15、例 9-20 在 Jcreator 下的实验验证。

四、实验练习

（1）试完成第 9 章思考与实验中第 13 题、第 14 题的实验验证。

（2）试完成例 9-8、例 9-12、例 9-13、例 9-17 与例 9-19 在 Jcreator 下的实验验证。

实验九　Java 线程机制

一、实验目的

（1）理解线程与多线程的基本概念。

（2）掌握多线程 Thread 类和 Runnable 接口的使用方法。

（3）掌握线程的等待、线程的同步、线程的死锁与线程的调度的使用方法。

二、实验提要

（1）多线程 Thread 类和 Runnable 接口的使用。

（2）线程的等待、线程的同步、线程的死锁与线程的调度等的使用。

三、实验内容与过程

（1）试建立一个通过 Thread 类实现多线程的 ThreadEx11_1.java 程序，并在 JCreator 下进行编辑、调试、编译、运行。程序运行结果如图 A-12 所示。

```
class ThreadEx11_1 extends Thread{
  String s;  int i, count=0;
  ThreadEx11_1 (String ss, int j){
    s=ss;  i=j;  }
public void run(){
    try{
        while (true){
        System.out.print (s);  sleep (i);  count++;
            if (count>=20) break;   }
        System.out.println (s+"线程已经结束!");}
    catch (InterruptedException e){return;}   }
public static void main (String args[ ])  {
    ThreadEx11_1 thread0=new ThreadEx11_1("甲 ", 50);
```

```
ThreadEx11_1 thread1=new ThreadEx11_1("乙 ", 100);
thread0.start();   thread1.start();   }   }
```
（2）试完成第 10 章思考与实验中第 3 题程序与实验验证过程。

（3）试完成例 10-3、例 10-5、例 10-7 在 JCreator 下的实验验证过程。

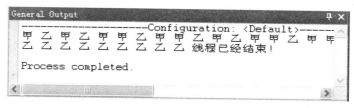

图 A-12　实现多线程示意图

四、实验练习

（1）试完成例 10-2、例 10-4、例 10-6、例 10-8 在 JCreator 或 Eclipse 下的实验验证。

（2）试完成第 10 章思考与实验中第 4 题的实验验证过程。

实验十　Applet 程序设计

一、实验目的

（1）理解 Java 多媒体基础。

（2）掌握直线、圆与扇形、矩形等的绘制方法与使用。

（3）掌握字体、颜色、图像、动画、声音等的方法与使用。

（4）了解 Java Applet 生命周期法，掌握 Java Applet 程序的建立、编译与运行过程。

二、实验提要

（1）直线、圆与扇形、矩形等的绘制与使用。

（2）字体、颜色、图像、动画、声音等的使用。

（3）Java Applet 程序的编辑、编译与运行过程。

三、实验内容与过程

（1）创建一个 Applet 小程序应用程序。可在 JCreator 下对下列源代码进行编辑、调试、编译、运行。

```
import java.awt.*; import java.applet.*;
public class MovieEx101 extends java.applet.Applet implements Runnable{
    int framess;    int delayt;       //保存线程睡眠的时间
    Thread moves0;
    public void init(){
    String str=getParameter("fps"); //fps是每秒钟画出帧的数目，由HTML向Applet传递。
    int fps=(str!=null)?Integer.parseInt(str):10; delayt=(fps>0)?(1000/fps):100; }
    public void start(){
        moves0=new Thread(this); moves0.start( ); }
```

```
public void run(){
    long tm=System.currentTimeMillis( );
    while (Thread.currentThread()==moves0){
     repaint();
     try { tm+= delayt; Thread.sleep(Math.max(0,tm-System.currentTimeMillis())); }
     catch (InterruptedException e) { break;  }
     framess++; } }
public void paint(Graphics g){                     //获取 Applet 的大小
    Dimension d=size( );          int h=d.height/2;
    for (int x=0;x<d.width;x++){
     int y1=(int)((1.0+Math.cos((x-framess)*0.05))*h);
     int y2=(int)((1.0+Math.cos((x+framess)*0.05))*h); g.drawLine(x,y1,x,y2); } }
}
```

程序运行结果如图 A-13 所示。

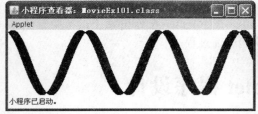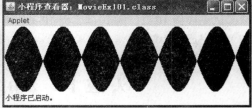

图 A-13   Applet 程序运行结果

此外，还需将字节码文件嵌入到 MovieEx101.html 中，文件内容如下：

<HTML><applet code="MovieEx101.class" width=400 height=110> </applet></HTML>

（2）试完成第 11 章思考与实验中第 5 题、第 7 题的编程与实验验证。

（3）试完成例 11-2、例 11-5、例 11-7 的实验验证过程。

四、实验练习

（1）试完成例 11-4、例 11-6、例 11-8 的实验过程验证。

（2）试完成例 11-1、例 11-9、例 11-11、例 11-12 与例 11-13 的实验过程验证。

实验十一　输入、输出和文件处理

一、实验目的

（1）理解基本输入输出流：InputStream、OutputStream、Reader 和 Writer。

（2）掌握标准输入和输出与文件输入输出类常用方法的应用。

（3）理解 FileInputStream、FileOutputStream 类，掌握 RandomAccessFile 类的使用。

二、实验提要

（1）InputStream、OutputStream、Reader 和 Writer 的运用。

（2）标准输入和输出与 File 类的使用。

（3）FileInputStream 、FileOutputStream、RandomAccessFile 类的使用。

三、实验内容与过程

（1）使用 FileInputStream、FileOutputStream 等类将 in.txt 文件中的内容复制到文件 out.txt 中。拟通过 JCreator 软件来编辑该程序（FileCopyEx121.java），然后调试、编译、运行该程序，具体源程序代码如下：

```
import java.io.*;
public class FileCopyEx121{
  public static void main(String[] args){
    try{  FileInputStream fins=new FileInputStream("In.txt");
      FileOutputStream fouts=new FileOutputStream("Out.txt");
      int read=fins.read();
      while(read!=-1){
        fouts.write(read);read=fins.read(); }
          fins.close();fouts.close();System.out.println("程序复制结束!"); }
    catch(IOException e){System.out.println(e);}
  }
}
```

（2）完成例 12-2 的编辑、调试、编译、运行等实验验证过程。

（3）试完成例 12-3 与例 12-5 的编辑、编译、运行等实验验证过程。

（4）试完成例 B-3 与例 B-5 的编辑、编译、运行等实验验证过程。

四、实验练习

（1）试完成第 12 章思考与实验中第 8 题的实验验证过程。

（2）试完成例例 12-1、例 12-7、例 12-9 的实验验证过程。

（3）试完成附录 B 中例 B-2 与例 B-4 的编辑、编译、运行等实验验证过程。

（4）试完成附录 B 思考与实验中第 3 题的编辑、编译、运行等实验验证过程。

实验十二　Java 数据库程序设计

一、实验目的

（1）了解 SQL、Java 数据库接口、JDBC 体系结构、结构类型与编程接口。

（2）理解面向对象的数据库设计理念与 JDBC 驱动类型及使用方法。

（3）掌握使用 JDBC 数据库接口连接数据库的方法和应用过程。

二、实验提要

（1）使用 JDBC 数据库驱动类型与接口访问数据库。

（2）灵活运用 JDBC 技术，完成添加数据、查询数据、修改数据、删除数据与创建表等操作。

三、实验内容与过程

试使用 JDBC–ODBC 方式完成 Java 下访问查询 SQL Server 200X 数据库：信息管理，其中查询列名包含：学号、姓名、性别和学分 4 个列。程序通过 ResultSet 对象的 executeQuery()方法执

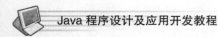

行 SQL 命令查询信息管理数据库信息等，运行结果如图 A-14 所示。

```
import java.sql.*;
class QueryDBSQL2015 {
public static void main (String agrs[ ]) {
System.out.println("正在加载驱动程序和连接数据库......!");
try {  Class.forName("sun.jdbc.odbc.JdbcOdbcDriver");      }
catch (ClassNotFoundException ce){System.out.println
("SQLException1:"+ce.getMessage());}
try { Connection con=DriverManager.getConnection("jdbc:odbc:XXDB");
      System.out.println("成功加载驱动程序和连接数据库!!");
          Statement stmt =con.createStatement();
          ResultSet rs =stmt.executeQuery ("select * from 学生 where 性别=''男'");
          while (rs.next())    {
      System.out.println("学号"+rs.getString ("学号") +"\t"+"姓名"+rs.getString
           ("姓名")+"\t"+"性别"+rs.getString ("性别") +"\t"+"学分"+rs.
              getFloat("学分"));}
      rs.close ( );stmt.close ( );    }
catch (SQLException e){System.out.println ("SQLException2:"+e.getMessage());}
System.out.println("Java 应用程序访问查询 SQL SERVER 200X 数据库结束!!!");    }
  }
```

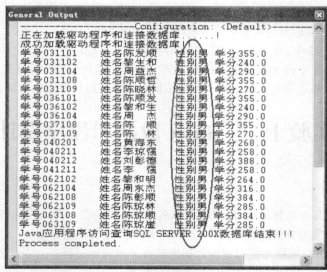

图 A-14　Java 查询信息管理数据库运行示意图

四、实验练习

（1）试完成第 13 章思考与实验中第 5 题、第 6 题的编程与实验验证。

（2）试完成例 13-1、例 13-3 在 JCreator 等下的实验过程验证。

实验十三 Java 网络程序设计

一、实验目的

（1）掌握 Java 下使用 URL 和 URL Connection 访问网络资源的方法和过程。

（2）理解 InetAddress 用于标识网络的硬件资源的方法与使用过程。

（3）理解 Socket 通信的概念和机制。

（4）掌握 Socket 服务器与客户机间建立通信的编程方法与过程。

二、实验提要

（1）使用 URL 和 URL Connection 访问网络资源。

（2）使用 InetAddress 标识网络硬件资源。

（3）使用 Socket 完成通信过程和实施服务器与客户机间建立通信交互。

三、实验内容与过程

（1）试建立一个使用 URL 访问网络资源的 URLEx14_1.java 程序，并在 JCreator 下进行编辑、调试、编译、运行。程序运行结果如图 A-15 所示。

```
import java.net.*;        import java.io.*;
public class URLEx14_1 {
   public static void main(String args[]){
String   urlname="file:///d:/   test14.txt";   //String   urlname="file:d:/
experiment/index.html";
if (args.length>0)
   urlname=args[0];  new URLEx14_1().display(urlname); }
   public void display(String urlname)    {
     try { URL url=new URL(urlname);       //根据 URL 建立一个数据输入流
         InputStreamReader in=new InputStreamReader(url.openStream());
         BufferedReader br=new BufferedReader(in); String aline;
         while((aline=br.readLine())!=null)    //从流中读取一行显示
            System.out.println(aline); }
     catch ( MalformedURLException murle) { System.out.println(murle); }
     catch (IOException ioe){ System.out.println(ioe); }    }    }
```

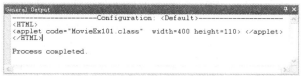

图 A-15 URLEx14_1.java 运行结果

（2）试完成第 14 章思考与练习中第 5 题的编程与实验验证过程。

（3）试完成例 14-2、例 14-4 在 JCreator 等下的实验验证过程。

四、实验练习

（1）试完成第 13 章思考与练习中第 3 题的编程与实验验证过程。

（2）试完成例 14-3、例 14-5 在 JCreator 下的实验验证过程。

实验十四　Java 综合程序设计

一、实验目的

（1）熟练掌握 Java 图形用户界面程序设计的布局与修饰。

（2）熟练掌握 Java 图形用户界面及其常用组件的创建与使用等。

（3）熟练掌握 Java 图形用户界面中组件的事件处理机制。

（4）理解并掌握 Java 图形用户界面应用的一般过程与应用开发的技能与方法等。

（5）理解万年历设计的技能与方法等。

二、实验提要

（1）使用 Java 图形用户界面常用组件的编程与具体在万年历设计中的运用等。

（2）运用与设计组件并修饰优化布局、事件处理及监听器的编程方法等。

三、实验内容与过程

　　使用 Java 图形用户界面编程技巧和相应组件设计方法开发一个中华万年历，要求具有一定的修饰与布局，主体是显示与设置日期，同时也能显示具体时间。即兼顾时间与日历。设置文本框用以输入改变日期，设置按钮可用来增减日期值等，可在 Jcreator 或 Eclipse 下对源代码进行编辑、调试、编译、运行。

```
import java.awt.*;        import java.awt.event.*;        import java.io.*;
import java.text.*;       import java.util.*;             import javax.swing.*;
import javax.swing.table.DefaultTableModel;
public class PerpetualCalendar extends JFrame implements ActionListener,
MouseListener{
private Calendar cld = Calendar.getInstance();
private String [] astr = {"星期一", "星期二", "星期三", "星期四", "星期五", "星
    期六", "星期日"};
    private DefaultTableModel dtm = new DefaultTableModel(null,astr);
    private JTable table = new JTable(dtm);                //装日期的表格
    private JScrollPane sp = new JScrollPane(table);
    private JButton bLastYear = new JButton("上一年");
    private JButton bNextYear = new JButton("下一年");
    private JButton bLastMonth = new JButton("上月");
    private JButton bNextMonth = new JButton("下月");
    private JTextField jtfYear = new JTextField(5);        //jtfYear 年份显示和输
                                                          //入文本框
    private JTextField jtfMonth = new JTextField(2);//jtfMonth 月份显示文本框
    private JPanel p1 = new JPanel();                //装入控制日期按钮的模块
    private JPanel p2 = new JPanel();
    private JPanel p3 = new JPanel(new BorderLayout());
    private JPanel p4 = new JPanel(new GridLayout(2,1));
    private JPanel p5 = new JPanel(new BorderLayout());
    private JButton bAdd = new JButton("保存日志");
    private JButton bDel = new JButton("删除日志");
    private JTextArea jta = new JTextArea();        //jta--JTextArea
    private JScrollPane jsp = new JScrollPane(jta);
private JLabel l = new JLabel("为提高查询效率，年份文本框可直接输入要查找的年份!");
```

```
    private JLabel lt = new JLabel();    private JLabel ld = new JLabel();
    private int lastTime;
    public PerpetualCalendar(){
        super("中华万年历_YU:自信人生二百年，会当水击三千里!");  //框架命名
        this.setDefaultCloseOperation(JFrame.EXIT_ON_CLOSE);//窗口关闭函数
        this.getContentPane().setLayout(new BorderLayout(10, 0));
        jta.setLineWrap(true);
        table.setGridColor(Color.GRAY);              //星期之间的网格线是灰色的
        table.setColumnSelectionAllowed(true);
table.setSelectionBackground(Color.BLACK);      //当选定某一天时这一天背景黑色
        table.setSelectionForeground(Color.GREEN);//选定的日期字体是绿色的
        table.setBackground(new Color(190,230,250));//日期显示表格颜色浅蓝色
        table.setFont(new Font("黑体",Font.BOLD,20));//日期数字字体格式
        table.setRowHeight(30);                      //表格的高度
        table.addMouseListener(this);               //鼠标监听器
        jtfYear.addActionListener(this);            //可输入年份的文本框
bAdd.addActionListener(this);    bDel.addActionListener(this);//为各个按钮添加
监听函数
        bLastYear.addActionListener(this);
bNextYear.addActionListener(this);
        bLastMonth.addActionListener(this);
bNextMonth.addActionListener(this);
        p1.add(bLastYear);               //将按钮添加到 Jpanel 上
        p1.add(jtfYear);                 //年份输入文本框
        p1.add(bNextYear);             p1.add(bLastMonth);
        p1.add(jtfMonth);              p1.add(bNextMonth);
        p2.add(bAdd);                  p2.add(bDel);
        p3.add(jsp, BorderLayout.CENTER);    p3.add(p2, BorderLayout.SOUTH);
        p3.add(ld, BorderLayout.NORTH);       p4.add(l);
        p4.add(lt);    p5.add(p4, BorderLayout.SOUTH);
        p5.add(sp, BorderLayout.CENTER); p5.add(p1, BorderLayout.NORTH);
        this.getContentPane().add(p5, BorderLayout.CENTER);
        this.getContentPane().add(p3, BorderLayout.EAST);
String[] strDate = DateFormat.getDateInstance().format(new Date()).split("-");
                                      //获得日期
        cld.set(Integer.parseInt(strDate[0]),
Integer.parseInt(strDate[1])-1, 0);
        showCalendar(Integer.parseInt(strDate[0]),
Integer.parseInt(strDate[1]), cld);
        jtfMonth.setEditable(false);         //设置月份的文本框为不可编辑
        jtfYear.setText(strDate[0]);         jtfMonth.setText(strDate[1]);
this.showTextArea(strDate[2]); ld.setFont(new Font("新宋体",Font.BOLD,20));
        new Timer(lt).start();       this.setBounds(200,200,600,320);
        this.setResizable(false);       this.setVisible(true);  }
    public void showCalendar(int localYear, int localMonth, Calendar cld){
int              Days=getDaysOfMonth(localYear,
localMonth)+cld.get(Calendar.DAY_OF_WEEK)-2;
        Object [] ai = new Object[7];          lastTime = 0;
        for (int i = cld.get(Calendar.DAY_OF_WEEK)-1; i <= Days; i++){
            ai[i%7] = String.valueOf(i-(cld.get(Calendar.DAY_OF_WEEK)-2));
            if (i%7 == 6){
            dtm.addRow(ai);        ai = new Object[7];      lastTime++; }
        }
        dtm.addRow(ai);}
public int getDaysOfMonth(int year, int Month)  {  //显示所选月份的天数
```

```
        if
(Month==1||Month==3||Month==5||Month==7||Month==8||Month==10||Month==12){
        return 31;}
    if (Month == 4 || Month == 6||Month == 9 || Month == 11){
        return 30;    }
    if (year%4 == 0 && year%100!=0||year%400 == 0)  {    //闰年
        return 29;}
    else
    {   return 28;}
    }
    public void actionPerformed(ActionEvent e){
        if (e.getSource()==jtfYear||e.getSource()==bLastYear||e.getSource()==
        bNextYear||
            e.getSource()==bLastMonth||e.getSource()==bNextMonth)
    { int  m,  y;
        try   {              //控制输入的年份正确, 异常控制
        if (jtfYear.getText().length() != 4) { throw new NumberFormatException();}
            y=Integer.parseInt(jtfYear.getText());
            m=Integer.parseInt(jtfMonth.getText());
            } catch (NumberFormatException ex){
            JOptionPane.showMessageDialog(this,"请输入 4 位 0-9 的数字! ","年份
                有误",JOptionPane.ERROR_MESSAGE);
            return;}
        ld.setText("没有选择日期");
        for (int i=0; i < lastTime+1; i++){ dtm.removeRow(0);}
        if(e.getSource()== bLastYear){ jtfYear.setText(String.valueOf(--y)); }
        if(e.getSource()== bNextYear){jtfYear.setText(String.valueOf(++y)); }
        if(e.getSource()== bLastMonth) {
            if(m==1){jtfYear.setText(String.valueOf(--y));    m=12;
                jtfMonth.setText(String.valueOf(m)); }
            else
            { jtfMonth.setText(String.valueOf(--m)); }
            }
        if(e.getSource()==bNextMonth){
            if(m == 12){
                jtfYear.setText(String.valueOf(++y));          m=1;
                jtfMonth.setText(String.valueOf(m)); }
            else
            { jtfMonth.setText(String.valueOf(++m)); }
            }
            cld.set(y, m-1, 0);        showCalendar(y, m, cld); }
    if(e.getSource() == bAdd){
        int r = table.getSelectedRow();   int c=table.getSelectedColumn();
        if(!ld.getText().equals("没有选择日期")){
            try{
                File file = new File(ld.getText() + ".txt");
                BufferedWriter bw=new BufferedWriter(new OutputStreamWriter
                (new FileOutputStream(file)));
                bw.write(jta.getText());        bw.close();
            } catch (FileNotFoundException ex){   ex.printStackTrace();
            } catch (IOException ex) {   ex.printStackTrace();    }

            }
            }
    if(e.getSource()==bDel){
```

```
            int r = table.getSelectedRow();        int c = table.getSelectedColumn();
            File filedel = new File(ld.getText()+".txt");
            if(filedel.exists()){
                if(filedel.delete()){
                    jta.setText("日志删除成功"); }
                else
                { jta.setText("日志删除失败"); }
                }
            else
            { jta.setText("没有找到日志文件"); }
            }
    }
    public void mouseClicked(MouseEvent e){
        jta.setText(null); int r=table.getSelectedRow();
        int c = table.getSelectedColumn();
        if (table.getValueAt(r,c)==null){
            ld.setText("未选择日期!"); }
        else
        { this.showTextArea(table.getValueAt(r,c)); }
    }
    public void mousePressed(MouseEvent e){    }
    public void mouseReleased(MouseEvent e){   }
    public void mouseEntered(MouseEvent e){    }
    public void mouseExited(MouseEvent e){    }
    private void showTextArea(Object selected) { //将所选日期显示出来，能否农历显示
        ld.setText(jtfYear.getText()+"年"+jtfMonth.getText()+"月"+selected+"日");
        File filein = new File(ld.getText() + ".txt");
        if(filein.exists()){
            try {BufferedReader br=new BufferedReader(new InputStreamReader(new
                FileInputStream(filein)));
                String strRead=br.readLine();    jta.setText(null);
                while(strRead!=null){
                    jta.append(strRead);            strRead = br.readLine();   }
                br.close();
            }catch (FileNotFoundException ex){ ex.printStackTrace();
            }catch (IOException ex){
                ex.printStackTrace();}
            }
        }
    }
    public static void main(String[] args){            //主方法
        JFrame.setDefaultLookAndFeelDecorated(true);
        JDialog.setDefaultLookAndFeelDecorated(true);
        new PerpetualCalendar();}
}
class Timer extends Thread{                              //显示系统时间
    private JLabel lt;
    private SimpleDateFormat fy=new SimpleDateFormat("yyyy.MM.dd G 'at'
        HH:mm:ss z");
    private SimpleDateFormat fn=new SimpleDateFormat("yyyy.MM.dd G 'at' HH mm
        ss z");
    private boolean b = true;
    public Timer(JLabel lt) {
        this.lt = lt; }
    public void run(){
        while (true){
```

```
try {
    if (b){
        lt.setText(fy.format(new Date())); }
    else
    { lt.setText(fn.format(new Date())); }
        b=!b;              this.sleep(500);
}catch (InterruptedException ex)
{      ex.printStackTrace(); }
    }
}
}
```

程序运行结果如图 A-16 所示。

图 A-16   中华万年历运行示意图

四、实验练习

（1）试完成对 PerpetualCalendar 类中的字体及大小的修改与实验验证过程。

（2）试设计一个数字时钟的设计编程过程与 JCreator 或 Eclipse 下的实验验证过程。

附录 B
文 件 操 作

文件操作是 Java 中输入/输出功能的基础。本附录主要介绍文件目录操作、顺序文件操作、随机文件操作与文件过滤操作的主要方法。

B.1　文件目录操作

如果在数据处理过程中，输入的信息量较大，仅用键盘和显示器会显得不便，此时使用文件来存储、读取、输出就会大幅提高效率，显得便捷。在 Java 中，File 类提供了描述文件和目录的一种方法。File 也在 Java.io 包中，但它不是流的子类，不负责数据的输入/输出，而专门用来管理磁盘文件和目录，目录可被视为一种特殊的文件。

1. File 类的构造方法

文件是保存在存储设备上的数据，由记录组成，文件的一行可看作是一条记录。在 Java 中，文件和目录都是用 File 对象来表示的，通过 File 类提供的构造方法成员方法（见表 B-1），可以获取文件和目录信息，并对文件和目录进行创建、修改和删除。

表 B-1　File 类的主要方法

	方　法	功　能　说　明
构造方法	public File(String pfname)	根据文件名 pfname 创建 File 对象实例
	public File(String dirPath,String fname)	根据文件路径 dirPath 与文件名 fname 创建实例
	public File(File f, String fname)	根据文件（目录）对象 f 和文件名 fname 创建实例
一般文件方法	public String getName()	获取一个文件的文件名
	public String getPath ()	获取一个文件的路径名
	public String getAbsolutePath()	获取一个文件的绝对路径名
	public String String getParent()	获取一个文件的父目录名
	String renameTo(File newName)	为当前文件名更改名称
	public boolean exists()	判断文件是否存在
	public boolean canWrite()	测试当前文件是否可写
	public boolean canRead()	测试当前文件是否可读
	public boolean isFile()	测试是否是文件
	public boolean isDirectory()	测试是否是目录
	public long length()	以字节为单位获取文件的长度，
	public long lastModified()	获取文件最后一次修改的时间
	public boolean delete()	删除当前文件
一般目录方法	public boolean mkdir()	根据当前对象创建目录
	public String[] list()	列出当前目录下的文件
	public File[] listFiles()	返回目录中所有文件对象列表

对文件的读/写与标准输入/输出类似，需注意的是要采用专门对文件操作的流，并应在不用时关闭，否则系统无法得到释放。可使用 File 类创建的对象来获取文件本身的一些信息，如文件所在的目录、文件的长度、文件读/写权限等，文件对象并不涉及对文件的读/写操作。

每个 File 类的对象都对应了系统的一个文件或目录，创建 File 类的对象时需指明它所对应的文件或目录名。为了便于建立 File 对象，File 类提供了如下 3 个不同的构造方法（见表 B-1），现在说明一下其中的相关参数。

（1）public File(String pfname)，其中参数 pfname 指明了新建 File 对象所对应的磁盘文件或目录名及其路径名。Pfname 包括绝对路径与相对路径两种情况，后者为宜。例如：

- c:\a1\Example.java：绝对路径，表示 C 盘下 a1 子目录中的文件 Example.java。
- \a1\Example.java：相对路径，表示当前目录下 a1 子目录中的文件 Example.java。

（2）public File(String dirPath,String fname) 构造方法中 dirPath 表示对应文件或目录的绝对或相对路径，filename 是不带路径的文件名。例如： File f=new File("\docs","file.dat");。

（3）public File(File f, String fname)，f 是文件所在目录对象，fname 是不带路径的文件名。例如：

```
String sdir="a1"+System.dirSep+"java";   String sfile="FileIO.data";
File Fdir=new File(sdir);                 File Ffile=new File(Fdir,sfile);
```

2. File 类的一般方法

File 类的一般方法如表 B-1 所示，包括：文件名的处理、文件属性测试、普通文件信息和工具与目录操作 4 类。

3. 文件目录应用实例

【例 B-1】在 D 盘根目录下创建一个 test1.txt 文件，并编程写入一段文本到该文件中。

```java
import java.io.*;
public class FileTest{
    public static void main(String[] args){
        File obj=new File("d:\\test1.txt");        //通过文件对象建立文件 test1.txt
        int b;          byte buffer[]=new byte[100];
        try{ System.out.println("请输入文本: ");
        b=System.in.read(buffer); FileOutputStream  writefile=new FileOutput
            Stream(obj);
        writefile.write(buffer,0,b);
        }catch(IOException e){ System.out.println("error"); }
    }
}
```

【程序解析】File obj=new File("d:\\test1.txt");通过文件对象建立文件 test1.txt, writefile.write(buffer,0,b) 表示将缓冲区（文件）内容输出。

运行结果如图 B-1 所示。

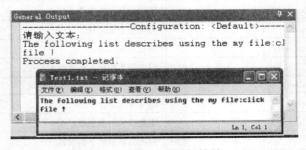

图 B-1　例 B-1 运行结果

【例 B-2】编程完成创建子目录、文件，并显示当前文件夹下子目录个数和文件的个数、文件的总长度、文件的类型（普通文件还是目录）等。

```java
import java.io.*;
  public class FileDirTest{
   public static void main(String args[]){
    File f1Dir=new File(".");
    File Dir=new File("JavaTest"); File subDir=new File(Dir,"SubJavaTest");
    File file00=new File(Dir,"file00.txt"); File file01=new File(subDir,
    "file01.txt");
    System.out.println("Files in"+f1Dir.getAbsolutePath());
    String strFiles[]=f1Dir.list();    //分别用来记录子目录的个数和文件的个数
    int intDirCount=0,intFileCount=0; long lngSize=0;//用来记录所有文件的总长度
    try{ file00.createNewFile(); file01.createNewFile();
       Dir.mkdir();   subDir.mkdir();    //创建文件及文件夹
    }catch(IOException e){ e.printStackTrace(); }
    for(int i=0;i<strFiles.length;i++) {
     File flTemp = new File(strFiles[i]);
     if(flTemp.exists()){
      if(flTemp.isFile()){    //判断是否是普通文件
        System.out.println(strFiles[i]+"\t"+flTemp.length());
        intFileCount++;       lngSize = lngSize+flTemp.length(); }
      if(flTemp.isDirectory()){          //判断是否是目录
         System.out.println(strFiles[i]+"\t<DIR>");
          intDirCount++; }
     }
    }
   System.out.println(intFileCount+"file(s)\t"+lngSize+"bytes");
   System.out.println(intDirCount+"dir(s)"); }
  }
```

程序运行结果如图 B-2 所示。

图 B-2　创建子目录文件效果

B.2　顺序文件操作

文件访问分为：顺序文件访问与随机文件访问两种方式，前者使用 FileInputStream 和 FileOutputStream 类，后者涉及 RandomAccessFile 类。在此，首先关注起顺序文件。

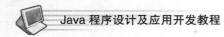

1. FileInputStream 类

FileInputStream 类是把一个文件作为字节输入流，实现对顺序文件的读取操作。为了创建 FileInputStream 类的对象，可使用构造方法，格式如下：

```
public FileInputStream(String name) throws FileNotFoundException
public FileInputStream(File file) throws FileNotFoundException
```

前者使用给定文件名 name 创建一个 FileInputStream 对象；后者使用 File 对象创建 FileInputStream。输入流通过使用 read()方法从输入流读出源中的数据。

2. FileOutputStream 类

FileOutputStream 类是把文件作为字节输出流，它提供了基本的顺序文件写入能力，可按字节将数据写入到文件中。创建 FileOutputStream 类的对象，可使用构造方法。格式如下：

```
public FileOutputStream(String name) throws FileNotFoundException
public FileOutputStream(File file) throws FileNotFoundException
```

参数是可以用字符串表示的文件名，也可以是创建时与指定文件关联的文件对象。出现异常时将抛出 FileNotFoundException 异常。

构造方法参数指定的文件为输出流的目的地，输出流通过使用 write()方法把数据写入输出流到达目的地。write 方法的格式如下：

```
public viod write(int b) throws IOException
public viod write (byte[] b) throws IOException
public viod write (byte[] b, int start , int len) throws IOException
```

该组方法用于向指定文件中写入数据。其中，整型变量 b 是将要写入的字节的整数值，字节数组 b 是将要写入的字节数组，start 是输出流的字节偏移量，len 是将要写入的字节长度。可以一次一个字节地写入，也可以按字节数组的容量或指定字节长度成批地写入。

FileOutputStream 流顺序地写文件，只要不关闭流，每次调用 write( )方法就顺序地向文件写入内容，直到流被关闭。如果输出流要写入数据的文件已经存在，该文件中的数据内容就会被刷新；如果要写入数据的文件不存在，该文件就会被建立。

【例 B-3】编写程序，通过 FileInputStream 完成顺序文件的 test.txt 读取输出显示。

```
import java.io.*;
  public class FileInputSx {
  public static void main(String[] args)  throws IOException{
   try{ FileInputStream f=new FileInputStream("d:\\test.txt");
    int n=512;      byte buffer[]=new byte[n];
    while((f.read(buffer,0,n)!=-1) && (n>0)){
     System.out.println(new String(buffer)); }    //顺序文件输出
     System.out.println();          f.close();
   }catch(IOException ioe){    System.out.println("error");
   }catch(Exception e){System.out.println(e); }
  }
}
```

程序运行结果如图 B-3 所示。

图 B-3　例 B-3 运行效果示意图

B.3　随机文件操作

上述介绍的文件流都是按照从头至尾的顺序方式对字节或字符进行读/写操作,这种方式称为顺序访问方式。该方式只能对文件进行单向的输/输出操作,随机访问方式则允许对文件内容进行随机读/写。Java 中类 RandomAccessFile 提供了随机访问文件的方法。格式为:

```
public class RandomAccessFile extends Object implements DataInput, DataOutput
```

类 RandomAccessFile 允许对文件内容同时完成读和写操作,它直接继承 Object,且同时实现了接口 DataInput 和 DataOutput,提供了支持随机文件操作的方法。具体如下:

（1）readInt(), writeDouble()：读或写一个整型值。

（2）int skipBytes(int n)：将指针向下移动若干字节。

（3）length()：返回文件长度。

（4）long getFilePointer()：返回指针当前位置。

（5）void seek(long pos)：将指针调到所需位置。

（6）void setLength(long newLength)：设定文件长度。

类 RandomAccessFile 的构造方法为:

```
RandomAccessFile(File file, String mode)和 RandomAccessFile(String name,
    String mode)
```

mode 的属性取值:①r 为只读,任何写操作都将抛出 IOException。②rw 读/写,文件不存在时会创建该文件,文件存在时,原文件内容不变。③rws 同步读写,等同于读/写,但任何协操作内容与属性都被直接写入物理文件。④rwd 数据同步读/写操作,但任何内容写操作都直接写到物理文件。

【例 B-4】编程完成随机文件信息读取与输出操作。

```
import java.io.*;
public class RandomFileEx{
public static void main(String [] args) throws Exception{
    Employee e1=new Employee("zhanghuan",48);
    Employee e2=new Employee("taoyunfei",38);
    Employee e3=new Employee("liuxuande",18);
RandomAccessFile ra=new RandomAccessFile("c:\\1.txt","rw");
ra.write(e1.name.getBytes());ra.writeInt(e1.age);
ra.write(e2.name.getBytes());ra.writeInt(e2.age);
ra.write(e3.name.getBytes());ra.writeInt(e3.age);ra.close();
RandomAccessFile raf=new RandomAccessFile("c:\\1.txt","r");
int len=8;String str="";
raf.skipBytes(12);              //跳过第一个员工的信息,其中姓名8字节,年龄4字节
System.out.println("此乃华贸商行第二位员工信息: ");
for(int i=0;i<len;i++)
    str=str+(char)raf.readByte();
    System.out.println("尊姓大名:"+str);
    System.out.println("芳龄几何: "+raf.readInt());
System.out.println("此乃华贸商行第一位员工信息: ");
str=""; raf.seek(0);           //将文件指针移动到文件开始位置
for(int i=0;i<len;i++)
str=str+(char)raf.readByte();
System.out.println("尊姓大名: "+str);
```

```
System.out.println("芳龄几何: "+raf.readInt());
System.out.println("此乃华贸商行第三位员工信息: ");
str="";raf.skipBytes(12);    //跳过第二个员工信息
for(int i=0;i<len;i++)
    str=str+(char)raf.readByte();
    System.out.println("尊姓大名:"+str.trim());
    System.out.println("芳龄几何: "+raf.readInt());
raf.close();System.out.println("随机文件信息读取与输出操作结束!");  }
}
class Employee{
    String name;int age; final static int LEN=8;
public Employee(String name,int age){
if(name.length()>LEN){  name=name.substring(0,8);    }
else{  while(name.length()<LEN)
        name=name+"\u0000";}
    this.name=name;  this.age=age;}
}    //本例对一个文件实现访问操作,以可读写方式"rw"打开文件。
```
程序运行结果如图 B-4 所示。

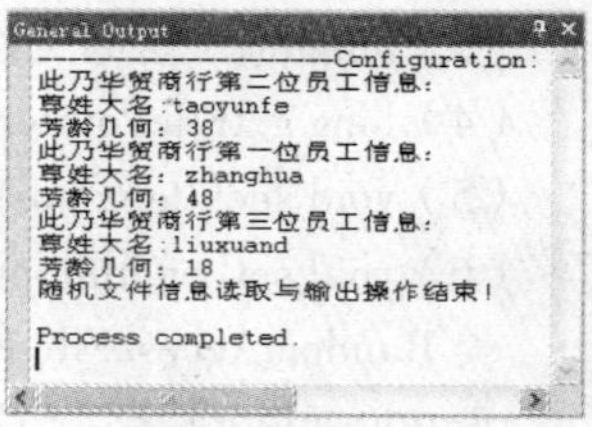

【例 B-5】 编写一个程序 RandomIODemo,该程序创建一个随机文件,并向其中写入数值,随后修改其中某个输出的值。

图 B-4 例 B-4 程序运行结果

```
import java.io.*;
public class RandomFile {
    public static void main(String args[]){
        File obj=new File("d:\\randf.dat");  //注意文件存在否?
        try{ RandomAccessFile raf=new RandomAccessFile(obj,"rw");
            for(int i=1;i<=20;i++)
                    raf.writeInt(i);
            long cur=raf.getFilePointer();
System.out.println("写入 20 个 4 字节的整数后,当前文件的指针位置为: "+cur);
            cur=0;                raf.seek(cur);
            for(int i=30;i<=45;i++)
                raf.writeInt(i);  cur=raf.getFilePointer();
            System.out.println("复位写入 30 个整数后,当前文件指针位置为: "+cur);
            cur=0;                raf.seek(cur);
            System.out.println("此时, d:\\randf.dat 文件的内容如下: ");
            while(true){
                System.out.print(raf.readInt()+",");          }
        }catch(EOFException e){  System.out.println("文件已结束。");  return;
    }catch(FileNotFoundException e){  System.out.println("d:\\randf.dat 文件不存在");
        }catch(IOException e){  System.out.println("磁盘 IO 出错");  }
    }
}
```
程序运行结果如图 B-5 所示。

图 B-5 例 B-5 运行结果

B.4　文件过滤操作

Java 提供了文件筛选过滤器（Filter，包括 FileFilter 和 FilenameFilter 两个接口）用来对文件名字符串进行筛选，以便获得满足需求特征的文件集合。这两个接口都包含 accept()方法，但方法的参数不同。文件过滤器具体声明如下：

```
public interface FileFilter  { public boolean accept(File pathname)  }
public interface FilenameFilter{public Boolean accept(File dir, string name)  }
```

文件过滤器可以作为 File 类的列表方法（list 和 listFiles）的参数，用于获得符合过滤要求的文件列表。这些列表方法如下：

```
public String[] list(FilenameFilter filter);public File[] listFiles(FilenameFilter
filter);
   public File[] listFiles(FileFilter filter);
```

【例 B-6】通过 FilenameFilter 编程完成文件过滤筛选操作。

```
import java.io.*;
public class DirFilter implements FilenameFilter{
private String prefix="",suffix="";                    //文件名的前缀、后缀
public DirFilter(String filterstr){
filterstr=filterstr.toLowerCase(); int i=filterstr.indexOf('*');  int j
  = filterstr.indexOf('.');
if (i>0) prefix=filterstr.substring(0,i);
   if (j>0)  suffix=filterstr.substring(j+1);  }
public static void main(String args[]){          //创建带通配符的文件名过滤器对象
FilenameFilter filter=new DirFilter("Dir*ter.txt"); File f1=new File("");
File curdir=new File(f1.getAbsolutePath(),"");          //当前目录
System.out.println(curdir.getAbsolutePath());
System.out.println("筛选过滤的文件清单如下:"); String[] str=curdir.list(filter);
for (int i=0;i<str.length;i++)         //列出带过滤器的文件名清单
      System.out.println("\t"+str[i]);  }
   public boolean accept(File dir, String filename){
      boolean yes=true;
   try { filename=filename.toLowerCase();
      yes=(filename.startsWith(prefix)) &(filename.endsWith(suffix));  }
   catch(NullPointerException e){ }
      return yes;}
}
```

【程序解析】本例实现了 FilenameFilter 接口中的 accept() 方法，通过 DirFilter("Dir*ter.txt")列出筛选过滤的 Dir*ter.txt 文件名。

程序运行结果如图 B-6 所示。

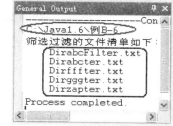

图 B-6　例 B-5 程序运行结果

附录 B 小结

附录 B 主要讲述了文件目录操作、顺序文件操作、随机文件操作与文件过滤操作。File 类的一般方法，包括：文件名的处理、文件属性测试、普通文件信息和工具与目录等操作。

文件是保存在存储设备上的数据，由记录组成，文件的一行可看作是一条记录。文件访问分

为：顺序文件访问与随机文件访问两种方式：前者使用 FileInputStream 和 FileOutputStream 类；后者涉及 RandomAccessFile 类。Java 提供了文件筛选过滤器（Filter，包括 FileFilter 和 FilenameFilter 两个接口）用来对文件名字符串进行筛选。

思考与练习

一、选择题

1. 语句 public Boolean＿＿＿＿＿＿是用于创建目录的。
   A．createdir()　　　　B．createdir　　　　C．mkdir　　　　D．mkdir()
2. 顺序文件访问使用 FileInputStream 和＿＿＿＿＿＿ FileOutputStream 类。
   A．FileOutputStream()　　B．FileOutputStream　　C．FileOutput　　D．FileOutput()
3. 随机文件访问涉及＿＿＿＿＿＿类的使用。
   A．RandomAccessFile　　B．RandomAccessFile()　C．RandomFile　　D．RandomFile()
4. 文件筛选过滤主要用到＿＿＿＿＿＿和 FilenameFilter 两个接口。
   A．FileFilter()　　　　B．FileFilter　　　　C．FileAccess()　　　　D．FileAccess

二、是非题

1. 文件是保存在存储设备上的数据，由记录组成，文件的一行可看作是一条记录。　（　　）
2. 语句 blic boolean delete()是用于删除当前文件的。　（　　）
3. 语句 public boolean mkdir()是用于创建目录的。　（　　）
4. 语句 public File(String pfname) 是根据文件名 String 创建 File 对象实例的。　（　　）
5. 语句 public boolean canWrite()是用于测试当前文件是否可读/写。　（　　）

三、思考与实验

1. 何谓文件？简述 File 类在文件与目录管理中的功效与使用方法。
2. 简述文件的访问分类。RandomAccessFile 类主要包括哪些方法及相应功能？
3. 使用 File 类编程，读取文件 filetest.txt 通过相关方法判别文件名、目录、可读并写与否等，若该文件不存在则做出相应文件不存在的提示。运行效果与图 B-7 类似。

图 B-7　读取文件判别信息运行效果示意图

4. 阅读下列程序，叙述其主要功能。

```java
import java.io.*;
public class CreateFile{
    public static void main(String args[ ]){
        File f1=new File("d:\\AccessFile\\file.txt");
        System.out.println(f1);
        try { f1.createNewFile( );
        }catch(IOException e){  }
    }
}
```

5. 叙述语句 public boolean isDirectory(); 与语句 public boolean exists()的功能。

"网络程序设计语言Java"课程教学大纲

一、课程基本情况

课程名称（中文）：网络程序设计语言 Java

课程名称（英文）：Java　Network Programming Language

课程代码：B3102202

学分：3.5

总学时：64

理论学时：44

实验学时：20

课外学时：20

课程性质：学科专业课

适用专业：信息管理与信息系统、计算机技术及与经济管理类等

适用对象：本科

先修课程：计算机基础，计算机网络技术与管理、VB 等程序设计语言、数据库原理及应用等

考核方式：考试、闭卷平时成绩 30%，期终考试 70%

教学环境：课堂、多媒体，实验室

开课学院：经济与管理学院等

二、课程简介（任务与目的）

本课程是一门研究现今 Java 系统的运作原理、程序设计方法与开发技能的学科。它是信息管理与信息系统（信息管理与电子商务方向）、计算机应用、经济管理（类）等专业的一门重要的专业课。该课程主要完成：Java 及 Java 语言基础、类与对象、继承与多态、异常处理、多线程、图形用户界面、Applet 技术、网络通信、Java 数据库应用技术等的学习。

本课程旨在使学生掌握 Java 程序设计的基本原理、设计方法、编程技能与具体的应用开发，体现"夯实基础、强化实践、提升能力、面向应用"的效用。本课程是实践性较强的课程，应使学生能融理性与感性知识为一体，掌握相关技能、开拓该领域的创新思维、综合运作能力。

三、课程内容及教学要求

1　Java 概述与语言基础

1.1　Java 基础介绍（了解）

1.2　Java 虚拟机与 运作机制（理解）

1.3　Java 运行平与编辑工具及 JCreator 使用介绍（掌握）

1.4　语言基础与数据类型及变量等（掌握）

1.5 语句与表达式运算符及类型转换（理解）

重点：JCreator 使用、数据类型及变量、语句与表达式运算符。

难点：JCreator 使用、语句与表达式运算符及类型转换等。

2 程序流程控制

2.1 语句控制结构基础（理解）

2.2 分支语句（掌握）

2.3 循环语句与 跳转语句（掌握）

2.4 数组与字符串潼（理解）

重点：分支语句、循环语句与数组。

难点：循环语句 与数组等。

3 面向对象程序设计

3.1 面向对象基础（了解）

3.2 类对象与方法及构造方法（掌握）

3.3 类的封装与继承（理解）

3.4 多态机制与接口等（理解）

重点：类对象与方法及构造方法、类的封装与继承等。

难点：类的封装与继承、多态机制与接口等。

4 异常处理与输入输出流

4.1 异常处理机制（了解）

4.2 异常处理方法（理解）

4.3 基本输入/输出流（了解）

4.4 标准输入和输出（理解）

4.5 文件处理（了解）

重点：异常处理方法、标准输入和输出等。

难点：异常处理方法、标准输入和输出、文件处理等。

5 Java 线程机制

5.1 Java 中的多线程机制（了解）

5.2 多线程类的创建与实现等（理解）

重点与难点：多线程类的创建与实现等。

6 用户界面编程与设计

6.1 组件概述（理解）

6.2 AWT 图形化界面基础与组件（理解）

6.3 事件处理机制（理解）

6.4 布局设计（掌握）

6.5 Swing 组件（掌握）

6.6 菜单组件（掌握）

6.7 多媒体设计基础介绍等（理解）

重点：AWT 图形化界面基础、Swing 组件、菜单组件等。

难点：AWT 图形化界面基础、Swing 组件、布局设计、菜单组件等。

7 Applet 程序设计

7.1 Applet 基础介绍（了解）

7.2 Applet 具体应用（掌握）

重点与难点：Applet 具体应用等。

8 Java 数据库连接与网络编程基础

8.1 数据库与 JDBC 基础（了解）

8.2 基于 JDBC 访问数据库（理解）

8.3 JDBC 应用实例（理解）

8.4 网络编程基础介绍

8.5 Java 应用开发方法介绍（掌握）

重点与难点：基于 JDBC 访问数据库、网络编程基础介绍等。

四、教学课时安排

序号	模块	课程主要内容	讲授	实验	教学方式
1	基础知识	Java 概述与语言基础	5	2	多媒体面授演示设问实验
2		程序流程控制	6	2	
3	程序设计	面向对象程序设计	7	2	
4		异常处理与输入/输出流	4	2	多媒体面授演示设问实验
5		Java 线程机制	2	4	
6	应用开发	用户界面编程与设计	10	2	
7		Applet 程序设计	4	2	多媒体面授演示设问实验
8		Java 数据库连接与网络编程基础	6	4	
合计			44	20	

五、课内实验

序号	实验名称	内容提要	实验学时	每组人数	实验性质	备注
实验一	Java 环境设置与程序开发基础	（1）熟悉 JDK 开发环境等； （2）掌握 Java Application 的程序结构和开发过程； （3）理解变量定义作用与具体方法，掌握各种基本数据类型及其运算过程掌握各种运算符及其相关表达式的使用与运算过程等； （4）掌握流程控制等技术等	2	1	验证	必做
实验二	语言基础与流程控制、类与继承及异常处理	（1）掌握 Java 语言编程方法与程序控制结构等的应用技巧，理解类定义与创建对象实例及其引用及类的构造方法及成员变量和方法的创建与使用等； （2）掌握类及其成员的访问控制符的使用与子类的创建与使用，多态机制中重载与覆盖及访问权限等的使用等，掌握接口的定义与实现等； （3）理解包与类的引入和使用以及异常的概念和 Java 异常处理机制等； （4）掌握异常的概念及抛出和捕捉处理异常的方法等。	4	1	验证	必做
实验三	图形用户界面与小应用程序	（1）掌握 Java 的 GUI 设计技术与 AWT 和 Swing 的应用技巧等； （2）掌握菜单的设计方法等； （3）理解事件处理机制与布局设计方法等	6	1	验证	必做

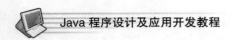

续表

序号	实 验 名 称	内 容 提 要	实验学时	每组人数	实验性质	备注
实验四	输入输出、线程机制与网络编程	（1）了解流式输入输出的基本原理等； （2）掌握类 FileInputStream 类、FileOutputStream 类等的使用方法等； （3）理解线程机制原理及网络通编程的基本方法等	4	1	验证	必做
实验五	数据库与应用开发	（1）掌握 Java 数据库连接的方法与数据处理技能等； （2）掌握应用程序开发的原理、方法与相关技能等。	4		综合	

六、教材与参考资料

[1] 虞益诚. Java 程序设计及应用开发教程[M]. 北京：科学出版社，2009.

[2] 牛晓太，等. Java 程序设计教程[M]. 北京：清华大学出版社，2013.

[3] 高飞，等. Java 程序设计实用教程[M]. 北京：清华大学出版社，2013.

[4] 耿祥义，等. Java 程序设计教学做一体化教程[M]. 北京：清华大学出版社，2012.

[5] 姜华，等. Java 项目实战教程[M]. 北京：清华大学出版社，2012.

[6] 施霞萍，等. Java 程序设计教程[M]. 3 版. 北京：机械工业出版社，2012.

七、其他说明（可选）

（1）各教学环节要求：本课程的课堂教学主要采用多媒体课件演示和讲授相结合的方法进行，学生应以英语为主修外语。

（2）教学辅助资料的运用要求：本课程的课件应能在现有的操作系统环境下独立运行，并能在网络上同步发布，方便学生课外复习和自学。

（3）实验环节的实验内容及要求：本课程本身有实验环节，具体如"五、课内实验"所述。尚有拓展性知识点，学生可利用课外时间与教师沟通性自学。

（4）作业布置要求。每章节均有习题及实验题 7～12 题，且有实验及实验报告遥相呼应。

八、撰写人

给出具体撰写人。

九、审核人

给出具体审核人。

十、学院（部）审核（盖章）

审核后合格后盖章。

附录 D
部分思考与练习参考答案

第1章　Java 概述

一、选择题

1	2	3	4	5	6	7	8	9
A	C	D	B	B	B	C	A	A

二、是非题

1	2	3	4	5	6	7	8
T	F	T	F	T	F	T	T

三、思考与实验

1. 简述 Java 程序的特点与分类。

答：（1）Java 程序的特点包括：面向对象性、简单便捷性、平台无关性、语言健壮性、运作安全性、系统移植性、动态扩展性、程序优化性与多线程机制。（2）分类：Java 分为 Java Application、Java Applet、Java Servlet、JSP 与 JavaBean 五种程序类型。

2. 何谓多线程机制？简述 Java 语言的发展过程。（答案：略）

3. 简述 JVM 执行过程的特点。

答：JVM 执行过程包括如下 3 个特点：

（1）多线程：Java 虚拟机支持多个线程的同时运行，这些线程可独立地执行 Java 代码，处理公共数据区和私有堆栈中的数据。（2）动态连接：Java 虚拟机具有的动态连接使得 Java 程序适合在网上运行。（3）异常处理：Java 虚拟机提供了可靠的异常处理机制。

4. 试完成 JDK 1.6 获取与安装的实验过程，并完成环境变量的设置。（答案：略）

5. 何谓 JavaBean？简述 JavaBean 的功能与特点。

答：JavaBean 是一种可重用、独立于平台的 Java 程序组件。特点包括：（1）可以使用工具栏控制一个 Bean 的相关属性、事件和方法；（2）一个 Bean 具有 Java"一次编程，随处可用"的特性；（3）Bean 的配置保存在永久存储区域中，使用时可以按需选择性地恢复。相关辅助软件可以帮助使用者配置 Bean；（4）Bean 的注册可来自其它对象的事件，且能够再度产生事件送往其他对象。

6. 利用网上资源了解并完成 Java 帮助文档的下载与安装实验。（答案：略）

7. 参照本章实例创建一个名为 HowisJava 的 Java Application 程序，在屏幕上简单地显示"Hello，How is Java!"信息。

```
public class HowisJava{
    public static void main (String args[] ){
        System.out.println ("Hello, How is Java!");}
    }
```

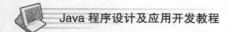

8. 完成在 DOS 窗口中编辑、编译与运行题 7 所编程序的实验。（答案：略）

9. 参照本章实例创建一个名为 HowisJavalet 的 Java Applet 程序，在窗口中显示"How is Java Applet!"，同时需要编写 HowisJavalet.html 文件。

```
//  HowisJavalet.java
import java.applet.*; import java.awt.*;
public class HowisJavalet extends Applet{
    public void paint(Graphics g) { g.drawString("How is Javaapplet!",20,30); }
}
    <html>
        <applet code="MyFirstApplet.class" width=200 height=200>    </applet>
    </html>
```

10. 安装 JCreator 软件，并完成利用其编辑、编译功能运行题 7 与题 9 所编写的程序。（答案：略）

第 2 章　Java 语言基础

一、选择题

1	2	3	4	5	6	7	8	9
B	A	D	B	A	A	D	C	B

二、是非题

1	2	3	4	5	6	7	8	9
T	T	T	F	F	F	T	F	F

三、思考与实验

1. 简述分隔符的内涵及其类型。

答：分隔符用于将一条语句分成若干部分，便于系统识别，包括：空白分隔符与普通分隔符两种。

2. 简述注释语句的内涵及其类型。（答案：略）

3. 试问 Java 标识符定义使用时有何规定？试述下列标识符哪些是对的，哪些是错的。

test、5mim、groua、roor@201、rich911、abstract、desk203、wom777、import、ycase、139.18 、+highe、hsee-me、w_import、_sim33、$god

答：Java 标识符定义使用时有如下规定：

（1）标识符可以由数字、字母、下画线（_）或美元符号（$）组成。

（2）标识符必须以一个字母、下划线（_）或美元符号（$）开头。

（3）标识符是区分大小写的，如 God 与 god 是不同的标识符。

（4）标识符不能与关键字同名，但标识符可包含关键字作为它的名字的一部分。例如，thisone 是一个有效标识符，但 this 却不是，因为 this 是一个 Java 关键字。

（5）标识符使用长度不限但不宜过长，最好有象征性含义，起到望文生意的作用。

对的标识符为：test、groua、rich911、desk203、wom777、ycase、w_import、_sim33、$god

错的标识符为：5mim、roor@201、abstract、import、139.18 、+highe、hsee-me

4. 何谓表达式？何谓运算符？语句又是什么？（答案：略）

5. 已知标识符为：false、-45、M、042、'%'、2L、0xAD，其中哪些是常量？并述其类型。

答：常量有：整型常量：-45（整型）、042（八进制）、2L （长整型）、0xAD（十六进制）、布尔型常量：false、字符型常量：'%'.

6. Java 语言中有哪些数据类型？写出 int 与 Short 所能表达的最大值与最小值。（答案：略）

7. 判断下列表达式的运行结果。

（1）5+8<10+6　　（2）5*5+5%5+5/5（3）3>0&&2*3<8（4）32>5*(2+3)||8-2<7

答：（1）T　　（2）26　（3）　F　（4）　T

8. 书写语句完成变量定义：(1)整型：x1　(2)布尔型：b1_t　(3)字符型：c1　(4)双精度型：qd。（答案：略）

9. 若已知 x=3、y=8、f=true，计算所列 z 的值：（1）z=y*++x（2）z=x>y&&f（3）z=y/2+++x
（4）z=3*y+x+++y--（5）z=x<y||!f　（6）x<<3（7）y>>2　（8）z = x <y ? x :y

答：（1）32　　（2）f　（3）8　（4）35　　（5）t　　（6）24　　（7）2　　（8）3（余略）

10. 试编写一个语句或完整的 Java 程序，完成如下实验要求：（答案：略）

（1）先把整型变量 a 的只值加 1 后扩大 3 倍，然后把它放入 sum 中。

（2）求的 u 除以 v 的余数赋给 z，然后 z 自身加 1 后赋给 w 。

（3）已知立方体的长为 12，宽为 8，高为 16，试计算其体积，并赋予 V。

（4）若给定一个整型数与一个双精度型数，试求二者的和、差、积、商与平均值。

（5）把 x 与 y 中较大的数赋予 z，然后自身扩大 5 倍加 1。

11. 试设计一例：通过扫描器类对象（Scanner-next()方式）完成 Java 键盘简单数据的输入。

```
import java.util.Scanner;
public class TestScanner {
    public static void main(String[] args){
    String ts="";  Scanner out=new Scanner(System.in);  ts=out.next();
        System.out.println("Java 键盘简单数据输入为:"+ ts); }
}
```

第 3 章　流程控制

一、选择题

1	2	3	4	5	6	7	8
B	A	C	D	C	C	C	A

二、是非题

1	2	3	4	5	6	7	8	9
F	T	F	F	T	F	—	—	—

三、思考与实验

1. 简述 Java 语句的分类？

答：Java 语句包括 5 类：（1）表达式语句；（2）复合语句；（3）控制语句；（4）方法调用语句；（5）package 语句和 import 语句。

2. 试说明 while 语句与 do...while 语句间的差异，并举实例说明。（答案：略）

3. 试用 for 语句结构、while 语句结构、do...while 语句结构编程求和：S=4! +8! + 12! +16!

（1）FOR 语句结构：

```
public class SFOR{
    public static void main (String args[ ]){
    int i ,m=1,s=0;
    for (i=1; i<=16; i++)
```

```
System.out.print("The loutus number are ");
for (int n=1;n<=500;n++){
    int  i,j,k,count; count=0;            // count 记莲花数个数
    k=n%10;                               // k 为个位数字
    j=(n/10)%10;                          // j 为十位数字
    i=n/100;                              // i 为百位数字
    if  (n==i*i*i+j*j*j+k*k*k){
        count=count+1;
        if  (count%10==0)                 // 每输出 10 个莲花数换行
            System.out.println(n+",");
        else
            System.out.print(n+","); } }  }
}
```

14. 给出一个整数，试求其所有的因子（如6的所有的因子为3、2、1）。（答案：略）

15. 百鸡问题，公鸡4元/只，母鸡3元/只，小鸡3只/元，问100元买100只鸡，公鸡、母鸡、小鸡各多少只？

```
public class CalculateChicken{
    public static void main(String[] args){
    int z=0;      boolean isAnswer=false;
    for(int i=0;i<=25;i++){
        for(int j=0;j<=33;j++){
            z=100-i-j;
            if((z%3==0)&& (4*i+3*j+z/3==100)){
                System.out.println("公鸡"+i+"只，母鸡"+j+"只，小鸡"+z+"只。");
                isAnswer =true;         }
            }
        }
    if(!isAnswer)
    System.out.println("本题无解！"); }
}
```

16. 程序填空：计算15的阶乘。（答案：略）

```
public class WhileOp {
    public static void main(String args[]){
        int _____;
        long result=1;
        while(i<=15) {
            _____;
            i=i+1;      }
        System.out.println("15!="+result);
    } //end
```

第4章　数组与字符串

一、选择题

1	2	3	4	5
B	C	B	B	C

二、是非题

1	2	3	4
T	F	T	F

三、思考与实验

1. 已知数组数据为：5、56、4、67、9、32、12，试完成升序排列并输出的编程。

```
class ArraySortEx {
public static void main (String [ ] args){
int a[]={5,56,4,67,9,32,12};
int i,j,k;  int temp=0;
System.out.println ("排序前数据: ");
for (i=0; i<a.length; i++)
        System.out.print(a[i]+" ");
System.out.println( );
    for (i=0; i<a.length-1; i++){
        k=i;
        for (j=i+1; j<a.length; j++){
            if (a[j]<a[k])
            k=j;temp=a[i]; a[i]= a[k]; a[k] = temp; }
        }
    System.out.println ("排序后数据: ");
    for (i=0; i<a.length; i++)
        System.out.print(a [i] +" ");          System.out.println( );  }
}
```

2. 编写一个将字母转换成小写字母并计算其长度的应用程序。（答案：略）

3. 程序填空：求字符串的长度及每个位置上的字符。

```
public class charAtOp{
    public static void main(String args[]){
        String s="Networkman";
        int le=s.length();
        System.out.println("字符串 s 的长度为: "+le);
        for  (int i=0;i<le;i++)  {
        char c=s.charAt( i );
        System.out.println("s 中的第"+i+"个字符是: "+c);      }
}
```

4. 编写程序：字符串逆向输出，并完成相应实验。（答案：略）

5. 使用 String 数据类型 s，使其内容为 "this is a stringtest"，试输出字符串及其长度。

```
public class StringExample {
    public static void main(String[] args) {
        String s="this is a stringdemo";
        System.out.println(s);
        System.out.println("字符串的长度是: " +s.length());  }
}
```

6. 编程：录入用户的 18 位身份证号，从中提取用户的生日。

```
import java.util.Scanner;
public class GetBirthday {
    public static void main(String[] args){
        System.out.print("请输入用户的身份证号码:  ");
        Scanner input=new Scanner(System.in);
        String id=input.next();          String year="";
        String month="";                 String day="";
        if(id.length()!=18){   //有效身份证号码为 18 位
            System.out.println("\n 身份证号码无效! ");
        }else{
            year=id.substring(6,10);    //提取年
            month=id.substring(10,12);    day=id.substring(12,14);
```

```
System.out.println("\n该用户生日是: "+year+"年"+ month+ "月"+day+"日");}
    }
```

7. 编写一个 Java Application 程序，在程序中，把从 100 内的所有偶数序列的值依次赋给数组中的元素，并向控制台输出各元素。

```
public class Array1{
    public static void main(String[] args){
        int[]  num= new int[50];
        int i=2;          int j=0;
        while(i<=100){   //数字在 100 以内
            num[j]=i;      i=i+2;
            j++;  }
        for(i=0;i<num.length;i++)
            System.out.println("num["+i+"]=" + num[i]);  }
}
```

第 5 章　对象与类

一、选择题

1	2	3	4	5	6	7	8	9	10
A	B	D	C	D	D	A	C	C	A

二、是非题

1	2	3	4	5	6	7	8	9	10
T	F	F	T	F	T	T	F	T	F

三、思考与实验

1. 何谓类？简述类与对象的关系。

答：类是对该类对象的抽象描述，是面向对象程序设计中的一个重要概念，是一种复杂的数据类型，它是将数据属性及其相关操作封装在一起的集合体，包括了对象的属性与方法或特征与行为，它是对象（事物）的模板或蓝图。类与对象的关系犹如某类设计图纸与相应产品的关系，类是模板，对象是类的实例。

2. 何谓对象？如何创建一个对象？（答案：略）

3. 给定圆的半径，试利用引用对象方法形式完成计算圆的体积并实验调试验证。

```
import java.math.*;
class VolEx5_3 {
private  float r; private  float h;     // 定义私有变量
private double vs;                      // 定义私有方法
VolEx5_3 (float x, float y)  {
    r=x;  h=y;         }
public double  vol(){
    vs=Math.PI*r*r*h; return vs;}
public static void main (String args [ ] ) {
    VolEx5_3  com= new  VolEx5_3 (12.6f,16.8f);
    System.out.println ("Volume="+ com.vol());   }    }
```

4. 何谓构造方法？构造有哪些特点？（答案：略）

5. 程序填空：利用 this 完成将点坐标值扩大。

```
class Point {
  private int x=20,y=30;
  public void setPoint(int a,int b) {
```

```
    x=x+2*a;  y=y+2*b;      }
  public int getX() { return x; }
  public int getY() {return y; }
  public String toString()
  { return "["+this.getX()+","+this.getY()+"]"; }   //引用类的方法
  public static void main(String args[]){
    int i=15,j=25;
    Point dot=new Point();
    dot.setPoint(i,j);
    System.out.println(dot.toString()); }
}    //  End
```

6. 分析并简述方法调用的 3 种形式。（答案：略）

7. 说明程序的功能并写出下列程序的输出结果及完成相应实验。

```
public class Count{
  static void count(int n)               //递归方法
  {  if (n<10)  count(n+1);
     System.out.print(" "+n);       }
  public static void main(String args[]){
     count(1); System.out.println();      }
}    //  End
```

解答：计算降序输出；输出结果为 10、9...3、2、1。

8. 简述各种成员变量修饰符的作用。（答案：略）

9. 编写一动物类，包含动物基本属性（如名称、大小、重量），并设计相应动作（如跑、跳、走）。

```
public class Animal {
  String name;int age;    double weight;
  public void setProperty(String name,int age,double weight){
     this.name=name;       this.age=age;        this.weight=weight;      }
  public void run(){  System.out .println(name+"正在跑。");     }
  public void jump(){ System.out .println(name+"正在跳。");     }
  public void walk(){ System.out .println(name+"正在走。");     }
}
public class AnimalTest {
  public static void main(String[] args) {
     Animal animal=new Animal();  animal.setProperty("华南虎", 3, 300);
     animal.run();          animal.jump();       animal.walk();
     animal.setProperty("东北虎", 4, 400);        animal.run();
     animal.jump();         animal.walk();        }
}
```

10. 编写一个数码照相机（计算机）类，属性包括数码照相机（计算机）品牌、型号，方法显示数码照相机（计算机）信息，并编写测试类，然后实验验证。（答案：略）

11. 说明以下程序的功能并写出输出结果。

```
class Sta_method{
  int width,height;
  public static double area (int width,int height){
  return width*height;  }
  public static void main (String args []){
     int i,j;
     double f;
     i=40; j=50;
     f=Sta_method.area (i, j);
     System.out.println ("Area="+i+"*"+j+"="+f);     }
}   //  End
```

12. 编写一个电影（音乐）类，属性包括电影（音乐）名称、类型，方法显示电影（音乐）信息，并编写测试类，然后实验验证。（答案：略）

第 6 章　继承与多态

一、选择题

1	2	3	4	5	6	7	8	9	10	11	12
B	B	C	A	D	A	B	B	A	B	A	D

二、是非题

1	2	3	4	5	6	7	8	9	10
T	F	T	F	T	F	T	T	T	F

三、思考与实验

1. 何谓继承? 何谓子类?何谓父类?

答：继承（Inheritance）是一个类对象获得另一个类对象的属性变量与行为方法的过程，是新的子类可从另一个父类派生出来，并自动拥有父类的全部属性和方法。继承得到的类称为子类，被继承的类称为父类（超类），父类包括所有直接或间接被继承的类。

2. 何谓单继承? 何谓多重继承?通过继承，子类可获得哪些好处？（答案：略）

3. 简述子类的创建与继承规则。

答：子类可以重写父类的方法，增加父类中没有的而属于子类的成员变量和方法，子类继承父类是通过关键字 extends 来实现的。子类创建与继承规则如下：

（1）子类能够继承父类中 Public 和 Protected 成员变量和方法。

（2）子类能够继承父类中默认修饰符的成员，只要子类和父类在同一个包内。

（3）子类不能继承父类隐藏的成员变量和方法及父类中的构造方法。

（4）子类不能继承父类中的 Private 成员变量和方法。

（5）若子类声明了一个与父类变量同名的成员，则子类不继承父类中的同名成员。

（6）若缺省 extends 子句，则该类为 Java.lang.Object 的子类。

4. 简述关键字 super 的用法，子类在什么情况下可以继承父类的友好成员？（答案：略）

5. 简述 Java 接口及其实现使用步骤。

答：接口是用来实现类间多重继承功能的一种结构，利用接口可获得多个父类，即实现了多重继承。接口的实现与使用分为 3 个步骤：先声明定义接口，再通过类实现接口，最后使用接口。

6. 包的作用是什么？如何引用包？（答案：略）

7. 程序如下：（1）写出程序运行结果，并实验验证程序的正确性。

（2）若标记①处 Child()改成 Father()，写出结果并完成实验验证。

（3）若标记②处 putlesson()改成 getlesson()），写出结果并完成实验验证。

```
public class Testih {
    public static void main (String [] args){
        Father  fch=new Child(); //① Child()改成Father()父辈演义系列集!
        fch.putlesson(); //②putlesson();语句改成getlesson() --网络数据库技术!
        }
    }
class Child extends Father{
    public void putlesson() {
    System.out.println("子承父业系列集!");        }
```

```
    }
    class Father {
        public void putlesson(){
        System.out.println("父辈演义系列集!");        }
        public void getlesson(){
        System.out.println("网络数据库技术!");        }
    }
```

结果为：（1）子承父业系列集！（2）父辈演义系列集！（3）网络数据库技术！

8. 编写动物世界的继承关系程序。动物（Animal）包括鸡（Chicken）和黄鼠狼（Weasel），它们吃（eat）的行为不同，鸡吃米粒，黄鼠狼吃鸡肉，但走路（walk）的行为是一致的。通过继承实现以上需求，并编写 AnimalTest 测试类进行测试。而后实验验证。（答案：略）

9. 编程实现如下需求：（1）皮球（Ball）分为篮球(Basketball)和乒乓球(TableTennis)，各种皮球的运动（play）方法各不相同。（2）编写一个 BallTest 测试类。要求：编写 testPlay() 方法，对各种皮球进行测试显示，在 main 方法中予以测试，各文件独立编编译。结果为：

```
class Ball{
    String type;String color;
    public void play(){        }        }
class Basketball extends Ball  {
    public void play()    {
    System.out.println("人们正在使用篮球Basketball运动，进而强身健体！");}
        }
class TableTennis extends Ball{
    public void play(){
    System.out.println("人们正在使用篮球乒乓球TableTennis运动，进而强身健体！");}
        }
public class BallTest {
    public void testPlay(Ball  ball){                    //形参类型为 Ball 类
        ball.play();
        }
    public static void main(String[] args){
        BallTest ballTest=new BallTest();
    ballTest.testPlay(new Football());          //实参为子类的实例
    ballTest.testPlay(new Volleyball());          //实参为子类的实例
    ballTest.testPlay(new Basketball()); ballTest.testPlay(new TableTennis());    }
}
```

10. 采用方法重载技术编写长方形 Rectangle（圆 Circle）类。该类提供计算长方形（圆）的面积，然后编写 RectangleTest（CircleTest）类进行测试。（答案：略）

第7章 异常处理

一、选择题

1	2	3
C	A	B

二、是非题

1	2	3	4
T	F	T	T

三、思考与实验

1. 用 try/catch/finally 结构编写程序。程序运行结果依次显示 ArithmeticException 异常、ArrayIndexOutOfBoundsException 异常和 Exception 异常的信息。

```java
import java.util.InputMismatchException;
import java.util.Scanner;
public class MoreException {
    static void exception(int i){
        try{ if(i==0){
                System.out.println("正常");    return; }
            else if(i==1){
                int a=0;   int b=100/a; }
            else if(i==2){
                int dog[]=new int[3]; dog[3]=4; }
        }
        catch(ArithmeticException ae){
            System.out.println("捕获异常:算术异常，如分母为 0 等!!"+ae);}
        catch(ArrayIndexOutOfBoundsException aie){
            System.out.println("捕获异常:!!数组索引越界异常!!"+aie); }
        catch(Exception e){
            System.out.println("捕获异常: 层次结构的根类!!"+e);         }
        finally{ System.out.println("此项都必须执行的 finally, 明白吗?！"); }
    }
    public static void main(String[] args) {
        exception(0);                 //自动执行各种异常...
        exception(1);
        exception(2);
        exception(3);
        }
}
```

2. 何谓异常？Java 是怎样处理异常的？何谓抛出异常？如何完成抛出异常？（答案：略）

3. 使用 try/catch/finally 编写程序。把输入的字符串转换成 double 类型的数值，若产生异常，请捕获并处理异常。

```java
import java.util.InputMismatchException;
import java.util.Scanner;
public class StringToDoubleException{         //产生 NumberFormatException 异常
    public static void main(String[] args){
        Scanner in=new Scanner(System.in);
        try{String str=in.nextLine();
        double doub=Double.parseDouble(str);
        }catch(NumberFormatException ne){
            System.out.println("异常 1:");
            ne.printStackTrace();
        }catch(Exception e){
            System.out.println("异常 2:");
            e.printStackTrace();
        }finally{
        System.out.println("异常处理完备");}
    }
}
```

4. 定义一个 circle 类，包含计算圆周长和面积方法，若输入半径小于 0，就抛出自定义异常。（答案：略）

5. 编写异常处理程序：输入的字符串转换成 double 类型的数值。

```
import java.util.InputMismatchException;
import java.util.Scanner;
public class StringToDoubleException{   //产生NumberFormatException异常
    public static void main(String[] args) {
        Scanner in=new Scanner(System.in);
        try{String str=in.nextLine();
        double doub=Double.parseDouble(str);
        }catch(NumberFormatException ne){
            System.out.println("异常1:");
            ne.printStackTrace();
        }catch(Exception e){
            System.out.println("异常2:");
            e.printStackTrace();
        }finally{
            System.out.println("异常处理完备"); }
        }
    }
```

6. 定义一个对象类型的引用，并将其初始化为 null，然后通过这个引用调用某个方法，并通过 try...catch 语句捕捉出现的异常。(答案：略)

7. 编写程序，能完成捕获和处理 NullPointerException 异常和 ClassCastException 异常。

```
public class ClassCastNullPointerException {
    public static void main(String[] args){
        try{
        //Person who=null;//who.toString();      //引用NULL值所致空指针异常!!
            Object object=new Object();
        String s=(String)object; //类对象强制转换所致异常!!
        }catch(ClassCastException ce){
System.out.println("异常: 类对象强制转换所致异常!!"+ce.getMessage());
        }catch(NullPointerException ne){
System.out.println("异常: 引用NULL值所致空指针异常!!"+ne.getMessage());}
    }
}
```

8. 编程：能完成捕获处理 ArithmeticException 和 IndexOutOfBoundsException 异常。

```
public class ArithmeticIndexOutOfBoundsException{
    public static void main(String[] args){   int student[]={0,1,2,3};
        try{ student[2]=student[1]/student[0];   //手动调节异常引发类型
        //引发捕获异常:算术异常,如分母为0等!!
        //student[4]=student[0];                 //捕获异常:索引越界产生异常
        }catch(ArithmeticException ae){
            System.out.println("捕获异常:算术异常,如分母为0等!!");
            ae.printStackTrace();
        }catch(IndexOutOfBoundsException ie){
            System.out.println("捕获异常:!!索引越界产生异常!!");
            ie.printStackTrace();
        }catch(Exception e){
            e.printStackTrace();
            System.out.println("捕获异常: 层次结构的根类!!");
        }finally{System.out.println("异常处理结束提示信息!!!");}
    }
}
```

第 8 章 图形用户界面编程

一、选择题

1	2	3	4	5	6	7	8	9	10
A	D	C	B	C	D	B	A	C	D

二、是非题

1	2	3	4	5	6	7	8
T	F	T	F	F	T	T	T

三、思考与实验

1. 简述 Swing 与 AWT 间的区别。

答: Swing 与 AWT 的区别如下:

（1）AWT 是由 JDK 1.0 和 JDK 1.1 平台提供的。

（2）Swing 所有组件都以 J 开头: Jbutton、Jpanel 等，而 AWT 组件为 Button、Panel。

（3）Swing 使用的包是 Javax.Swing; AWT 使用的包是 Java.awt。

（4）Swing 组件全部是由纯 Java 编写的，功能强大: 允许定义用户的界面风格，按钮和标签可显示图像或图片，组件不一定是长方形; 可改变组件的外观、行为或组件的边界，可通过调用其方法或创建其子类付诸应用。

2. 简述事件处理的主要步骤。Java 中包通常括哪些事件呢? （答案: 略）

3. 设计一个测试文本框与文本域简单输入程序，如图 8-19 所示。

```java
import java.awt.*;
public class Login0 {
    public static void main(String arg[]){
        Frame f=new Frame("测试文本框与文本域程序");
f.setSize(340,200);   Label l1=new Label("用户: ");        //创建标签
TextField te1=new TextField("user1",20);                //创建文本行
        Label l2=new Label("口令: ");
        TextField te2=new TextField(20);                //创建20列的文本行
        Button b1=new Button("确认");                    //创建按钮
        Button b2=new Button("取消");
        TextArea ta=new TextArea("编辑工资管理程序的文本信息",5,20);
        f.setLayout(null);                      //布局
        l1.setBounds (50, 50, 40, 20);        te1.setBounds (90, 50, 80, 20);
        l2.setBounds (180, 50, 40, 20);       te2.setBounds (220, 50, 80, 20);
        b1.setBounds (70, 80, 50, 20);        b2.setBounds (200, 80, 50, 20);
        ta.setBounds (50, 100, 230, 80);      //添加到框架上
        f.add(l1);          f.add(te1);
        f.add(l2);          f.add(te2);
        f.add(b1);          f.add(b2);
        f.add(ta);          f.setVisible(true);    }
    }
```

4. 编写一个应用程序: 包括 4 个分别命名为 "加" "差" "乘" "除" 的按钮，有 3 个文本框。单击相应的按钮，将两个文本框的数字做运算，在第三个文本框中显示结果。（答案: 略）

5. 试用复选框设置文本区的字体，如图 8-20 所示。

图 8-19　测试文本框程序

图 8-20　用复选框设置字体

```
import java.awt.*;
public class TextEx8_5{
    private TextEx8_5(){
        Frame f=new Frame("Testing TextField and TextArea");
        f.setLayout(new FlowLayout());  Label lab1=new Label("用户名");
        Label lab2=new Label("密码");  TextField tf1=new TextField("Guest",6);
        TextField tf2=new TextField(6);  tf2.setEchoChar('*');
        TextArea ta=new TextArea("编辑文本",5,20);
        f.add(lab1);      f.add(tf1);      f.add(lab2);
        f.add(tf2);       f.add(ta);       f.pack();
        f.setSize(280,180);  f.setVisible(true); }
    public static void main(String args[]){
        TextEx8_5 txt=new TextEx8_5();  } }
```

6. 何谓事件？试述事件及其处理机制。（答案：略）

7. 试设计下拉列表程序，实现学校和地址的对应关系。

```
import java.awt.*;import javax.swing.*;import java.awt.event.*;
public class Ccombo extends JFrame{
    private JcomboBox  college;  private JLabel label;
private String collegename []={"西安交大","上海交大","北方交大","清华大学"};
private String address []= {"兴庆路","华山路","友谊路","中山路"};
public Ccombo(){
    super ("下拉列表框显示图形文件");Container c=getContentPane( ); // 设置容器对象c
    c.setLayout (new BorderLayout ()); college= new JcomboBox(collegename);
    college.setMaximumRowCount (3); college.addItemListener (new handle());
    c.add(college, BorderLayout.NORTH);label=new JLabel("选择大学名称" );
    c.add(label, BorderLayout.SOUTH);setSize (150, 200) ;
    show();}
    public static void main (String args[]){
    Ccombo app=new Ccombo();  app.addWindowListener(
        new WindowAdapter(){
    public void windowClosing (WindowEvent e){
        {System.exit (0); }  });    }
    class handler implements ItemListener{
        public void itemStateChanged(ItemEvent e) {
lable.setText(address[college.getSelectedIndex () ] ); }}
//定义address 的college字符串位置
}
```

8. Java 语言包中定义了哪些事件及其监听器接口？（答案：略）

9. 程序填空，创建按钮 Example，点击按钮交替显示文本"您已经按下了奇次按钮"和"您已经按下了偶次按钮"信息，如图 8-21 所示，程序如下（请注意其中引用的是什么事件）：

图 8-21　点击按钮

```
import java.awt.*;import java.awt.event.*;
class ButtonEx extends WindowAdapter implements  ActionListener{
```

```
    Frame f;Button b;TextField tf;int flag=0;
public static void main(String args[]){
    ButtonEx bt=new ButtonEx();
    bt.init();}
public void init(){
    f=new Frame("点击按钮奇偶例题");
    b=new Button("Example");b.addActionListener(this);
    f.add(b,"South");tf=new TextField();
    f.add(tf,"Center");f.addWindowListener(this);
    f.setSize(300,300);f.setVisible(true);}
public void actionPerformed(ActionEvent e)  //
    { String s1="您已经按下了奇次按钮";
      String s2="您已经按下了偶次按钮";              （2）
      if (flag==0){tf.setText(s1);flag=1;}
      else {tf.setText(s2);flag=0;} }          （3）
public void windowClosing(WindowEvent e){
    System.exit(0);}
}
```

10. 试述图形用户界面编程要用到哪些组件，需要引入哪些包。若对象有 2 到 3 种取值可能采用哪种组件合适？如果取值大于 5 种，又采用哪种组件合适？（答案：略）

11. 程序填空，创建文本框如图 8-22 所示。

图 8-22　点击按钮

```
import java.awt.*;
class Text {
  public static void main (String args[ ]){
    Frame fra=new Frame ("创建文本框程序");

    TextField txt1=new TextField (50);
    TextField txt2= new TextField (50);
    fra.setBounds(0,0,300,200);
    fra.setLayout (null);                // 关闭页面设置
txt1.setBounds (50, 50, 130, 20); txt2.setBounds (50, 70, 130, 20); //设置
文本框的大小
    fra.add (txt1);
    fra.add (txt2);
    fra.setVisible (true);  }
}
```

12. 设计一个键盘持续监视程序，若有按键则屏幕提示被按键信息。（答案：略）

第 9 章　GUI 菜单设计与 Swing 组件

一、选择题

1	2	3	4	5	6	7	8	9	10
B	A	A	C	D	B	B	B	C	D

二、是非题

1	2	3	4	5	6	7	8	9
T	F	F	T	F	T	F	T	T

三、思考与实验

1. 何谓布局管理器？简述其具体作用。

答：布局管理器是为容器中的组件规划布局的器件。容器仅记录了其所包含的组件，而布局

管理器则用于管理组件在容器中的布局，负责管理容器中的各个组件的排列顺序、位置、组件大小等，当窗口移动或改变大小时，就相应改变组件的大小及位置。每个容器都有自己默认的布局管理器。

2. 详述对话框的两种模式，并说明语句 ShowMesageDialog(Object msg)的功能。

答：对话框分为模式和非模式两种。模式对话框是指对话框程序必须确认才能继续运行。非模式对话框是指显示对话框后，用户可以不用关闭此对话框就可继续程序的运行，如查找/替换对话框、插入符号对话框就是非模式对话框。

ShowMesageDialog(Object msg)的功能为创建一个具有指定信息 message 的信息对话框。

3. 何谓 BorderLayout 布局策论？其是哪些容器的默认布局？

答：BorderLayout 称为边界布局管理器，该布局是一种简单的布局策略，是 Window、Frame、Dialog 的默认布局策略。JFrame、JDialog 都是 Window 类的间接子类，其内容面板的默认布局都是 BorderLayout 布局。

4. 何谓 FlowrLayout 布局策略？其是哪些容器的默认布局？

答：FlowLayout 泛称流式布局管理器，它的布局策略是将容器的组件按照加入的先后顺序从左到右依次排列，一行排满后就转到下一行继续从左至右顺序排列，每一行中的组件都居中排列，组件间默认的水平和垂直间隙是 5 个像素。它是 Jpanel 与 Applet 默认的布局管理策略。

5. 简述 GridLayout 布局管理器及其使用步骤。

答：GridLayout 称为网格布局管理器，是使用较多的二维网格下的布局管理器，其布局策略是把容器划分成若干行、若干列的网格区域，每个网格的大小相等，组件就放置于这些划分出来的小格中，一个网格可放置一个组件。使用 GridLayout 的步骤如下：

（1）使用 GridLayout 的构造方法 GridLayout t(int rows,int cols)创建布局对象，指定划分网格的行数 rows 和列数 cols，如 GridLayout grid=new GridLayout(12,8)。

（2）add()方法可将组件加入容器，组件进入容器的顺序将按照第一行第一列、第一行第二列…第一行最后一列、第二行第一列…最后一行第一列…最后一行最后一列。

6. 创建包括文件、查询、退出（此项点击后能够退出系统）3 个菜单的菜单程序。（答案：略）

7. 何谓 Jframe？叙述方法 setBounds(int x, int y, int width, int height)的功能。

答：JFrame 是提供给 Java 应用程序用来放置图形用户界面的一个框架（窗体）容器。

方法 setBounds(int x, int y, int width, int height)的功能为：设置窗口坐标的位置（x,y）和大小（width, int height)。

8. 简述设计菜单的主要步骤。

答：设计菜单的主要步骤如下：

（1）创建一个菜单栏（JmenuBar 或 MenuBar）对象，并将其加入到所建的框架（JFrame/Frame）中。

（2）创建菜单（Jmenu 或 Menu）对象及其子菜单。

（3）创建菜单项（JMenuItem 或 MenuItem）对象，并将其添加到菜单或子菜单对象中（若有子菜单的，将子菜单加入到菜单中），将菜单加入到菜单栏中。

（4）将菜单（Jmenu 或 Menu）对象添加到菜单栏（JmenuBar 或 MenuBar）对象中。

9. 创建一能够输入信息的按钮对话框，当单击"确定"按钮时显示：信息；当单击"清除"按钮时清除所显示信息；当单击"退出"按钮时退出系统，如图 9-24 所示。

```
import java.awt.*;      import java.awt.event.* ;
```

```
import javax.swing.* ;
public class JButtonTest extends JFrame implements ActionListener{
JTextArea jtf;        JButton  bt_show,bt_clear,bt_exit;
public JButtonTest(){
    super("JButtonTest");            Container c=getContentPane( );
    bt_show=new JButton("显示");       //创建文本为"显示"等按钮
    bt_clear=new JButton("清除");        bt_exit=new JButton("退出");
    jtf=new JTextArea(5,30);
    c .setLayout (new FlowLayout());   c.add (bt_show);
    c .add (bt_clear);      c.add (bt_exit);     c.add (jtf);
    bt_show.addActionListener(this);    bt_clear.addActionListener(this);
    bt_exit.addActionListener(this);    setSize(350,180);//设置界面大小及位置
    setLocation(200,200);            setVisible(true);
    setDefaultCloseOperation(JFrame.EXIT_ON_CLOSE);
    setDefaultLookAndFeelDecorated(true);    }
public void actionPerformed (ActionEvent e){
    if(e.getSource()==bt_show)     //判断事件源是否是bt_show
    jtf .setText("欢迎您学习 Java 程序设计及应用开发实用教程!");
    else if(e.getSource()==bt_clear) jtf .setText(" ");
        else
            System.exit(0); }
  public static void main (String[]args){
    JButtonTest fm=new JButtonTest(); }
}
```

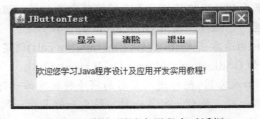

图 9-24　按钮测试应用程序对话框

10. 参考例 9-16 创建进度条并实现其事件处理，要求标题为 "Java 安装程序进度指示器"，且点击按钮进度递减。（答案：略）

11. 编写一个包括 Jlist 组件与标签的窗口，当使用 Jlist 选中内容时能在标签中显示，效果如图 9-25 所示。

图 9-25　在标签中显示选中内容

```
import java.awt.*;           import java.awt.event.*;
import javax.swing.*;         import javax.swing.event.*;
public class ListTest{
    public static void main(String[] args){
        ListFrame frame = new ListFrame();
```

```
        frame.setDefaultCloseOperation(JFrame.EXIT_ON_CLOSE);
        frame.show();        }
}
class ListFrame extends JFrame{
    public ListFrame(){
        setTitle("ListTestExample"); setSize(WIDTH, HEIGHT);
        Container contentPane=getContentPane();
        JPanel textPanel=new JPanel();         //建立容纳文本区的面板
        myTextArea=new JTextArea(checkedLabel, 4, 15);
        JScrollPane textScrollPane=new JScrollPane(myTextArea);
        textPanel.add(textScrollPane);    contentPane.add(textPanel);
        listPanel=new JPanel();         //建立容纳列表的面板
        String[] courses={"政治","英语","数学","物理","化学","历史"};//新建列表框
        courseList=new JList(courses);         //设置列表中想显示的行数
        courseList.setVisibleRowCount(4);      //增加事件监听器
        courseList.addListSelectionListener(new courseListener());
        JScrollPane listScrollPane=new JScrollPane(courseList);
        listPanel.add(listScrollPane);
        contentPane.add(listPanel, BorderLayout.SOUTH); }
    private class courseListener implements ListSelectionListener { //事件监听器
        public void valueChanged(ListSelectionEvent event){
            Object[] selectedCourses=courseList.getSelectedValues();
            int[] selectedIndexCourses=courseList.getSelectedIndices();
            StringBuffer tempSeletedText=new StringBuffer(checkedLabel);
            for (int i=0; i<selectedCourses.length; i++) {
                String str1=new String(selectedIndexCourses[i]+",   ");
                String str2=(String)selectedCourses[i];
                tempSeletedText.append(str1); tempSeletedText.append(str2);
                tempSeletedText.append("\n"); }
            myTextArea.setText(tempSeletedText.toString()); }
    }
    public static final int WIDTH=280; public static final int HEIGHT=230;
    public static final String checkedLabel="您的选择: \n 编号,  课程\n";
    private JTextArea myTextArea;   private JList courseList;
    private JPanel listPanel;
}
```

12. 设计一个学生成绩表, 要求能够显示学号、姓名、网络分数、Java 分数的表格。(答案: 略)

13. 程序填空: 建立如图 9-25 所示的 BorderLayout 布局策略并完善与实验验证下列程序。

```
import java.awt.*; import java.awt.event.*; import javax.swing.*;
public class BorderLayoutTest{
public static void main(String[] args){
    BorderFrame frame = new BorderFrame();
        frame.setDefaultCloseOperation(JFrame.EXIT_ON_CLOSE);
        frame.show();  } }
class BorderFrame extends Jframe{
public BorderFrame(){
    setTitle("BorderLayoutTest");
        setSize(WIDTH, HEIGHT);
        JPanel buttonPanel=new JPanel();     //建立容纳按钮的面板
        for (int i=0; i<3; i++ ) {           //增加相应的按钮
          JButton addButton = new JButton("add" + i);
            buttonPanel.add(addButton);   }
        JPanel textPanel=new JPanel();        //建立容纳文本框的面板
        for (int i=0; i < 2;) {               //增加相应的文本框
```

```
    JTextField addText=new JTextField("add" + i, 10);
    textPanel.add(addText);          }
Container contentPane=getContentPane();//将按钮和文本框置于框架中
contentPane.add(buttonPanel,BorderLayout.SOUTH);
contentPane.add(textPanel, BorderLayout.NORTH); }
public static final int WIDTH = 350;
public static final int HEIGHT = 150;
```

第 10 章　Java 线程机制

一、选择题

1	2	3	4	5	6	7	8	9
A	B	A	A	C	A	B	D	A

二、是非题

1	2	3	4	5	6	7
T	F	T	T	F	F	T

三、思考与实验

1. 何谓线程？何谓多线程？简述线程经历的几种状态，简述多线程采用哪两种方式。

答：线程是程序中可独立运行的片段，是进程中的一个单一而连续的控制流，是比进程更小的执行单位，也被称为轻量进程。

多线程是指在单个程序中可同时运行多个不同的线程、执行不同的任务，是实现并发机制的一种有效手段。Java 语言支持多线程机制，使程序员可方便地开发出能同时处理多个任务的功能强大的操作系统或应用系统。

每个线程通常要经历创建、就绪、运行、阻塞、死亡 5 种状态。多线程应用程序按继承或实现对象的不同可以采用两种方式：一种是运用 Java 的线程类 Thread 编程实现；另外一种通过 Runnable 接口编程实现。

2. 何谓线程的优先级？Java 线程的优先级可分为几个等级？（答案：略）

3. 试用继承 Thread 方法完成程序填空，由 main()主线程创建两新线程，每个线程输出从 1 到 40 后结束并退出，并完成相应的实验验证。

```
public class DigThread extends Thread{
    int i=0;
public DigThread (String name,int i){
super(name);   this.i=i;              }
public void run(){
    int j=i; System.out.println(" ");
        System.out.print(getName()+":");
        while  (j<=40){
            System.out.print(j+" ");
                j+=1;
            }
        }
    public static void main(String args[])  {
        DigThread t1=new DigThread ("Thread1",1);
        DigThread t2=new DigThread ("Thread2",1);
        t1.start();              t2.start();    }
}
```

4. 试用 Thread 编程，创建四线程，每个线程输出从 1 到 10 后结束并退出。（答案：略）

5. 叙述下列程序的作用。参照实例用 Runnable 编程，创建三线程，每个线程输出从 1 到 30 后结束并退出。

```java
public class DigRunnable extends Thread{
    int i=0;
    public DigRunnable(String name,int i) {
    super(name);      this.i=i; }
    public void run(){
    int j=i; System.out.println(" ");      System.out.print(getName()+":");
        while(j<=20)  {
            System.out.print(j+" ");       j+=1; }
        }
    public static void main(String args[]){
        DigRunnable r1=new DigRunnable("Thread1",1);
        DigRunnable r2=new DigRunnable("Thread2",1);
        Thread t1=new Thread(r1);    Thread t2=new Thread(r1);
        t1.start(); t2.start(); }
}
```

第 11 章　Applet 程序设计

一、选择题

1	2	3	4	5	6
B	C	D	C	D	C

二、是非题

1	2	3	4	5	6
T	F	T	T	F	T

三、思考与实验

1. Java 提供什么类来处理 Applet 程序的运行，如何加载相应类。

答：Java 提供了 java.applet.Applet 类，用来处理 Applet 程序的运行。在编写 Applet 程序时，要使用 import 命令加载 java.applet.Applet 类。

2. 试编写一个 Applet 程序，使其在窗口中以红色显示内容：This is my first applet。（答案：略）

3. Applet 加载和运行包括哪些步骤？

答：Applet 加载和运行包括哪些如下 3 个步骤：

（1）浏览器加载 URL 中指定的 HTML 文件，并解析 HTML 文件。

（2）浏览器加载 HTML 文件中指定的 Applet 类。

（3）通过浏览器在 Java 运行环境下运行 Applet 程序。

4. 请分别叙述 Applet 类的 init()、start()、stop()和 destroy()方法的运作机制。（答案：略）

5. 编写一个 Applet 小程序：在 Applet 绘图区域绘制一个蓝色矩形和矩形的内切椭圆，黄色填充，并编写对应的 HTML 运行程序。

答：（1）Applet 小程序代码如下：

```java
import java.applet.*;      import java.awt.*;
public class AppletRect extends Applet{
  public void paint(Graphics g){
      g.setColor(Color.blue);         g.drawRect(50,50,90,60);
      g.setColor(Color.yellow);       g.fillOval(50,50,90,60);  }
}
```

（2）HTML 运行程序代码如下：

```
<HTML>
    <APPLET CODE=" AppletRect.class" WIDTH="250" HEIGHT="250"></APPLET>
</HTML>
```

6. 试编写一个 Applet 的图形程序，使其包含：直线、圆、矩形、圆角矩形、多边形，并选择其中几个图形填色，试同时完成该实验验证。（答案：略）

7. 编写 Applet 程序 AppletImage，运行程序时显示一一幅图像并循环播放一个声音文件。

```
import java.awt.*; import java.applet.*;   import javax.swing.*;
public class AppletImage extends Japplet{
    AudioClip audio;      Image imgDisplay;                    //定义成员变量
    public void init(){
        imgDisplay=getImage(getCodeBase(),"sample.jpg");      //装载图像
        audio=getAudioClip(getCodeBase(),"sample.mid"); }
    public void paint(Graphics g){
        g.drawString("Applet 中播放声音和显示图像",30,30);      //显示文本
        audio.loop(); g.drawImage(imgDisplay,30,40,this); } //显示图像
}
```

8. 试设计一个 Applet 的动画程序，先加载 12 张图像，以每隔 0.5s 显示一张，并循环显示，直至关闭 Applet 窗口，且同时完成该实验验证。（答案：略）

9. AudioClip 接口定义了哪 3 个简单的方法？

答：AudioClip 提供了类的 3 种常用方法：

（1）play( )方法：从头开始播放声音，只播放 1 次音乐文件。

（2）loop( )方法：循环播放调用 AudioClip 对象连续播放。

（3）stop( )方法：停止播放当前正在播放的音乐。

10. 参照例 11-10 完成文字 "Applet 程序设计" 的动画效果。（答案：略）

第 12 章　输入/输出流

一、选择题

1	2	3	4
A	D	D	B

二、是非题

1	2	3	4	5
T	F	T	F	T

三、思考与实验

1. 何谓流？简述流的一般分类。

答：流是面向对象程序语言中数据输入/输出的处理技术。流一般分为输入流（Input Stream）和输出流（Output Stream）两类。

2. 为何要引入 Reader/Writer 继承体系？它是否会取代 InputStream/OutputStream 体系？（答案：略）

3. Java 的 java.io 包中提供哪 4 个超类用于输入/输出处理？

答：为了便于进行各类流处理，Java 的 java.io 包中提供了大量的 I/O(输入/输出)流类，java.io 包库中包含了 InputStream（字节输入流）和 OutputStream（字节输出流）两个抽象类，它们是所

有基于字节流输入/输出处理的超类（父类）。此外，尚融入了 Reader（字符输入流）和 Writer（字符输出流）两个类，它们是所有基于字符流输入/输出处理的超类（父类），而 read()方法与 writer()方法分别用于读取或写入字符流数据。

4. 试述 FilterInputStream 派生类及其功能。（答案：略）

5. 试编写一个 Java 下 I/O 程序，用于读取其自身源代码，并显示输出。

```java
import java.io.*;
public class FInputOutput{
    public static void main(String args[]){
        byte buffer[]=new byte[2056];
        try{ FileInputStream fileIn;
        fileIn=new FileInputStream("C:\\ FInputOutput.java");int
            count=fileIn.read(buffer,0,2056);
        String str=new String(buffer,0,count-2);
        System.out.println(str);
        }catch(IOException e){ System.out.println(e); }
    }
}
```

6. 扼要叙述 Writer 类下主要子类的使用要点。（答案：略）

第 13 章　Java 数据库连接

一、选择题

1	2	3	4	5	6	7
A	C	D	C	B	D	C

二、是非题

1	2	3	4	5
F	T	F	T	T

三、思考与实验

1. 简述典型关系型数据库管理系统（DBMS）的类型。

答：目前比较典型的关系型数据库管理系统有 Oracle、IBM DB2、Microsoft SQL Server、Access 等，同时还存在为数众多的免费数据库，像 MySQL 等。

2. 解释下列名词：数据库、关系型数据库、记录、SQL、JDBC。（答案：略）

3. 简述 SQL 的组成。

答：SQL 作为关系数据库语言主要由：数据定义语言、数据操纵语言、数据控制语言与其它语言要素 4 部分组成。

4. 简述建立 ODBC 数据源的具体过程。（答案：略）

5. 简述 JDBC 驱动程序的类型。

答：JDBC 驱动程序有：JDBC-ODBC 桥接驱动程序、本地 API Java 驱动程序（Java to Native API）、网络协议 Java 驱动程序（Net Protocol API）和原生协议完整 Java 驱动程序 4 种类型。

6. 简述使用 JDBC 完成数据库操作的基本步骤。（答案：略）

7. 编写程序，完成向表中输入 4 条记录。（学号，姓名，学分）。

答：

```java
import java.sql.*;
class InsertDBSQL{
```

```
public static void main (String agrs[]){
try {Class.forName("sun.jdbc.odbc.JdbcOdbcDriver"); }
catch (ClassNotFoundException ce){
        System.out.println("SQLException1:"+ce.getMessage()); }
try { Connection con=DriverManager.getConnection("jdbc:odbc:XXGL");
    Statement stmt=con.createStatement();
    String sqlstr="insert into Student  values ('080901','张三文',380)";
    stmt.executeUpdate (sqlstr);
    stmt.executeUpdate ("insert into Student values ('090328', '翟琴会',346)");
    stmt.executeUpdate ("insert into Student values ('090312', '许 琴',246)");
    stmt.executeUpdate ("insert into Student values ('090358', '周建国',357)");

    stmt.close();    con.close(); }
catch (SQLException e){System.out.println("SQLException2:"+e.getMessage());}
System.out.println("Java 访问 SQL Server 200X 数据库: 插入表数据结束!"); }
}
```

8. 编写程序，可根据用户的要求查询表中的记录信息。(答案：略)

9. 在 SQL Server 下 DBjava 数据库中，建立表 xs，字段为学号（sno）与成绩（score）。对学生表 xs 的学号为"2015011508"和 "2015020201"学生的成绩进行修改，并将修改后的结果在屏幕输出，请完成 JDBC 程序编写。用户名 "sa"，密码 "ssaa"。

```
import java.sql.*;         //JDBC 驱动程序方式
public class DataSQLserver{
public static void main(String[] args){
String URL="jdbc:microsoft:sqlserver://127.0.0.1:1433;"+ "DatabaseName=
    DBjava; User=sa;
Password=ssaa";
String[]sno={ "2015011508", "2015020201" };    int[]score={81, 79};
try { Class.forName("com.microsoft.sqlserver.jdbc.SQLServerDriver");}
catch (ClassNotFoundException e){System.out.println("Class.forname:" +
    e.getMessage()); }
try { Connection con=DriverManager.getConnection(URL);     // 修改记录内容
String sqlStr= "update xs set score=? where sno=?";
PreparedStatement psmt=con.prepareStatement(sqlStr);
    int i=0, idlen=sno.length;
    do { psmt.setInt(1, score[i]);        psmt.setString(2, sno[i]);
        if (psmt.executeUpdate(sqlStr)== 1){
            System.out.println("表 xs 中学号为"+sno[i]+"的记录成功! ");
        }else{ System.out.println("表 xs 中没有学号为"+sno[i]+"的记录!"); }
        ++i;
    } while (i < idlen);
        psmt.close();        // 查询数据并输出到屏幕
Statement stmt=con.createStatement();
ResultSet rset=stmt.executeQuery("select * from xs");
while (rset.next()) {
System.out.println(rset.getString("sno")+"t"+rset.getString("sname")+"\t"
    +rset.getString("sex") +"\t" + rset.getInt("score")); }
    stmt.close();    con.close();
}catch (SQLException e) { System.out.println("SQLException:" + e.getMessage()); }
    }
}
```

10. 设学生数据库包含学生表，即：学生（学号，姓名，性别，出生日期，班级编号，学分，区域，校名）。编程完成检索出校名为 "交通大学" 学生的学号、姓名、校名、学分。(答案：略)

第 14 章 Java 网络编程基础

一、选择题

1	2	3	4	5	6	7
A	C	D	C	A	C	B

二、是非题

1	2	3	4	5
T	F	T	F	F

三、思考与实验

1. 何谓 TCP/IP 协议？TCP/IP 参考模型包括哪些层？何谓 UDP 协议？

答：①TCP/IP 是一种网络通信规则，它规定了计算机间通信的信息格式和功能等，是通信双方共同遵守的协议集(简称为 TCP/IP 协议)。②TCP/IP 参考模型包括应用层、传输层、网际层和网络接口层。③UDP（User Datagram Protocol）是一种无连接协议，无须事先建立连接即可直接传送带有目标结点信息的数据报。每个数据报都是一个独立的信息，包括完整的源地址或目的地址，它在网络上以任何可能的路径传往目的地，而能否到达目的地，到达目的地的时间以及内容的正确性都是不能被保证的。

2. 何谓端口与数据报？何谓 IP 地址与域名？（答案：略）

3. 简述 java.net 网上通信模式包括哪几种？

答：java.net 网上通信模式包括：URL 通信模式、Socket 通信模式、InetAddress 通信模式，以及 Datagram 通信模式等。

（1）URL 模式：面向应用层，通过 URL 进行网络上数据信息的通信（读取与输出），使用 URL 与 URLConnection 类。

（2）InetAddress 模式：面向 IP 层，用于标识网络的硬件资源，使用 InetAddress 类。

（3）Socket 模式：面向传输层的 TCP 协议，这是比较常用的网络通信方式，使用 ServerSocket 与 Socket 类。

（4）Datagram 模式：面向传输层的 UDP 协议，逐渐趋于淡化。

4. 何谓 URL？一个完整的 URL 地址由哪几部分组成？举例说明 URL 与域名差异。（答案：略）

5. 试完成通过 URL 读取 index.htm 文件并显示该文件内容的编程及实验过程。

```
import java.net.*;      import java.io.*;
public class URLindex{
    public static void main(String args[]){ String urlname = "file:c:/index.htm";
        if (args.length>0)
        urlname=args[0];  new URLindex().display(urlname); }
    public void display(String urlname){
    try {  URL url=new URL(urlname); //根据 URL 建立一个数据输入流
        InputStreamReader in=new InputStreamReader(url.openStream());
        BufferedReader br=new BufferedReader(in);  String aline;
        while((aline=br.readLine())!=null)   System.out.println(aline);
    }catch(MalformedURLException malexc){ System.out.println(malexc);
    }catch(IOException iot){    System.out.println(iot); }
    }
}
```

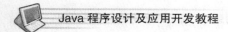

6. 编写 Java 程序，使用 InetAddress 类从网上获取:上海热线 www.online.sh.cn 的 IP 地址。（答案：略）

7. 试完成通过 URLConnection 获取网站文件并显示系统当前日期、文件类型、修改日期等的编程及实验过程。

```java
import java.net.*; import java.io.*;   import java.util.Date;
public class URLConnectionTest{
    public static void main(String args[]){
        String urlname = "http://www.baidu.com/index.html";//或 www.wyzxwk.com
        if (args.length>0)
        urlname = args[0];   new URLConnectionTest().display(urlname);  }
    public void display(String urlname){
        try { URL url = new URL(urlname);  URLConnection ucon=url.openConnection();
        System.out.println("当前日期: "+new Date(ucon.getDate())+"\r\n"+"文件
            类型: "+ucon.getContentType()+"\r\n"+"修改日期: "+new Date(ucon.
            getLastModified())));
        int c, len;len=ucon.getContentLength();       //获取文件长度
        System.out.println("文件长度: "+len);
        if(len>0){ System.out.println("文件内容: ");
            InputStream in=ucon.getInputStream();  int i=len;
            while(((c=in.read())!=-1) && (i>0)){ //按字节读取所有内容
                System.out.print((char)c); i--;  }
            }
        }catch(MalformedURLException murl){ System.out.println(murl);
        }catch(IOException iot ){ System.out.println(iot);  }     }
}
```

8. 简述 Socket 通信原理，说明客户端与服务器进行连接的过程，并编程完成一个客户端与服务器的通信试验。（答案：略）

第 15 章　Java 应用开发与课程设计实例

一、选择题

1	2	3	4	5
A	B	C	D	B

二、是非题

1	2	3	4
T	F	T	T

三、思考与实验

1. 简述数据库设计的过程。

答：数据库设计过程主要包括逻辑结构设计、物理结构设计与库行为设计（数据库实现）3 个环节，数据库结构设计详细过程见图 15-2。

2. 试述本实例中数据库的连接方式。（答案：略）

3. 简述学生条件查询模块的特点与效用。

答：学生条件查询模块可通过下拉列表对学生表、课程表、班级表与成绩表进行按需查询，在表选定后可再度通过下拉列表选择每个表的字段，且运用了模糊查询技巧，显得颇为灵活，效果上佳。倘若能领会并熟练掌握，对于 Java 信息管理系统开发大有裨益。

4. 若让你设计一个企业进出存库存管理程序，试勾勒其合理的模块构架。（答案：略）

5. 高校员工信息管理系统包括哪些模块？并述登录模块的技术特色。

答：高校员工信息管理系统主要包括：系统管理、员工管理、信息查询、关于系统 4 个模块。在进入系统前首先要会通过登录模块进行身份验证，其技术特色是当用户名与密码在 YUData 数据库下 user 表中存在与吻和的才能进入系统，否则不予登录。　这就涉及到数据库表的动态访问与检索技巧，倘若能领会并应用此技巧，对于其他信息管理系的开发应该有所借鉴。

6．设计一个劳动工资信息管理系统，基本功能包括：

（1）职工基本信息的添加、删除、修改与查询。

（2）职工工资信息的添加、删除、修改与查询。

（答案：略）

附录 B　文件操作

一、选择题

1	2	3	4
D	B	A	B

二、是非题

1	2	3	4	5
T	T	T	F	F

三、思考与实验

1．何谓文件？简述 File 类在文件与目录管理中的功效与使用方法。

答：文件是保存在存储设备上的数据，由记录组成，文件的一行可看作是一条记录。在 Java 中，文件和目录都是用 File 对象来表示的，目录可被视作为一种特殊的文件。通过 File 类提供的构造方法、成员方法，可获取文件和目录信息，并对文件和目录进行创建、修改和删除等。

2．简述文件的访问分类。RandomAccessFile 类主要包括哪些方法及相应功能？

答：文件访问分为：顺序文件访问与随机文件访问两种方式，前者使用 FileInputStream 和 FileOutputStream 类，后者涉及 RandomAccessFile 类。

RandomAccessFile 允许对文件内容同时完成读和写操作，它直接继承 Object，且同时实现了接口 DataInput 和 DataOutput，提供了支持随机文件操作的方法。具体如下：

（1）readInt(), writeDouble()：读或写一个整型值。

（2）int skipBytes(int n)：将指针向下移动若干字节。

（3）length()：返回文件长度。

（4）long getFilePointer()：返回指针当前位置。

（5）void seek(long pos)：将指针调到所需位置。

（6）void setLength(long newLength)：设定文件长度。

3．使用 File 类编程，读取文件 filetest.txt 通过相关方法判别文件名、目录、可读并写与否等，若该文件不存在则做出相应文件不存在的提示。运行效果与图 B-7 类似。

图 B-7　读取文件判取信息运行效果示意图

```
import java.io.*;
public class FileTest{
public static void main(String[] args){
    File f=new File("c:\\filetest.txt");   //改为不存在文件 1.txt 再试
    if(f.exists()){
        System.out.println("文件名:"+f.getName());
        System.out.print("文件所在目录:"+f.getPath());
        System.out.println(";  绝对路径是:"+f.getAbsolutePath());
        System.out.print("父目录是:"+f.getParent());
        System.out.print(f.canWrite()?"; 此文件可写":"; 此文件不可写");
        System.out.println(f.canRead()?"; 此文件可读":"; 此文件不可读");
        System.out.print(f.isDirectory()?"这是":"这不是"+"一个目录;   ");
        System.out.print(f.isFile()?"这是个普通文件;   ":"这不是普通文件;   ");
    System.out.println(f.isAbsolute()?"这是绝对路径;  ":"这不是绝对路径;   ");
        System.out.print("最后修改时间:"+f.lastModified());
        System.out.println(";  大小为:"+f.length()+"Bytes");}
    else System.out.println("C 盘根目录下不存在这个文件!");     }
}       //运行效果如图 B-7 所示。
```

4. 阅读下列程序，叙述其主要功能。

```
import java.io.*;
public class CreateFile{
    public static void main(String args[ ]) {
        File f1=new File("d:\\AccessFile\\file.txt");
        System.out.println(f1);
        try {       f1.createNewFile( );
        }catch(IOException e){  }
    }
}
```

（答案：略）

5. 叙述语句 public boolean isDirectory(); 与语句 public boolean exists()的功能。

答：语句 public boolean isDirectory();用于测试该对象是否是目录；public boolean exists()语句用于判断文件是否存在。

参 考 文 献

[1] 胡伏湘，雷军环，等.Java 程序设计实用教程[M]. 3 版. 北京：清华大学出版社，2014.

[2] 耿祥义，等.Java 面向对象程序设计[M]. 2 版. 北京：清华大学出版社，2013.

[3] 张永常，等.Java 程序设计实用教程[M]. 2 版. 北京：电子工业出版社，2012.

[4] 陈芸，等.Java 程序设计项目化教程[M]. 2 版. 北京：清华大学出版社，2015.

[5] 叶核亚.Java 程序设计实用教程[M]. 4 版. 北京：电子工业出版社，2015.

[6] 梁锦业，等.Java 语言及应用教程[M]. 北京：人民邮电出版社，2005.

[7] 柳西玲，等.Java 语言应用开发基础[M]. 北京：清华大学出版社，2006.

[8] 董梁，刘艳,等.Java 高级编程[M]. 2 版. 北京：清华大学出版社，2006.

[9] 刘晓莉，等.Java 大学基础教程[M] .6 版. 北京：电子工业出版社，2007.

[10] 虞益诚，等.Java 程序设计及应用开发教程[M]. 北京：科学出版社，2007.

[11] 虞益诚，等.SQL Server 2008 数据库应用技术[M]. 2 版. 北京：中国铁道出版社，2013.

[12] 虞益诚，等. 网络技术及应用[M]. 南京：东南大学出版社，2005.

[13] 贺军，等.Java 语言中变量和方法的分析及其应用[J]. 计算机系统应用，2011.